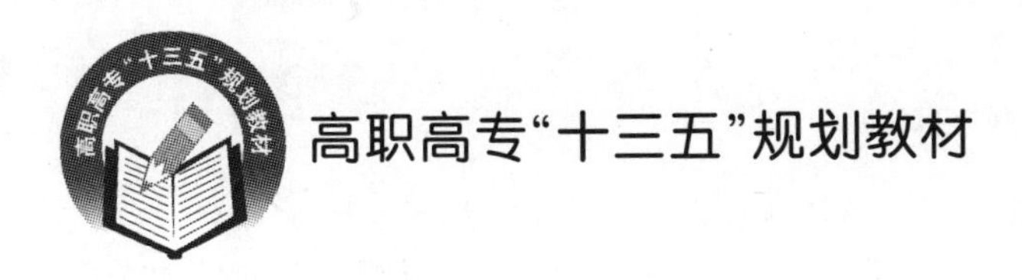

机械设计基础

卢铁钢　李　梅　主编

北京航空航天大学出版社

内容简介

本书是根据高职高专人才培养目标和教育部《高职高专机械基础教学基本要求》而编写的。全书分为13章，包括绪论、基础力学分析、平面机构的结构分析、平面连杆机构、凸轮机构、机械设计概述、带传动、齿轮传动、齿轮系、联接、轴承、轴和机电设备随机技术文件的编制。本书突出实用性、应用性、职业性和现代性。

本书既可作为高职高专相关专业的教材，也可供成人高校、本科院校的二级职业技术学院及相关工程技术人员使用。

本书配有课件，可发送邮件至 goodtextbook@126.com 申请索取，若需要其他帮助，可拨打 010-82317037 联系我们。

图书在版编目(CIP)数据

机械设计基础 / 卢铁钢，李梅主编. -- 北京 ：北京航空航天大学出版社，2019.1

ISBN 978-7-5124-2242-1

Ⅰ. ①机… Ⅱ. ①卢… ②李… Ⅲ. ①机械设计－高等职业教育－教材 Ⅳ. ①TH122

中国版本图书馆 CIP 数据核字(2018)第 265091 号

机械设计基础

卢铁钢　李　梅　主编

责任编辑　孙兴芳

*

北京航空航天大学出版社出版发行

北京市海淀区学院路 37 号(邮编 100191)　http://www.buaapress.com.cn

发行部电话：(010)82317024　传真：(010)82328026

读者信箱：goodtextbook@126.com　邮购电话：(010)82316936

北京宏伟双华印刷有限公司印装　各地书店经销

*

开本：787×1 092　1/16　印张：20.75　字数：531 千字

2019 年 1 月第 1 版　2019 年 1 月第 1 次印刷　印数：3 000 册

ISBN 978-7-5124-2242-1　定价：56.00 元

编 委 会

主　　编： 卢铁钢　李　梅

副 主 编： 宋奇慧　王　彤　何　鑫

编写人员： 卢铁钢（黑龙江农业工程职业学院）

李　梅（黑龙江农业工程职业学院）

宋奇慧（黑龙江农业工程职业学院）

王　彤（黑龙江农业工程职业学院）

李　敏（哈尔滨职业技术学院）

何　鑫（黑龙江农业工程职业学院）

王艳春（东北轻合金有限责任公司）

许光驰（黑龙江农业工程职业学院）

高军伟（黑龙江农业工程职业学院）

主　　审： 康国初（黑龙江农业工程职业学院）

前　言

为了进一步贯彻《国务院关于大力推进职业教育改革与发展的决定》的文件精神，加强职业教育教材的建设，满足现阶段职业院校对教材的要求，从机械工程类各专业学生必须具备的综合职业能力出发，按照高端技能型人才培养目标的需求，结合专业培养目标和用人单位的要求以及职业资格考试的需要而编写本书。

本书在内容上力求紧跟高职教育发展形势，突出实践与理论相结合，培养学生独立分析与思考的能力以及解决问题的能力。

(1) 服务专业，知识衔接。引入专业课程的相关知识，实现服务专业的理念，例如，将车床主传动系统的传动比计算安排在齿轮系中进行介绍；将滚珠丝杠传动系统的相关知识加入到联接件中进行介绍；将焊接后的强度分析安排在第5章进行介绍等。

(2) 具备一定的知识深度和教材应用广度。知识深度适中而广度增加，照顾到大多数学生的实际需求，同时咨询了不同专业教学的学习要求，可满足机械及近机械类专业的需要。

(3) 特色鲜明，适应性好。以专业课程设计为主线，即以我院的大量专利技术和创新设计竞赛内容为主线安排教学内容，将材料力学、理论力学、机械设计知识有机地融合到一起，根据实际需要增加了技术文件编制的内容，以锻炼学生对技术文件的编制能力。

本书由卢铁钢、李梅主编，康国初教授主审。卢铁钢、李梅负责课程总体构架和载体实施。卢铁钢负责编写第1、6章；李梅负责编写绪论和第11章；宋奇慧负责编写第7、8章，王彤负责编写第2、3章，何鑫负责编写第10、12章和附录，许光驰负责编写第9章，李敏负责编写第4章，王艳春和高军伟负责编写第5章，同时东北农业大学的苏微博士和黑龙江农业工程职业学院的曹克刚老师给本书提出了很多宝贵意见，在此表示感谢。全书由卢铁钢统稿。

由于编者水平有限，书中难免有错误和不当之处，真诚希望广大读者批评指正。

编　者

2018年5月

目　录

绪　论

0.1　机械设计初步

人类在生产和生活中为了节省劳动力，提高效率，创造出各种各样的机械设备，从而创造并发展了机械工程和机械学科。根据使用要求，对机械的工作原理、结构、运动方式、力和能量的传递方式、各个零件的材料和形状尺寸、润滑方法等进行构思、分析和计算，并将其转化为具体的描述以作为制造依据的工作过程就是机械设计。机械设计是机械工程的重要组成部分，是机械生产的第一步，是决定机械性能的最主要的因素。随着科学技术的发展，机械设计能力的高低已经成为衡量一个国家生产技术发展水平和现代化程度的重要标志之一。从事生产第一线技术、管理工作的技术人员必须熟悉有关机器的知识，掌握机械设计、制造、使用和维修的技术，本课程就是为培养掌握机械设计基本理论和基本能力的工程技术人员而设置的。随着国民经济的进一步发展，本课程在社会主义建设中的地位和作用已显得非常重要。

1. 机器概述

随着生产的不断发展，各种各样的机械越来越多地进入社会的各个领域，减轻了人们的劳动强度，提高了生产效率。

如图 0.1 所示的单缸内燃机，由气缸体(机架)1、曲柄 2、连杆 3、活塞 4、进气阀 5、排气阀 6、推杆 7、凸轮 8 及齿轮 9、10 组成，当燃气推动活塞做往复移动时，通过活塞带动连杆驱动曲柄

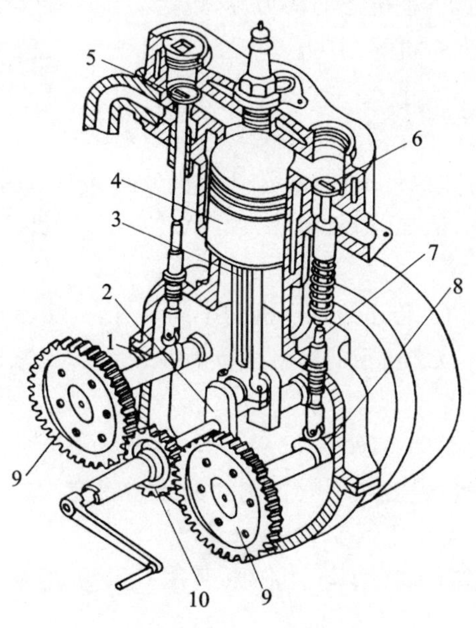

1—机架；2—曲柄；3—连杆；4—活塞；5—进气阀；6—排气阀；7—推杆；8—凸轮；9、10—齿轮

图 0.1　单缸内燃机

实现连续转动，从而将燃气的热能转换为曲柄的机械能。齿轮、凸轮和推杆的作用按一定的运动规律启闭阀门，以吸入燃气和排出废气。这种内燃机能量的转换主要由活塞 4、连杆 3、曲柄 2 和机架 1 构成的曲柄滑块机构，齿轮 9、10 和机架 1 组成的齿轮机构，凸轮 8、推杆 7 和机架 1 组成的凸轮机构，这 3 种不同的机构来实现的。

图 0.2 所示为物料翻转机[①]。物料翻转机是工厂自动化生产线上的组成部分，主要由电动机、带传动、减速器、四杆机构组成，通过电动机驱动翻转机构往复摆动，完成物料翻转 90°的工作任务。

2. 机器功能

一台机器就其各部分功能而言，主要由 5 部分组成，如图 0.3 所示。

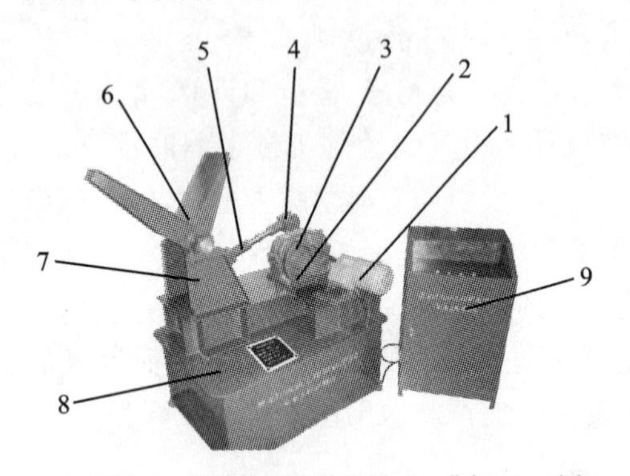

1—电动机；2—带传动；3—减速器；4—曲柄；5—连杆；6—翻转臂；7—机架；8—物料翻转机底座；9—控制台

图 0.2 物料翻转机

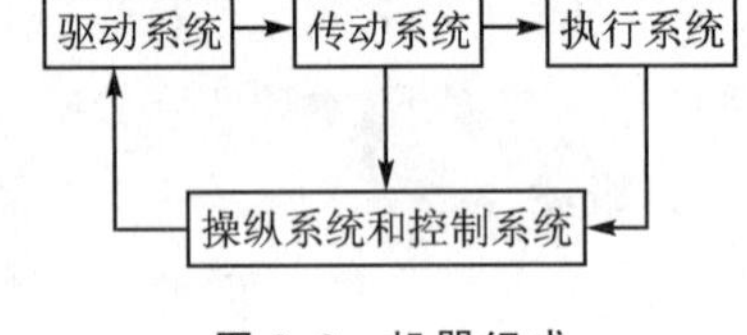

图 0.3 机器组成

(1) 驱动系统

驱动系统通常称为原动机，是机器的动力源，包括动力机及其配套装置。常用的动力机有电动机、内燃机、水轮机、蒸汽轮机等，其中，电动机应用最为广泛，例如物料翻转机采用的就是电动机驱动。

(2) 执行系统

执行系统包括执行机构和执行构件，通常处于机械系统的末端，其功能是按照工艺要求完成确定运动，实现预定工作。例如，物料翻转机的翻转臂、内燃机的活塞均为执行构件。

(3) 传动系统

传动系统是把原动机的动力传递给工作机的中间装置，其功能是实现运动和力的传递与变换，以适应工作机的需要。图 0.2 所示的物料翻转机中的带传动、减速器就组成了传动系统。

(4) 操纵系统和控制系统

操纵系统和控制系统使驱动系统、执行系统、传动系统彼此协调工作，并准确可靠地完成整个机器系统的装置，包括机械控制、电气控制和液压控制等。

3. 机器、机构的结构组成

尽管机器的种类繁多，其功能、结构、工作原理各不相同，但从结构和功能上看，各种机器都具有以下 3 个特征：

① 物料翻转机专利号：ZL 2010 2 0632825.2。

① 都是人为的实物组合；

② 组成机器的各实物单元之间具有确定的相对运动；

③ 可以代替人的劳动，实现能量转换或完成有用的机械功。

具有以上3个特征的实物组合称为机器，而仅具备前两个特征的实物组合称为机构。所谓机构，是指具有确定相对运动的各种实物的组合。机构能实现预期的机械运动，主要用来传递和变换运动。由此可见，机器是由机构组成的，但是从运动的角度来分析，两者并无区别，工程上将机器和机构统称为机械。

4. 构件与零件

在机器中作为一个整体运动的结构实体称为构件，构件是组成机器的最小运动单元。机构实质上就是两个以上构件相互可动连接而组成的构件系统。构件可以是单一的实体，也可以由若干彼此没有相对运动的实体连接而成。

机器中单一的实体称为零件。零件是组成机器的最小制造单元，如轴、齿轮、键、皮带等。

机器、机构、构件、零件之间的组成关系如图0.4所示。

零件（一个或多个）—静连接→构件（两个以上）—动连接→机构（一个或多个）—协调组合→机器

图0.4　机器的结构组成

0.2　本课程的性质和基本要求

本课程是融静力学、材料力学、机械原理和机械零件等有关内容为一体的综合性专业基础课程，是以培养机械设计人才为主的重要入门课程，为以机械学为主干学科的各专业学生提供机械设计的基础知识、基础理论和基本方法的训练。通过本课程的学习，应达到如下基本要求：

① 熟悉常用机构的工作原理、特点和应用场合，了解常用机构结构尺寸的确定方法；

② 掌握对常用机构进行静力分析的基本知识；

③ 熟悉通用零件的工作原理、特点、结构及标准，掌握选用通用零件的基本方法；

④ 掌握如何选择零件材料及热处理方法，了解构件强度和刚度计算的基本方法；

⑤ 学会使用标准、规范、手册和图册等有关技术资料以及编写设计技术文件的方法。

0.3　本课程的特点和学习方法

本课程是一门综合性、实践性很强的专业基础课程，因此，学生在学习时必须掌握本课程的特点，在学习方法上尽量做到知识由单科向综合、由抽象向具体、由理论向实践的转变，在学习过程中应注意以下几点：

① 理论联系实践，注重知识综合运用能力的培养。本课程内容与工程实际联系密切，学习时要利用各种机会深入生产现场，注重理论联系实践，同时注意先修课程知识的综合应用，合理运用设计手册、网络资源、已有设备等，为完成机械设计提供帮助。

② 把握“设计”主线，深入学习设计的一般规律。学习本课程一定要抓住“设计”主线，把本课程的各章节内容串联起来，熟练掌握设计机械零部件的一般规律，起到事半功倍的效果。

③ 努力培养解决工程实际问题的能力。要多看、多问、多想、多练，按照工程实际问题的思维方式逐步培养、提高机械设计能力。

第1章　基础力学分析

1.1　静力学基础

1.1.1　静力学基本概念

静力学是研究物体在力系作用下的平衡规律的科学。在学习过程和工程实际中，常常要接触到一些十分重要的概念。本小节首先介绍几个最常用又十分重要的静力学基本概念，包括其定义、主要特征、表达方式、计算方法、单位等，而涉及这些概念的基本性质将在后面的有关章节进行详细讨论。

1. 力的概念、三要素及表示方法

力是物体间相互的机械作用，其作用效应是使物体的运动状态发生改变和使物体产生变形。力使物体运动状态发生改变的效应称为外效应或运动效应；力使物体产生变形的效应称为力的内效应或变形效应。

力对物体作用的效应取决于力的大小、方向和作用点，通常称为力的三要素。需要特别指出的是：力的方向包括方位和指向两个因素。由于力的大小和方向具有矢量的特征，力的合成又服从矢量合成规则，所以力是一种矢量。力是一个既有大小又有方向的物理量，称为力矢量。在力学分析中，力矢量一般用几何图形和字符两种方式表达。力矢量的几何图形表达用有向线段表示，如图1.1所示。线段的长度(按照一定的比例尺)表示力的大小；线段的方位和箭头表示力的方向；线段的起点表示力的作用点。

力矢量的字符表达一般用粗斜体英文字母 $\boldsymbol{F}$、$\boldsymbol{P}$、$\boldsymbol{T}$ 等表示(作业中书写时，由于字母的粗体和普通体不便于区别表达，所以要求在所用字符的顶上加一小箭头如 $\vec{F}$ 或加一小横如 $\bar{F}$ 来表示一个力矢量)，当只表达力矢量的大小时，通常用同一字母的普通斜体如 F、P、T 表示(作业中书写时，用不加任何顶标的字母表示)。力的单位用N(牛顿)或kN(千牛顿)表示。

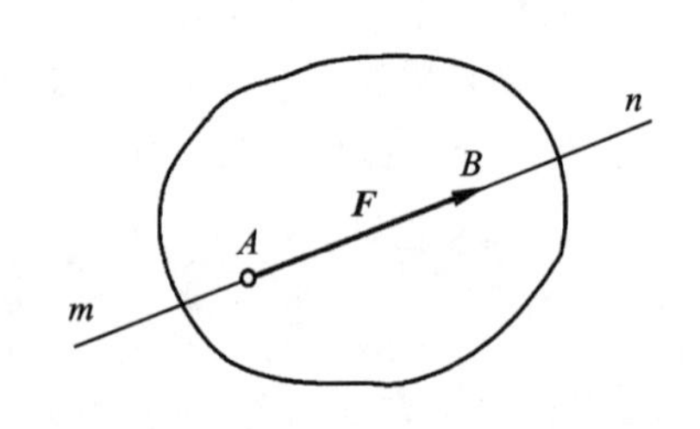

图1.1　力矢量

2. 力系与等效力系

若干个力组成的系统称为力系，如果一个力系与另一个力系对物体的作用效应相同，则这两个力系互称为等效力系。

3. 平　衡

物体的平衡就是指物体相对于周围物体保持其静止或匀速直线运动的状态。

4. 刚　体

刚体是指在力的作用下其大小和形状都保持不变的物体。刚体只是一种抽象化的力学模型。任何物体在力的作用下都会产生或多或少的变形，但微小变形对所研究物体的平衡不起主要作用,可以忽略不计,这样可以使问题大大简化。静力学研究的物体只限于刚体,或由若干个刚体组成的刚体系统。

1.1.2　静力学公理

所谓公理,就是指符合客观实际,不能用更简单的原理去代替,也无需证明而为大家所公认的普遍规律。它们构成了静力学的全部理论基础。

公理一:二力平衡公理

作用于同一刚体上的两个力,使刚体平衡的必要且充分条件是:这两个力大小相等,方向相反,作用在同一直线上(两力等值、反向、共线),这称为二力平衡条件。显然,这样两个力的合力为零。

只受两个力的作用而保持平衡的刚体称为二力体。如图 1.2 所示,若略去拉杆的自重和伸长,则该拉杆就是一个二力体。杆两端所受的一对拉力的大小相等,方向相反,作用线与杆轴重合。

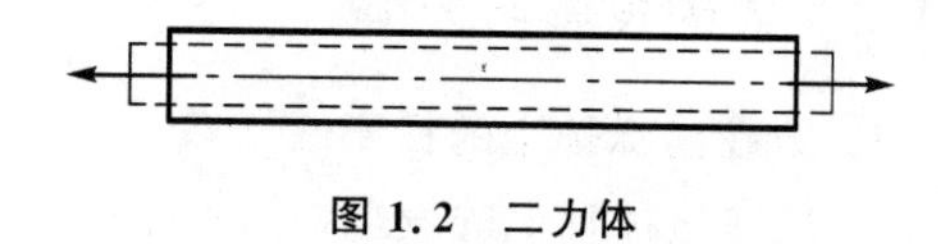

图 1.2　二力体

公理二:加减平衡力系公理

在已知力系中加上或减去任意一个平衡力系,并不会改变原力系对刚体的作用效果。

由于平衡力系中的各力对刚体的作用效应相互抵消,使物体保持平衡或运动状态不变,显然可知公理二的正确性。这个公理是力系简化的重要理论依据。

推论:力的可传性原理

作用于刚体上的力可沿其作用线移至刚体内任意一点,而不改变此力对刚体的作用效果。力的这一性质称为力的可传性原理,如图 1.3 所示。必须注意,力的可传性原理只适用于刚体而不适用于变形体。

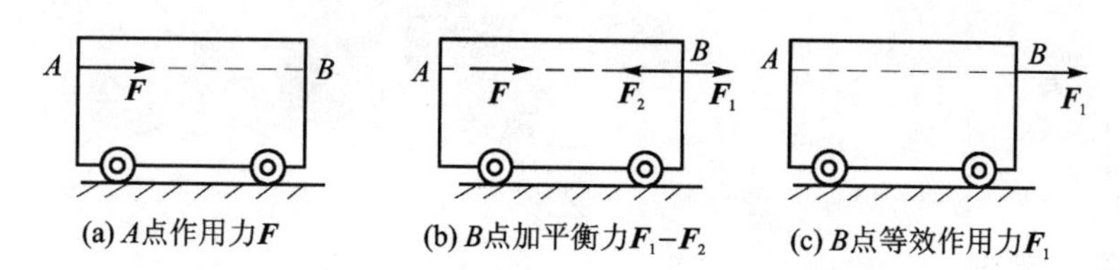

图 1.3　力的可传性原理示意图

公理三:力的平行四边形法则

作用于物体上同一点的两个力可以合成为一个合力,合力也作用于该点,合力的大小和方向由以这两分力为邻边所构成的平行四边形的对角线表示,如图 1.4 所示,即合力 $\boldsymbol{R}$ 等于两分力 $\boldsymbol{F}_1$ 与 $\boldsymbol{F}_2$ 的矢量和(或称几何和),即

$$\boldsymbol{R}=\boldsymbol{F}_1+\boldsymbol{F}_2$$

公理四:作用与反作用定律

两物体相互作用时,作用力与反作用力总是同时存在的,其大小相等、方向相反且沿同一直线,分别作用在两个物体上。

这个公理概括了自然界中物体间相互作用力的关系,表明作用力与反作用力总是同时成对地出现。已知作用力就可以知道反作用力,它是进行物体受力分析时必须遵循的重要依据。因为机械中力的传递是通过零件之间的作用与反作用进行的。作用力与反作用力如图 1.5 所示。

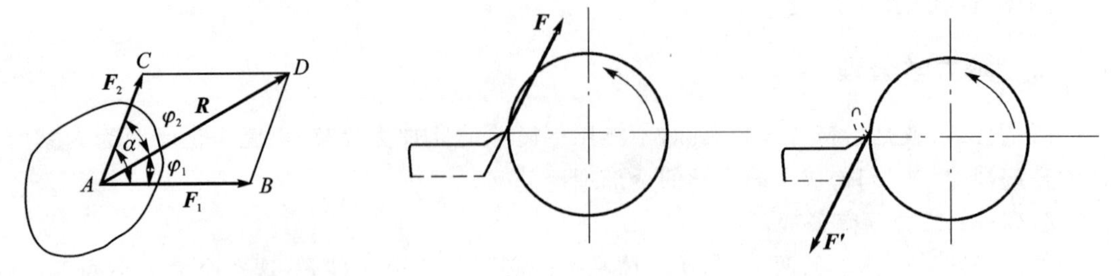

图 1.4　力的平行四边形法则

图 1.5　作用力与反作用力

1.1.3　力的投影与分解

1. 力在坐标轴上的投影

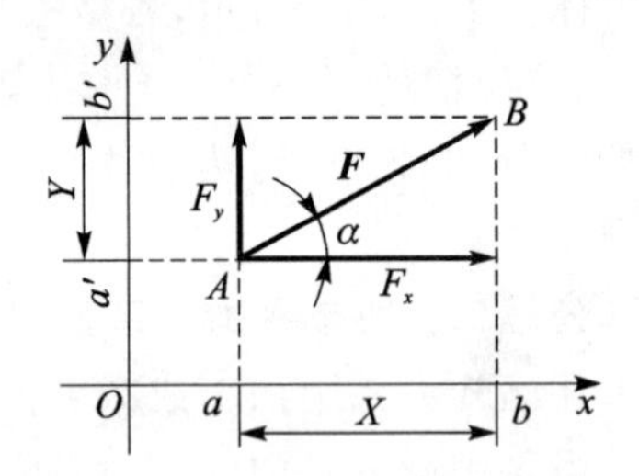

图 1.6　力在坐标轴上的投影

力 $\boldsymbol{F}$ 在坐标轴上的投影(见图 1.6)定义为:过 $\boldsymbol{F}$ 两端向两坐标轴作垂线,垂足分别为 a、b 和 a'、b',其线段 ab 和 $a'b'$ 的长度称为力 $\boldsymbol{F}$ 在 x 轴和 y 轴上的投影大小,用 F_x、F_y 表示。

投影的正负号规定为:若从 a 到 b 的指向与 x 轴的正向一致,则投影 F_x 为正值,反之为负值。设力 $\boldsymbol{F}$ 与 x 轴所夹的锐角为 α,则

$$\left.\begin{aligned}\sum F_x &= \pm F\cos\alpha \\ \sum F_y &= \pm F\sin\alpha\end{aligned}\right\} \tag{1.1}$$

若已知力的投影 F_x 和 F_y,则力 $\boldsymbol{F}$ 的大小和方向可由式(1.2)求出:

$$\left.\begin{aligned}F &= \sqrt{\sum F_x^2 + \sum F_y^2} \\ \tan\alpha &= \left|\frac{\sum F_y}{\sum F_x}\right|\end{aligned}\right\} \tag{1.2}$$

2. 合力投影定理

合力投影定理建立了合力的投影与分力投影的关系。若一个平面内有 n 个分力,则合力在任意轴上的投影等于各分力在同轴上投影的代数和,这一结论称为合力投影定理,即

$$F_{\boldsymbol{R}} = F_{1x} + F_{2x} + \cdots + F_{nx} = \sum F_x \tag{1.3}$$

式中:$F_{\boldsymbol{R}}$ 为合力 $\boldsymbol{R}$ 在 x 轴上的投影,F_x 为分力 $F_{ix}(i=1,2,\cdots,n)$在 x 轴上的投影。

1.2　力矩与力偶

1.2.1　力　矩

力矩是力对物体转动效应的度量。

用扳手拧动螺钉(见图 1.7),作用于扳手一端的力 $\boldsymbol{F}$ 使扳手绕螺钉的中心点 O 转动。这

是力对物体的转动效应，它不仅与力 $\boldsymbol{F}$ 的大小和方向有关，还与力作用点的位置有关。在力学上以力对点之矩（简称力矩）表示力 $\boldsymbol{F}$ 使物体绕点 O 的转动效应，用 $M_O(\boldsymbol{F})$ 表示，即

$$M_O(\boldsymbol{F}) = \pm Fd \tag{1.4}$$

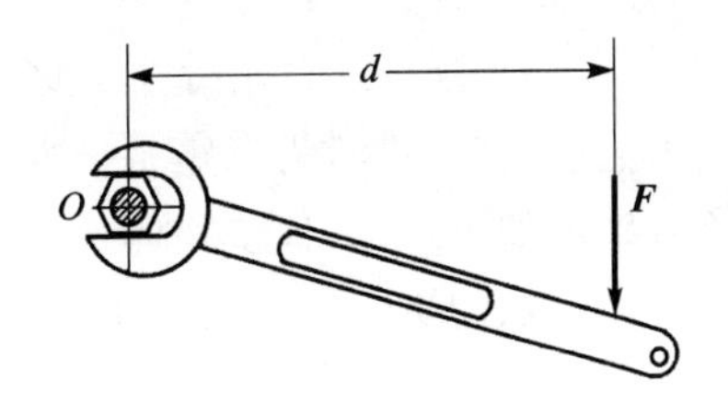

图1.7 扳手拧螺丝

转动点 O 称为矩心，矩心到力作用线的垂直距离 d 称为力臂。其正负号的规定为：如果力使物体转动的方向或者说力矩的转向是逆时针，则取正号；反之，取负号。

力矩具有大小和转动方向，但平面力矩是代数量。

在国际单位制中，力矩的单位是 N·m（牛·米）或 kN·m（千牛·米）。

由上述内容可知：

① 当力的大小为零时，力矩为零；

② 当力的作用线通过矩心时，力臂为零，故力矩为零；

③ 当取不同的矩心时，力臂和转动方向都可能改变，故同一力对不同矩心的力矩一般并不相等。

1.2.2 合力矩定理

设刚体受到某一平面力系的作用，此力系由力 $\boldsymbol{F}_1, \boldsymbol{F}_2, \cdots, \boldsymbol{F}_n$ 组成，其合力为 $\boldsymbol{R}$。在平面内任选一点 O 作为矩心，合力 $\boldsymbol{R}$ 与各分力 $F_i(i=1,2,\cdots,n)$ 的力矩均可按式(1.4)计算。由于合力与整个力系等效，故合力对点 O 的力矩等于各分力对点 O 之矩的代数和，这一结论称为合力矩定理，即

$$M_O(\boldsymbol{R}) = M_O(\boldsymbol{F}_1) + M_O(\boldsymbol{F}_2) + \cdots + M_O(\boldsymbol{F}_n) = \sum M_O(\boldsymbol{F}_i) \tag{1.5}$$

1.2.3 力偶及其性质

1. 力　偶

作用在同一刚体上的一对等值、反向而不共线的平行力称为力偶（见图1.8），记为 $(\boldsymbol{F}, \boldsymbol{F}')$。两力 $\boldsymbol{F}, \boldsymbol{F}'$ 之间的距离称为力偶臂，用 d 表示。

实践证明，力偶只改变刚体的转动状态。力偶使物体转动的作用效果可由组成力偶的两力对某一点的矩的代数和来度量，称为力偶矩，用 $M_O(\boldsymbol{F}, \boldsymbol{F}')$ 或 M 表示，表示力偶对物体转动的作用效果。

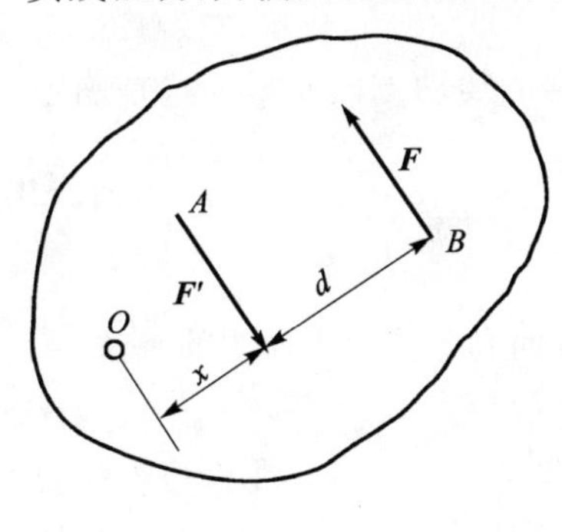

图1.8 力　偶

设刚体上作用有力偶 $(\boldsymbol{F}, \boldsymbol{F}')$，如图1.8所示，在图面内任取一点 O 作为矩心，由图可知，

$$M_O(\boldsymbol{F}) = F(d + x)$$

$$M_O(\boldsymbol{F}') = -F'x$$

式中：d 为力偶臂。

因 $F = F'$，可得

$$M_O(\boldsymbol{F}') = -F'x = -Fx$$

故力偶$(\boldsymbol{F},\boldsymbol{F}')$对矩心 O 的矩为

$$M_O(\boldsymbol{F})+M_O(d+x)=F(d+x)-Fx=Fd$$

由上述内容可知,力偶矩是代数量,其绝对值等于力偶中一力的大小与力偶臂的乘积,其正负号确定如下:当力偶使物体逆时针转动时,力偶矩取正值;反之,取负值。由力偶对其作用平面内任一点的矩恒等于力偶矩可得

$$M=Fd \tag{1.6}$$

力偶矩的单位与力矩的单位相同,均为 N·m 或 kN·m。

2. 力偶的性质

① 力偶中两力在任一轴上投影的代数和等于零。力偶所包含的两个力既不平衡,也无合力,还不能用一个力来平衡,是一种最基本的力系。力和力偶是静力学的两个基本要素,对刚体只能产生转动效应。

② 力偶对其作用面内任意一点之矩恒等于力偶矩,而与矩心位置无关。

1.2.4 平面力偶系的合成与平衡

作用在刚体上同一平面内的几个力偶称为平面力偶系。可以证明,若平面力偶系能与一个力偶等效,则这个力偶称为该平面力偶系的合力偶,合力偶矩等于力偶系中各力偶矩的代数和。

1.3 受力分析与受力图

1.3.1 约束与约束力

在空间不受限制而自由运动的物体称为自由体。通常,物体总是以各种形式与其他物体互相联系、互相制约,从而不能自由运动,这种运动受到限制而不能作任意运动的物体称为非自由体。

在分析物体的受力情况时,常将力分为给定力和约束力。

给定力(又称载荷)通常是已知的。常见的给定力有重力、磁力、流体压力、弹簧的弹力和某些作用在物体上的已知力。

对物体运动起限制作用的其他物体称为约束物,简称约束。被限制的物体称为被约束物。约束对被约束物的力称为约束力。约束力是物体间直接接触时产生的,作用在接触处,其作用是限制被约束物的运动,故约束力的方向与该约束所能限制的运动方向相反。这是确定约束力方向的原则。约束力的大小通常未知,需由平衡条件求出。

1.3.2 约束类型

下面将介绍几种机械上常见的约束,并说明约束力的方向和某些约束简图的画法。

1. 柔性约束

工程中的链条、胶带和钢丝绳都可以简化为柔性约束(见图 1.9(a))。理想的柔性约束只能承受拉力。被柔性约束约束着的物体,仅仅不能沿着拉长柔性约束的方向运动,故物体所受的约束力是拉力,其作用线与柔索重合。因此,柔性约束对物体的约束反力作用在接触点上,

方向沿着柔性约束背离物体(见图 1.9(b))。

2. 光滑面约束

绝对光滑的接触面(简称光滑面)和被约束物之间没有摩擦。被约束物不能压入面内,但可沿接触面的切线滑动。因此,光滑面对被约束物的约束反力通过接触点,作用线与接触点的公法线重合,指向被约束物表面(见图 1.10)。

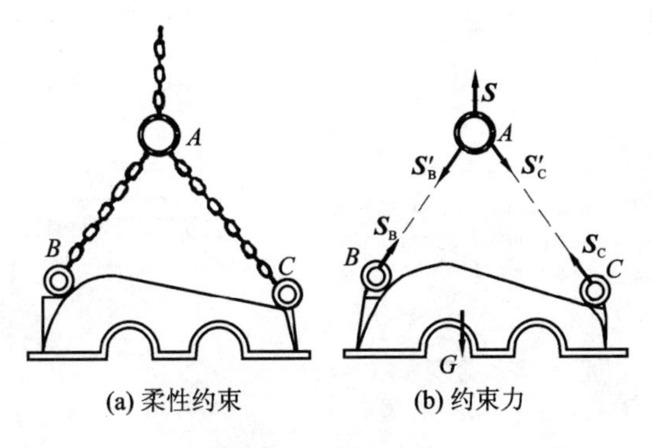

图 1.9　柔性约束

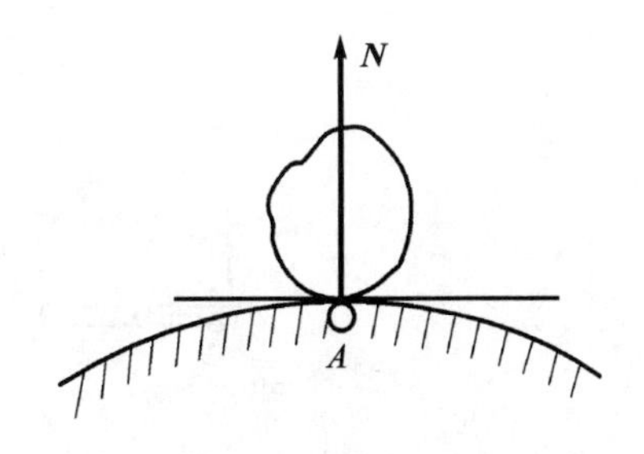

图 1.10　光滑面约束

3. 光滑圆柱表面约束

(1) 固定铰链支座

约束物与被约束物以光滑圆柱面相联接,再用圆柱销钉连接起来,使物体只能绕销钉的轴线转动(见图 1.11(a)),这种约束称为光滑圆柱铰链,简称柱铰或铰链约束(见图 1.11(b))。当约束物固定不动时,这种柱铰称为固定铰链支座约束,简称固定铰支座,如图 1.12(a)所示。图 1.12(b)所示为固定铰链支座的简图和约束力的画法。

被约束的物体可绕销钉转动,铰链中的销钉与物体的圆柱孔之间不计摩擦,可看成光滑面约束,因此可确定约束反力,但约束反力的大小及方向均未知,在受力分析中,通常可将固定支座的约束力用两个正交分力 $\boldsymbol{N}_x$ 和 $\boldsymbol{N}_y$ 表示(见图 1.12(b))。

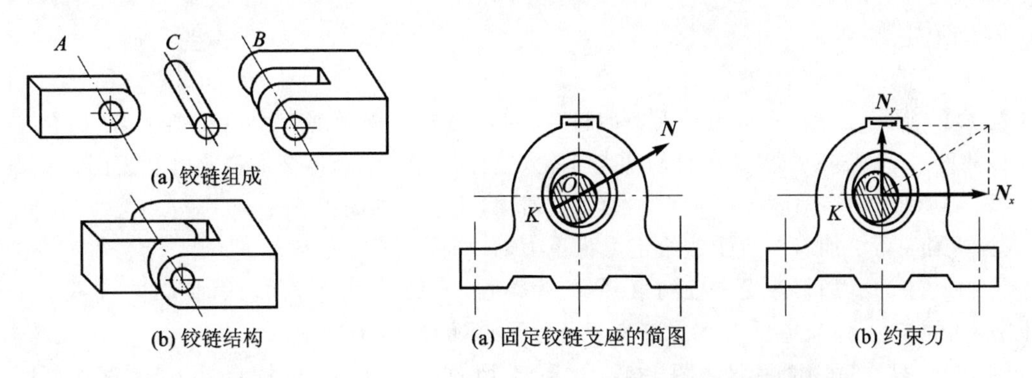

图 1.11　中间铰链

图 1.12　固定铰链支座

(2) 中间铰链

若构成光滑圆柱表面约束的两个物体都可以运动,两个物体互为约束,则这种约束称为中间铰链,如图 1.13(a)所示。与固定铰支座类似,其中任一物体所受中间铰链的约束反力可由两个正交分力 $\boldsymbol{N}_x$ 和 $\boldsymbol{N}_y$ 表示。图 1.13(a)和(b)所示分别为中间铰链和固定铰链支座的简图和约束力的画法。

(3) 可动铰链支座

可动支座是可动铰链支座的简称，它由柱铰1、支座2和搁在支承面上的滚子3等组成（见图1.14(a)），是一种复合的约束。由图1.14(a)可见，由于可动支座的约束，被约束物的A端不能向下运动（因滚子不能压入支承面），但它平行于支承面的运动却不受限制，因此，可动支座约束力的方向与支承面垂直（与光滑面约束的约束力相似）。图1.14 (b)所示为可动支座的简图和约束力画法。

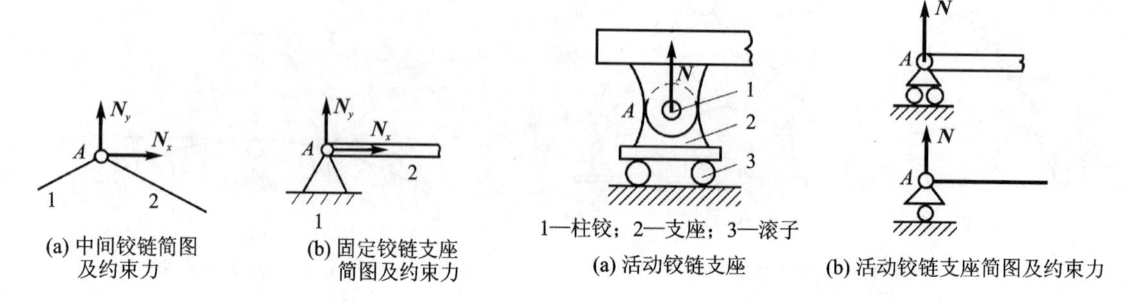

图1.13 中间铰链简图

图1.14 可动铰链支座

1.3.3 受力图

在求解静力平衡问题时，必须首先分析物体的受力情况，即进行受力分析。受力分析就是根据问题的已知条件和待求量，选择适当物体分析约束类型，研究物体受到的约束反力，将这些力全部画在图上。该物体称为研究对象，所画出的图形称为受力图。受力图只需显示出力的三要素和约束类型即可，构件可用简单线条组成简图表示。

画受力图的一般步骤如下：

① 确定研究对象；

② 画给定力；

③ 画约束力。

例1.1 图1.15(a)所示为冲天炉加料斗，该加料斗由钢丝绳牵引沿轨道上升，加料斗连同物料共重G，重心在C点。不计轨道与车轮之间的摩擦，试画出该加料斗的受力图。

解 ① 确定研究对象。以加料斗为研究对象，将它单独画出。

② 画给定力。加料斗所受的给定力为重力$\boldsymbol{G}$，作用于C点。

③ 画约束力。加料斗受三处约束：D处为柔索，A及B为光滑面。因此，加料斗受到3个约束力：绳的拉力$\boldsymbol{S}$、轨道反力$\boldsymbol{N}_A$和$\boldsymbol{N}_B$，受力图如图1.15(b)所示。

例1.2 悬挂重物的吊架如图1.16所示，重物的重量为G。各杆自重不计，试在原图上分别画出重物和杆ACD的两个受力图，并分析这种画法是否恰当。

解 ① 确定研究对象。先取重物为研究对象。

② 画给定力。重物所受的给定力为重力$\boldsymbol{G}$。

③ 画约束力。约束力为绳的拉力$\boldsymbol{S}$。再以杆ACD为研究对象，它在三处受到约束：固定支座A、撑杆BC（二力体）和D端柔索，故杆ACD受到4个力：支座的两正交分力$\boldsymbol{N}_{Ax}$和

$\boldsymbol{N}_{Ay}$ 以及撑杆压力 $\boldsymbol{N}_C$ 和绳的拉力 $\boldsymbol{S}'$。受力图如图 1.16 所示。

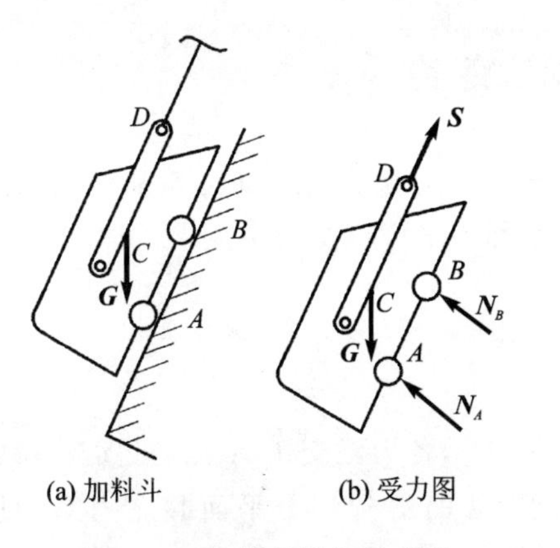

(a) 加料斗　　(b) 受力图

图 1.15　加料斗及其受力图

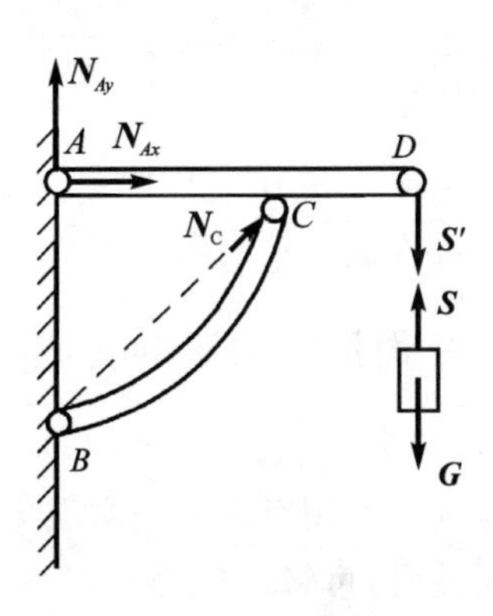

图 1.16　吊　架

由图 1.16 可见，将两个受力图画在同一图上虽可减少作图工作量，但图面线条多，何物为研究对象以及何力作用于何物均易混淆，初学者不宜采用这种方法。

例 1.3　在图 1.17(a)中，圆柱 O 的重量为 G，杆 AB 和 BC 的重量不计。图 1.17(b)所示为 AB 杆的受力图，图 1.17(c)所示为以圆柱 O 和杆 AB 组成的物系为研究对象的受力图。试分析两受力图中有哪些错误。

解

1）图 1.17(b)中的错误

① AB 不是二力体，A 处为固定支座，约束力画错；

② D 处是光滑面，其约束力方向画错；

③ BC 是二力体，它对 AB 杆的约束力方向可以确定，B 处约束力不必画成正交分力，以免增加未知量。

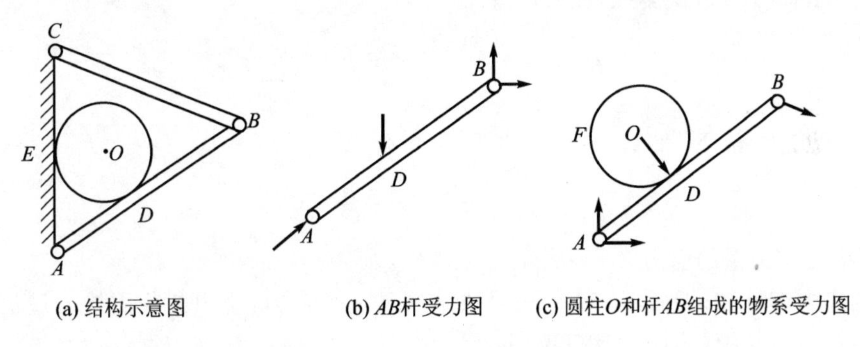

(a) 结构示意图　　(b) AB杆受力图　　(c) 圆柱O和杆AB组成的物系受力图

图 1.17　例 1.3 图

2）图 1.17(c)中的错误

① 漏画重力 $\boldsymbol{G}$；

② 漏画 E 处约束力；

③ D 处多画了一个内力；

④ B 处所画的力是被约束物对二力体的拉力，不是它本身所受的力。

读者可自行画出正确的受力图。

1.4 平面汇交力系

按照力系中各力的作用线是否在同一平面内,可将力系分为平面力系和空间力系。若各力作用线都在同一平面内并汇交于一点,则此力系称为平面汇交力系。

1.4.1 平面汇交力系的合成

1. 几何法

设刚体上作用有一个平面汇交力系 $\boldsymbol{F}_1,\boldsymbol{F}_2,\cdots,\boldsymbol{F}_n$,各力汇交于 A 点(见图 1.18(a))。根据力的可传性,可将这些力沿其作用线移到 A 点,从而得到一个平面共点力系(见图 1.18(b)),显然这两个力系等效,故平面汇交力系可简化为平面共点力系。

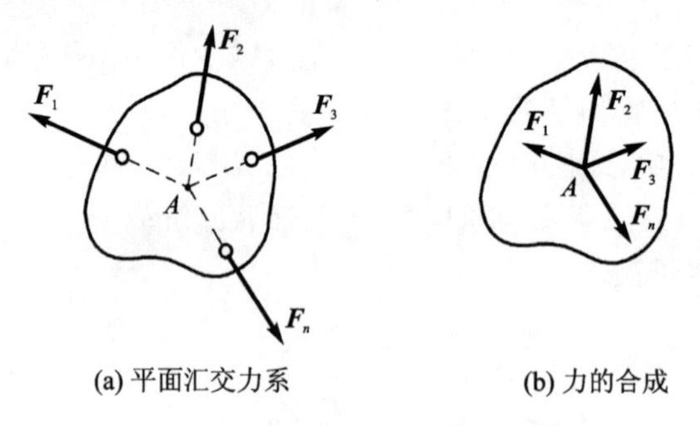

图 1.18 平面汇交力系及力的合成

连续应用力的平行四边形法则可将平面共点力系合成为一个力。在图 1.18(a)中,先合成 $\boldsymbol{F}_1$ 与 $\boldsymbol{F}_2$(图中未画出力平行四边形),可得力 $\boldsymbol{R}_1$,即 $\boldsymbol{R}_1=\boldsymbol{F}_1+\boldsymbol{F}_2$;再将 $\boldsymbol{R}_1$ 与 $\boldsymbol{F}_3$ 合成为 $\boldsymbol{R}_2$,即 $\boldsymbol{R}_2=\boldsymbol{R}_1+\boldsymbol{F}_3$;依次类推,最后可得

$$\boldsymbol{R}=\boldsymbol{F}_1+\boldsymbol{F}_2+\cdots+\boldsymbol{F}_n=\sum_{i=1}^{n}\boldsymbol{F}_i$$

或简写为(以下均将 $\sum\limits_{i=1}^{n}$ 简写为 $\sum$)

$$\boldsymbol{R}=\sum\boldsymbol{F}_i \tag{1.7}$$

式中:力 $\boldsymbol{R}$ 是该力系的合力。

由上述内容可知,平面汇交力系的合成结果是一个合力,合力的作用线通过汇交点,其大小和方向各由力系中各力的矢量和确定。

因合力与力系等效,故平面汇交力系的平衡条件是该力系的合力为零。

2. 解析法

应用合力投影定理,可以求出平面汇交力系合力的大小和方向。

设图 1.19(a)所示的平面共点力系 $\boldsymbol{F}_1,\boldsymbol{F}_2,\cdots,\boldsymbol{F}_n$ 与某一平面汇交力系等效,各力在坐标轴 x 和 y 上的投影分别为 $F_{1x},F_{2x},\cdots,F_{nx}$ 和 $F_{1y},F_{2y},\cdots,F_{ny}$。由式(1.7)可得合力 $\boldsymbol{R}$ 在两轴上的投影为

$$\left.\begin{aligned} F_x &= F_{1x} + F_{2x} + \cdots + F_{nx} = \sum F_{ix} \\ F_y &= F_{1y} + F_{2y} + \cdots + F_{ny} = \sum F_{iy} \end{aligned}\right\} \tag{1.8}$$

由式(1.2)可求出合力的大小和方向为(见图1.19(b))

$$\left.\begin{aligned} R &= \sqrt{F_x^2 + F_y^2} = \sqrt{(\sum F_{ix})^2 + (\sum F_{iy})^2} \\ \tan\alpha &= \left|\frac{F_y}{F_x}\right| = \left|\frac{\sum F_{iy}}{\sum F_{ix}}\right| \end{aligned}\right\} \tag{1.9}$$

式中:α为合力$\boldsymbol{R}$与x轴所夹的锐角。合力的方向根据角α和投影X_R、Y_R的正负号来确定。

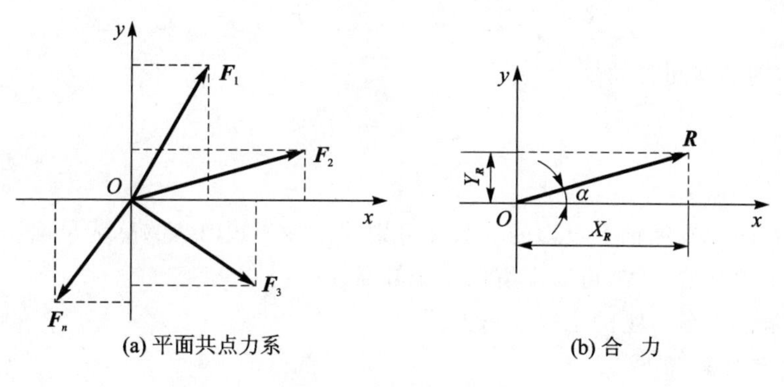

图1.19　合力投影

例1.4　某组合机床同时在工件上钻出4个径向孔(见图1.20)。各钻头对工件的轴向压力的大小分别为$F_1=250$ N,$F_2=500$ N,$F_3=300$ N,$F_4=1\ 000$ N,方向如图1.20所示。求这些力的合力。

解　以工件为研究对象,力$\boldsymbol{F}_1$、$\boldsymbol{F}_2$、$\boldsymbol{F}_3$、$\boldsymbol{F}_n$组成平面汇交力系,取坐标系xOy如图1.20所示,由式(1.2)求得各力在x、y轴上的投影列于表1.1。

表1.1　各力在x、y轴上的投影

投　影	力/N			
	F_1	F_2	F_3	F_4
x	0	−353.6	−300	866
y	−250	−353.6	0	500

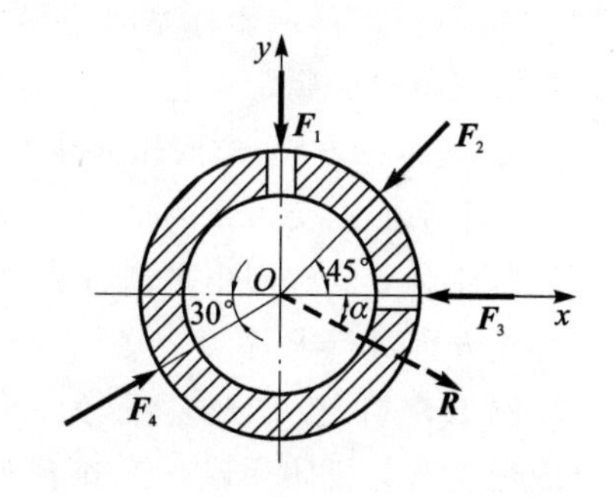

图1.20　工　件

按式(1.8)可得合力在x、y轴上的投影为

$$F_x = 212.4\ \text{N},\quad F_y = -103.6\ \text{N}$$

由式(1.9)可得合力的大小及方向分别为

$$R = \sqrt{F_x^2 + F_y^2} = \sqrt{212.4^2 + (-103.6)^2} \approx 236.3\ \text{N}$$

$$\tan\alpha=\left|\frac{F_y}{F_x}\right|=\left|\frac{-103.6}{212.4}\right|=0.4878\text{，得 }\alpha=26.01^\circ$$

因为 $F_x>0, F_y<0$，故从原点 O 画出的合力 $\boldsymbol{R}$ 在第四象限中，与 x 轴的夹角 $\alpha=26.01^\circ$，如图 1.20 中的虚线所示。

1.4.2 平面汇交力系的平衡方程和解题步骤

平衡条件的解析表达式称为平衡方程，用平衡方程求解平衡问题的方法称为解析法。当平面汇交力系的合力 R 为零时，由式(1.9)应有

$$R=\sqrt{\left(\sum F_{ix}\right)^2+\left(\sum F_{iy}\right)^2}=0$$

欲使上式成立，则必须同时满足

$$\left.\begin{aligned}\sum F_{ix}=0\\ \sum F_{iy}=0\end{aligned}\right\}\tag{1.10}$$

即力系中各力在两个坐标轴上投影的代数和分别等于零。式(1.10)称为平面汇交力系的平衡方程。这是两个独立的方程，可以求解两个未知量。

用解析法求解平衡问题的主要步骤如下：

1. 选取研究对象

根据题意的要求，选取适当的物体为研究对象。研究物系平衡时，往往要讨论几个不同的研究对象。

2. 进行受力分析

逐一分析研究对象所受各力的三要素，在简图上画出它所受的全部已知力和未知力，即按 1.3 节中所述的方法画出受力图。

3. 选取坐标轴，计算各力的投影

为简化计算，取坐标系时应尽可能使未知力垂直或平行于坐标轴。应用式(1.2)时，应注意投影正负号的判定。

4. 列平衡方程，求解未知量

一个平面汇交力系的平衡方程只能解出两个未知量。因此，对于物系平衡问题，常需对不同的研究对象分别列出平衡方程。若未知数的数目超过平衡方程的数目，则有时可由题意列出补充方程进行求解。

例 1.5 图 1.21(a)所示为一简易起重机，其支架 ABC 由杆 AB 与杆 BC 铰接而成，并通过固定支座与机体相连。铰链 B 处装有定滑轮。绞车 D 通过定滑轮 B 匀速提升重物 Q。若已知物体 Q 的重量 $G=4$ kN，$\alpha=15^\circ$，$\beta=45^\circ$，不计两杆和滑轮的自重、滑轮大小及摩擦，求支杆 AB 和 BC 所受的力。

解 选滑轮 B 为研究对象。

受力分析：滑轮受到绳的拉力 $\boldsymbol{F}_1$ 和 $\boldsymbol{F}_2$。由于不计摩擦和滑轮的大小，这两力都可视为作用在 B 点上，且大小相等($F_1=F_2=G=4$ kN)；滑轮还受到二力体 AB 和 BC 的作用力 $\boldsymbol{S}_A$ 和 $\boldsymbol{S}_C$(均先假设为拉力)，这 4 个力组成平面汇交力系。受力图如图 1.21(b)所示。

取坐标系 xBy，如图 1.21(b)所示，算出各力的投影，由式(1.10)可列出滑轮 B 的平衡方

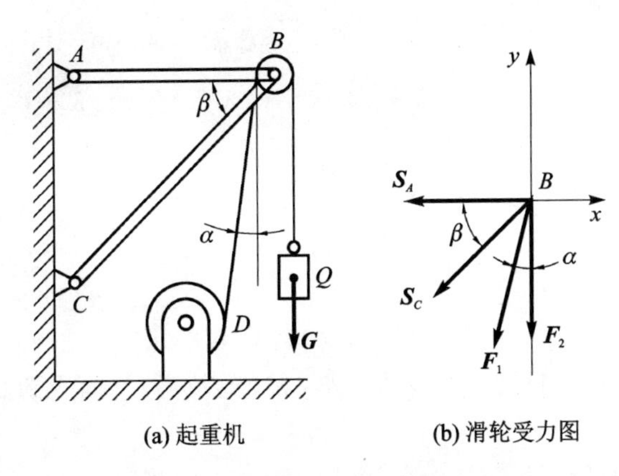

(a) 起重机　　(b) 滑轮受力图

图 1.21　简易起重机及滑轮受力图

程，如下：

$$\sum F_{ix}=0,\quad -S_A-S_C\cos\beta-F_1\sin\alpha=0 \tag{例 1.5a}$$

$$\sum F_{iy}=0,\quad -S_C\sin\beta-F_1\cos\alpha-F_2=0 \tag{例 1.5b}$$

由式(例 1.5b)得

$$S_C=\frac{-G(1+\cos\alpha)}{\sin\beta}$$

将上式代入式(例 1.5a)，得

$$S_A=\frac{G}{\sin\beta}[\cos\beta+\cos(\alpha+\beta)]$$

代入已知数据可得

$$S_C=-11.12\ \text{kN},\quad S_A=6.83\ \text{kN}$$

S_C 为负值，表示力 S_C 的实际方向与原来假设的相反，即杆 BC 受压。由力的作用和反作用定律可知，杆 AB 所受拉力的大小为 6.83 kN，杆 BC 所受压力的大小为 11.12 kN。

应当指出，当二力杆的拉压情况不易判别时，可先一律假定受拉，当求出拉力为负值时，即可判明它实际受压，而不必事先猜测杆的变形种类。

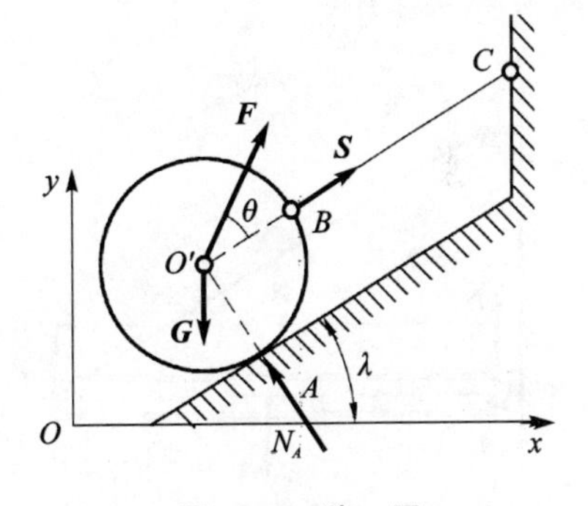

图 1.22　滚　子

例 1.6　斜面上一滚子，其重量 $G=2$ kN，用平行于斜面的绳 BC 系住，并受一力 $F=0.2$ kN 的作用(见图 1.22)。图 1.22 中 $\theta=30^\circ$，斜面倾角 $\lambda=30^\circ$，不计摩擦。

试求：(1) 绳和斜面所受力的大小？

(2) 力 F 增为多大才能拉动滚子？

解　取滚子为研究对象，它分别受到给定力 $\boldsymbol{F}$、重力 $\boldsymbol{G}$、绳的拉力 $\boldsymbol{S}$ 和斜面约束力 $\boldsymbol{N}_A$ 的作用，受力图见图 1.22。取坐标系 xOy(见图 1.22)，并计算出各力的投影。

(1) 滚子静止时

由式(1.10)列出平衡方程如下：

$$\sum F_{ix}=0,\quad F\cos(\lambda+\theta)+S\cos\lambda-N_A\sin\lambda=0 \tag{例 1.6a}$$

$$\sum F_{iy}=0,\quad F\sin(\lambda+\theta)+S\sin\lambda+N_A\cos\lambda-G=0 \tag{例 1.6b}$$

联解式(例 1.6a)和式(例 1.6b),因 $\lambda=\theta$,故

$$S=G\sin\theta-F\cos\theta \tag{例 1.6c}$$

$$N_A=G\cos\theta-F\sin\theta \tag{例 1.6d}$$

代入已知数据可得

$$S=0.83\ \text{kN},\quad N_A=1.63\ \text{kN}$$

由力的作用和反作用定律可知,绳受到 0.83 kN 的拉力,斜面受到 1.63 kN 的压力。

(2) 滚子刚被拉动时

此时因滚子沿斜面上行,绳 BC 松弛,故拉力 $S=0$。将这一补充条件代入式(例 1.6c)可得

$$G\sin\theta-F\cos\theta=0$$

$$F=G\tan\theta=2\tan 30^\circ=1.15\ \text{kN}$$

即力 F 应增为 1.15 kN 才能拉动滚子。

本题若选坐标系的两轴与斜面平行和垂直,则计算可以简化,读者可自行验证。

1.5 平面一般力系

1.5.1 概述

各力作用线在同一平面内任意分布的力系称为平面一般力系。工程中许多物体所受的力都可简化为平面一般力系。例如悬臂吊车的横梁 AB(见图 1.23),在图面内受到拉力 $\boldsymbol{S}$、小车压力 $\boldsymbol{N}$、重力 $\boldsymbol{G}$ 和支座约束力 $\boldsymbol{N}_{Ax}$、$\boldsymbol{N}_{Ay}$ 的作用,这些力组成一个平面一般力系。如图 1.24 所示的汽车,它所受的载荷 $\boldsymbol{Q}$、迎风阻力 $\boldsymbol{F}$ 和前、后轮的总反力 $\boldsymbol{N}_1$、$\boldsymbol{N}_2$ 可简化为在汽车对称平面中的平面一般力系。

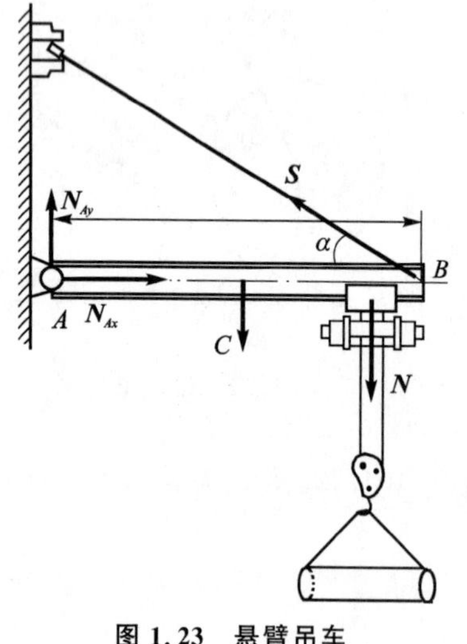

图 1.23 悬臂吊车

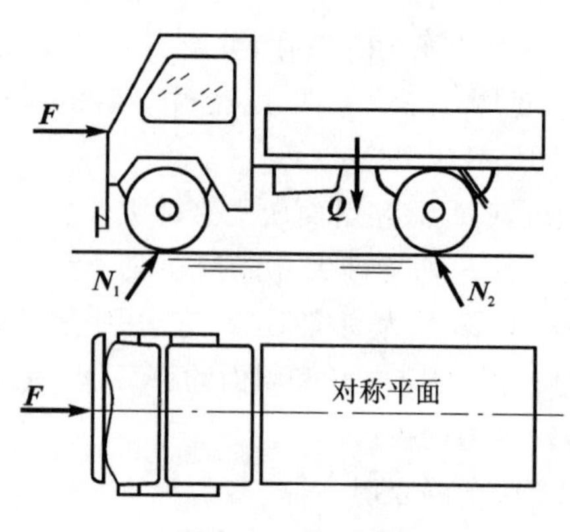

图 1.24 汽车

在工程计算中，还常将空间力系的平衡问题转化为平面力系的形式处理。如图 1.25(a)所示的车床主轴，工作时受到齿轮传动中的径向力 $\boldsymbol{Q}_z$ 和 $\boldsymbol{N}_{Bx}$、$\boldsymbol{N}_{Bz}$，圆周力 $\boldsymbol{Q}_x$，以及切削力的 3 个分力为 $\boldsymbol{F}_x$、$\boldsymbol{F}_y$、$\boldsymbol{F}_z$，再加上轴承约束力 $\boldsymbol{N}_{Ax}$、$\boldsymbol{N}_{Ay}$、$\boldsymbol{N}_{Az}$，这 10 个力组成空间一般力系。将这些力分别投影到坐标系 $Axyz$ 的 3 个坐标平面上，可得到 3 个平面一般力系。图 1.25(b)所示为 xAy 平面上的受力图，各力组成平面一般力系；另两个坐标平面上的受力图可用同样的方法画出。

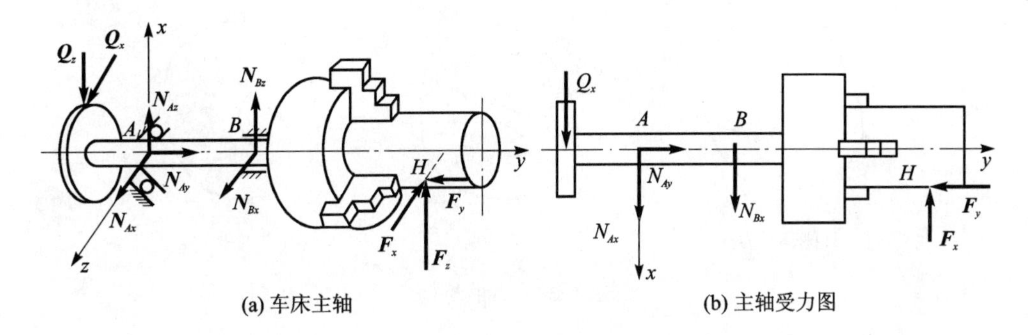

图 1.25　车床主轴及主轴受力图

由于平面一般力系在工程中颇为常见，而分析和解决平面一般力系问题的方法又具有普遍性，故本节在工程力学中占有非常重要的地位。

1.5.2　平面一般力系向一点简化

平面一般力系的简化通常是利用下述定理将力系向一点简化。

1. 力的平移定理

设在刚体上某点 B 作用有力。现需在等效条件下，将力 $\boldsymbol{F}$ 平行移动到刚体内任意指定的一点 O（见图 1.26(a)）上，其方法如下：

在 O 点加上一对与力 $\boldsymbol{F}$ 平行的力 $\boldsymbol{F}'$ 和 $\boldsymbol{F}''$，且 $F'=F''=F$（见图 1.26(b)），这 3 个力对刚体的作用显然与原来的力 $\boldsymbol{F}$ 的作用等效。但是，由于 $\boldsymbol{F}$ 与 $\boldsymbol{F}''$ 组成一个力偶，因此可认为刚体受一个力 $\boldsymbol{F}'$ 和一个力偶($\boldsymbol{F}$,$\boldsymbol{F}''$)的作用。力 $\boldsymbol{F}'$ 作用在点 O 上（见图 1.26(c)），它相当于将原力 $\boldsymbol{F}$ 由点 B 平移到 O 点；力偶($\boldsymbol{F}$,$\boldsymbol{F}''$)称为附加力偶，其矩为 Fd，即等于原力 $\boldsymbol{F}$ 对 O 点的矩 $M_O(\boldsymbol{F})$，用 M_O 表示，即

$$M_O=M_O(\boldsymbol{F}) \tag{1.11}$$

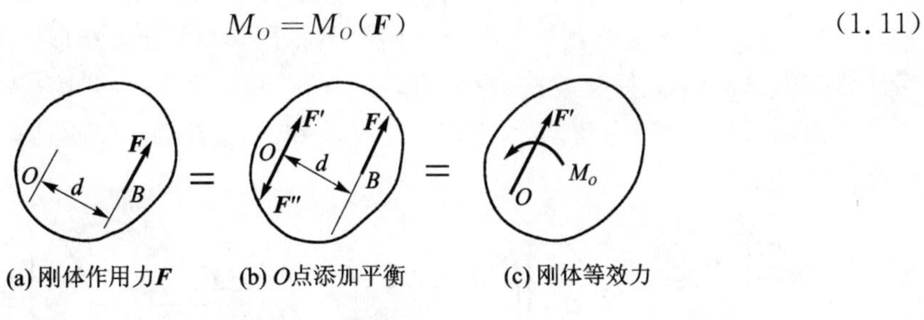

图 1.26　力的平移

由此可见，作用在刚体上的力可以在附加一个力偶的条件下，平移到刚体上任意指定点，而不改变原来对刚体的效应。附加力偶矩等于原力对指定点的矩。这一结论称为力的平移定理。

当力作用线平移时，力的大小和方向不变，但附加力偶矩一般要随指定点 O 位置的改变而改变。

2. 平面一般力系向一点简化——主矢和主矩

设刚体上作用有平面一般力系 $\boldsymbol{F}_1,\boldsymbol{F}_2,\cdots,\boldsymbol{F}_n$，在平面内任取一点 O，O 点称为简化中心。根据力的平移定理，将力系中的各力分别平移到简化中心 O，如图 1.27 所示。

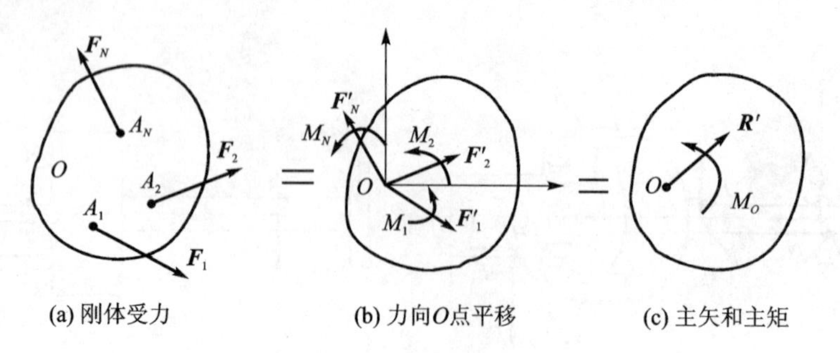

图 1.27　力的简化

显然，平面汇交力系中各力的大小和方向与原力系中对应各力的大小和方向相同；平面力偶系中各力偶矩分别等于原力系中对应的各力对简化中心 O 的矩，即

$$\boldsymbol{F}'_i=\boldsymbol{F}_i,\quad M_i=M_O(\boldsymbol{F}_i),\quad i=1,2,\cdots,n$$

平面汇交力系可以合成为一个力 $\boldsymbol{R}'$，$\boldsymbol{R}'$ 称为平面一般力系的主矢。其表达式如下：

$$\boldsymbol{R}'=\sum \boldsymbol{F}'_i=\sum \boldsymbol{F}_i \tag{1.12}$$

平面力偶系可合成为一个力偶，其矩 M_O 称为平面一般力系的主矩。其表达式如下：

$$M_O=\sum M_i=\sum M_O(\boldsymbol{F}_i) \tag{1.13}$$

因此，原平面一般力系对刚体的作用与主矢 $\boldsymbol{R}'$ 和主矩 M_O 等效。在一般情况下，平面一般力系可简化为一个作用在简化中心 O 的力 $\boldsymbol{R}'$ 和一个力偶 M_O。

3. 固定端约束

固定端是工程上常见的又一种约束。物体的固定端既不能向任何方向移动，也不能转动。夹紧在刀架上的车刀（见图 1.28(a)）、卡盘夹持的工件（见图 1.28(b)）和埋入地面的电线杆都受到这种约束。

设图 1.28(c) 中杆 AB 的 A 端固定。在给定力 $\boldsymbol{F}$ 的作用下，A 端既有移动又有转动的趋势，故 A 端各点所受约束力的大小和方向均不相同，这些杂乱分布的约束力组成平面一般力系。将该力系向 A 点简化，可得一个约束力 $\boldsymbol{N}_A$（主矢）和一个约束力偶 M_A（主矩），主矢的大小和方向均未知，可用它的两个正交分力 $\boldsymbol{N}_{Ax}$ 和 $\boldsymbol{N}_{Ay}$ 表示。因此，固定端的简图和约束力画法如图 1.28(d) 所示。

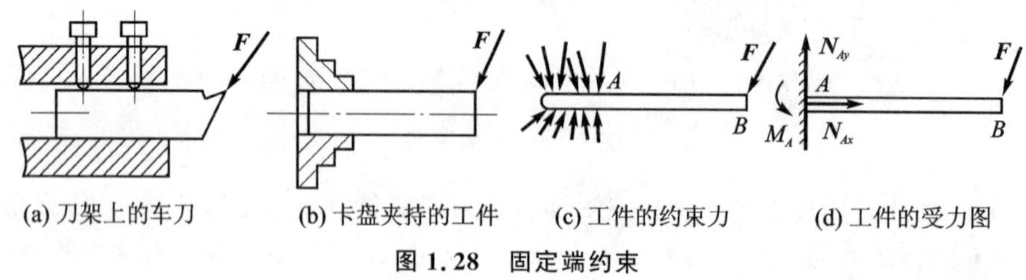

图 1.28　固定端约束

4. 平面一般力系简化结果的讨论

由前述可知，平面一般力系向任意选定的简化中心 O 简化后，得到一个力 $\boldsymbol{R}'$ 和一个力偶 M_O，但这并不是简化的最后结果。现将几种可能的最终情形讨论如下：

(1) 力系平衡

当主矢和主矩同时为零，即 $\boldsymbol{R}'=\boldsymbol{0}$ 且 $M_O=0$ 时，力系必定平衡，详见1.5.3小节的介绍。

(2) 力系简化为合力

当主矢 $\boldsymbol{R}'\neq\boldsymbol{0}$，主矩 $M_O=0$ 时，原力系与 $\boldsymbol{R}'$ 等效，这时主矢 $\boldsymbol{R}'$ 就是原力系的合力 $\boldsymbol{R}$，合力的大小和方向由式(1.9)确定，其作用线通过简化中心。

当主矢和主矩均不为零，即 $\boldsymbol{R}'\neq\boldsymbol{0}$ 且 $M_O\neq 0$ 时，可利用力的平移定理，将作用在同平面内的力 $\boldsymbol{R}'$ 和力偶 M_O（见图1.29(a)）合成为一个力。将主矩 M_O 用大小等于主矢 $\boldsymbol{R}'$ 的两力 $\boldsymbol{R}$、$\boldsymbol{R}''$ 构成的力偶($\boldsymbol{R}$,$\boldsymbol{R}''$)代替，其力偶臂为 $d=\dfrac{|M_O|}{R'}$。使 $\boldsymbol{R}''$ 与 $\boldsymbol{R}'$ 在同一作用线上（见图1.29(b)），则力 $\boldsymbol{R}'$ 与 $\boldsymbol{R}''$ 相互平衡，可以消去。最后只剩下一个作用在 O' 点的力 $\boldsymbol{R}$（见图1.29(c)），此力就是原力系的合力，其大小和方向与主矢 $\boldsymbol{R}$ 相同。但此时合力作用线并不通过简化中心 O，而是通过另一点 O'，即作用线平移了一段距离 $d=\dfrac{|M_O|}{R'}$。

利用上述讨论可以证明合力矩定理。由图1.29(c)可知，平面一般力系的合力 $\boldsymbol{R}$ 对点 O 的矩为

$$M_O(\boldsymbol{R})=Rd=R'd=M_O$$

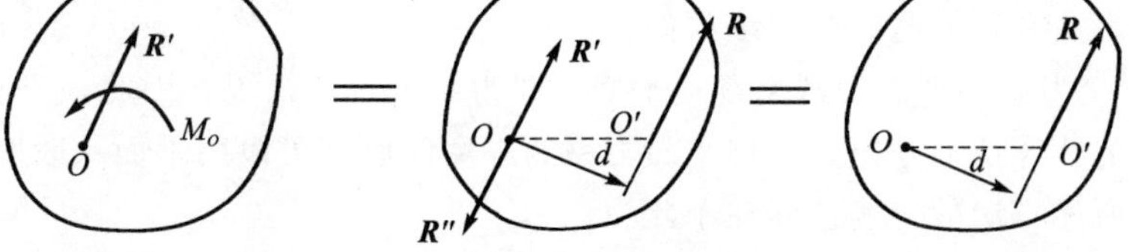

(a) 合力与合力偶　　(b) 合力偶替换　　(c) 合力矩

图1.29　力　矩

另外，由式(1.7)有

$$M_O=\sum M_O(\boldsymbol{F}_i)$$

故

$$M_O(\boldsymbol{R})=\sum M_O(\boldsymbol{F}_i)$$

即合力对于任意一点的矩等于该力系中各力对同点之矩的代数和。

(3) 力系简化为合力偶

当主矢 $\boldsymbol{R}'=\boldsymbol{0}$，主矩 $M_O\neq 0$ 时，原力系与 M_O 等效，这时主矩 M_O 就是原力系的合力偶。

综上所述，平面一般力系简化的最后结果有3种可能：平衡、简化为一个合力、简化为一个合力偶。

1.5.3　平面一般力系的平衡条件与平衡方程

由1.5.2小节可知，平面一般力系平衡的必要且充分条件是主矢和主矩同时为零。若主

矢和主矩不全为零,则力系与一力或一力偶等效而不能平衡,故这一条件是必要的;若主矢和主矩均为零,则作用于简化中心的平面汇交力系和附加力偶系也都平衡,故这一条件又是充分的。上述平衡条件可以写成

$$\boldsymbol{R}'=\sum\boldsymbol{F}_i=\boldsymbol{0},\quad M_O=\sum M_O(\boldsymbol{F}_i)=0 \tag{1.14}$$

设力 $\boldsymbol{F}_i(i=1,2,\cdots,n)$ 在两坐标轴上的投影为 F_{ix} 和 F_{iy},主矢 $\boldsymbol{R}'$ 的相应投影为 F'_{Rx}、F'_{Ry}。因主矢 $\boldsymbol{R}'$ 在某轴上的投影等于各力 $\boldsymbol{F}_i$ 在同轴上投影的代数和,故

$$F'_{Rx}=F_{1x}+F_{2x}+\cdots+F_{nx}=\sum F_{ix}$$

$$F'_{Ry}=F_{1y}+F_{2y}+\cdots+F_{ny}=\sum F_{iy}$$

因而主矢 $\boldsymbol{R}'$ 的大小为

$$R'=\sqrt{F'^2_{Rx}+F'^2_{Ry}}=\sqrt{\left(\sum F_{ix}\right)^2+\left(\sum F_{iy}\right)^2}$$

利用上式可将式(1.10)改写为(为简便计,以下将 $\sum M_O(\boldsymbol{F}_i)$ 简写并略去各投影的下标 i)

$$\left.\begin{aligned}\sum F_x&=0\\ \sum F_y&=0\\ \sum M_O&=0\end{aligned}\right\} \tag{1.15}$$

即平面一般力系平衡的必要且充分条件是:在平面内,该力系中所有各力在两个任选的相互垂直的坐标轴上投影的代数和分别为零,以及这些力对任意一点 O 之矩的代数和为零。式(1.15)称为平面一般力系的平衡方程。这是3个独立的方程,可以求解3个未知数。

应用上述平衡方程解题的注意事项如下:

① 平面汇交力系和平面力偶系都是平面一般力系的特殊情况。因此,它们的平衡方程可作为式(1.15)的特殊情形导出。各种平面力系的平衡问题都可以用平面一般力系的平衡方程求解。本小节所述方法的普遍性即在于此。

② 用上述平衡方程解题的步骤与平面汇交力系大致相同,但需选择矩心和计算各力之矩。解题的主要步骤如下:

第一步:选取一个或多个研究对象。

第二步:进行受力分析,画出受力图。

第三步:选取坐标系,计算各力的投影;选取矩心,计算各力的矩。

第四步:列平衡方程,求解未知量,必要时列出补充方程。

③ 适当选矩心的位置和坐标轴的方向,可使计算简化。矩心可选在两未知力的交点,坐标轴尽量与未知力垂直或与多数力平行。

式(1.15)包括两个投影方程和一个力矩方程(**一点式**),它是平衡方程的基本形式。为了简化计算,可以采用不同形式的平衡方程,例如下面的**两点式**:

$$\left.\begin{aligned}\sum M_A&=0\\ \sum M_B&=0\\ \sum F_x&=0\end{aligned}\right\} \tag{1.16}$$

式中:A、B 为平面上任意两点,但 A、B 连线不垂直于 x 轴。

除一点式和两点式外，还有三点式，如下：

$$\left.\begin{aligned}\sum M_A &= 0\\ \sum M_B &= 0\\ \sum M_C &= 0\end{aligned}\right\} \tag{1.17}$$

式中：A、B、C 三点不共线。

式(1.17)的必要性是显然的，充分性可自行论证。

例 1.7　镗刀杆用卡盘夹持，其 A 端可视为固定端(见图 1.30(a))。已知 A 端至镗刀的距离 $l=200$ mm，孔径 $D=50$ mm，镗孔时镗刀在图面内受到的轴向切削力 $F_x=3\ 000$ N、径向切削力 $F_y=600$ N，镗刀杆自重不计。试求固定端 A 的约束力。

解　取镗杆为研究对象，其受力图见图 1.30(b)。固定端 A 的约束力包括两个分力 $\boldsymbol{N}_{Ax}$ 和 $\boldsymbol{N}_{Ay}$，以及假设转向为逆时针的力偶 M_A。取坐标系 xAy，并取点 A 为矩心，由

$$\sum F_x = 0,\quad F_x + N_{Ax} = 0$$

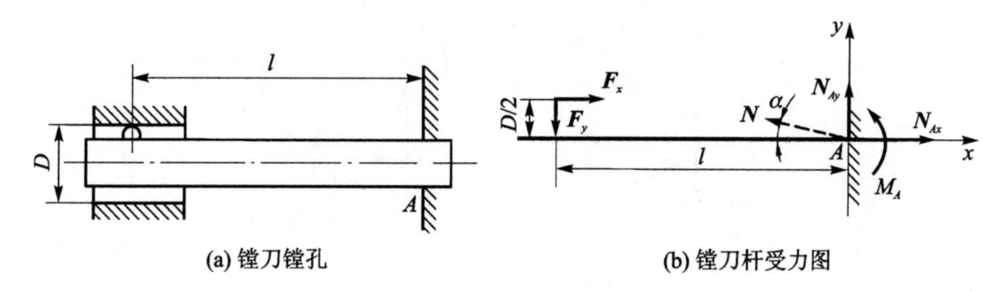

(a) 镗刀镗孔　　(b) 镗刀杆受力图

图 1.30　镗刀杆

得

$$N_{Ax} = -F_x = -3\ 000\ \text{N}$$

式中：负号表示 N_{Ax} 的实际指向与图 1.30(b)中的假设相反。

由

$$\sum F_y = 0\ ,\quad -F_y + N_{Ay} = 0$$

得

$$N_{Ay} = F_y = 600\ \text{N}$$

$$\sum M_A = 0,\quad F_y \cdot l - F_x \cdot \frac{D}{2} + M_A = 0$$

得

$$M_A = F_x\frac{D}{2} - F_y l = \left(3\ 000 \times \frac{0.05}{2} - 600 \times 0.2\right)\ \text{N}\cdot\text{m} = -45\ \text{N}\cdot\text{m}$$

式中：负号表示力偶 M_A 的实际转向为顺时针方向。

例 1.8　绞车的鼓轮与棘轮固联，由向心轴承 O 支承。鼓轮上的钢丝绳受到被吊重物的拉力 $G=28$ kN，棘爪 AB 阻止鼓轮转动(见图 1.31(a))。不计摩擦和各零件自重，各部尺寸如图 1.31 所示(单位均为 mm)，求棘爪和轴承对棘轮的约束力。

解　取棘轮(连同鼓轮)为研究对象。取坐标系 xOy，如图 1.31(b)所示。以 O 为矩心，列出平衡方程

$$\sum F_x = 0,\quad S\cos\alpha + N_{Ox} = 0 \qquad (例\ 1.8a)$$

$$\sum F_y = 0,\quad -S\sin\alpha - G + N_{Oy} = 0 \qquad (例\ 1.8b)$$

$$\sum M_O = 0,\quad -S\cdot OK + G\cdot OM = 0 \qquad (例\ 1.8c)$$

由图 1.31(a)可见,$OK = OB\cdot\cos\alpha$,$\cos\alpha = \frac{200}{AB} = \frac{200}{\sqrt{200^2+120^2}} = 0.857\,5$。

由式(例 1.8c)可得

$$S = G\cdot\frac{OM}{OB\cos\alpha} = \left(28\times\frac{150}{200\times 0.857\,5}\right)\ \text{kN} = 21.5\ \text{kN}$$

将 S 值和各已知数据代入式(例 1.8a)和式(例 1.8b),可得 $N_{Ox} = -21\ \text{kN}$,$N_{Oy} = 40.6\ \text{kN}$。

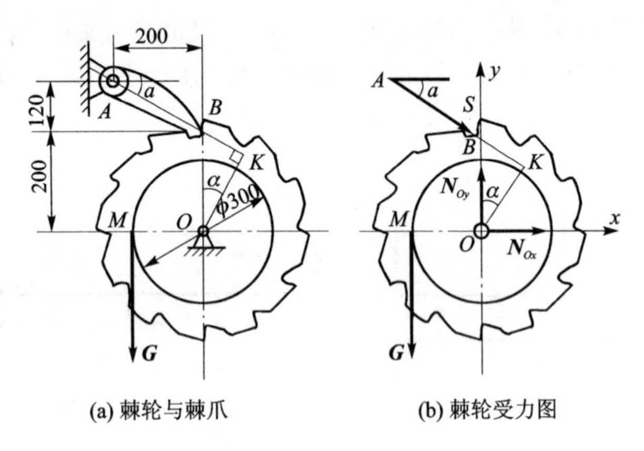

(a) 棘轮与棘爪　　(b) 棘轮受力图

图 1.31　鼓轮与棘轮

1.5.4　物系平衡和机械的静力计算

工程中的机械和结构都是物体系统(简称物系)。与 1.5.3 小节所研究的单个物体相比,物系平衡问题有其自身的特点。

物系平衡时,组成系统的每一个物体也都保持平衡。若物系由 n 个物体组成,那么对每个受平面一般力系作用的物体至多只能列出 3 个独立的平衡方程,对整个物系至多只能列出 $3n$ 个独立的平衡方程。若问题中未知量的数目不超过独立的平衡方程的总数,则用平衡方程可以解出全部未知量,这类问题称为静定问题;反之,若未知量的数目超过了独立平衡方程的总数,则单靠平衡方程就不能解出全部未知量,这类问题称为超静定问题或静不定问题。本章只研究静定问题。

选取研究对象是求解物系平衡问题的关键,可根据问题的要求选取整体,也可取任一部分或任一物体作为研究对象,对每个研究对象又都可列出一组平衡方程。列出适当、必需和足够的平衡方程,可使问题的解答过程简化。在后述各例中,将说明选择研究对象和平衡方程的技巧。

例 1.9　图 1.32 所示的曲柄压力机由飞轮 1、连杆 2 和滑块 3 组成。O、A、B 处均为铰接,飞轮在驱动转矩 M 的作用下,通过连杆推动滑块在水平导轨中移动。已知滑块受到工件的阻力为 $\boldsymbol{F}$,连杆长为 l,曲柄半径 $OB = r$,飞轮重为 Q,连杆和滑块的重量及各处摩擦均不计。求在图 1.32(a)所示位置($\angle AOB = 90°$)时,应当作用于飞轮的驱动转矩 M 以及连杆 2、轴承 O 和滑块 3 的导轨所受的力。

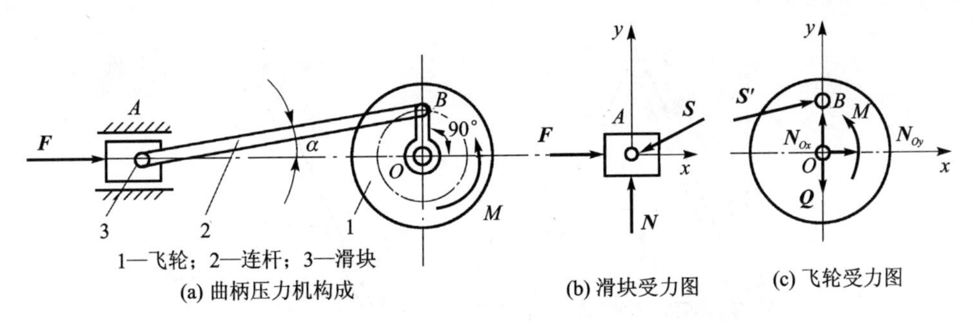

图 1.32　曲柄压力机

解　先取滑块 3 为研究对象。取坐标系 xAy，其平衡方程为

$$\sum F_x = 0,\quad F - S\cos\alpha = 0$$

$$\sum F_y = 0,\quad N - S\sin\alpha = 0$$

由图 1.32(a)中的直角三角形 OAB 得 $\sin\alpha = \dfrac{r}{l}$，$\cos\alpha = \sqrt{1-\dfrac{r^2}{l^2}}$，代入上式可得

$$S = \frac{F}{\sqrt{1-\dfrac{r^2}{l^2}}},\quad N = \frac{Fr}{\sqrt{l^2 - r^2}}$$

再以飞轮为研究对象。取坐标系 xOy，其平衡方程为

$$\sum F_x = 0,\quad S\cos\alpha + N_{Ox} = 0$$

$$\sum F_y = 0,\quad S\sin\alpha - Q + N_{Oy} = 0$$

$$\sum M_O = 0,\quad M - Sr\cos\alpha = 0$$

解以上各式得

$$N_{Ox} = -F$$

$$N_{Oy} = Q - \frac{Fr}{\sqrt{l^2 - r^2}}$$

$$M = Fr$$

例 1.10　如图 1.33 所示折梯的两半 AB 和 AC 在 A 点铰接，又在 D、E 两点用水平绳相连，放在光滑水平面上，AC 段上作用有铅垂力 $\boldsymbol{F}$，已知 l、h、a 和 α，如图 1.33(a)所示，不计梯重，求绳的拉力。

解　折梯为物系。因需求绳的拉力，梯的左半 AB 受力较少，故取 AB 为研究对象。它受有地面、绳和固定铰 A 的约束力，其受力图如图 1.33(b)所示。取坐标系 xBy，并取两未知力的交点 A 为矩心，列出平衡方程为

$$\sum M_A = 0,\quad Sh - N_B l\cos\alpha = 0$$

式中包含两个未知量 S 和 N_B，不能解出。

再以整个折梯为研究对象，其受力图画在图 1.33(a)上。选 C 点为矩心，列出力矩方程为

$$\sum M_C = 0,\quad -N_B \cdot 2l\cos\alpha + Fa\cos\alpha = 0$$

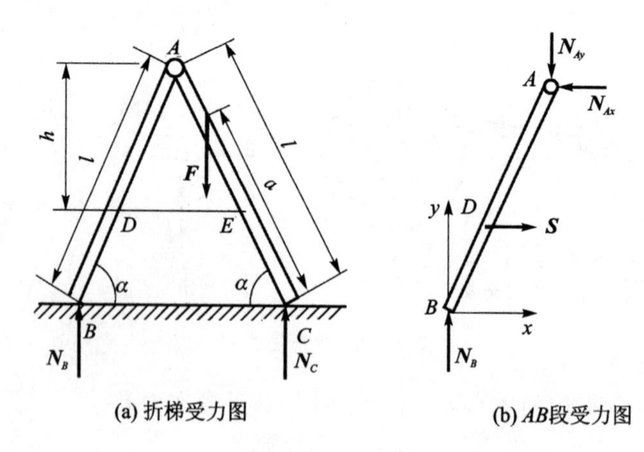

(a) 折梯受力图

(b) *AB*段受力图

图 1.33　折　梯

可得

$$N_B=\frac{Fa}{2l}$$

将 N_B 值代入前式，可得绳的拉力为

$$S=\frac{N_B l\cos\alpha}{h}=\frac{Fa}{2h}\cos\alpha$$

1.6　空间力系

1.6.1　概　述

本小节主要介绍空间力系的简化与平衡问题。当力系中各力的作用线不在同一平面，而呈空间分布时，称为空间力系。在工程实际中，有许多问题都属于这种情况。如图 1.34 所示的车床主轴，受到切削力 $\boldsymbol{F}_x$、$\boldsymbol{F}_y$、$\boldsymbol{F}_z$ 和齿轮上的圆周力 $\boldsymbol{F}_t$、径向力 $\boldsymbol{F}_r$ 以及轴承 A、B 处的约束反力，这些力构成一组空间力系。

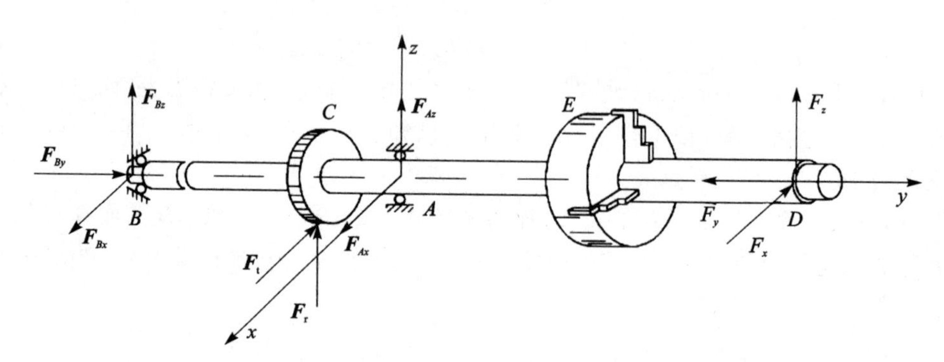

图 1.34　车床主轴

1. 力在空间直角坐标轴上的投影

在平面力系中，常将作用于物体上某点的力向坐标轴 x、y 上投影。同理，在空间力系中，

也可将作用于空间某一点的力向坐标轴 x、y、z 上投影。具体作法如下：

(1) 直接投影法

若一力 $\boldsymbol{F}$ 的作用线与 x、y、z 轴对应的夹角已经给定，如图 1.35(a)所示，则可直接将力 $\boldsymbol{F}$ 向 3 个坐标轴投影，得

$$\left.\begin{aligned}\boldsymbol{F}_x &= \boldsymbol{F}\cos\alpha\\ \boldsymbol{F}_y &= \boldsymbol{F}\cos\beta\\ \boldsymbol{F}_z &= \boldsymbol{F}\cos\gamma\end{aligned}\right\} \tag{1.18}$$

其中，α、β、γ 分别为力 $\boldsymbol{F}$ 与 x、y、z 三坐标轴间的夹角。

(2) 二次投影法

当力 $\boldsymbol{F}$ 与 x、y 坐标轴间的夹角不易确定时，可先将力 $\boldsymbol{F}$ 投影到坐标平面 xOy 上，得一力 $\boldsymbol{F}_{xy}$，进一步再将 $\boldsymbol{F}_{xy}$ 向 x、y 轴上投影，如图 1.35(b)所示。若 γ 为力 $\boldsymbol{F}$ 与 z 轴间的夹角，φ 为 $\boldsymbol{F}_{xy}$ 与 x 轴间的夹角，则力 $\boldsymbol{F}$ 在 3 个坐标轴上的投影分别为

$$\left.\begin{aligned}\boldsymbol{F}_x &= \boldsymbol{F}_{xy}\cos\varphi = \boldsymbol{F}\sin\gamma\cos\varphi\\ \boldsymbol{F}_y &= \boldsymbol{F}_{xy}\sin\varphi = \boldsymbol{F}\sin\gamma\sin\varphi\\ \boldsymbol{F}_z &= \boldsymbol{F}\cos\gamma\end{aligned}\right\} \tag{1.19}$$

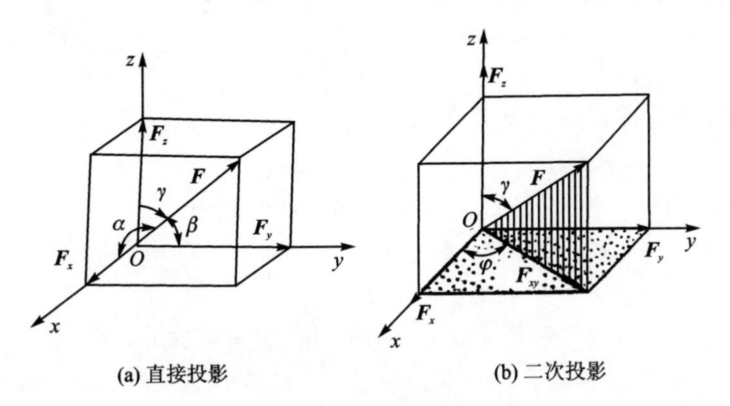

(a) 直接投影　　(b) 二次投影

图 1.35　力的投影

具体计算时，可根据问题的实际情况选择一种适当的投影方法。

力和它在坐标轴上的投影是一一对应的，如果力 $\boldsymbol{F}$ 的大小、方向是已知的，则它在选定的坐标系 3 个轴上的投影是确定的；反之，如果已知力 $\boldsymbol{F}$ 在 3 个坐标轴上的投影 $\boldsymbol{F}_x$、$\boldsymbol{F}_y$、$\boldsymbol{F}_z$ 的值，则力 $\boldsymbol{F}$ 的大小、方向也可以求出，其形式如下：

$$F = \sqrt{F_x^2 + F_y^2 + F_z^2} \tag{1.20}$$

$$\left.\begin{aligned}\cos\alpha &= \frac{F_x}{F}\\ \cos\beta &= \frac{F_y}{F}\\ \cos\gamma &= \frac{F_z}{F}\end{aligned}\right\} \tag{1.21}$$

例 1.11　已知圆柱斜齿轮所受的啮合力 $F_n = 1\ 410\ \text{N}$，齿轮压力角 $\alpha = 20°$，螺旋角 $\beta = 25°$(见图 1.36)。试计算斜齿轮所受的圆周力 F_t、轴向力 F_a 和径向力 F_r。

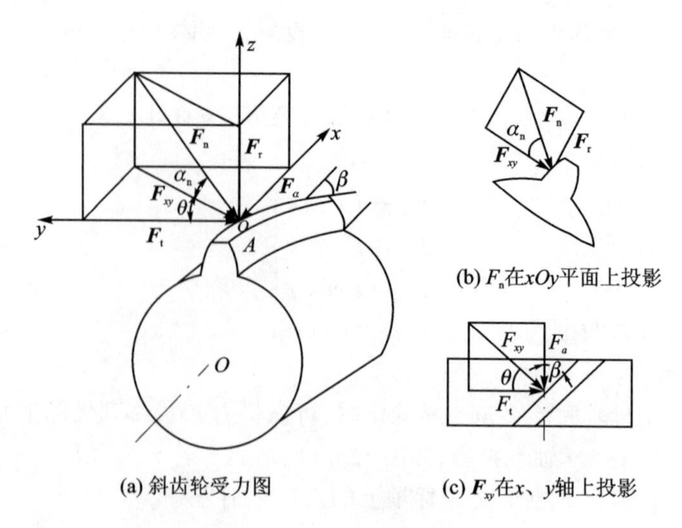

(a) 斜齿轮受力图

(b) F_n在xOy平面上投影

(c) F_{xy}在x、y轴上投影

图 1.36　斜齿轮

解　取坐标系如图 1.36(a)所示，使 x、y、z 分别沿齿轮的轴向、圆周的切线方向和径向。先把啮合力 $\boldsymbol{F}_n$ 向 z 轴和坐标平面 xOy 投影，其大小分别为

$$F_z = -F_r = -F_n \sin\alpha$$
$$= -1\,410\ \text{N}\sin 20^\circ = -482\ \text{N}$$

$\boldsymbol{F}_n$ 在 xOy 平面上的投影 F_{xy}（见图 1.36(b)），其大小为

$$F_{xy} = F_n \cos\alpha = 1\,410\ \text{N}\cos 20^\circ = 1\,325\ \text{N}$$

然后再把 F_{xy} 投影到 x、y 轴上（见图 1.36(c)），其大小分别为

$$F_x = F_a = -F_{xy}\sin\beta$$
$$= -F_n\cos\alpha\sin\beta$$
$$= -1\,410\ \text{N}\cos 20^\circ\sin 25^\circ = -560\ \text{N}$$
$$F_y = F_t = -F_{xy}\cos\beta = -F_n\cos\alpha\cos\beta$$
$$= -1\,410\ \text{N}\cos 20^\circ\cos 25^\circ$$
$$= -1\,201\ \text{N}$$

2. 力对轴之矩

在工程中，常遇到刚体绕定轴转动的情形，为了度量力对转动刚体的作用效应，必须引入力对轴之矩的概念。

现以关门动作为例，图 1.37 所示门的一边有固定轴 z，在 A 点作用一力 $\boldsymbol{F}$。为度量此力对刚体的转动效应，可将该力 $\boldsymbol{F}$ 分解为两个互相垂直的分力：一个是与转轴平行的分力 $\boldsymbol{F}_z = \boldsymbol{F}\sin\beta$；另一个是在与转轴垂直平面上的分力 $\boldsymbol{F}_{xy} = \boldsymbol{F}\cos\beta$。由经验可知，只有分力 $\boldsymbol{F}_{xy}$ 才能产生使门绕 z 轴转动的效应。以 d 表示 $\boldsymbol{F}_{xy}$ 作用线到 z 轴与平面的交点 O 的距离，则 $\boldsymbol{F}_{xy}$ 对 O 点之矩就可以用来度量力 $\boldsymbol{F}$ 使门绕 z 轴转动的效应，记作

$$M_z(\boldsymbol{F}) = M_O(\boldsymbol{F}_{xy}) = \pm F_{xy}d \qquad (1.22)$$

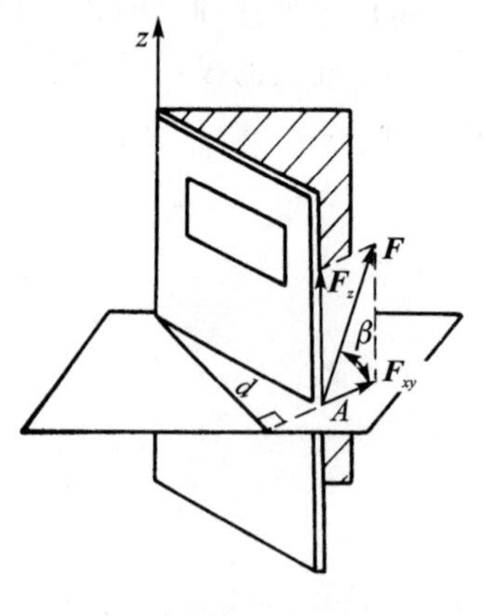

图 1.37　门　轴

力对轴之矩在轴上的投影是代数量，其值等于此力在垂直该轴平面上的投影对该轴与此平面的交点之矩。力矩的正负代表其转动作用的方向。当从 z 轴正向看时，逆时针方向转动为正，顺时针方向转动为负(或用右手法则确定其正负)。力对轴之矩的单位是 N·m。

3. 合力矩定理

设有一空间力系 $\boldsymbol{F}_1,\boldsymbol{F}_2,\cdots,\boldsymbol{F}_n$，其合力为 $\boldsymbol{F}_R$，则可证明合力 $\boldsymbol{F}_R$ 对某轴之矩等于各分力对同轴力矩的代数和，可写成

$$M_z(\boldsymbol{F}_R)=\sum M_z(\boldsymbol{F}) \tag{1.23}$$

式(1.22)常被用来计算空间力对轴求矩。

1.6.2　空间力系的平衡条件与平衡方程

某物体上作用有一个空间一般力系 $\boldsymbol{F}_1,\boldsymbol{F}_2,\cdots,\boldsymbol{F}_n$(见图 1.38)，若物体不平衡，则力系可能使物体沿 x、y、z 轴方向的移动状态发生变化，也可能使该物体绕该三轴的转动状态发生变化。若物体在力系作用下处于平衡，则物体沿 x、y、z 三轴的移动状态不变，绕该三轴的转动状态也不变。当物体沿 x 方向的移动状态不变时，该力系中各力在 x 轴上的投影的代数和为零，即 $\sum F_x=0$；同理可得 $\sum F_y=0$，$\sum F_z=0$。当物体绕x 轴的转动状态不变时，该力系对 x 轴力矩的代数和为零，即 $\sum M_x(\boldsymbol{F})=0$，同理可得 $\sum M_y(\boldsymbol{F})=0$，$\sum M_z(\boldsymbol{F})=0$。由此可见，空间一般力系的平衡方程为

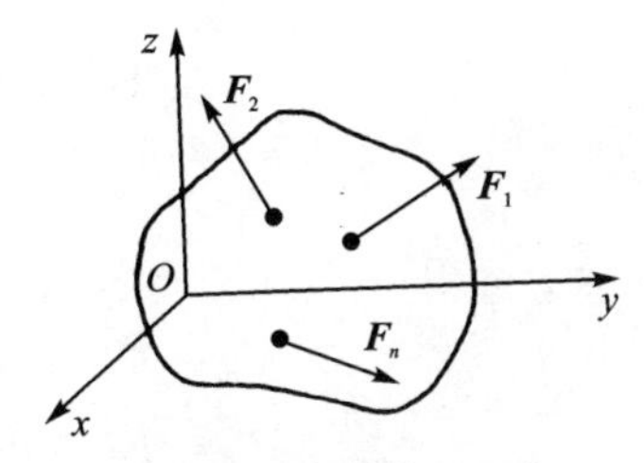

图 1.38　空间力系平衡

$$\left.\begin{aligned}&\sum F_x=0,\quad \sum F_y=0,\quad \sum F_z=0\\&\sum M_x(\boldsymbol{F})=0,\quad \sum M_y(\boldsymbol{F})=0,\quad \sum M_x(\boldsymbol{F})=0\end{aligned}\right\} \tag{1.24}$$

式(1.24)表示空间一般力系平衡的必要且充分条件为：各力在 3 个坐标轴上投影的代数和以及各力对 3 个坐标轴之矩的代数和都必须分别等于零。

利用上述 6 个独立平衡方程式可以求解 6 个未知量。

例 1.12　有一空间支架固定在相互垂直的墙上。支架由垂直于两墙的铰接二力杆 OA、OB 和钢绳 OC 组成。已知 $\theta=30°$，$\varphi=60°$，O 点吊一重量 $G=1.2$ kN 的重物(见图 1.39(a))。试求两杆和钢绳所受的力。图 1.39(a)中 O、A、B、D 四点都在同一水平面上，杆和绳的重量都忽略不计。

解　① 选研究对象，画受力图。取铰链 O 为研究对象，设坐标系为 $Dxyz$，受力如图 1.39(b)所示。

② 列平衡方程式，求未知量，即

$$\sum F_x=0,\quad F_B-F\cos\theta\sin\varphi=0$$

$$\sum F_y=0,\quad F_A-F\cos\theta\cos\varphi=0$$

$$\sum F_z=0,\quad F\sin\theta-G=0$$

$$F=\frac{G}{\sin\theta}=\frac{1.2\ \text{kN}}{\sin 30°}=2.4\ \text{kN}$$

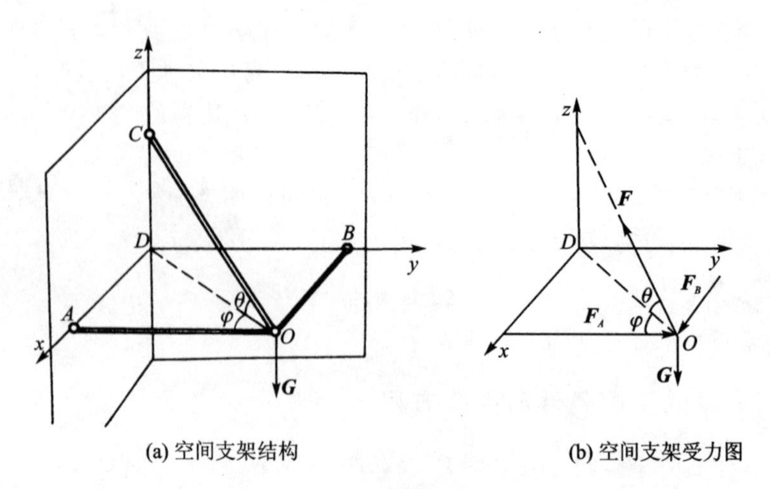

(a) 空间支架结构　　(b) 空间支架受力图

图 1.39　空间支架

解上述方程得

$$F_A = F\cos\theta\cos\varphi = 2.4\ \text{kN}\cos 30^\circ\cos 60^\circ = 1.04\ \text{kN}$$

$$F_B = F\cos\theta\sin\varphi = 2.4\ \text{kN}\cos 30^\circ\sin 60^\circ = 1.8\ \text{kN}$$

例 1.13　传动轴如图 1.40 所示，以 A、B 两轴承支承。圆柱直齿轮的节圆直径 $d=17.3$ mm，压力角 $\alpha=20^\circ$，在法兰盘上作用一力偶，其力偶矩 $M=1\ 030$ N・m。如轮轴自重和摩擦不计，求传动轴匀速转动时 A、B 两轴承的反力及齿轮所受的啮合力 F 的大小。

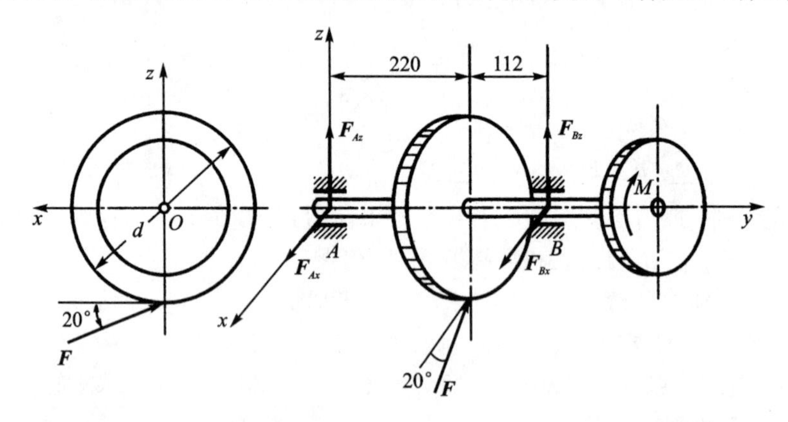

图 1.40　传动轴

解　①取整个轴为研究对象。设 A、B 两轴承的反力大小分别为 F_{Ax}、F_{Az}、F_{Bx}、F_{Bz}，并沿 x、z 轴的正向，此外还有力偶 M 和齿轮所受的啮合力 F，这些力构成空间一般力系。

② 取坐标轴如图 1.40 所示，列平衡方程如下：

$$\sum M_y(F)=0,\quad -M+F\cos 20^\circ\times d/2=0$$

$$\sum M_x(F)=0,\quad F\sin 20^\circ\times 220\ \text{mm}+F_{Bz}\times 332\ \text{mm}=0$$

$$\sum M_z(F)=0,\quad -F_{Bx}\times 332\ \text{mm}+F\cos 20^\circ\times 220\ \text{mm}=0$$

$$\sum F_x=0,\quad F_{Ax}+F_{Bx}-F\cos 20^\circ=0$$

$$\sum F_z = 0, \quad F_{Az} + F_{Bz} + F\sin 20^\circ = 0$$

联立求解以上各式得

$$F = 12.67 \text{ kN}$$
$$F_{Bz} = -2.87 \text{ kN}$$
$$F_{Bx} = 7.89 \text{ kN}$$
$$F_{Ax} = 1.02 \text{ kN}$$
$$F_{Az} = -1.46 \text{ kN}$$

本章知识点提示

1. 力是矢量，力的运算服从矢量运算法则。

2. 各种约束的约束反力必须按照规定的画法在受力图上准确的表示。

3. 在画受力图时，选定研究对象后，每解除一个约束就必须加上该约束能够产生的约束反力，而不要事先判断该约束在此时有没有这些约束反力，以免引起不必要的错误；对系统中的二力杆必须准确无误地给予确定，以便简化解题过程。

4. 各力作用线都在同一平面内并汇交于一点，则此力系称为平面汇交力系。

5. 平面汇交力系的合成结果是一个合力，合力的作用线通过汇交点，其大小和方向各由力系中各力的矢量和确定。

6. 合力投影定理：平面汇交力系的合力在某轴上的投影等于各分力在同轴上投影的代数和。

7. 用解析法求解平衡问题的主要步骤如下：

(1) 选取研究对象；

(2) 进行受力分析；

(3) 选取坐标轴，计算各力的投影；

(4) 列平衡方程，求解未知量。

8. 刚体受到某一平面力系的作用，合力对点 O 的矩等于各分力对点 O 之矩的代数和，这一结论称为合力矩定理.

9. 力偶的性质：(1)力偶中两力在任一轴上投影的代数和等于零；(2)力偶对其作用面内任意一点之矩恒等于力偶矩，而与矩心位置无关。

10. 平面力偶系平衡的必要且充分条件是各力偶矩的代数和为零。

11. 力的平移定理：作用于刚体的力 $\boldsymbol{F}$ 可以平移到刚体内任一点 O，但必须附加一力偶，此附加力偶的力偶矩等于原力 $\boldsymbol{F}$ 对 O 点之矩。

12. 平面一般力系的简化结果如表 1.2 所列。

表 1.2 平面一般力系的简化结果

主矢与主矩	简化结果	说 明
$R'=0, M_O=0$	平衡	—
$R'\neq 0, M_O=0$	合力偶	合力偶矩等于主矩，与简化中心的位置无关
$R'\neq 0$	合力	合力等于主矩，简化中心到合力作用线距离 $d=\frac{\lvert M_O \rvert}{\boldsymbol{R}'}$

13. 求解平面一般力系平衡问题的步骤：

(1) 选取一个或多个研究对象。

(2) 进行受力分析，画出受力图。

(3) 选取坐标系，计算各力的投影；选取矩心，计算各力的矩。

(4) 列平衡方程，求解未知量，必要时列出补充方程。

14. 空间一般力系的平衡方程为

$$\begin{cases} \sum F_x = 0, \quad \sum F_y = 0, \quad \sum F_z = 0 \\ \sum M_x(F) = 0, \quad \sum M_y(F) = 0, \quad \sum M_x(F) = 0 \end{cases}$$

思考题

1.1 二力平衡条件与作用和反作用定律中的两个力都是等值、反向、共线的，试问二者有何区别？请举例说明。

1.2 什么是二力体？为什么进行受力分析时要尽可能地找出结构中的二力体？

1.3 什么是刚体？什么是平衡？

1.4 画物体的受力图时应注意什么？

1.5 力沿坐标轴的投影与力沿轴的分力是否相同？

1.6 什么是合力投影定理？

1.7 解析法求解平衡问题的步骤是什么？

1.8 试分别说明力系的主矢、主矩与合力、合力偶的区别与联系。

1.9 如果空间一般力系中各力作用线都平行于某一固定平面，试问这种力系有几个平衡方程？

习　题

1.1 画出题 1.1 图中物体 A 的受力图，忽略摩擦。

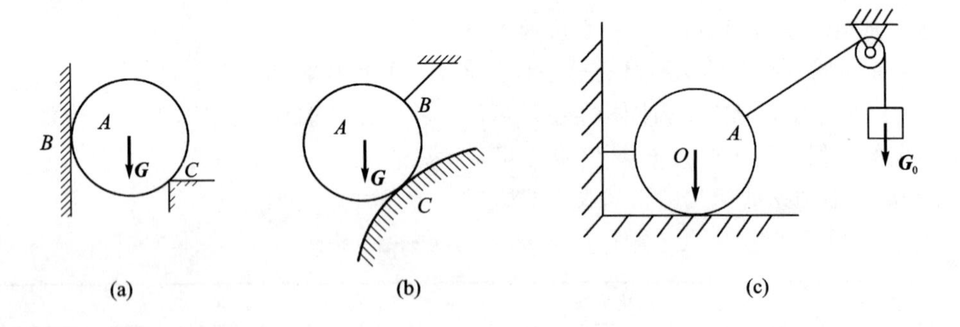

题 1.1 图

1.2 画出题 1.2 图中杆 AB 的受力图，摩擦不计。

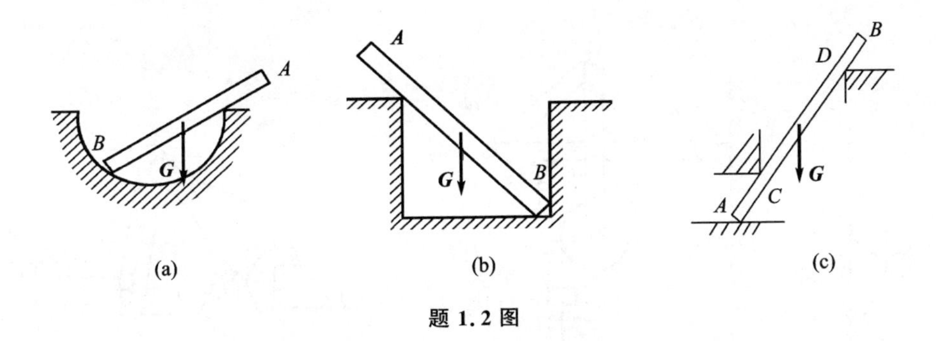

(a)　　(b)　　(c)

题 1.2 图

1.3 画出题 1.3 图中杠杆(或横梁)AB 的受力图。各杆自重不计,q 为分布载荷。

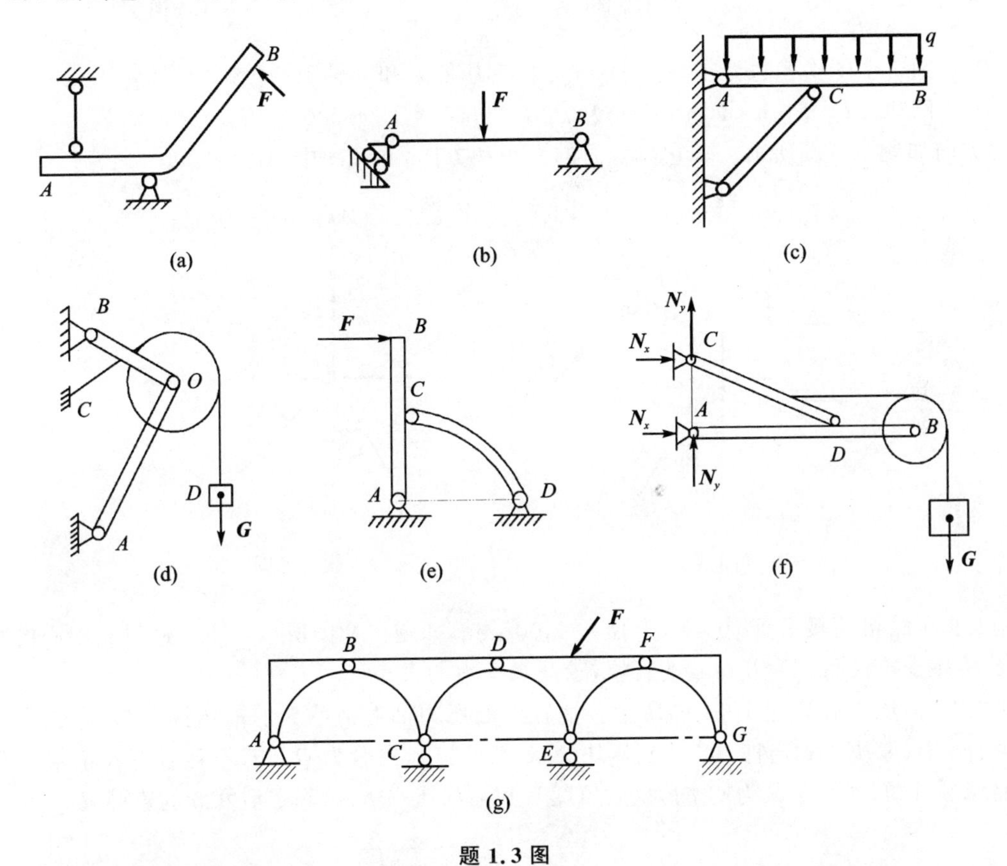

(a)　　(b)　　(c)

(d)　　(e)　　(f)

(g)

题 1.3 图

1.4 以题 1.4 图中的下列物体为研究对象,画出受力图:(1) 圆柱 C;(2) 杆 AB;(3) 圆柱 C 和杆 AB 组成的物系。

1.5 画出题 1.5 图所示构架中下列研究对象的受力图:(1) 杆 AIB;(2) 杆 CID;(3) 轮 E;(4) 整个构架。各杆和轮的自重不计。

1.6 题 1.6 图所示为一液压夹具。压力油对活塞 D 产生液压推力 $\boldsymbol{F}$,通过活塞杆 AD、滚子 E 和连杆 AB 推动杠 COB 绕固定支座 O 转动,在 C 点压紧工件。不计各杆和滚子的自重和摩擦,试分别画出滚子 E 和杠杆 COB 的受力图(提示:AD 是二力体)。

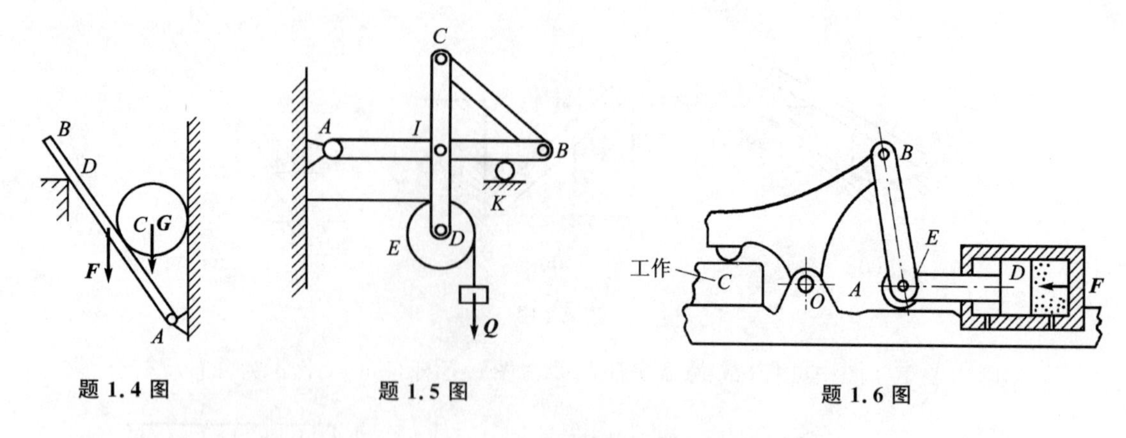

题 1.4 图　　题 1.5 图　　题 1.6 图

1.7 题 1.7 图中各力大小均为 100 N,求各力在 x 和 y 轴上的投影。

1.8 已知力 $\boldsymbol{F}_1$、$\boldsymbol{F}_2$、$\boldsymbol{F}_3$、$\boldsymbol{F}_4$ 作用于 O 点。$F_1=500$ N,$F_2=300$ N,$F_3=600$ N,$F_4=1\ 000$ N,各力方向如题 1.8 图所示。求它们合力的大小和方向,并在图中画出。

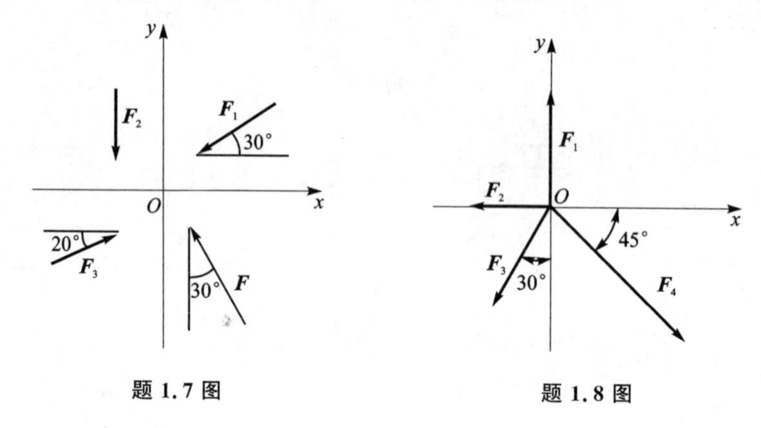

题 1.7 图　　题 1.8 图

1.9 压路机的碾子重 20 kN,半径 $r=400$ mm,如题 1.9 图所示。用一通过其中心的水平力 $\boldsymbol{F}$ 将碾子拉过高 $h=80$ mm 的石块,求此水平力的大小。

1.10 液压夹具如题 1.10 图所示。油缸内的压力油对活塞 3 的液压推力为 $\boldsymbol{F}$,此力通过活塞杆 AB、滑块 1 和连杆 BC 传到压块 2,对工件施加夹紧力 $\boldsymbol{Q}$。若不计各杆及滑块自重并忽略摩擦,已知所需夹紧力 Q 的大小、角度 α 和油的压强 p,试确定活塞 3 的直径 d。

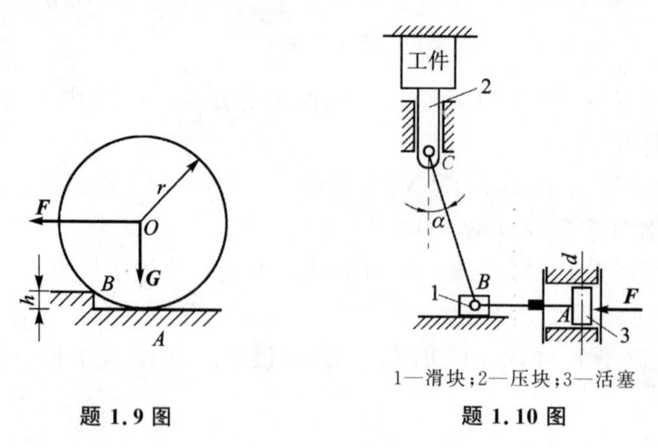

题 1.9 图　　题 1.10 图

1.11 如题 1.11 图所示，构件上作用有力 $\boldsymbol{F}$。设 $\boldsymbol{F}$、l 和 θ 均已知。试求：(1) 若 θ_1 已知，求 $\boldsymbol{F}$ 对点 O 的矩；(2) θ_1 多大时此力矩最大，最大值等于多少？(3)θ_1 多大时，此力矩为零？

1.12 题 1.12 图所示为一减速箱，在图面内，减速箱的输入轴 Ⅰ 上作用有力偶矩 $M_1=-500\ \text{N}\cdot\text{m}$，在输出轴 Ⅱ 上作用有力偶矩 $M_2=+2\ 000\ \text{N}\cdot\text{m}$。地脚螺钉 A 和 B 相距 $l=800\ \text{mm}$。不计减速箱重量和支承面与减速箱底平面间的摩擦，求 A、B 处的法向约束力。

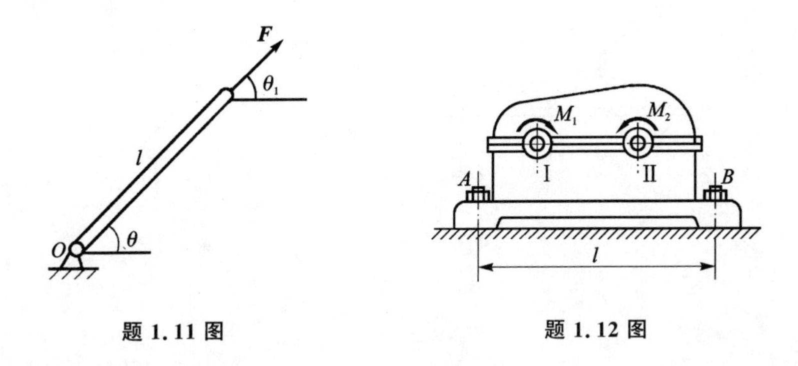

题 1.11 图　　　　题 1.12 图

1.13 各梁的尺寸和载荷如题 1.13 图所示，梁重不计，图中力的单位为 N，力偶矩单位为 N·m，长度为 cm。求支座 A、B 的约束力。

1.14 旋转起重机的支架 ABD 由点 A 的径向轴承和点 B 的径向止推轴承支持，如题 1.14 图所示。起重机上有载荷 $\boldsymbol{F}$ 和 $\boldsymbol{Q}$ 作用，它们到支柱的距离分别为 a 和 b，AB 间的距离为 c，不计支架自重，求轴承 A 和 B 的约束力。

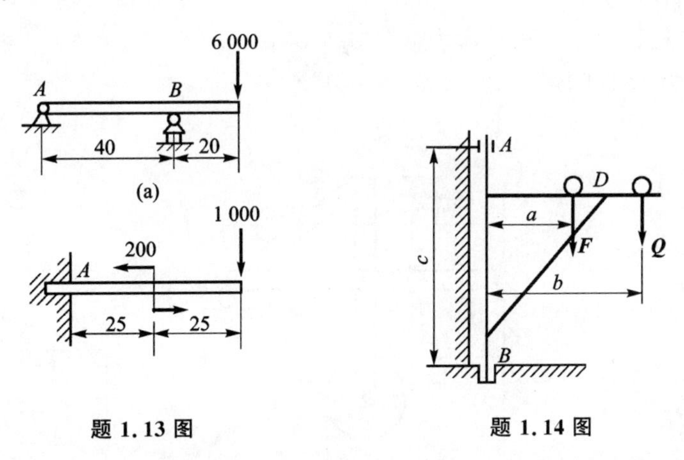

题 1.13 图　　　　题 1.14 图

1.15 题 1.15 图所示为一管道支架，由杆 AB 与 CD 组成，管道通过拉杆悬挂在水平杆 AB 的 B 端，每个支架负担的管道重为 2 kN，不计杆重。求杆 CD 所受的力和支座 A 处的约束力。

1.16 题 1.16 图所示为一活塞发动机中的曲柄连杆机构。已知气体对活塞的压力 $F=400\ \text{N}$，不计所有构件的重量，各部尺寸如题 1.16 图所示，问在图示位置时应在曲柄 OA 上加多大的力偶矩 M 方能使机构保持平衡？

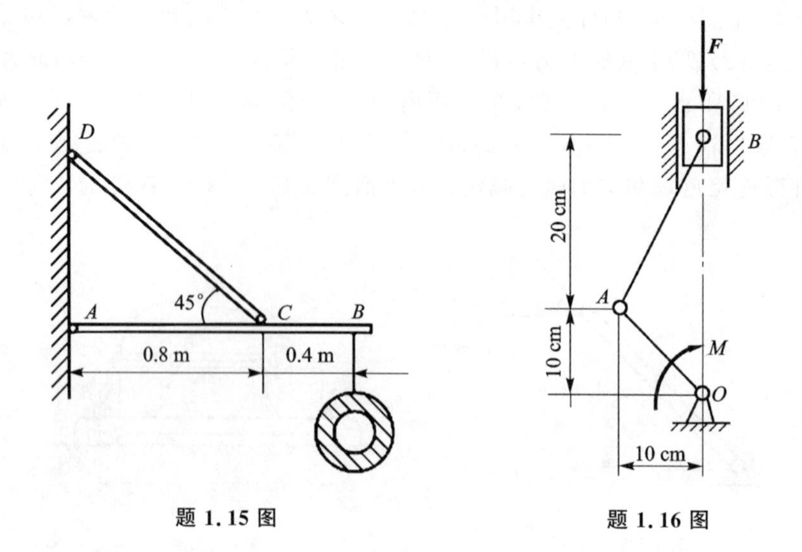

题 1.15 图　　题 1.16 图

1.17 如题 1.17 图所示，绞车通过钢丝绳牵引小车沿斜面轨道匀速上升。已知小车重 $P=10$ kN，绳与斜面平行，$\alpha=30^{\circ}$，$a=0.75$ m，$b=0.3$ m，不计摩擦。求钢丝绳的拉力及轨道对车轮的约束反力。

1.18 物体 Q 重 1 200 N，由题 1.18 图所示三杆 ADB、BC、CDE 和滑轮 E 组成的构架支持。已知 $AD=DB=2$ m，$CD=DE=1.5$ m，不计杆和滑轮的重量。求支承 A 和 B 的约束力，以及杆 BC 所受的力。

1.19 已知在边长为 a 的正六面体上有 $F_1=6$ kN，$F_2=2$ kN，$F_3=4$ kN，如题 1.19 图所示。试计算各力在三坐标轴上的投影。

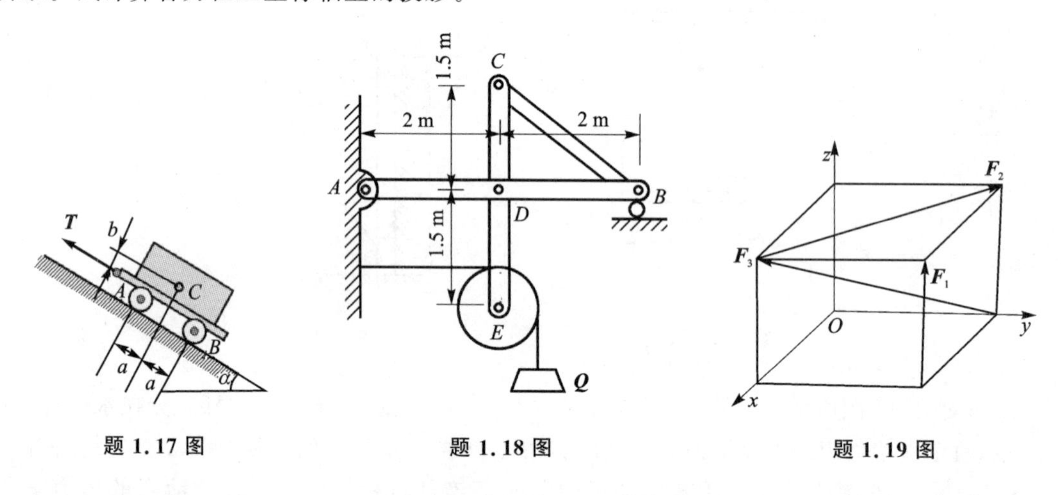

题 1.17 图　　题 1.18 图　　题 1.19 图

1.20 变速箱中间轴装有两直齿圆柱齿轮，其分度圆半径 $r_1=100$ mm，$r_2=72$ mm，啮合点分别在两齿轮的最低与最高位置，如题 1.20 图所示，图中的尺寸单位为 mm。已知齿轮压力角 $\alpha=20^{\circ}$。在齿轮 1 上的圆周力 $F_1=1.58$ kN。试求当轴平衡时作用于齿轮 2 上的圆周力 F_2 与 A、B 轴承的反力。

1.21 水平传动轴 AB 上装有两个皮带轮 C 和 D，与轴 AB 一起转动，如题 1.21 图所示。皮带轮的半径各为 $r_1=200$ mm 和 $r_2=250$ mm，皮带轮与轴承间的距离为 $a=b=500$ mm，

两皮带轮间的距离 $c=1\ 000\ \text{mm}$。套在轮 C 上的皮带是水平的，其拉力为 $F_1=2F_2=5\ 000\ \text{N}$；套在轮 D 上的皮带与铅直线成角 $\alpha=30°$，其拉力为 $F_3=2F_4$。求在平衡情况下，拉力 F_3 和 F_4 的值，并求由皮带拉力所引起的轴承反力。

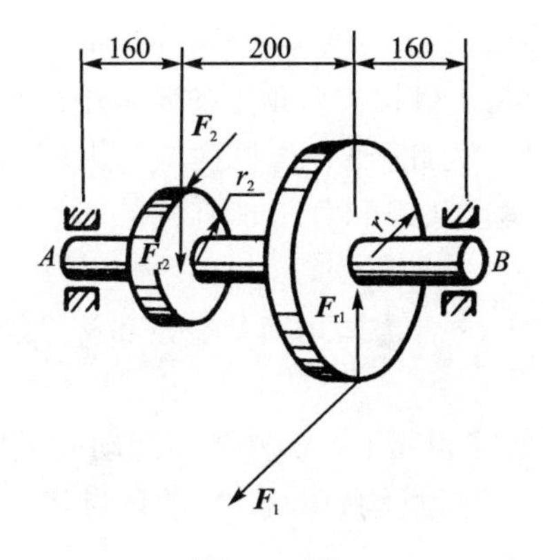

题 1.20 图

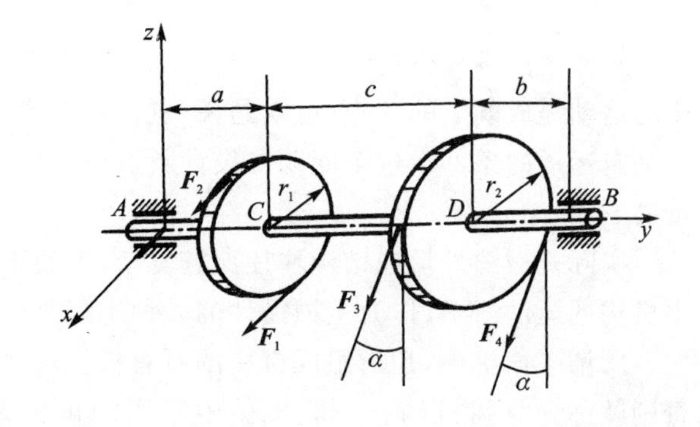

题 1.21 图

第2章　平面机构的结构分析

机器是由各种机构组成的机械系统。组成机构的目的是使机构按照预定的要求进行有规律的运动完成既定的动作，也就是说，机构要有确定的运动。为此，要分析机构的自由度和具有确定运动的条件。这个问题对设计新机械、拟定运动方案或认识和分析现有机械都是非常重要的。

实际机械的外形和结构往往比较复杂，为便于分析研究，常常需要用简单线条和符号绘制出机构的运动简图，作为机械设计的一种工程语言。

所谓平面机构，是指组成机构的所有构件均在同一平面或相互平行的平面内运动的机构，否则就称为空间机构。一般机械中常用的机构大多属于平面机构，因此，本章只讨论平面机构。

2.1　机构的组成

2.1.1　基本概念

如图2.1(a)所示，内燃机曲柄滑块机构包含活塞（滑块）3、连杆2、曲轴（曲柄）1和气缸（机架）4等构件，原动件活塞3作直线往复移动，通过连杆2带动曲轴1作连续转动。其中，连杆构件是由连杆体5、连杆盖7、螺栓6和螺母8等零件刚性联接组成的，如图2.1(b)所示。

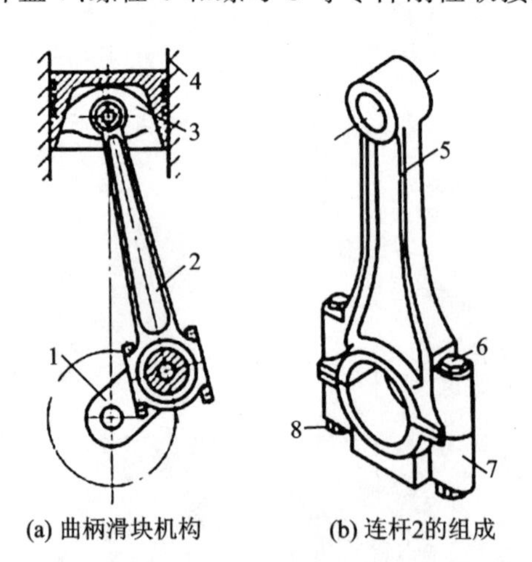

(a) 曲柄滑块机构　　(b) 连杆2的组成

1—曲轴；2—连杆；3—活塞；4—气缸；5—连杆体；6—螺栓；7—连杆盖；8—螺母

图2.1　内燃机曲柄滑块机构和连杆

在组成机构的所有构件中，必须以一个相对固定的构件作为支持，以便安装其他活动构件，该构件称为机架，如图2.1中的气缸4。一般取机架作为研究机构运动的静参考系。在活动构件中，输入已知运动规律的构件称为原动件（如活塞），其他的活动构件称为从动件。从动件的运动规律取决于原动件及运动副的结构和构件尺寸。由此可见，机构是由机架、原动件及从动件系统组成的。

2.1.2　运动副及其分类

构件组成机械是通过运动副把诸构件联接起来而实现的。机构中每一构件都以一定的方式与其他构件相互接触，并形成一种可动的联接，从而使这两个构件之间的相对运动受到约束。两构件之间的这种直接接触的可动联接称为运动副。机构中各个构件之间的运动和力的传递，都是通过运动副来实现的。

一个做平面运动的自由构件具有 3 种独立运动，如图 2.2 所示，在坐标系 xOy 平面内，若构件 1 是作平面运动的自由构件（与其他构件没有任何联接），则它可随其上任一点 A 沿 x 轴和 y 轴方向移动以及绕 A 点转动。这种相对于参考系构件所具有的独立运动参数的数目称为构件的自由度。一个作平面运动的自由构件具有 3 个自由度（x、y 和 φ），若它以某种方式与构件 2（这里，构件 2 与坐标系固联在一起）形成运动副，例如两者在 A 点用铰链联接起来，则构件 1 只剩下一个绕 A 点相对于构件 2 转动的自由度，即两个自由度约束掉了，只剩下一个转角 φ 可自由变化。由此可见，运动副的作用是限制或约束两个构件之间的相对运动，减小其相对运动的自由度数目。

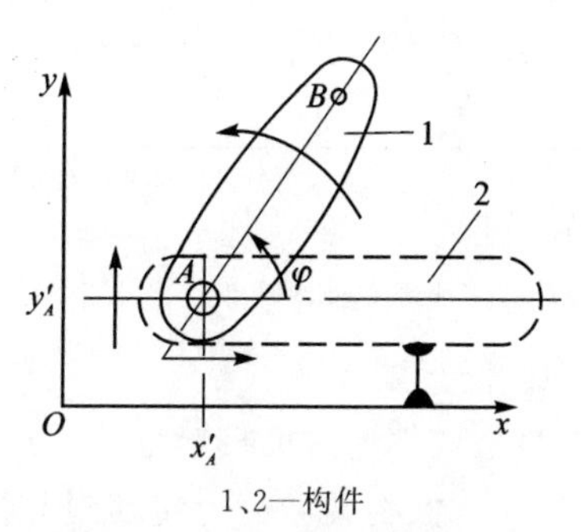

1、2—构件

图 2.2　平面运动构件的自由度

运动副对自由度产生的约束数目和被约束的运动参数取决于运动副的类型。两个构件形成运动副不外乎通过点、线或面接触来实现。按接触性质，运动副可分为低副和高副两类，参见表 2.1，下面简要说明。

表 2.1　平面运动副的类型、符号自由度和约束数

运动副的类型		运动副符号		自由度	约束数
		两运动构件构成的运动副	两构件之一为固定时的运动副		
低副	转动副			1	2
	移动副			1	2

续表 2.1

运动副的类型	运动副符号		自由度	约束数
	两运动构件构成的运动副	两构件之一为固定时的运动副		
高副	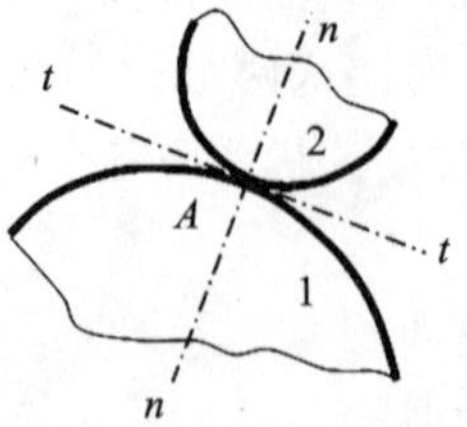	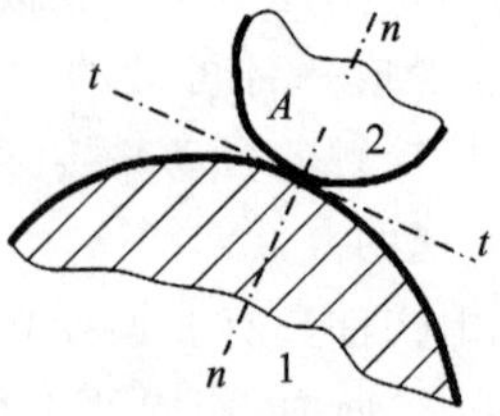	2	1

注:在转动副的表示方法中,小圆圈表示转动副,其圆心代表相对转动轴线,画斜线的构件表示固定构件机架。在移动副的表示方法中,移动副的导路必须与相对移动方向一致。在高副中,当明确是齿轮机构或凸轮机构时,可直接按这些机构的简图画出。

1. 低　副

两个构件通过面接触形成的运动副称为低副。根据组成平面低副的两构件之间的相对运动的性质,低副又可分为转动副和移动副两类,如下:

① 转动副:形成运动副的两个构件只能在一个平面内相对转动,约束掉两个移动自由度。例如,铰链联接、轴与轴承联接。

② 移动副:形成运动副的两个构件只能沿某一直线做相对移动,约束掉一个移动和一个转动自由度。例如,滑动件与导轨、活塞与气缸的联接。

2. 高　副

两个构件通过点或线接触形成的运动副称为高副。参见表 2.1 中的图,这类运动副允许两构件在接触点 A 绕垂直平面的轴线做相对转动和沿接触点公切线 $t-t$ 方向的相对移动,而只约束掉过接触点公法线 $n-n$ 方向的相对移动(因为必须始终保持接触)。例如,两轮齿接触、凸轮与其从动件接触、车轮与导轨接触等。

此外,还有空间运动副,例如,球面铰链和螺旋副等。形成这类运动副的两构件的相对运动是空间运动,不属于本章讨论范围。

2.2 平面机构的运动简图

如前所述,机械由机构组成,而机构又由许多构件通过运动副联接而成。虽然实际机械及其构件的外形和结构比较复杂,但其中有些尺寸(例如截面尺寸)和外形仅与强度、工艺和机械的布局等有关,而与运动性质无关。因此,在拟定新机械的传动方案或对机械进行运动分析时,可以不考虑那些与运动无关的构件外形和运动副的具体结构,仅用简单线条和符号表示构件和运动副,并按比例定出各运动副的相对位置,把机构的组成和相对关系表示出来。必要时还需标出那些与机构有关的尺寸参数。这种表示机构组成和各构件间相对运动关系的简明图形就是机构运动简图。

2.2.1 一般构件的表示方法

典型机构的一般构件的表示方法见表 2.2。

表 2.2　典型机构的一般构件的表示方法

类　型	表示符号
杆、轴构件	
固定构件	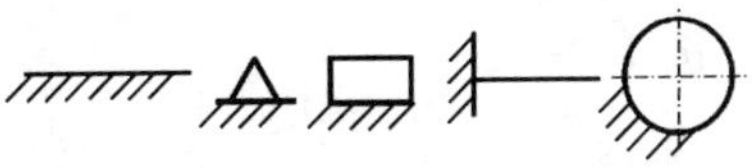
同一构件	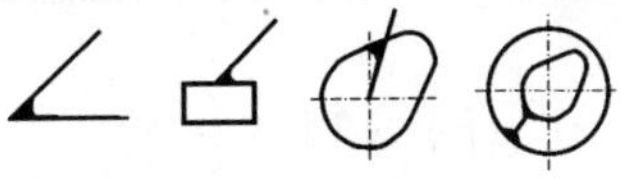
两副构件	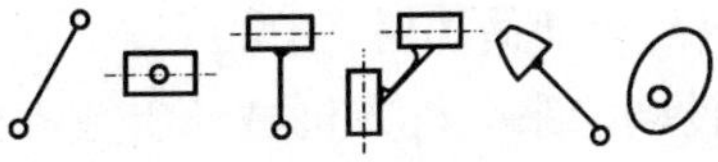
三副构件	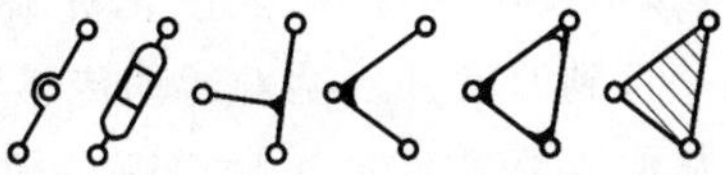

对于机械中常用机构及其构件还可直接按 GB 4460—2013 规定的简图形式绘制，例如用点画线或用细实线画出一对相切的节圆表示相互啮合的齿轮，用曲线轮廓线表示凸轮等，参见表 2.3。

表 2.3　部分常用机构运动简图符号(摘自 GB/T 4460—2013)

常用机构运动简图符号	常用机构运动简图符号
在机架上的电机 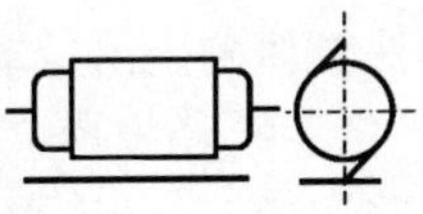	带传动 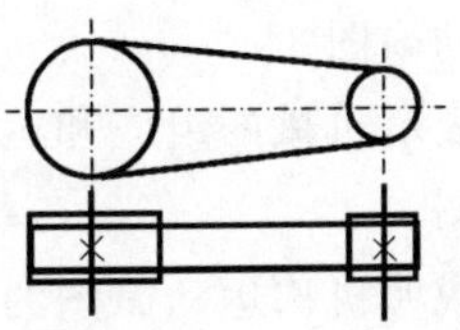
齿轮齿条传动 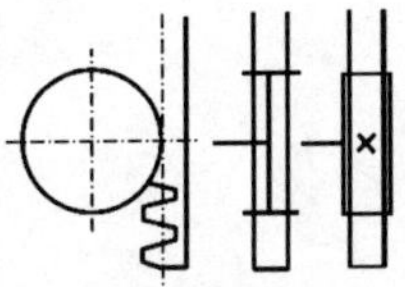	圆锥齿轮传动 
链传动 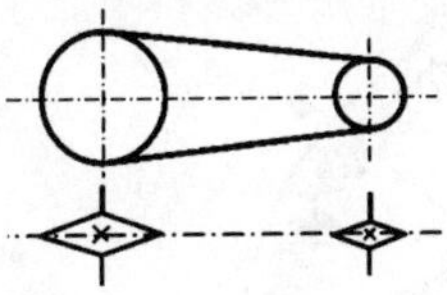	圆柱蜗杆蜗轮传动 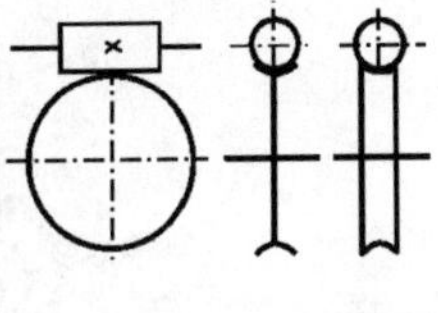
外啮合圆柱齿轮传动 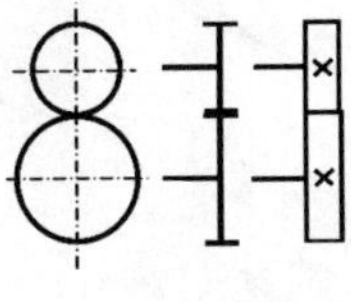	圆柱蜗杆蜗轮传动 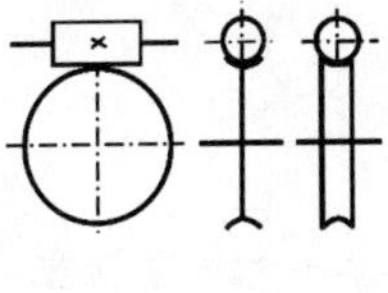

续表 2.3

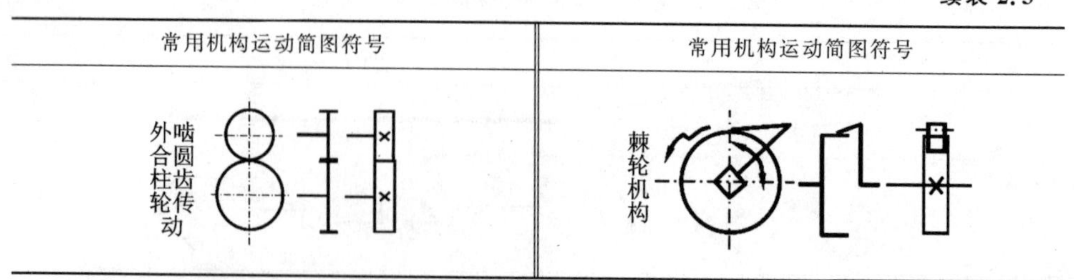

常用机构运动简图符号	常用机构运动简图符号
外啮合圆柱齿轮传动	棘轮机构

2.2.2 机构运动简图的绘制

绘制机械的机构运动简图时，通常可按下列步骤进行：

① 根据机械的功能来分析该机械的组成和运动情况。任何机械都具有机架、原动件（输入构件）和从动件（包括输出构件），因此，需先确定原动件和从动件，然后从原动件到从动件（有时也可以从从动件到原动件），循着运动传递路线，分析该机械的从动件的运动是怎样从原动件传递过来的，从而搞清楚该机械是由哪些机构和构件组成的，各构件间形成了何种运动副，同时分清固定件与活动构件。这是正确绘制机构运动简图的前提。

② 为将机构运动简图表达清楚，需要选好投影面。为此，可以选择机械的多数构件的运动平面为投影面。必要时也可就机械的不同部分选择两个或更多个投影面，然后展到同一图面上，或者把在主运动简图上难以表达清楚的部分另绘一局部简图。总之，以表达、正确、清楚为原则。

③ 选好投影面后，便可以按适当的比例定出各运动副之间的相对位置，用简单线条和符号画出机构运动简图。

若仅为了表示机械的组成和运动情况，不需要用图解法具体确定出运动参数值，则可以不严格按比例绘图。

下面举例说明机构运动简图的画法。

例 2.1 绘制图 2.3 所示内燃机的机构运动简图。

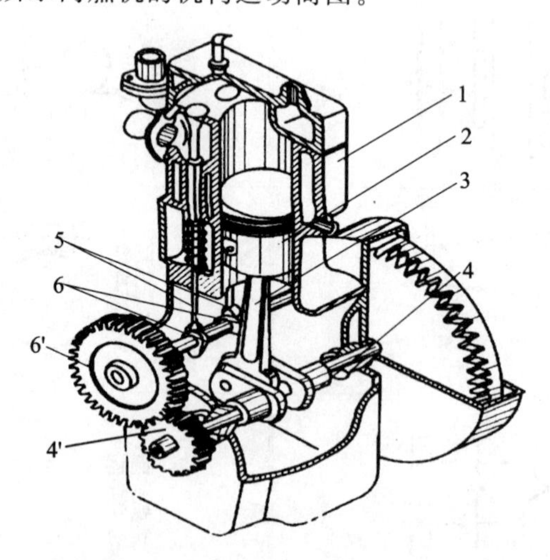

1—气缸；2—活塞；3—连杆；4—曲轴；4′、6′—齿轮；5—进、排气门推杆；6—凸轮

图 2.3 内燃机的组成

解　1）曲柄滑块机构

① 由于气缸1与内燃机机体可视为固联，故对整个机构而言是相对静止的固定件，即为机架；活塞2在燃气的推动下运动，是原动件；其余的构件是从动件。

② 活塞2与其气缸1之间的相对运动是移动，从而组成移动副；活塞2与连杆3、连杆3与曲轴4、曲轴4与机架之间的相对运动是转动，所以都组成转动副。

上述4个构件中，用了一个移动副和3个转动副。从固定件开始，经原动件到从动件按一定顺序相连，又回到固定件，从而形成一个独立的封闭构件组合体，即组成一个独立的机构，称为曲柄滑块机构。

③ 选择平行于四杆机构运动的平面作为视图平面。

④ 当活塞2(原动件)相对气缸1的位置确定后，选取适当的比例尺用相应的构件和运动副的符号，可绘制出机构运动简图。

2）平面齿轮机构

齿轮4′与曲轴4固联，因曲轴运动已知，所以齿轮4′是原动件，齿轮6′是从动件。齿轮4′、6′分别通过曲轴4、凸轮轴由气缸1支持，故气缸1是机架。

齿轮4′、6′分别相对机架作转动，所以组成转动副，齿轮4′、6′之间的接触是线接触，组成高副。因此，3个构件用两个转动副和一个高副按一定顺序相连，形成一个独立的封闭的构件组合体，即平面齿轮机构。

选择齿轮的运动平面作为视图平面，并选用与曲柄滑块机构相同的比例尺，用相应的构件和运动副的符号绘制出机构运动简图。

需要指出的是，因齿轮只转动，所以由齿轮轮廓接触组成的高副(又称为齿轮副)常用其节圆(点画线表示)相切来表示。

3）平面凸轮机构

凸轮6与机架1组成转动副，并与进气门推杆5组成高副，形成一个独立封闭的构件组合体，即为平面凸轮机构。选择其视图平面，并用与曲柄滑块机构相同的比例尺，绘制出机构运动简图。

以上内燃机3个机构的运动简图如图2.4所示。

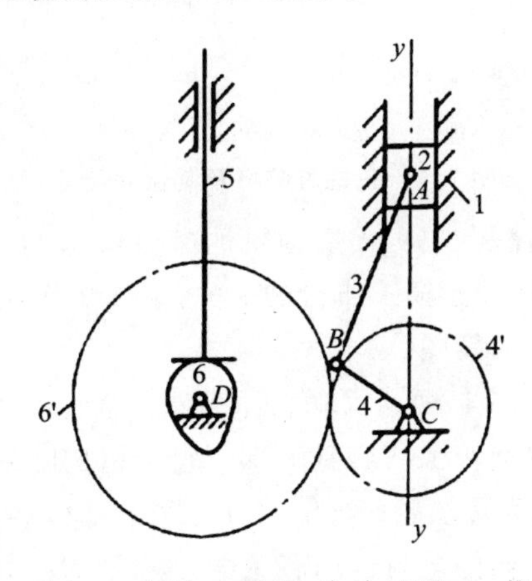

1—机架；2—活塞；3—连杆；4—曲柄；4′、6′—齿轮；5—推杆；6—凸轮

图2.4　内燃机的机构运动简图

由上述可知，内燃机的原动件是活塞，齿轮 4′与凸轮 6 的运动均取决于活塞。当活塞 2 的位置一定时，齿轮 4′与凸轮 6 的位置也就确定了，不可任意变动。随着活塞 2 位置的改变，可画出一系列相应的机构运动简图。

例 2.2 图 2.5(a)所示为一颚式破碎机。当动颚 3 做周期性平面复杂运动时，它与固定颚 6 时而靠近，时而离开。靠近时将工作空间内的物料 7 轧碎，离开时物料靠自重自由落出。试绘制该机构的运动简图。

解 该机由电动机通过带传动(图 2.5(a)中未示出)的带轮 1 驱动偏心轴 2 绕轴线 A 转动时，驱使动颚 3 周期性摆动。动颚 3 是输出件。这里忽略电动机和带传动，由于带轮 1 与偏心轴 2 固联在一起成为一个构件，所以可将偏心轴 2 视为原动件。这样，该机的主体机构是由偏心轴(或称曲轴)2、动颚 3、肘板 4 和机架 5 组成的铰链四杆机构，共有 4 个转动副。其中，偏心轴 2 绕轴线 A 相对于机架 5 转动，形成以 A 为中心的固定转动副；动颚与偏心轴 2 绕轴线 B 相对转动，形成以 B 为中心的转动副；其他两个转动副是 C 和 D，其中 D 也是固定转动副。曲柄的长度是偏心轴 2 的偏心距 AB，构件 3 的长度为 BC；等等。机构运动简图如图 2.5(b)所示。

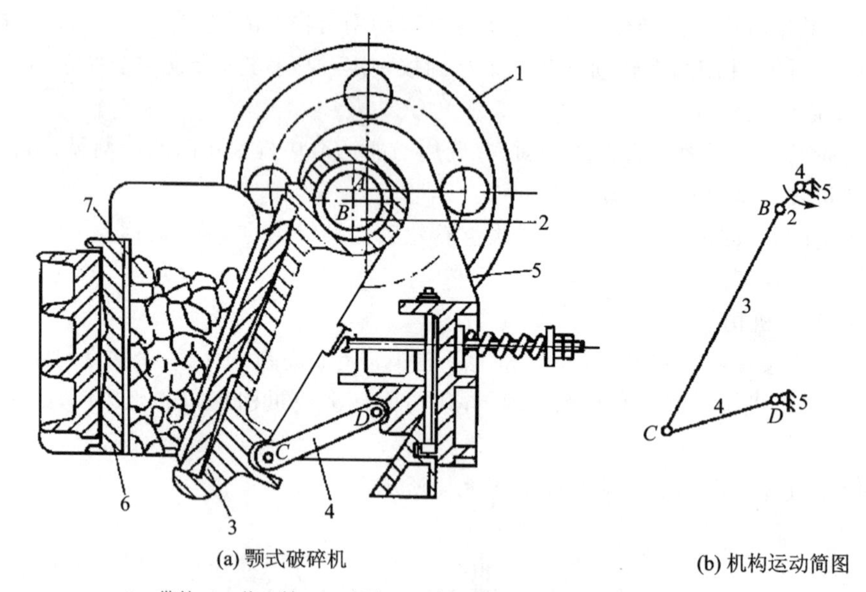

(a) 颚式破碎机　　(b) 机构运动简图

1—带轮；2—偏心轴；3—动颚；4—肘板；5—机架；6—固定颚；7—物料

图 2.5 颚式破碎机及其运动简图

例 2.3 图 2.6(a)所示为翻台震实式造型机的翻台机构的局部结构图。当造型完毕后，可将翻台沿 $m-n$ 翻转 180°，转到起模工作台的上面(从图中实线位置转到点画线所示位置)，以备起模。试绘制该机构的运动简图。

解 若输出件是翻台和构件 4(两者固联)，原动件是活塞 1，当气压推动它向左运动时，通过构件 2 和 3 将构件 4 和翻台翻转 180°转到上部。整个机构除活塞 1 与气缸(机架)6 形成移动副 G 外，其余各构件之间均为转动副(A、B、C、D、E、F)，其中 A 和 B 分别为杆 5 和构件 3 与气缸 6 形成的固定转动副。构件 3 与运动有关的尺寸是 BE 和 BC。按规定符号绘制机构运动简图，如图 2.6(b)所示。

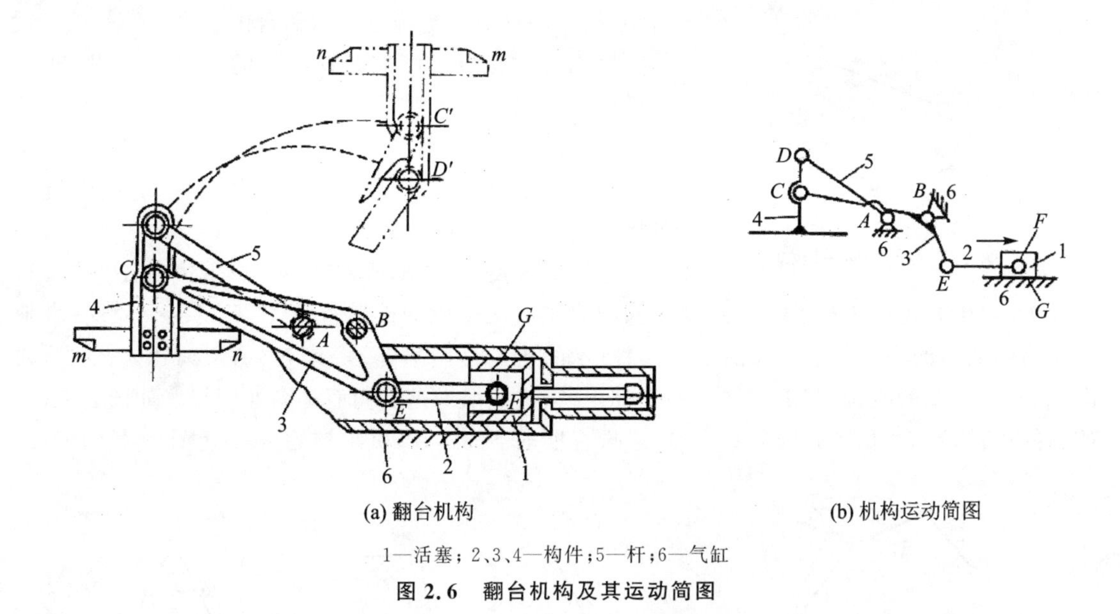

(a) 翻台机构　　　　(b) 机构运动简图

1—活塞；2、3、4—构件；5—杆；6—气缸

图 2.6　翻台机构及其运动简图

2.3　平面机构的自由度

任何一个机构工作时，在原动件的驱动下，各个从动件都按一定规律运动。但是，并不是随意拼凑的构件组合都能具有确定运动而成为机构。构件应如何组合，在什么条件下才具有确定的相对运动？下面讨论机构的自由度和机构具有确定运动的条件。

2.3.1　平面机构自由度的计算公式及机构具有确定运动的条件

平面机构的自由度就是该机构中各构件相对于机架具有的独立运动的数目。

如 2.1 节中所述，一个做平面运动的自由构件具有 3 个自由度，通过运动副可减少自由度数目。例如转动副约束了两个移动自由度，只保留一个转动自由度；而移动副也约束了两个自由度，只保留一个自由度；高副则只约束了过接触点公法线 $n-n$ 方向移动的自由度，保留了两个自由度。故在平面机构中，每引入一个低副就约束掉两个自由度，每引入一个高副就约束掉一个自由度。

设一个平面机构由 N 个构件组成，其中必有一个构件是机架，因机架为固定件，其自由度为零，故活动构件数 $n=N-1$。这 n 个活动构件在没有通过运动副连接时，共有 $3n$ 个自由度，当用运动副将构件连接起来组成机构后，其自由度就要减少。若机构中有 P_L 个低副和 P_H 个高副，则共减少 $2P_L+P_H$ 个自由度。因此，平面机构的自由度应该等于机构中所有活动构件的总自由度数减去该机构所包括的各运动副所引入的总约束数。以符号 F 表示平面机构的自由度，则平面机构自由度的计算公式为

$$F = 3n - 2P_L - P_H \tag{2.1}$$

式中：n 为活动构件数；P_L 为低副数；P_H 为高副数。

由式(2.1)可知，机构自由度的数目取决于活动构件数和运动副类型与数目，它是该机构中各构件相对于机架所具有的独立运动的数目。由于从动件不能独立运动，原动件才能独立

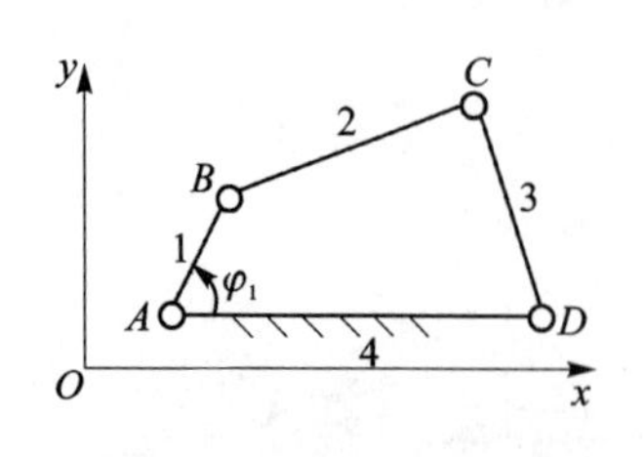

图 2.7 铰链四杆机构

运动,故原动件数必定等于机构的自由度。

机构自由度的数目标志着需要的原动件数目,即独立运动或输入运动的数目。如图 2.7 所示,铰链四杆机构的 $F=3\times3-2\times4=1$,即要求原动件的数目为 1。我们从直观上也可看出,任取一个构件作为原动件,则机构各构件的运动都是确定的。

如图 2.8 所示,活动构件数 $n=4$,低副数 $P_L=5$,高副数 $P_H=0$,自由度 $F=3\times4-2\times5=2$,即要求有两个原动件。否则,若只用一个原动件,则诸从动件的运动将不确定。如图 2.9 (a)所示的机构显然不能动,其 $F=3\times2-2\times3=0$。如图 2.9 (b)所示的机构,其 $F=3\times4-2\times6=0$。这些都不是机构而是刚性桁架。如图 2.9 (c)所示的机构,其 $F=3\times3-2\times5=-1$,意味着根本不能运动,有附加约束,这是受预载的桁架。

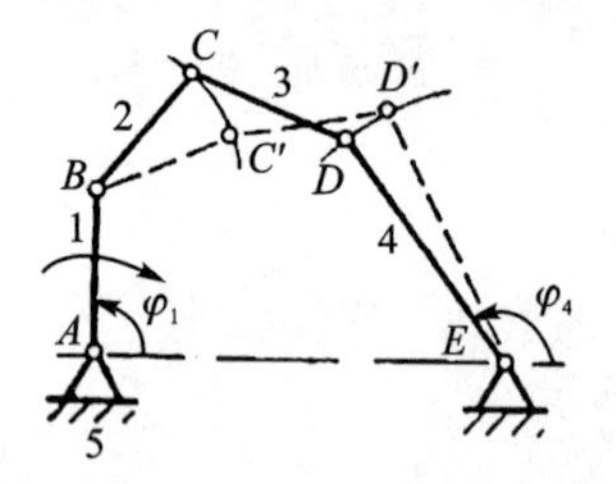

图 2.8 铰链五杆封闭杆系

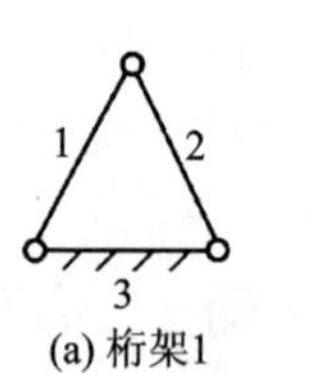

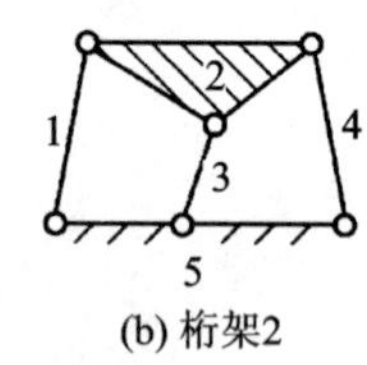

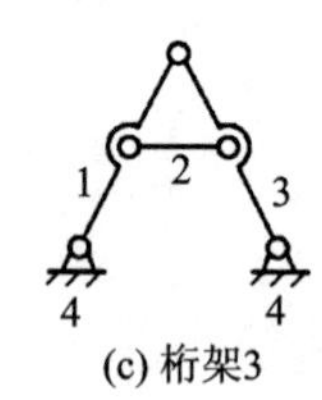

图 2.9 桁 架

综上所述,机构自由度的数目就是所需原动件的数目,即独立运动或输入运动的数目。当输入机构的独立运动数目小于机构的自由度时,机构的运动状态是不确定的;当输入机构的独立运动数目大于机构的自由度时,机构将会卡死或损坏。因此,机构具有确定运动的条件是:自由度数目 $F>0$,且原动件数目必须等于自由度数目,不能多也不能少。

通过平面机构的结构组成分析以及根据自由度与实际机构的原动件数是否相等,来判断其运动的确定性以及所绘制机构运动简图是否确定,也可以判定机构运动设计方案是否合理,并对运动不确定的设计方案进行改进,使其具有确定的运动。

机械装置中自由度的工程功能如表 2.4 所列。

表 2.4 机械装置中自由度 F 的工程功能

自由度 F	装置的功能举例
1	将给定的单输入运动变换成所需要的输出运动的单自由度机构
2	将两个输入运动合成单一输出运动的差动机构
0	承受或抵抗外载荷的结构
−1	预受内力的预载结构或内力加压装置

利用式(2.1)可以计算或验算连杆机构、凸轮机构、齿轮机构和它们的组合机构的自由度,尤其在设计新的机构或拟定复杂的运动方案时具有指导意义。但式(2.1)不适用于带传动、链传动等具有挠性件的机构,一般情况下,也没有必要计算这些机构的自由度。

例 2.4 计算图 2.6 所示翻台机构的自由度。

解 由图 2.6(b)所示的机构运动简图得知,机构活动构件数 $n=5$,低副数 $P_L=7$,没有高

副。因此，自由度为

$$F=3n-2P_{L}-P_{H}=3\times5-2\times7-0=1$$

说明原动件只需 1 个，即活塞（滑块）1。

例 2.5　图 2.10(a)所示为用于某自动线上的物品间歇定距输送机构。原动件 1 绕定轴 A 回转时输送梳沿 E 点所走轨迹运动，从而达到间歇定距推动物品前进的目的。试计算该机构的自由度。

解　为清楚起见，画出机构运动简图，如图 2.10(b)所示。这是一个由多构件组成的机构，比较复杂，设计时直观上难以判断其能否运动或是否具有确定的运动，而自由度公式则是有力的判断工具。活动构件数 $n=7$，低副数 $P_{L}=10$，没有高副，因此，机构自由度为

$$F=3n-2P_{L}-P_{H}=3\times7-2\times10-0=1$$

要求有 1 个原动件，即构件 1。

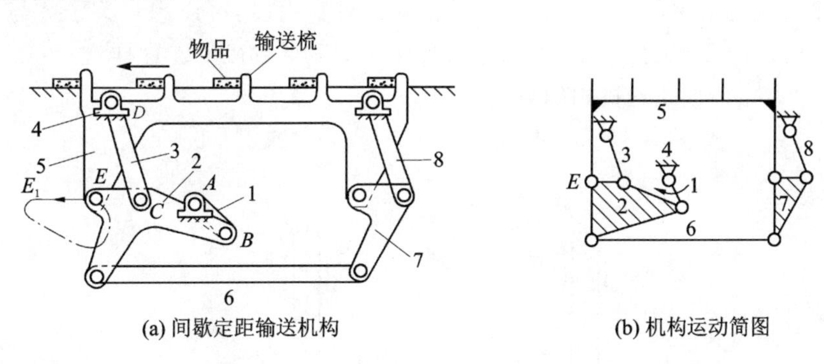

(a) 间歇定距输送机构　　(b) 机构运动简图

1—原动件；2、6、7—连杆；3、8—摇臂；4—机架；5—输送梳

图 2.10　间歇定距输送机构及其运动简图

2.3.2　计算平面机构自由度应注意的特殊情况

利用式(2.1)计算机构自由度时不能忽视下述几种特殊情况，否则将得不到正确的结果。

1. 复合铰链

两个以上的构件在同一处以转动副相联接就形成复合铰链。图 2.11 所示为 3 个构件在 A 点形成的复合铰链，由其俯视图可见，这 3 个构件共形成两个转动副。依次类推，K 个构件形成的复合铰链应具有$(K-1)$个转动副。统计转动副数目时应注意这一情况，以免遗漏。

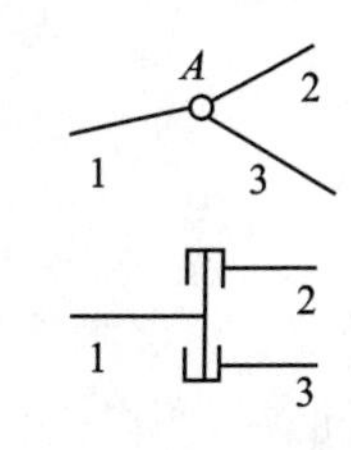

图 2.11　复合铰链

例 2.6　试计算图 2.12 所示机构的自由度。

解　此机构 C 处为复合铰链，具有两个转动副。活动构件数 $n=5$，低副数 $P_{L}=7$，高副数 $P_{H}=0$，则机构的自由度为

$$F=3n-2P_{L}-P_{H}=3\times5-2\times7-0=1$$

2. 局部自由度

机构中常出现一种与机构的主要运动无关的自由度，称为局部自由度。在计算机构自由度时应予以排除。

例如图 2.13(a)所示的凸轮机构，初看起来，该机构的自由度 $F=3n-2P_{L}-P_{H}=3\times3-2\times3-1=2$，但实际上该机构的自由度为 1，亦即我们只要给凸轮 1 以确定的转动，则从动件 2

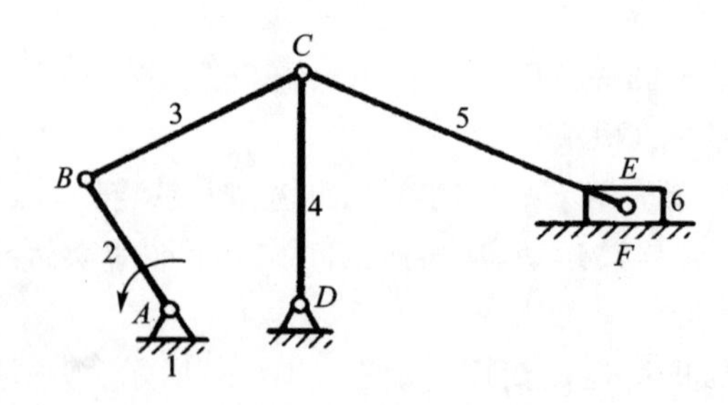

图 2.12 惯性筛机构

的往复移动规律就是完全确定的。两者不符的原因是什么呢？原来在该机构中，不论滚子 3 绕自身几何轴线 C 转动快还是慢，或转动与否，都毫不影响从动件 2 的运动。因此，滚子绕其中心的转动是一局部自由度。为了在计算时排除这种自由度，可设想将滚子 3 与从动件 2 焊成一体，变成如图 2.13 (b)所示的形式，即去掉滚子 3 和转动副 C。这样，按图 2.13(b)计算，则 $n=2$，$P_L=2$，$P_H=1$，此时机构的自由度为

$$F=3n-2P_L-P_H=3\times2-2\times2-1=1$$

就与实际相符了。

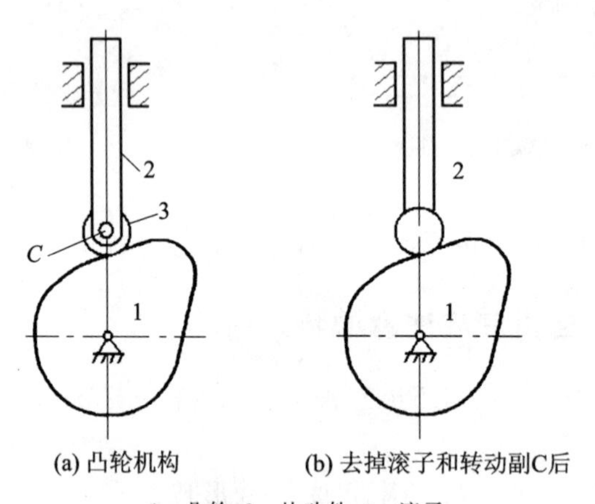

1—凸轮；2—从动件；3—滚子

图 2.13 局部自由度

局部自由度虽然不影响机构的主要运动，但滚子可使高副接触的滑动摩擦变成滚动摩擦，并减轻磨损，所以机械设计中常利用局部自由度。

3. 虚约束

在运动副引入的约束中，有些约束与该部分原有的约束完全重复，对机构的运动不起新的限制作用，故将这类重复约束称为虚约束，计算机构自由度时应除去不计。

工程中，为了改善机构或构件的受力情况或满足其他一些工作需要而使用虚约束。平面机构的虚约束常出现在下列场合：

(1) 两构件之间形成多个相同运动副

图 2.14(a)所示为回转构件 1 的轴在固定件 2 的两个轴承中转动。从纯运动角度来看，这两个转动副只起一个转动副的约束作用，因为一个轴承就足以使回转构件 1 的轴绕轴线 $a-a$ 转动。引入另一轴承是为了改善轴和轴承的受力情况。因此，计算自由度时应只算作一

个转动副，否则，$F=-1$ 显然与实际不符。又如图 2.14(b)所示的凸轮机构，为改善从动件 1 在导路 2 中的受力情况，也采用两个导路，形成两个移动副，计算时也只算作一个移动副。值得注意的是，两者都必须满足一定的几何条件：前者左右两轴承必须共轴线，后者两导路必须平行。这样，两个运动副才算是完全相同的重复约束，其中一个才可作为虚约束而除去不计。否则，例如若右轴承不与左轴承共轴线，而处于图 2.14(a)中虚线所示位置，则这两个约束都是真约束，显然轴将不能回转。前面按公式计算的自由度 $F=-1$ 正是这种情况。

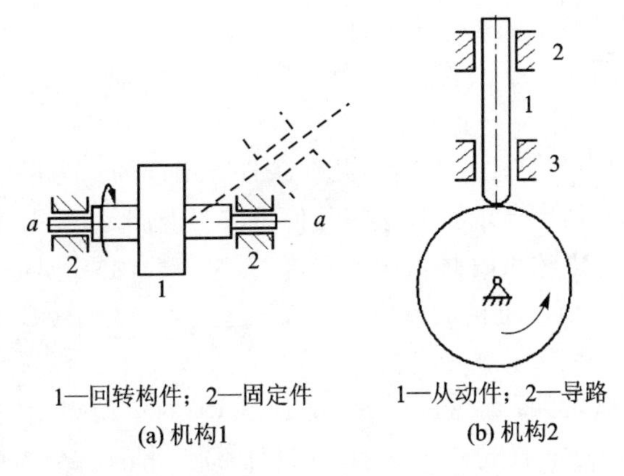

1—回转构件；2—固定件　　1—从动件；2—导路

(a) 机构1　　(b) 机构2

图 2.14　虚约束之一

总之，当两构件之间形成多个完全重复的运动副时，只算一个运动副，其余的均作为虚约束去掉不计。

(2) 两构件上两点间的距离始终保持不变

在图 2.15(a)所示的平行四边形机构中，连杆 2 始终与机架 4 保持平行并作平移运动，该机构的自由度 $F=1$。连杆 2 上各点的轨迹均为圆心在 AD 线上、半径等于 $AB(CD=AB)$的圆弧。例如，连杆上任一点 E 的轨迹为圆心在 F 点的圆弧，连线 EF 始终等于并平行于 AB 和 CD。因此，可以用一附加构件 5 与 E 和 F 两点铰接，如图 2.15(b)所示。新机构中点 E 的轨迹与原机构点 E 的轨迹重合，因而不影响机构原有的运动。然而，若忽视了这种情况，按式(2.1)计算，则该五杆机构的自由度却变为 $F=3\times4-2\times6=0$。这是因为引入构件 5 增加了 3 个自由度，但同时引入了两个转动副，增加了 4 个约束，即多引入了一个约束。但这个约束的作用仍是使动点 E 和定点 F 之间的距离保持不变，使点 E 的轨迹为圆心在 F 点的圆弧。显然，由于前后两个轨迹圆弧完全重合，从运动的角度来看这个约束是不必要的、重复的，即虚约束。因此，在计算机构自由度时应去掉这个虚约束，即去掉一个构件 5(或构件 1 或 3)及其带入的两个转动副。该机构的自由度仍为 1，与实际相符。但若不满足上述几何条件($EF/\!/AB$ 或 CD)，如图 2.15(c)所示的任加一构件 5 和转动副 E 以及 F'的情况，则由于点 E 的圆弧轨迹 k'_E和 k_E 不相重合而成为真约束，形成五杆机构，机构不能运动，此时 $F=0$。

(3) 机构中对运动不起作用的对称部分

如图 2.16 所示，中心齿轮 1 通过两个对称布置的小齿轮 2 和 3 驱动内齿轮 4。仅从运动的传递来看，使用一个小齿轮就行了，这时机构的自由度为 1($n=3,P_L=3,P_H=2$)。加入第二个小齿轮，使机构增加了一个约束(增加一个活动构件、一个转动副和两个高副)，但对机构的运动没有影响，故为虚约束，计算自由度时应去掉不计。这里，能成为虚约束的几何条件是

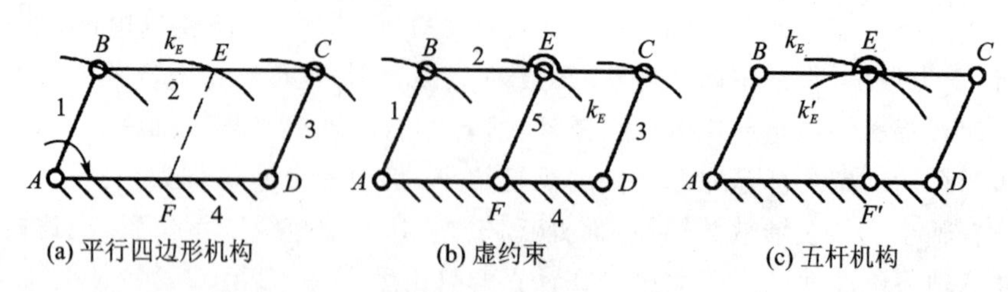

1、3、5—构件；2—连杆；4—机架

图 2.15 虚约束之二

两个小齿轮大小必须相同。为了改善受力情况，实际机构常使用均布的二个或二个以上的小齿轮，但在计算自由度时只计入一个小齿轮。

总之，机构中的虚约束都是在一些特定几何条件下出现的。为保证实现这些几何条件，对制造和装配提出了必要的精度要求。若这些几何条件不能满足，则引入的虚约束就是真约束，“机构”将不能运动。使用虚约束时必须注意到这一点。没有必要时应少用虚约束。

例 2.7 计算图 2.17 所示机构的自由度。AB 等于并平行于 CD，AF 等于并平行于 DE，BC、AD 和 EF 三者相等并平行。

解 根据机构的几何条件，动点 E 与 F（或 B 与 C）的运动规律完全相同，两点间的距离始终保持不变，故可以加上杆 4（或杆 2）。杆 4（或杆 2）带来的一个约束对机构运动并不起新的限制作用，是虚约束，故计算时应去掉该杆及其带入的两个转动副。这样，$n=3$，$P_L=4$，机构的自由度为

$$F=3n-2P_L-P_H=3\times 3-2\times 4-0=1$$

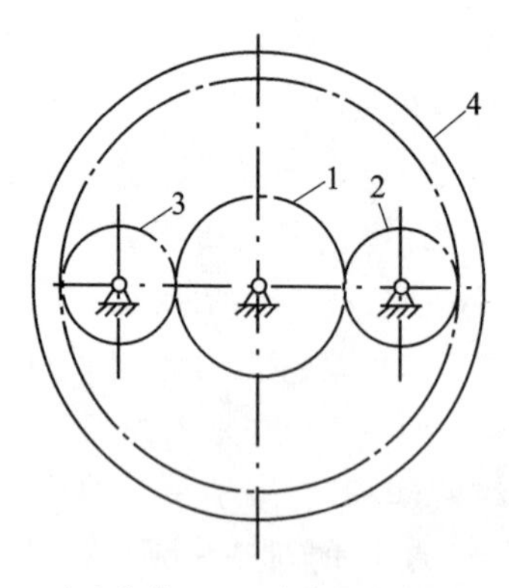

1—中心齿轮；2、3—小齿轮；4—内齿轮

图 2.16 虚约束之三

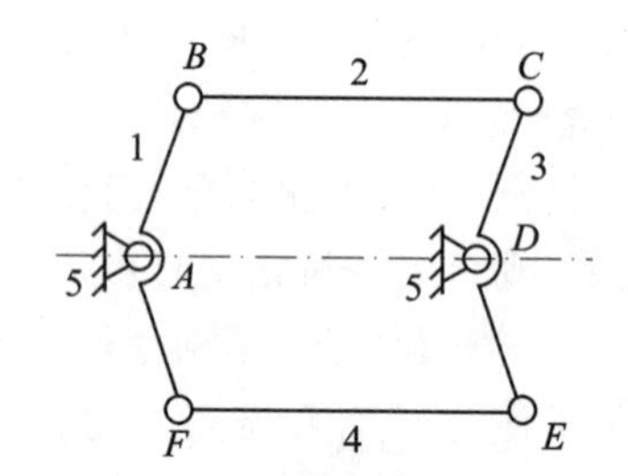

图 2.17 联动平行四杆机构

例 2.8 图 2.18 所示为周转轮系。它由中心齿轮 1、行星齿轮 2（共 4 个）、内齿轮 4 及带动行星齿轮周转的转臂 3 组成。试计算该机构的自由度。

解 从运动角度看，只有一个行星齿轮就够了，其余 3 个属于对称布置件，除去不计。这样，活动构件数 $n=4$，低副数 $P_L=4$，高副数 $P_H=2$。按式(2.1)计算机构的自由度为

$$F=3n-2P_L-P_H=3\times 4-2\times 4-2=2$$

即该机构需要两个原动件。

例 2.9 计算图 2.19(a)所示机构的自由度。

解 机构中的滚子有一个局部自由度，顶杆与机架在 E 和 E' 组成两个导路平行的移动

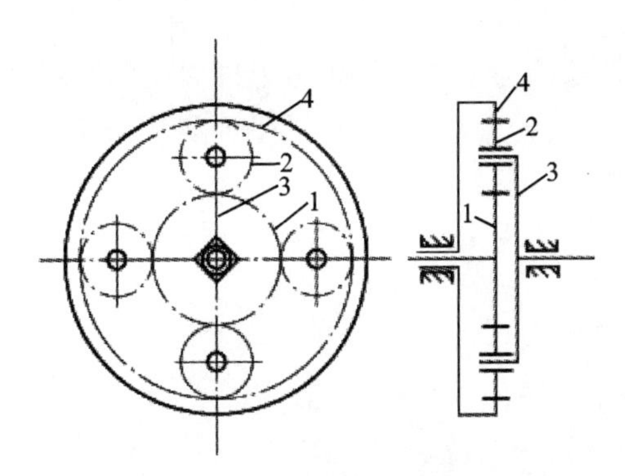

1—中心齿轮；2—行星齿轮；3—轮臂；4—内齿轮

图 2.18　周转轮系

副，其中之一为虚约束，C 处是复合铰链。现将滚子与顶杆焊成一体，去掉移动副 E'，并在 C 点注明转动副数，如图 2.19(b)所示。此时，机构中 $n=7$，$P_L=9$(其中有 2 个移动副、7 个转动副)，$P_H=1$。所以，该机构的自由度为

$$F=3n-2P_L-P_H=3\times 7-2\times 9-1=2$$

此机构的自由度是 2，有两个原动件。

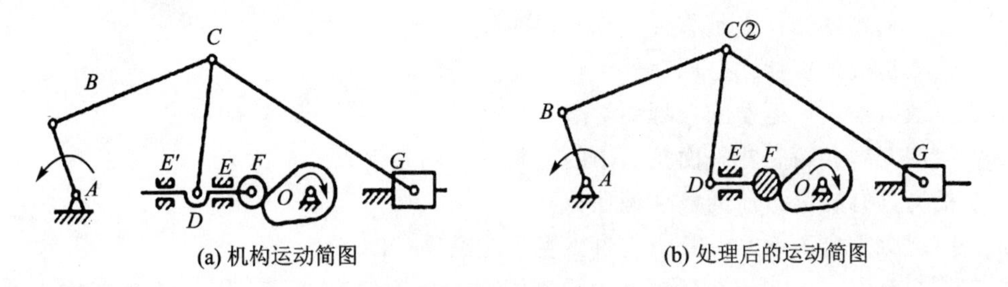

(a) 机构运动简图　　(b) 处理后的运动简图

图 2.19　大筛机构

本章知识点提示

1. 机构是具有确定的相对运动构件的组合。构件是机构的运动单元，它可以是单一的零件，也可以是由若干个零件组成的刚性结构件。零件是机器中最小的制造单元。任何机构都是由机架、原动件及从动件系统组成的。

2. 凡两构件直接接触而又能产生一定形式的相对运动的可动联接均称为运动副。常用的平面运动副有转动副、移动副和高副。

3. 为了便于机构的设计与分析，可以不考虑那些与运动无关的构件外形和运动副的具体结构，仅用简单线条和符号表示构件和运动副，并按比例定出各运动副的相对位置，把机构的组成和相对关系表示出来，必要时还须标出那些与机构有关的尺寸参数。这种表示机构组成和各构件间相对运动关系的简明图形就是机构运动简图。

顺口溜：先两头，后中间，从头至尾走一遍，
　　　　数数构件是多少，再看它们怎相连。

4. 相对于参考系构件所具有的独立运动的数目称为构件的自由度。一个做平面运动的

自由构件具有3个自由度。

平面机构的自由度就是该机构中各构件相对于机架具有的独立运动的数目。平面机构自由度计算公式为 $F=3n-2P_{L}-P_{H}$，用公式计算平面机构自由度时，要注意复合铰链处的转动副数及去掉局部自由度和虚约束。

5. 两个以上的构件在同一处以转动副相连接就形成复合铰链。K 个构件形成的复合铰链应具有$(K-1)$个转动副。

6. 对整个机构运动无关的自由度称为局部自由度。

7. 对机构运动不起独立作用的约束称为虚约束。常见的虚约束发生在：两构件上连接点的轨迹在连接前已相重合；两构件组成多个转动副，且其回转轴线相互重合时；两构件组成多个移动副，且其移动导路方向相互平行时；机构存在对运动不起作用的对称部分。

8. 机构具有确定运动的条件是：自由度 $F>0$，且原动件数目必须等于自由度数目。根据自由度与实际机构的原动件数是否相等，来判断其运动的确定性以及所绘制机构运动简图是否确定，也可以判断机构运动设计方案是否合理。

思考题

2.1 什么是构件？什么是零件？举例说明。

2.2 什么是机架？什么是原动件？什么是从动件？

2.3 何谓运动副？运动副有哪些类型？

2.4 何谓低副和高副？平面机构中的低副和高副各引入几个约束？

2.5 机构具有确定运动的条件是什么？

2.6 何谓机构自由度？计算机构自由度应注意哪些问题？

2.7 什么是虚约束？什么是局部自由度？有人说虚约束就是实际上不存在的约束，局部自由度就是不存在的自由度，这种说法对吗？为什么？

2.8 既然虚约束对机构的运动不起直接的限制作用，那么为什么在实际的机械中还常出现虚约束？在什么条件下才能保证虚约束不成为有效的约束？

2.9 机构运动简图有什么作用？如何绘制机构运动简图？

2.10 传动机构有哪些类型？它们有何作用？

习　题

2.1 画出题2.1图所示机构的运动简图，并计算其自由度。

2.2 题2.2图所示为照相机光圈口径调节机构。1为调节圆盘，2为变口径用的遮光片(共5片，题2.2图中只给出一片)。遮光片与调节圆盘在 A 点铰接。遮光片上另有一销子 B 穿过调节圆盘而嵌在固定的导槽 C 内。当我们转动调节圆盘时，靠导槽引导遮光片摆动。调节圆盘顺时针转动时，光圈放大；反之，光圈缩小。试绘出机构运动简图并计算其自由度。

2.3 指出题2.3图所示机构中的复合铰链、局部自由度和虚约束，并计算机构的自由度，确定原动件数目(图中有箭头表示转向者为原动件)。

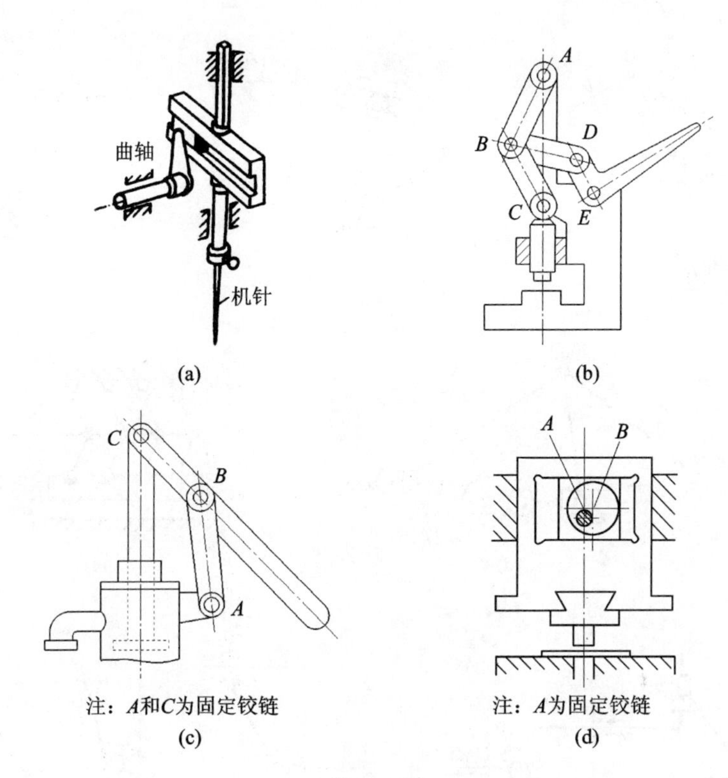

题 2.1 图

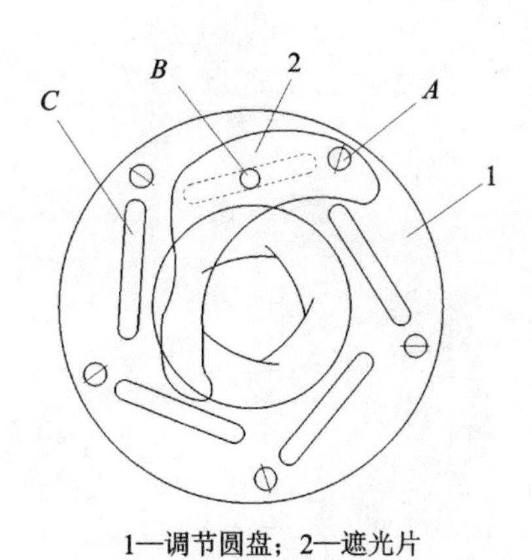

1—调节圆盘；2—遮光片

题 2.2 图

2.4 题 2.4 图所示为一简易冲床。设想动力由齿轮 1 输入，使轴 A 连续回转；固联在轴 A 上的凸轮 2 与摆杆 3 组成的凸轮机构将使冲头 4 上下往复运动，达到冲压的目的。试分析其能否运动，并提出修改措施，以获得确定的运动（画简图）。

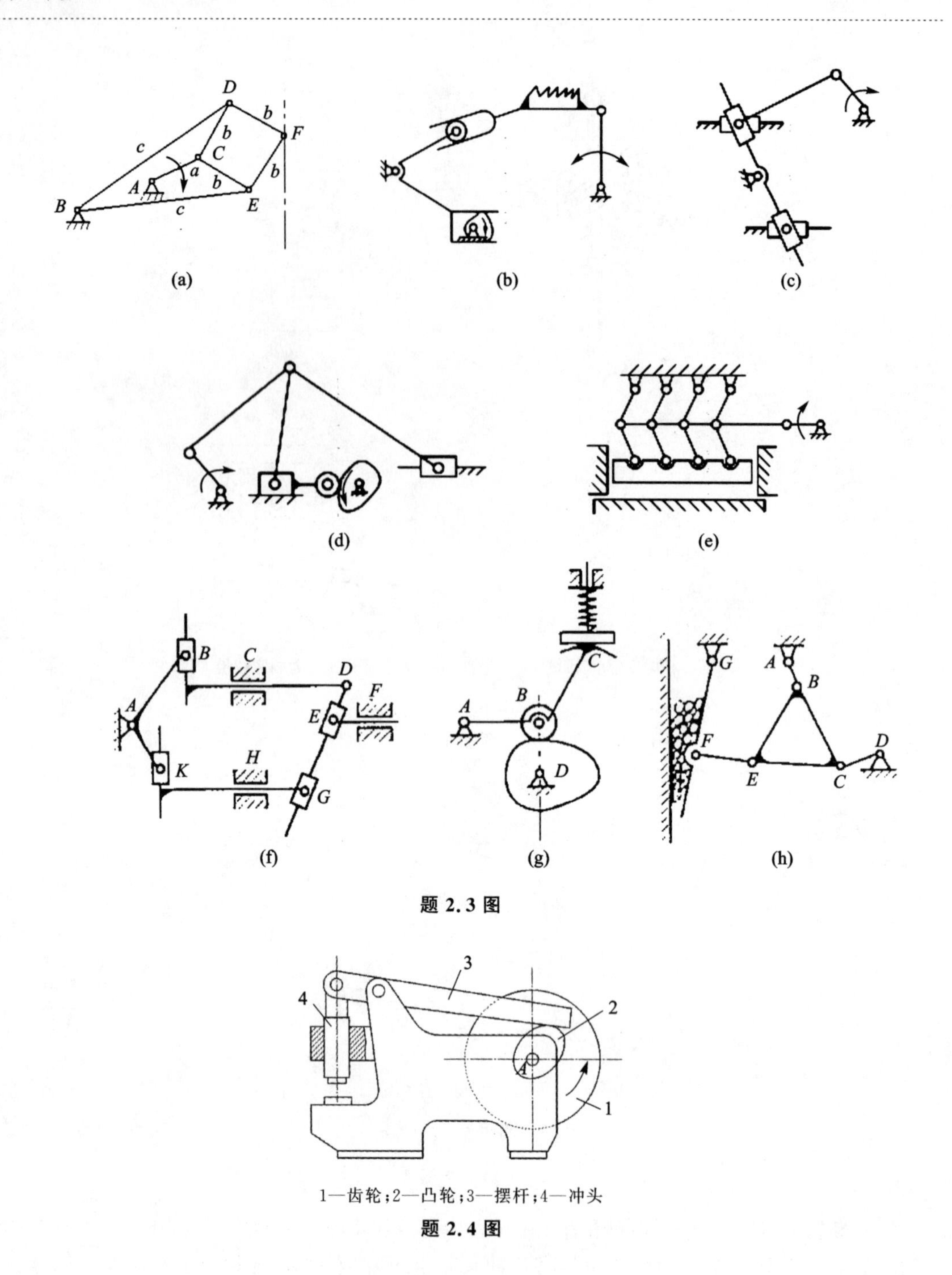

题 2.3 图

1—齿轮；2—凸轮；3—摆杆；4—冲头

题 2.4 图

第3章　平面连杆机构

平面连杆机构是一种常用的机构，它是把若干刚性构件全部用低副联接而成的平面机构，也称平面低副机构。连杆机构广泛应用于各种机器、仪器以及操纵控制装置中，如牛头刨床的主机构、自卸卡车的翻斗机构、颚式破碎机的工作机构、缝纫机的踏板机构等都是平面连杆机构。

连杆机构具有以下几个特点：

① 连杆机构中的构件实现的运动形式较多，如转动、摆动、移动、平面运动等。通过连杆机构进行运动交换，容易得到所需的运动形式。

② 连杆机构中的运动副都是面接触的低副，与高副相比，接触面上的压强较小，便于润滑，不易磨损，故可用于承受较大载荷的场合。

③ 运动副的接触面均为几何形状比较简单的圆柱面或平面，并靠其自身的几何约束保持接触，因而制造比较简单。

④ 由于连杆机构具有较多的构件和运动副，致使构件尺寸和运动副间隙的累计误差较大，机械效率较低。

⑤ 连杆机构中大部分构件或构件重心，在运动过程中都做变速运动，由此而产生的惯性力难以消除，故不适用于高速场合。

因此，平面连杆机构常与机器的工作部分相连，实现预定的动作和轨迹，或完成运动形式的交换，起执行和控制作用，应用很广泛。

最常见的平面连杆机构是平面四杆机构，本章将讨论平面四杆机构的形式、应用、特性、尺度综合、结构以及创新方法等。

3.1　平面四杆机构及其应用

3.1.1　铰链四杆机构的形式

铰链四杆机构是由转动副联接起来的封闭四杆系统，如图3.1所示。其中，被固定的杆4称为机架，不直接与机架4相连的构件2称为连杆，与机架4相连的构件1和3称为连架杆。连架杆相对于机架能做360°整周回转的称为曲柄，不能做360°整周回转的称为摇杆。根据两连架杆中的曲柄数目，铰链四杆机构分为3种基本形式，如下：

1. 曲柄摇杆机构

两连架杆分别为曲柄和摇杆的铰链四杆机构称为曲柄摇杆机构，如图3.1所示。它可将主动曲柄的连续转动转换成从动摇杆的往复摆动，如图3.2和图3.3所示的汽车前窗的刮雨器、摄影机的抓片机构；也可将主动摇杆的往复摆动转换为从动曲柄的连续转动，如图3.4所示的缝纫机的踏板机构。

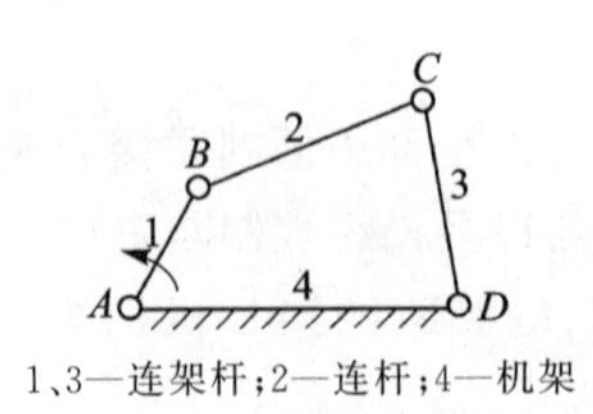

1、3—连架杆；2—连杆；4—机架

图 3.1　曲柄摇杆机构

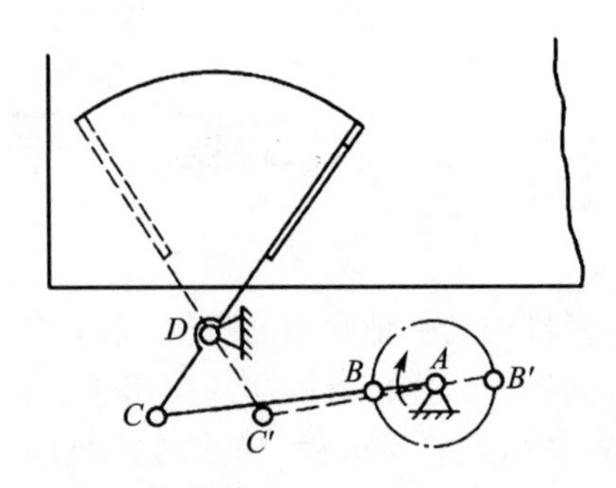

图 3.2　汽车前窗的刮雨器

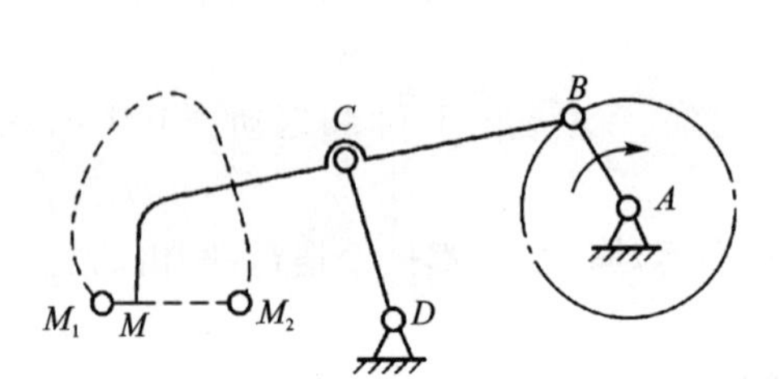

图 3.3　摄影机的抓片机构

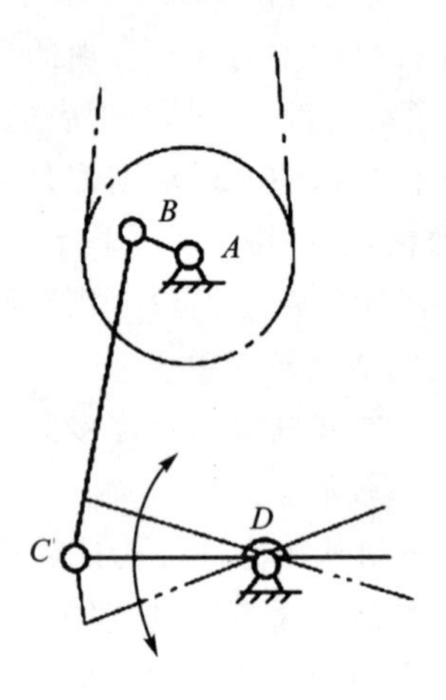

图 3.4　缝纫机的踏板机构

2. 双曲柄机构

两连架杆均为曲柄的铰链四杆机构称为双曲柄机构，机构中若主动曲柄为等速转动，则从动曲柄一般为变速转动。如图 3.5 所示的插床的主机构，它是以双曲柄机构为基础扩展而成的。

在双曲柄机构中，若连杆与机架的长度相等、两个曲柄长度也相等且转向相同，则称为平行四边形机构。该机构的从动曲柄和主动曲柄转速相同，连杆做平动，平行四边形机构常用于多个平行轴之间的传动，应用广泛。如多头铣、多头钻等机械加工装置，应用广泛。图 3.6 所示为同步偏心多轴钻机机构及其运动简图。

必须注意，在运动过程中，当平行四边形机构的两个曲柄 1、3 与连杆 2 共线时（见图 3.7(a)），机构会出现运动不确定现象：从动曲柄可能正、反两个方向转动。为了消除这种运动不确定的现象，如图 3.7(b)所示，在主从动曲柄 1、3 上错开一定角度安装一组平行四边形，当上面一组平行四边形转到 $AB'C'D$ 共线位置时，下面一组平形四边形 $AB_1'C_1'D$ 却处于正常位置，该机构仍然

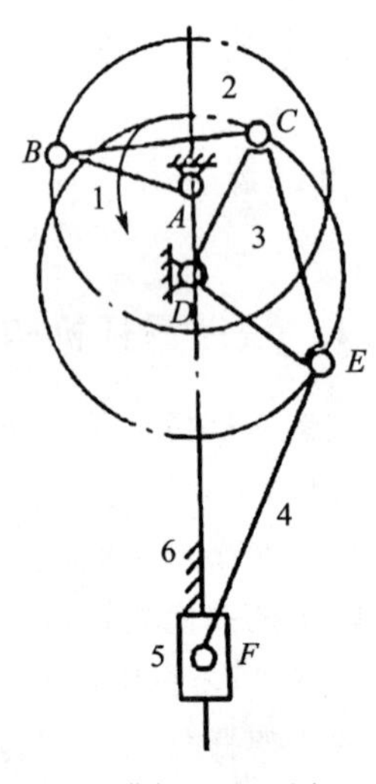

1、3—曲柄；2、4—连杆；
5—滑块；6—机架

图 3.5　插床的主机构

保持确定运动;或者设计成图 3.8 所示的机车驱动联动机构,采用增加一个平行曲柄的方法。

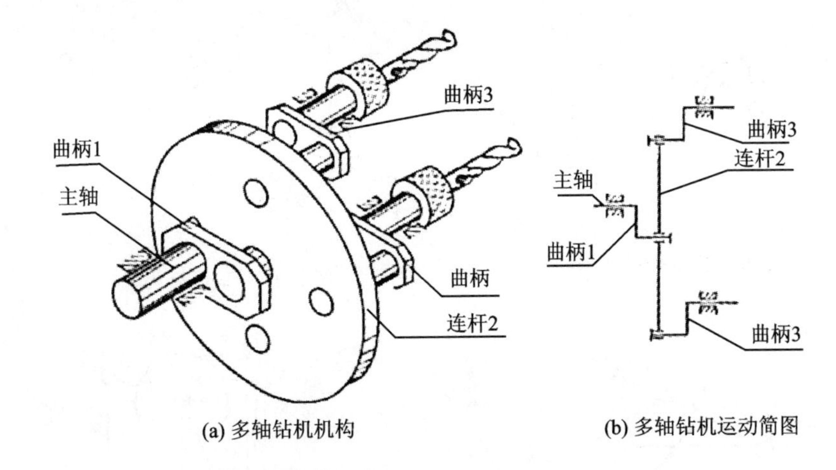

(a) 多轴钻机机构　　(b) 多轴钻机运动简图

图 3.6　同步偏心多轴钻机机构及其运动简图

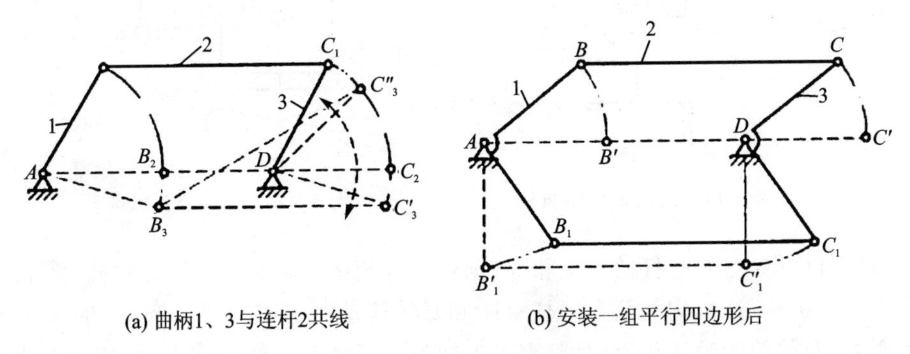

(a) 曲柄1、3与连杆2共线　　(b) 安装一组平行四边形后

图 3.7　平行四边形机构

因此,在平行四边形中,为了使从动曲柄保持曲柄原来的转向,防止反转,通常可用下述方法解决:

① 靠从动件本身的质量或在从动件上加装飞轮的惯性来导向;

② 在机构中添加辅助构件(见图 3.8),机车轮联动机构的中间曲柄可以看作是一个添加的辅助曲柄;

③ 采用若干组相同机构错位。

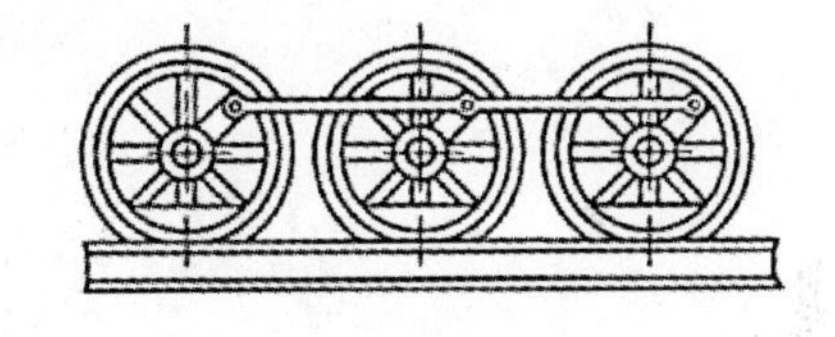

图 3.8　机车驱动联动机构

连杆与机架的长度相等、两个曲柄长度相等但转向相反的双曲柄机构称为逆平行四边形机构(见图 3.9)。该机构的从动曲柄做变速运动,连杆做平面运动,可代替椭圆齿轮机构,也可用于图 3.10 所示的车门启闭机构。

3. 双摇杆机构

两个连架杆都是摇杆的铰链四杆机构称为双摇杆机构。它可将主动摇杆的往复摆动经连杆转变为从动摇杆的往复摆动,如图 3.11 所示的港口起重机的变幅机构可实现货物的水平移动,以减少功率消耗;也可将主动连杆的整周转动转变为两从动摇杆的往复摆动,如图 3.12 所示的电扇摇头机构。

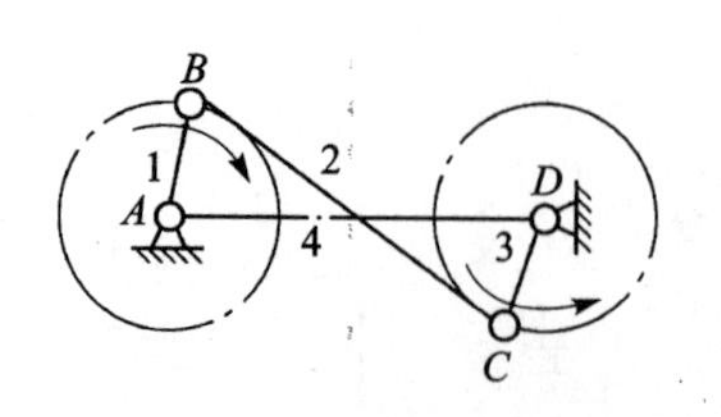

1—曲柄；2—连杆；3—摇杆；4—机架

图 3.9 逆平行四边形机构

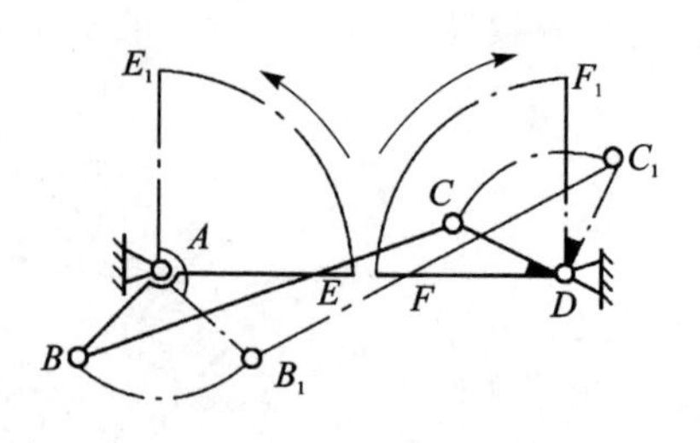

图 3.10 车门启闭机构

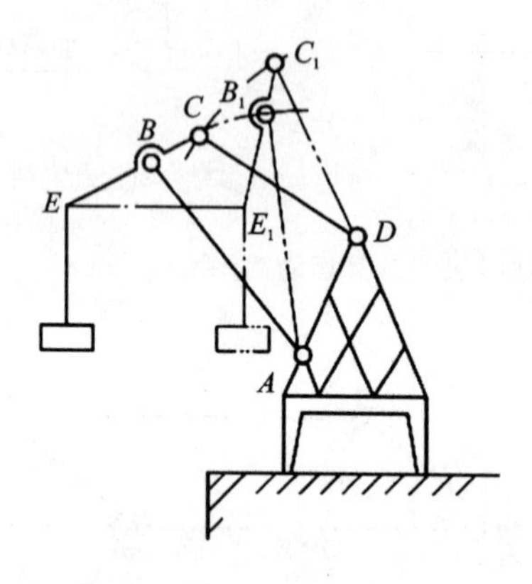

图 3.11 起重机变幅机构

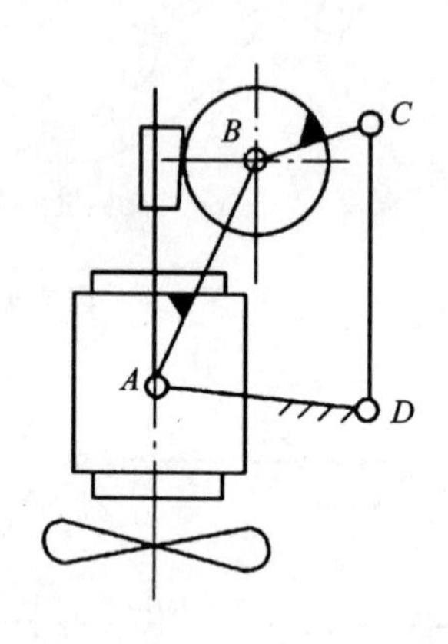

图 3.12 电扇摇头机构

在双摇杆机构中，若两摇杆的长度相等，则称为等腰梯形机构(见图 3.13)。图 3.14 所示为汽车前轮转向机构，该机构的两个摇杆 AB 和 CD 摆动时，其转角 φ_1 和 φ_2 的大小不相等。当汽车转弯时，两前轮的轴线相交，且其交点近似位于后轴延长线的某点 P，使汽车以点 P 为瞬心转动，各轮相对地面近似于纯滚动，以保证汽车转弯平稳，减少轮胎磨损。

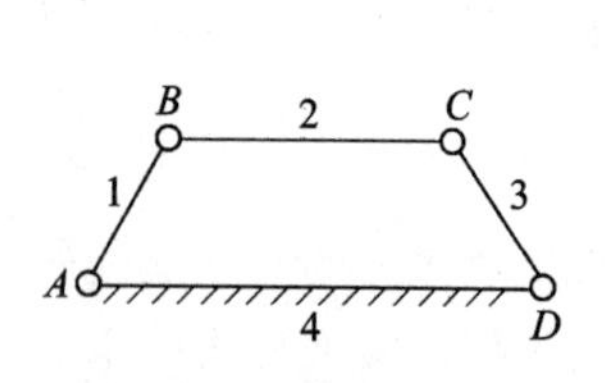

图 3.13 等腰梯形机构

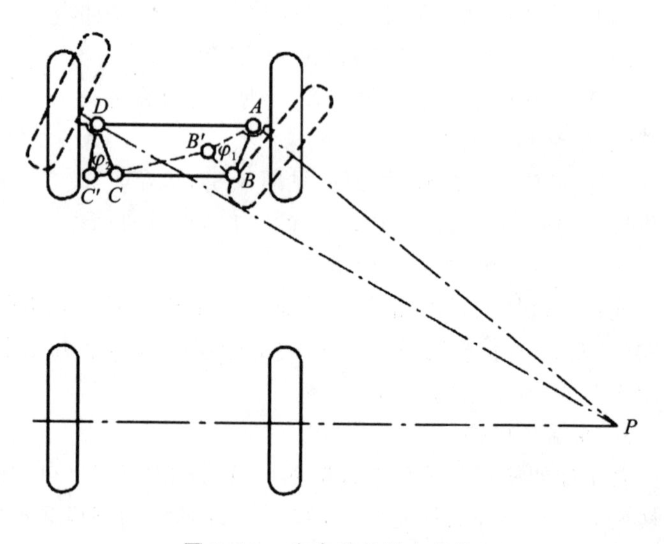

图 3.14 汽车前轮转向机构

3.1.2 铰链四杆机构形式的判别

由上述内容可知，铰链四杆机构的形式不同即是运动形式的不同，主要在于机构中是否存在曲柄。而机构在什么条件下存在曲柄，与各构件相对尺寸的大小以及取哪个构件作机架有关。下面先分析各杆的相对尺寸与曲柄存在的关系。

在图3.15所示的铰链四杆机构中，a、b、c、d 分别表示杆1、2、3、4的长度。当曲柄与连杆位于同一直线上，即图3.15所示的两虚线位置时，摇杆 CD 处于两个极限位置 C_1D 和 C_2D，分别构成三角形 AC_1D 和三角形 AC_2D。

因为三角形中两边之和必大于第三边，所以由三角形 AC_2D 得

$$a+b\leqslant c+d \tag{3.1}$$

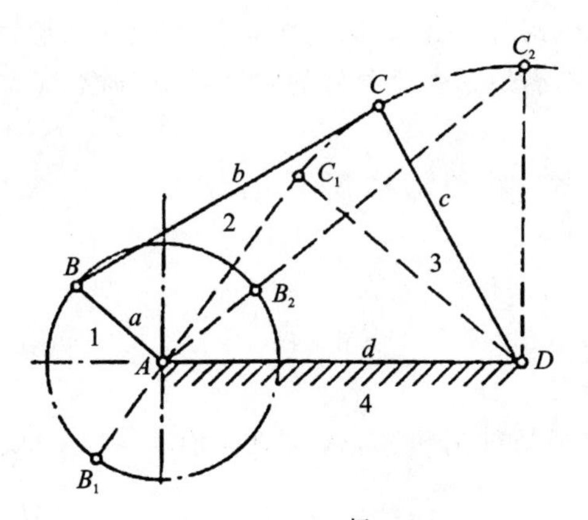

1、2、3、4—杆

图3.15 铰链四杆机构

由三角形 AC_1D 得

$$d\leqslant c+(b-a)\text{ 即 }a+d\leqslant b+c \tag{3.2}$$

$$c\leqslant d+(b-a)\text{ 即 }a+c\leqslant b+d \tag{3.3}$$

把以上各不等式分别两两相加并整理后可得

$$\left.\begin{array}{l}a\leqslant b\\ a\leqslant c\\ a\leqslant d\end{array}\right\} \tag{3.4}$$

由不等式(3.4)可知，杆1应为四杆中的最短杆。又由于在其余三杆中至少有一个最长杆，所以根据不等式(3.1)～不等式(3.4)，可以得到铰链四杆机构中存在曲柄时各杆的相对长度关系是：最短杆与最长杆的长度之和小于或等于其余两杆的长度之和。这一关系简称为杆长之和条件。

下面将讨论曲柄存在与机架交换的关系。图3.15所示的铰链四杆机构满足杆长之和的条件，最短的杆1能做整周转动，故它和杆2、杆4之间的夹角变化为0°～360°；而杆3相对于杆2、杆4只能在一定角度内摆动。由于用低副联接的两构件不管固定其中哪一个，它们之间的相对运动都不变，所以：

① 若固定与最短杆相邻的杆2或4为机架，则连架杆中最短杆是曲柄，另一连架杆3为摇杆，该机构是曲柄摇杆机构；

② 若固定最短杆为机架，则杆 2 和杆 4 是连架杆，它们相对最短杆(机架)都能做整周回转，该机构是双曲柄机构；

③ 若固定与最短杆相对的杆 3 为机架，则两连架杆(杆 2 和杆 4)相对杆 3(机架)都只能在一定角度内摆动，故均为摇杆，该机构为双摇杆机构。

由此可见，满足杆长之和条件的四杆系统，在固定不同杆作机架时，只有在连架杆或机架中存在最短杆的情况下，机构中才能出现曲柄。

综上所述，铰链四杆机构中存在曲柄的条件可归纳如下：

① 最短杆与最长杆的长度之和小于或等于其余两杆的长度之和。

② 连架杆或机架中存在最短杆。

以上两个条件必须同时满足，否则机构中不存在曲柄。

因此，在判别铰链四杆机构时，凡满足第一个条件的四杆系统，可按前述取不同杆作机架的 3 种情况确定其类型；凡不满足第一个条件的四杆系统，则不管固定哪一个杆作机架都是双摇杆机构。

例 3.1 已知各构件的尺寸如图 3.16 所示，若分别以构件 AB、BC、CD、DA 为机架，则相应得到何种机构？

解 AB 为最短杆，BC 为最长杆，因为

$$L_{AB}+L_{BC}=800\ \text{mm}+1\ 300\ \text{mm}=2\ 100\ \text{mm}<L_{CD}+L_{AD}=1\ 000\ \text{mm}+1\ 200\ \text{mm}=2\ 200\ \text{mm}$$

所以满足杆长之和条件。

若以 AB 为机架，则因最短杆为机架，两连架杆均为曲柄，所以得到双曲柄机构。

若以 BC 或 AD 为机架，则因最短杆为连架杆，且为曲柄，所以得到曲柄摇杆机构。

若以 CD 为机架，则因最短杆为连杆，不满足最短杆条件，无曲柄，所以得到双摇杆机构。

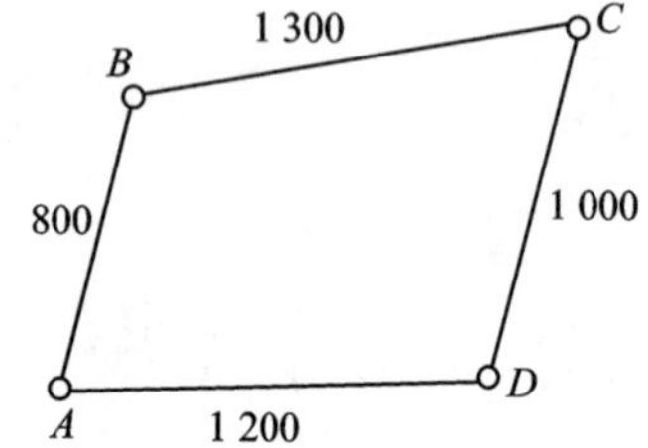

图 3.16 铰链四杆机构的形式判别

3.1.3 含一个移动副的四杆机构

1. 曲柄滑块机构

由曲柄、连杆、滑块和机架组成的机构称为曲柄滑块机构。这种机构的结构简单，应用广泛。当滑块为主动件时，该机构可将滑块的往复移动转变为曲柄的连续转动。内燃机、蒸汽机中由活塞、连杆与曲柄组成主传动机构即为其实例。当曲柄为主动件时，该机构可将曲柄的连续转动转变为滑块的往复移动。空气压缩机、活塞式水泵、冲床等机器中所应用的主传动机构即为其实例。曲柄滑块机构可看成由曲柄摇杆机构演化而来，下面将对照图 3.17 来说明其演化过程。

在曲柄滑块机构中，根据滑块上移动副中心的移动方位线是否通过曲柄转动中心，可分为对心曲柄滑块机构(见图 3.18，H 为滑块行程)和偏置曲柄滑块机构(见图 3.19，图中 e 称为偏心距)。为了使机构能正常工作，曲柄长度 r 应小于连杆的长度 l，通常取 $l/r=3\sim12$，机构尺寸要求紧凑时取小值，要求受力情况较好时取较大值。

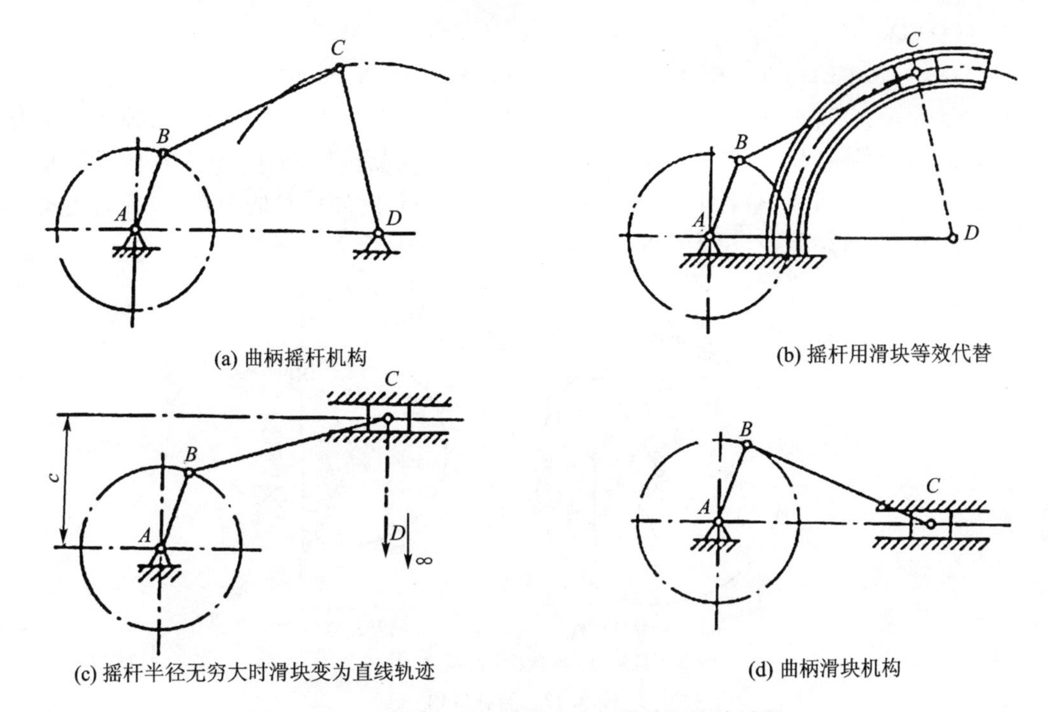

(a) 曲柄摇杆机构　　(b) 摇杆用滑块等效代替

(c) 摇杆半径无穷大时滑块变为直线轨迹　　(d) 曲柄滑块机构

图 3.17　曲柄摇杆机构演化为曲柄滑块机构的过程

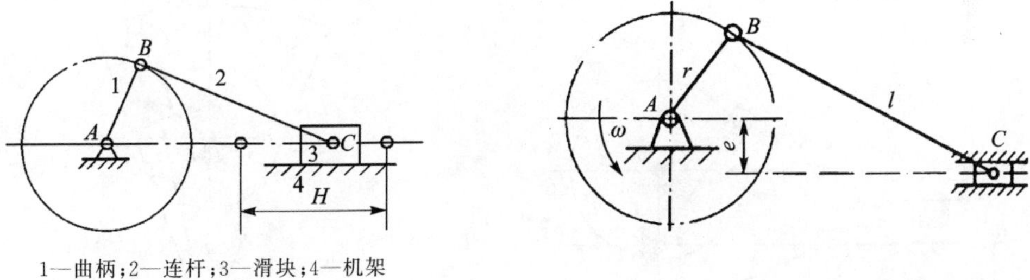

1—曲柄；2—连杆；3—滑块；4—机架

图 3.18　对心曲柄滑块机构　　图 3.19　偏置曲柄滑块机构

由偏心轮、连杆、滑块和机架组成的机构称为偏心轮机构，如图 3.20 所示。偏心轮机构可看成由曲柄滑块机构演化而来，常用于曲柄长度较小且销轴受力较大的场合。图 3.21 所示是颚式破碎机简图。

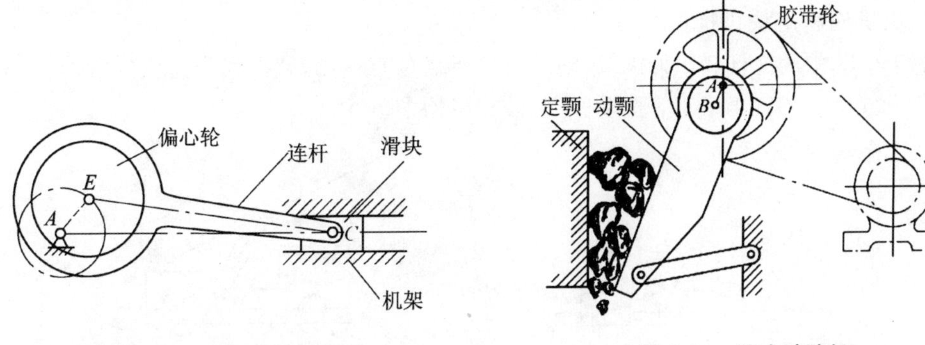

图 3.20　偏心轮机构　　图 3.21　颚式破碎机

2. 导杆机构

若将图 3.18 中的构件 AB 作为机架，构件 BC 作为曲柄，滑块沿连架杆（又称导杆）移动并做平面运动，就会得到导杆机构（见图 3.22）。若 $L_{AB} \leqslant L_{BC}$（见图 3.22(a)），则导杆能做整周转动，称为转动导杆机构，其常与其他构件组合，用于简易刨床（见图 3.23）、插床以及回转泵、转动式发动机等机械中；若 $L_{AB} > L_{BC}$（见图 3.22(b)），则导杆只能做摆动，称为摆动导杆机构，其常与其他机构组合，用于牛头刨床（见图 3.24）和插床等机械中。

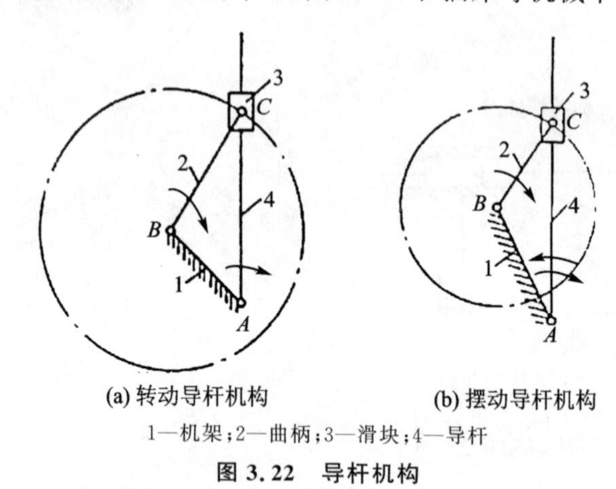

1—机架；2—曲柄；3—滑块；4—导杆

图 3.22 导杆机构

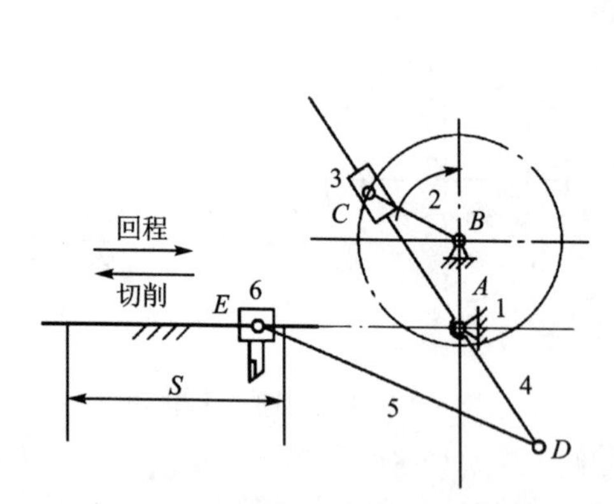

1—机架；2—曲柄；3—滑块；4—导杆；5—连杆；6—滑枕

图 3.23 简易刨床的转动导杆机构

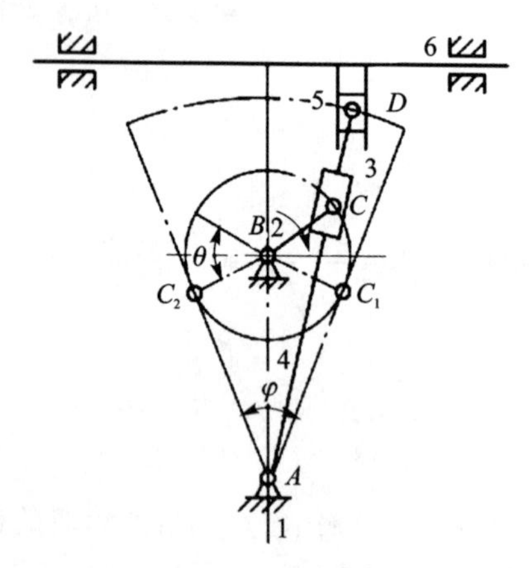

1—机架；2—曲柄；3、5—滑块；4—导杆；6—滑枕

图 3.24 牛头刨床的摆动导杆机构

3. 摇块机构和定块机构

若将图 3.18 中的连杆 2 作为机架，则滑块只能绕 C 点摆动，就得到了摇块机构（见图 3.25），常用于图 3.26 所示的汽车吊车等摆动式气、液动机构中。

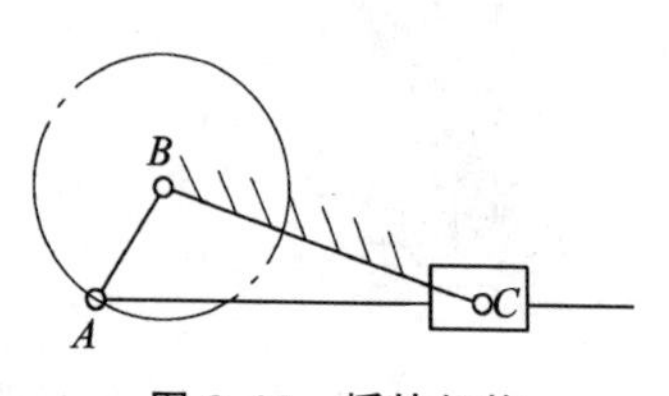

图 3.25 摇块机构

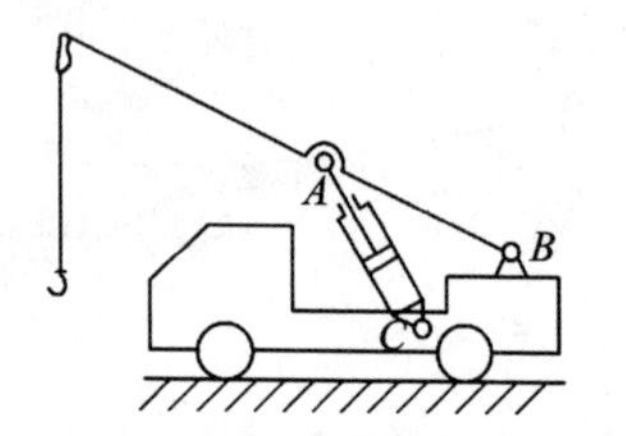

图 3.26 汽车吊车液动机构

若将摇块机构的固定件改为摇块(见图 3.27),则这种机构称为定块机构。图 3.28 所示为定块机构在手动唧筒中的应用。

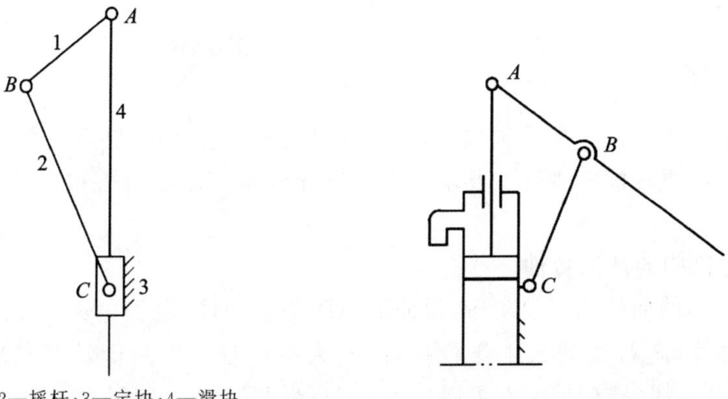

1—曲柄;2—摇杆;3—定块;4—滑块

图 3.27　定块机构　　**图 3.28　手动唧筒**

铰链四杆机构和含有一个移动副的四杆机构的基本区别只是用一个移动副代换了一个转动副,因此它们之间必须存在某些共同特征。表 3.1 所列为两类机构的主要形式。

表 3.1　铰链四杆机构和含有一个移动副的四杆机构的主要形式

固定构件	铰链四杆机构		含一个移动副的四杆机构($e=0$)	
4	曲柄摇杆机构		曲柄滑块机构	
1	双曲柄机构		转动导杆机构	
2	曲柄摇杆机构		摇块机构	
			摆动导杆机构	
3	双摇杆机构		定块机构	

3.2 平面四杆机构的基本特性

3.2.1 急回特性

对于插床、刨床等单向工作的机械，为了缩短刀具非切削时间，提高生产率，要求刀具快速返回，某些平面四杆机构能实现这一要求。下面将分析曲柄摇杆机构和摆动导杆机构的急回特性。

1. 曲柄摇杆机构的急回特性

在图3.29所示的曲柄摇杆机构中，设曲柄AB为主动件，以等角速度ω_1做顺时针转动；摇杆CD为从动件，向右摆动为工作行程，向左为空行程。当曲柄转至AB_1时，连杆位于B_1C_1，与曲柄重叠共线，摇杆处于左极限位置C_1D；当曲柄由AB_1转过$180°+\theta$到达AB_2时，连杆位于B_2C_2，与曲柄的延长线共线，摇杆则向右摆动φ角，到达右极限位置C_2D，完成工作行程。工作行程所用时间$t_1=\dfrac{180°+\theta}{\omega_1}$，摇杆上$C$点的平均速度$v_1=C_1C_2/t_1$。不难看出，$\theta$为从动件摇杆处于两极限时曲柄与连杆两共线位置之间所夹的锐角，称为极位夹角。曲柄由AB_2继续转过$180°-\theta$回到AB_1时，摇杆则向左摆动φ角，到达左极限位置C_1D，完成返回行程。返回行程所用时间$t_2=\dfrac{180°-\theta}{\omega_1}$，摇杆上$C$点的平均速度$v_2=C_2C_1/t_2$。

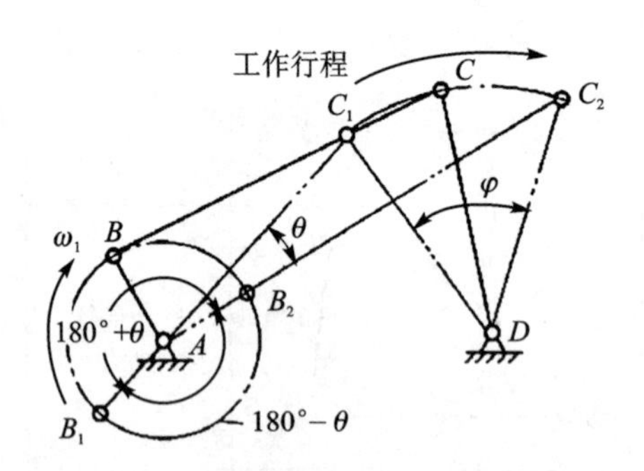

图3.29 曲柄摇杆机构的急回特性分析

因为$(180°+\theta)>(180°-\theta)$，即$t_1>t_2$，所以$v_2>v_1$。这种当主动件等速转动时，做往复运动的从动件在返回行程中的平均速度大于工作行程中的平均速度的特性，称为急回特性。急回特性的程度可用v_2和v_1的比值K来表达。K称为行程速比系数(或急回特性系数)，即

$$K=\frac{v_2}{v_1}=\frac{C_2C_1/t_2}{C_1C_2/t_1}=\frac{t_1}{t_2}=\frac{(180°+\theta)/\omega_1}{(180°-\theta)/\omega_1}=\frac{(180°+\theta)}{(180°-\theta)} \tag{3.5}$$

可见，行程速度比系数K与极位夹角θ有关。若$\theta=0°$，则说明机构没有急回作用；若$\theta>0°$，则$K>1$，说明机构具有急回作用。θ越大，K值越大，则急回作用越大，但机构的传动平稳性下降。在设计具有急回特性的连杆机构时，一般先根据工作要求预先选定K值，然后算出极位夹角θ，再设计机构尺寸。θ可由式(3.5)推得

$$\theta=180°\times\frac{K-1}{K+1} \tag{3.6}$$

通常取 $K=1.2\sim2.0$。

2. 摆动导杆机构的急回特性

与上述方法相似，作出图3.30所示的摆动导杆机构中导杆的两个极限位置。当曲柄 AB 按图3.30所示转向由 AB_1 转过 $\varphi_1=180°+\theta$ 至 AB_2 时，导杆 CD 由左极限位置 CD_1 到达右极限位置 CD_2，此为工作行程。当曲柄继续转过 $\varphi_2=180°-\theta$，即由 AB_2 转回到 AB_1 时，导杆由 CD_2 回到 CD_1，此时为空行程。由于 $\varphi_1>\varphi_2$，曲柄又做匀速转动，所以回程所需的时间较短，机构具有急回特性。若机构应用于牛头刨床，则工作行程中刨刀进行切削，空回行程时刨刀急回，正符合生产要求，节省非生产时间。

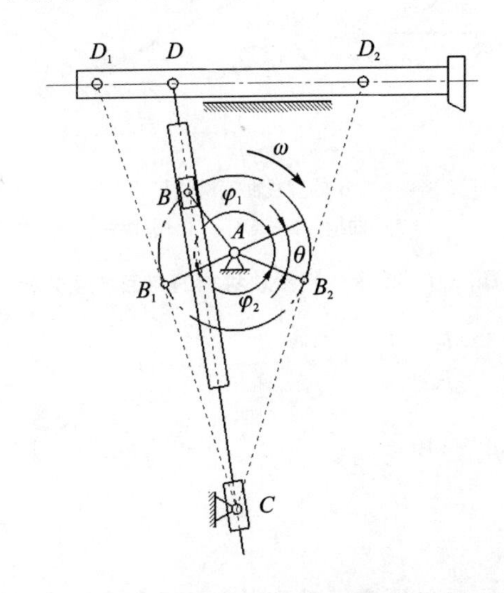

图3.30　摆动导杆机构的急回特性分析

摆动导杆机构的急回特性系数 K 和极位夹角 θ 之间的关系仍由式(3.5)或式(3.6)表达。对于摆动导杆机构，极位夹角 θ 是当导杆处于两极限位置时，曲柄两对应位置间所夹的锐角。极限位置时曲柄与导杆相垂直，这一几何条件决定极位夹角不可能等于零。所以，摆动导杆机构必有急回作用。值得注意的是，在摆动导杆机构中极位夹角 θ 等于摆角 φ。

偏置曲柄滑块机构也具有急回特性，如图3.31所示。

例3.2　如图3.24所示的牛头刨床的摆动导杆机构中，已知机架 $L_{AB}=700$ mm，曲柄 $L_{BC}=350$ mm，试求：① 滑枕6的行程速度比系数 K；② 若要求 $K=1.4$，则曲柄长度应调整为多少？

解　摆动导杆机构由左极限位置 AC_2 到右极限位置 AC_1，又回到 AC_2 往返一次，即为滑枕6往复一次。因此，摆动导杆机构的行程速度比系数即为滑枕的 K。由图3.24中的虚线可知，极位夹角 θ 等于摆角 φ，因此，

① 由于 $\sin\dfrac{\varphi}{2}=L_{BC}/L_{AB}=350/700=0.5$ 得 $\dfrac{\varphi}{2}=30°$，可得

$$\theta=\varphi=60°$$

$$K=\frac{180°+\theta}{180°-\theta}=\frac{180°+60°}{180°-60°}=2。$$

② 由式(3.6)得

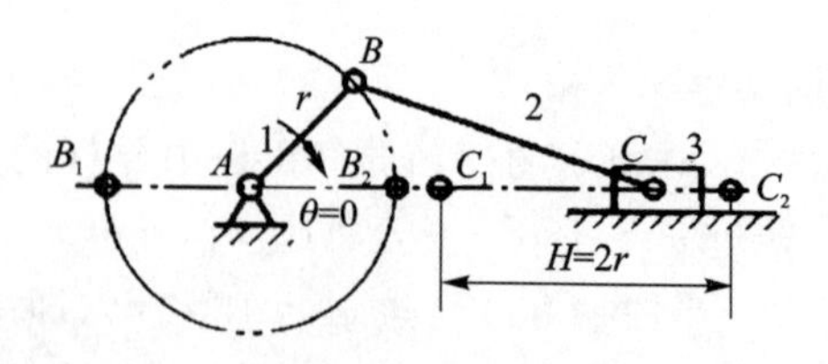

(a) 对心曲柄滑块机构

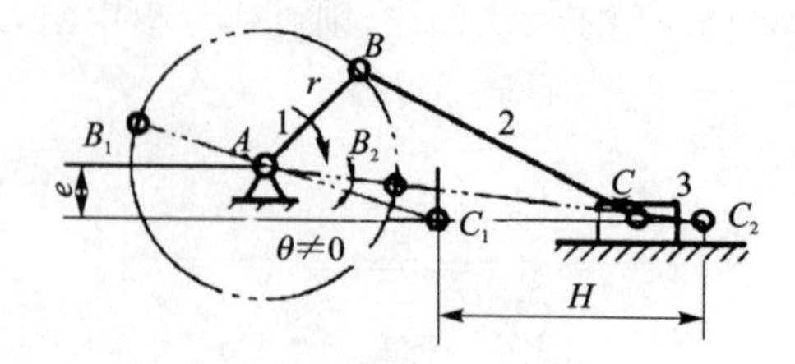

(b)偏置式曲柄滑块机构

1—曲柄；2—连杆；3—滑块

图 3.31　偏置曲柄滑块机构的急回特性分析

$$\theta=\frac{K-1}{K+1}\times180^{\circ}=\frac{1.4-1}{1.4+1}\times180^{\circ}=30^{\circ}$$

$$L_{BC}=L_{AB}\times\sin\frac{\varphi}{2}=\left(700\times\sin\frac{30^{\circ}}{2}\right)\ \mathrm{mm}=181.2\ \mathrm{mm}$$

3.2.2　传力特性

实际使用的连杆机构不但要保证实现预定的运动，而且要求传动时轻便省力、效率高，即要求具有良好的传动性能，因此需要分析压力角、传动角和死点的问题。

1. 压力角与传动角

在图 3.32 所示的曲柄摇杆机构中，设曲柄 AB 为主动件，摇杆 CD 为从动件。若不考虑构件的重力、惯性力和构件间的摩擦力等因素影响，可将连杆 BC 看成是二力构件，那么，主动件曲柄经连杆传递到从动件摇杆 C 点上的力 F，与受力点 C 点的运动速度 v_C 之间所夹的锐角为 α（压力角）。将力 F 沿速度 v_C 的方向分解，分力 $F_t=F\cos\alpha$ 是推动摇杆 CD 转动的有效分力，这个力越大，对传动越有利。为了度量方便，常用力 F 与分力 F_n 之间的夹角 γ 来衡

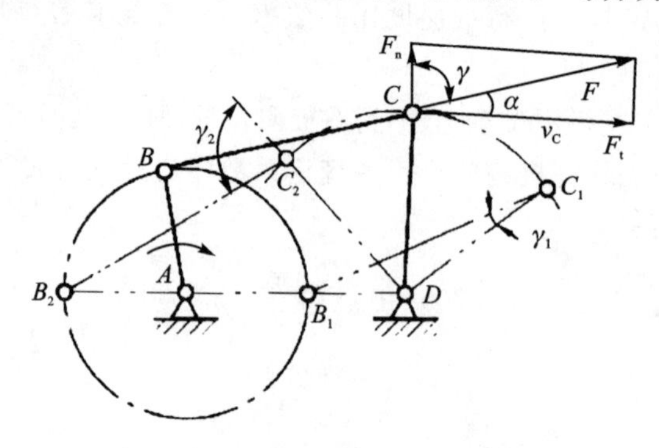

图 3.32　曲柄摇杆机构

量机构的传动性能，γ 称为传动角，它与压力角互为余角，即 $\gamma+\alpha=90°$。分力 $F_n=F\sin\alpha$ 不能推动摇杆转动，反而使铰链 C、D 的径向压力增大，磨损加剧，降低机构传动效率。因此，希望压力角不能太大或传动角不能太小，为使机构具有良好的传动性能，要求机构在工作行程中的最小传动角 γ_{min} 满足下列条件：

$$\gamma_{min} \geqslant 40° - 50°$$

式中的角度，轻载时取小值，重载时取大值。

为便于检验，必须找出机构在什么位置可能出现最小传动角 γ_{min}。分析图 3.32 可知，曲柄摇杆机构的 γ_{min} 将出现在曲柄与机架共线的两个位置之一。

对于图 3.24 以曲柄为主动件的导杆机构，在不考虑摩擦时，由于滑块对导杆的作用力总是与导杆垂直，而导杆上力作用点的速度方向总是垂直于导杆，因此压力角 α 总是等于零，传动角 γ 总是等于 90°，所以导杆机构的传动性能很好。

2. 死点位置

在曲柄摇杆机构中，若摇杆为主动件（见图 3.33(a)），当摇杆处于两个极限位置 C_1D 和 C_2D 时，连杆传给曲柄的作用力 F 通过曲柄的转动中心 A，压力角 α 等于 90°（这里是不可避免的），因而不能产生力矩，此时，机构将不能驱动，出现"顶死"现象。机构的这种极限位置称为死点位置。同时，曲柄 AB_1 转向也不能确定，即不一定按需要的方向转动。此外，机构在死点位置时由于偶然外力的影响，也可能使曲柄转向不定。

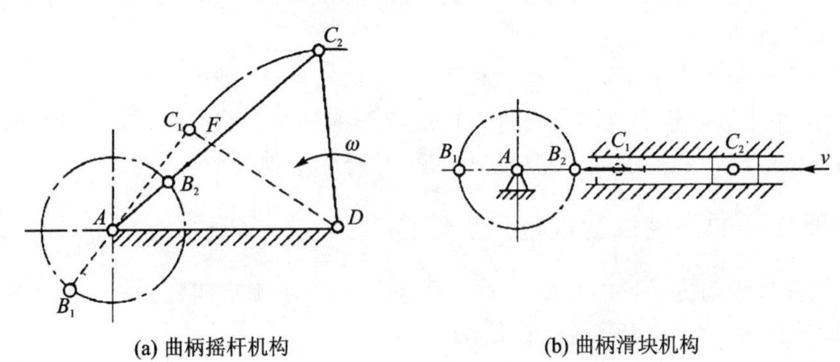

图 3.33　死点位置分析

四杆机构中是否存在死点取决于从动件是否与连杆共线。例如图 3.33 (b)所示的曲柄滑块机构，如果以滑块作主动件，则从动曲柄与连杆有两个共线位置，因此该机构存在死点位置。但是以上两例如果均以曲柄为主动件，则两机构都不存在死点位置。

机构的死点位置常使机构的从动件无法运动或出现运动不确定现象，这对于传动机构是不利的。为使机构能顺利通过死点位置而正常运转，一般采用安装飞轮的办法，利用惯性通过死点；也可采用机构错位排列的方法，图 3.34 所示为蒸汽机车车轮联动机构，它使两组机构的死点位置相互错开，靠位置差的作用通过各自的死点位置。

在工程实践中，有时还要利用死点位置来实现一定的工作要求。例如飞机的起落架、折叠式家具和夹具等机构。如图 3.35 所示的工件夹紧装置，就是利用死点位置进行工作的。当工件被夹紧时，BCD 成一条直线，机构处于死点位置。此时移去手柄上的力 F，不论工件的反作用力有多大，机构都不可能运动，从而保证了机构的夹紧作用。欲使工件松开，则必须在手柄 2 上施加一个与 F 力反向的力。

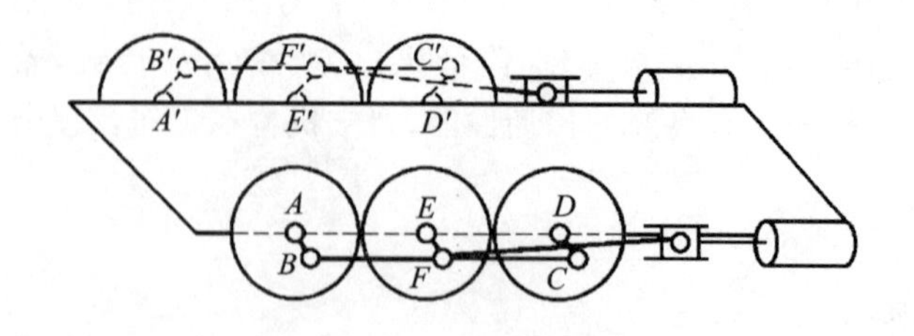

图 3.34 机构错位排列

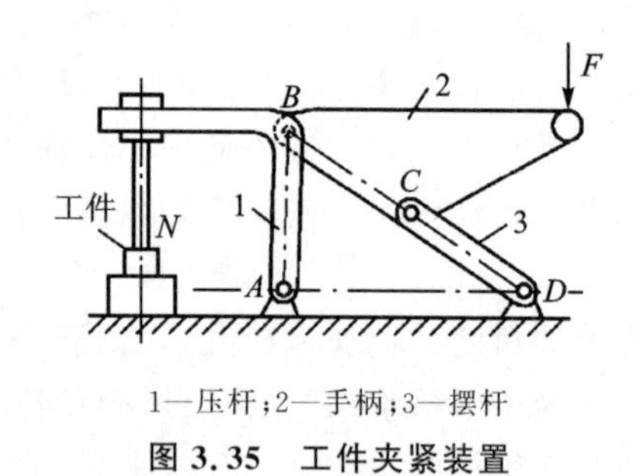

1—压杆；2—手柄；3—摆杆

图 3.35 工件夹紧装置

3.3 平面四杆机构的尺度综合

按照从动件预定要求的位置、运动规律或点的轨迹等条件，确定四杆机构运动学尺寸的过程，称为四杆机构的尺度综合。在生产实际中，对平面连杆机构提出的工作要求虽然是多种多样的，但是总的来说，尺度综合可以归纳为以下两类基本问题：

① 按给定的运动规律或位置进行尺度综合。例如，在一定条件下，要求某构件能占据预定的位置，或者要求从动件能按预期的运动规律运动。

② 按一定的轨迹要求进行尺度综合。例如图 3.11 所示的起重机变幅机构，应保证吊钩实现沿近似水平方向的移动。

有多种尺度综合的方法，其中解析法相当复杂，但精度高，随着计算机的普及而日益得到推广；实验法适用于按照给定点的轨迹进行尺度综合的情况；图解法简明、直观，但精度稍差。本节将介绍用图解法和实验法进行四杆机构尺度综合的示例。

3.3.1 按照连杆的预定位置进行尺度综合

已知铰链四杆机构中连杆的长度及 3 个预定位置，要求确定四杆机构的其余构件尺寸。

分析：如图 3.36 所示，由于连杆在依次占据预定位置的过程中，连杆的两个铰接点的轨迹为圆弧，故图解法的实质是已知圆弧上的 3 个点求圆心。

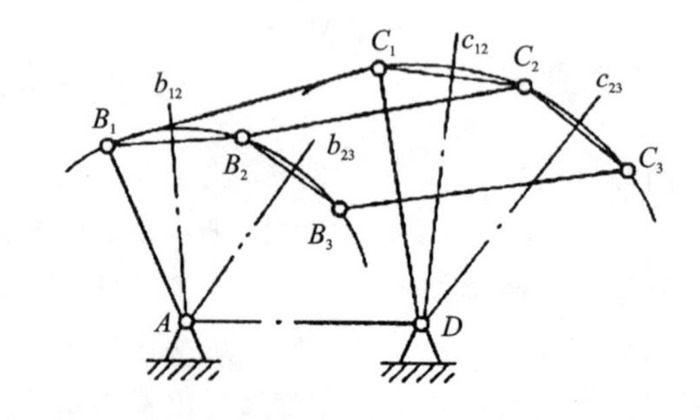

图 3.36 按连杆预定位置进行尺寸综合

进行尺度综合的步骤如下：

① 选择适当的比例尺 μ_L，绘出连杆3 个预定位置：B_1C_1、B_2C_2、B_3C_3。

② 求铰链点 A、D。连接 B_1B_2 和 B_2B_3，分别作中垂线 b_{12} 和 b_{23}，交点即为铰链 A 的中心。同理，可得铰链 D 的中心。

③ 连接 AB_1、C_1D 和 AD，则 AB_1C_1D 即为所求的四杆机构。各构件实际长度分别为 $L_{AB_1}=\mu_L \cdot AB_1$，$L_{C_1D}=\mu_L \cdot C_1D$，$L_{AD}=\mu_L \cdot AD$。

有时仅给连杆的两个预定位置，这样，铰链 A、D 的中心可分别在 b_{12} 或 c_{12} 上任意取一点，得到无数解。实际上，须结合结构、最小传动角、铰链四杆机构的形式所限定的相对尺寸条件等方面的要求，综合考虑确定。

例 3.3　铸工车间震实式造型机翻台机构。如图 3.37 所示，将砂箱做 180°翻转。已知翻台的两个位置（实线和虚线），并限定机架上两铰链中心的位置在 mm 直线上选取（附加条件），试对此铰链四杆机构进行尺度综合。

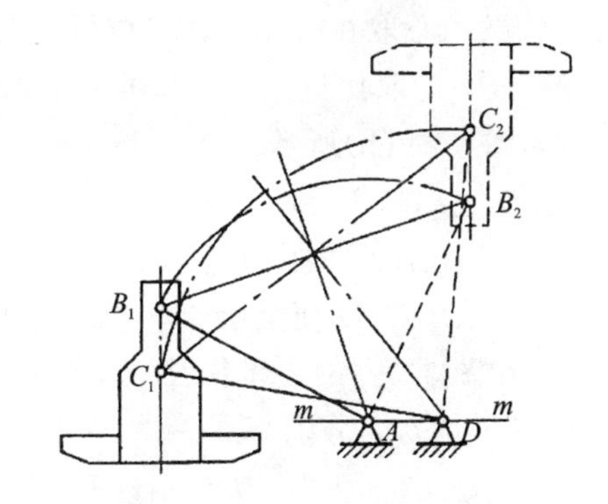

图 3.37　翻台机构的尺度综合

解　翻台是一个执行翻转动作的构件，它做平面运动，可将其看作机械中的连杆。因而翻台机构的尺度综合是按翻台两个给定位置进行尺度综合的问题，也就是按给定连杆的两个位置进行尺度综合的问题。具体步骤如下：

① 选取适当的比例尺 μ_L；

② 在翻台的适当位置选择铰链中心 B 和 C（图 3.37 中相应的两个位置分别为 B_1、C_1，B_2、C_2），分别作连线 B_1B_2 和 C_1C_2 的中垂线，它们与直线 mm 的交点为 A、D，即为机架上的两铰链中心，AB_1C_1D 即为所求的四杆机构；

③ 换算比例尺，确定各杆的实际长度。

3.3.2　按照给定的两连架杆的对应位置进行尺度综合

在图 3.38(a)所示的铰链四杆机构中，已知连架杆 AB 与机架 AD 的长度，以及两连架杆的两组对应位置，当连架杆 AB 处于 AB_1、AB_2 的位置（角度 φ_1 和 φ_2）时，另一连架杆 CD 应在 CD_1 和 CD_2 两个位置（角度 ψ_1 和 ψ_2），要求确定该四杆机构各构件的尺寸。

分析：首先假定机构已作出，如图 3.38 (b)所示。为求得解法，先分析已有机构，在机构的第二位置设想将 B_2 与 D 连接起来，并与连杆 B_2C_2、连架杆 C_2D 组成一不变的三角形 B_2DC_2，然后令这个不变的三角形绕 D 点转动，使边 C_2D 与 C_1D 重合，转动后，三角形的 B_2 点移至 B_2'点。由于 B_1C_1 与 $B_2'C_1$ 均代表同一连杆的长度，故 C_1 点必位于 B_1B_2'连线的中垂线上。于是只要找出 B_1、B_2'两点，就可确定 C_1 的位置。而 B_1 已知，可借助 $\alpha=\psi$ 与 $B'_2D=B_2D$ 两个关系式来找出 B_2'，从而解决四杆机构 AB_1C_1D 的尺度综合问题。

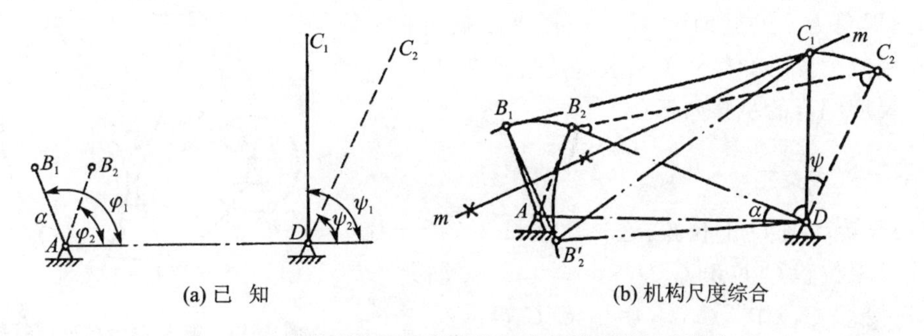

图 3.38　按给定的两连架杆的对应位置进行尺度综合

例 3.4　如图 3.39(a)所示，自动线上有一机械手，用回转油缸（图中未画出）并通过铰链四杆机构 $ABCD$ 来控制该机械手的位置。工作时要求：当油缸使 AB 杆处于 AB_1 和 AB_2 两位置时机械手应在对应的两位置 C_1D 和 C_2D（各角度如图 3.39(b)所示）。现按照结构要求选定 AD 的长度 $d=400$ mm，AB 的长度 $a=200$ mm，试确定连杆 BC 和连架杆 CD 的长度 b

和c。铰链中心取在机械手轴线位置上。

解 ① 选取比例尺$\mu_L=10$ mm/mm，作出两连架杆的两组对应位置AB_1、AB_2，C_1D、C_2D，如图3.39(b)所示。

② 作$\angle B_2DB_2'=\angle C_1DC_2=85°-50°=35°$，并量取$DB_2'=DB_2$得$B_2'$点。

③ 作B_1、B_2'连线的中垂线mm，它与机械手轴线的交点C_1就是连杆BC与连架杆CD的铰链中心，AB_1C_1D便是所要求的铰链四杆机构。

④ 在图3.39(b)上量得：$B_1C_1=50$ mm，$C_1D=30$ mm，按比例尺换算出连杆BC和连架杆CD的长度b、c分别为

$$b=\mu_L\cdot B_1C_1=(10\times 50)\text{ mm}=500\text{ mm}$$

$$c=\mu_L\cdot C_1D=(10\times 30)\text{ mm}=300\text{ mm}$$

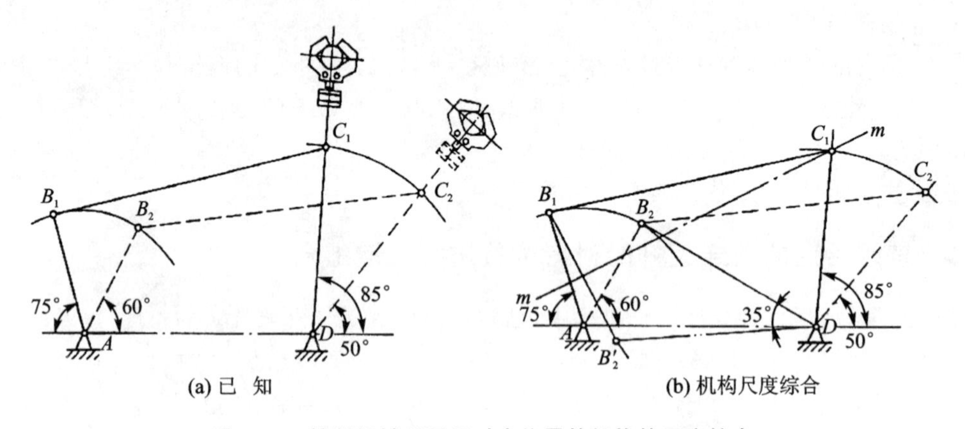

图3.39 控制机械手两组对应位置的机构的尺度综合

3.3.3 按照行程速度系数进行尺度综合

已知曲柄摇杆机构的行程速度变化系数K、摇杆的长度L_{CD}及摆角ψ，要求确定机构中其余构件尺寸。

分析：如图3.40所示，曲柄铰链中心A应在弦C_1C_2的圆周角为θ的辅助圆m上。求出A后可根据摇杆处于极限位置时的尺寸关系求解其余构件尺寸。

进行尺度综合的步骤如下：

① 求得$\theta=\dfrac{K-1}{K+1}\times 180°$。

② 任选转动副D的位置，选择比例尺μ_L，绘出摇杆的两个极限位置C_1D和C_2D。

③ 连接C_1C_2，作$\angle C_1C_2O=\angle C_2C_1O=90°-\theta$，得交点$O$。

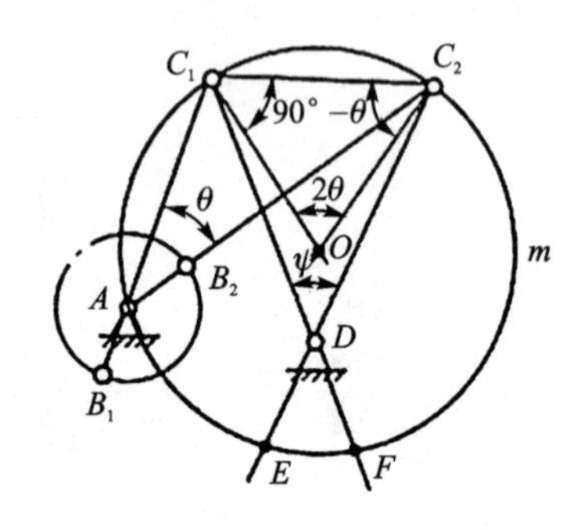

图3.40 按K综合曲柄摇杆机构

④ 以O为圆心，OC_1为半径作圆m，该圆周上任一点对弦C_1C_2所对的圆周角均为θ。因此，结合考虑从动件工作行程方向和曲柄转向，在左半弧C_1E和右半弧C_2F上任选一点为曲柄AB的固定铰链中心A。显然，位置A的解有无数个，可根据曲柄长、连杆长、机架长以及γ_{min}等附加条件确定。

⑤ 连接 C_1A 和 C_2A，C_1A 为曲柄与连杆重叠位置，C_2A 为曲柄与连杆延长线共线位置，$AC_1=B_1C_1-AB_1$，$AC_2=B_2C_2+AB_2$，经整理求得曲柄与连杆的长度，由图 3.40 量得机架 AD 长度，换算后得各构件实长 L_{AB}、L_{BC} 和 L_{AD}。

3.4　构件和运动副的结构

平面四杆机构的尺度综合确定了诸如转动副中心、移动副导路位置等机构运动学尺寸。在机械设计中，为满足动力学要求，还要确定构件和运动副的具体结构形式，以便正确地选择零件的材料，进行强度校核。

3.4.1　构件的结构

根据结构和受力的需要，机构中的活动构件大体可分成杆状、盘状、轴状和块状 4 类。

1. 杆　状

如图 3.41 所示，转动副间距 l 较长时，多采用构造简单的实体式；若 l 很长或受力很大，则采用桁架式更为经济。

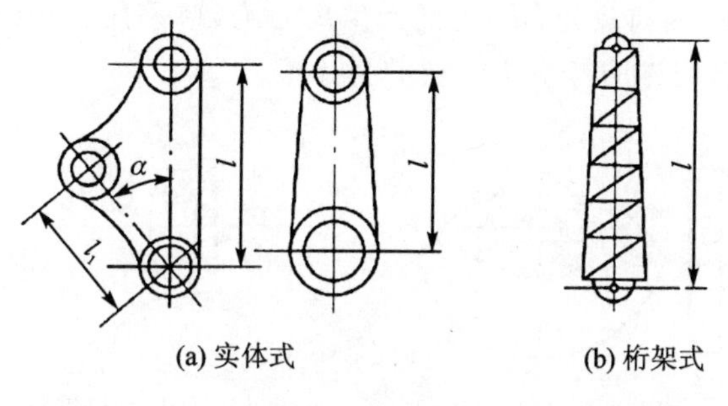

(a) 实体式　　(b) 桁架式

图 3.41　杆状构件

2. 盘　状

图 3.42(a)所示为同心式，例如带轮、齿轮圆盘类构件中心处有一个转动副，在距轴心 l 处装上销轴，与其他构件构成另一个转动副。这种结构质量分布均匀，适于较高的转速。图 3.42(b)所示为偏心式，构件 1 为偏心轮。

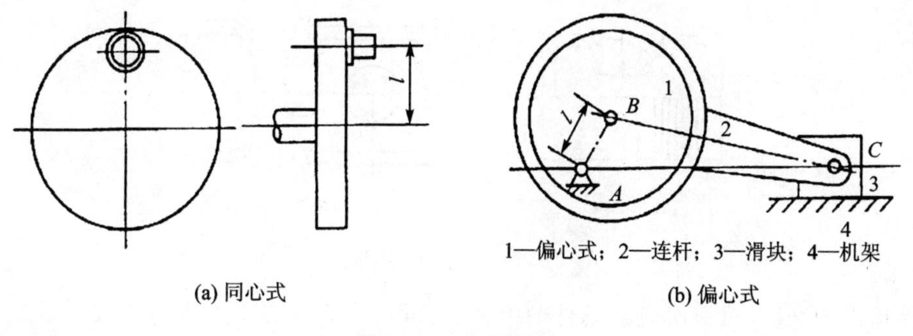

(a) 同心式　　(b) 偏心式

图 3.42　盘状构件

3. 轴　状

图 3.43 (a)和(b)所示均为曲轴，常用作曲柄。其中，图 3.43 (a)所示为悬臂式，只能置于传动轴端部，强度和刚度较差；图 3.43 (b)所示为简支式，强度和刚度较好，承受较大的载荷，最为常用。当曲柄长度 l 很小时，可将曲柄制成偏心轴，如图 3.43 (c)所示。

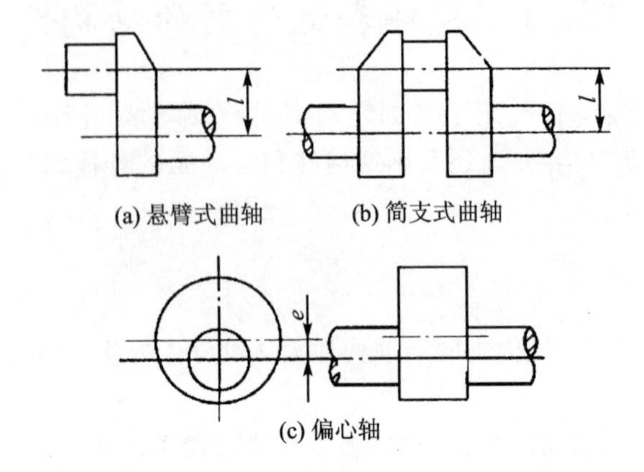

(a) 悬臂式曲轴　(b) 简支式曲轴

(c) 偏心轴

图 3.43　轴状构件

为了防止高速转动时因质量分布不均而产生离心力，应采用合理结构使构件的质量趋于均布(见图 3.44)，并进行构件的静平衡或动平衡计算。

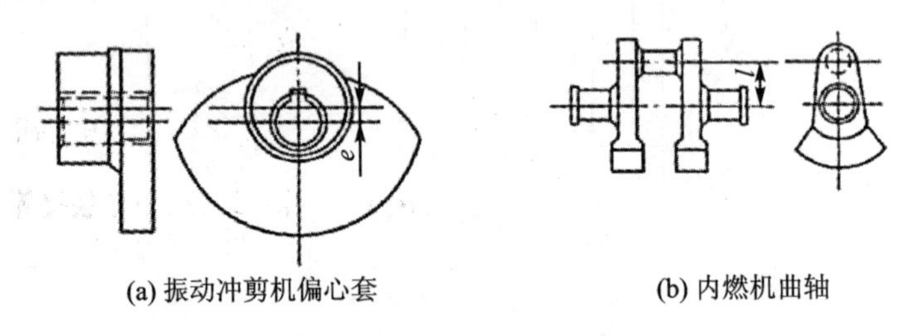

(a) 振动冲剪机偏心套　(b) 内燃机曲轴

图 3.44　构件质量均布的结构

4. 块　状

图 3.45 (a)所示为活塞，与圆柱形缸体构成移动副；图 3.45 (b)所示为滑块，与导轨构成移动副。

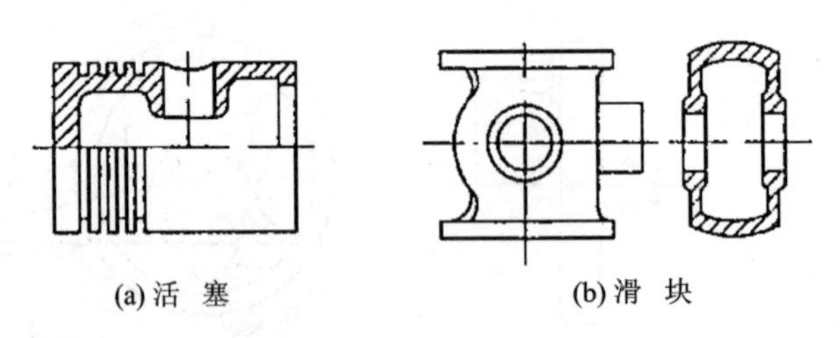
(a) 活　塞　(b) 滑　块

图 3.45　块状构件

调整构件的长度，可以改变从动件的位移和特性，以适应机器工作的要求。图 3.46(a)所示为调整结构，转动螺杆 4，通过螺纹驱动滑块 2 沿槽上下移动、达到规定高度 l 的位置。图 3.46(b)所示为盘状曲柄 1 上的调整结构，松开螺母 3，转动螺杆 4，使曲柄销 2 沿 T 形槽移

动至要求的长度 l。图 3.47 所示的连杆利用连接套 3 调整，连杆 2 制成左右两段，两段上分别加工左、右旋螺纹、松开左右锁紧螺母 4，转动连接套 3，改变连杆 2 左右两段与连接套 3 的连接长度，从而调节连杆长度。

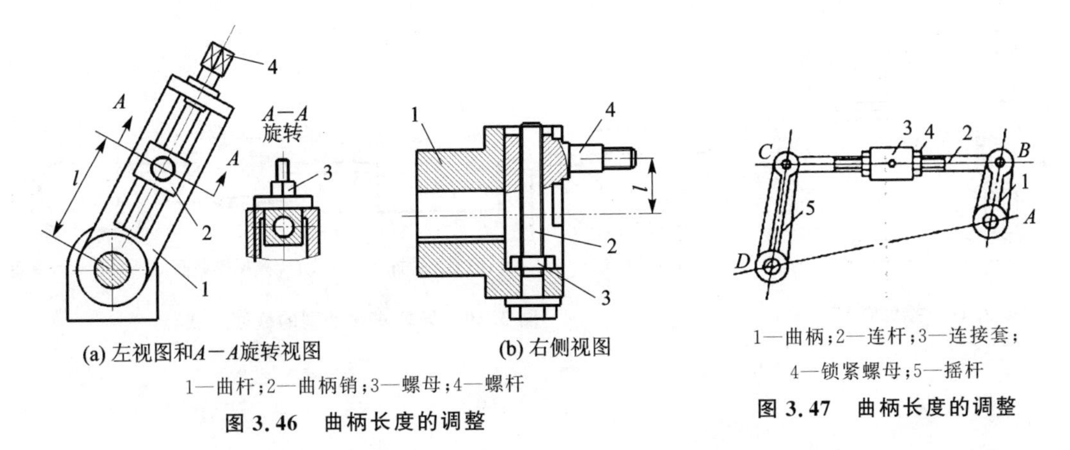

(a) 左视图和A—A旋转视图　(b) 右侧视图

1—曲杆；2—曲柄销；3—螺母；4—螺杆

图 3.46　曲柄长度的调整

1—曲柄；2—连杆；3—连接套；4—锁紧螺母；5—摇杆

图 3.47　曲柄长度的调整

3.4.2　运动副的结构

1. 转动副

除轴与轴承构成的转动副外，销轴与构件之间直接构成的转动副类型也很多，如图 3.48 所示。图 3.48 (a)和图 3.48 (b)所示为浮动销轴的结构，销 1 与构件 2、3 之间均能相对转动，分别采用开口销 4 和孔用弹性挡圈 5 限制销的轴向移动。图 3.48 (c)～(e)所示均为固定销轴的结构，销 1 与构件 2 分别采用铆接、挡片与螺钉、螺栓联接等形式固联。

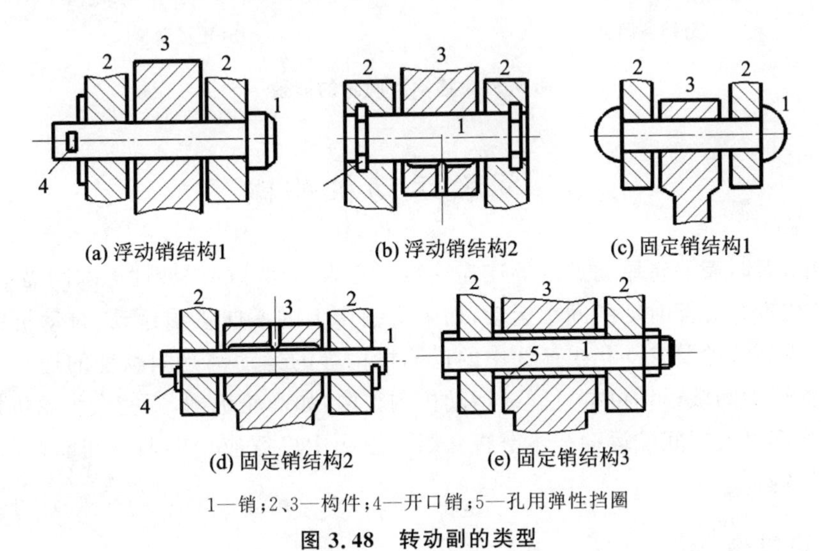

(a) 浮动销结构1　(b) 浮动销结构2　(c) 固定销结构1

(d) 固定销结构2　(e) 固定销结构3

1—销；2、3—构件；4—开口销；5—孔用弹性挡圈

图 3.48　转动副的类型

2. 移动副

块状构件或体积较小的构件与其他构件构成移动副，如活塞与缸体，十字头与导轨，双联齿轮与花键之间的移动副，移动距离一般较小且行程固定；当构件体积和移动距离都较大时，如摇臂钻床中主轴箱与摇臂、摇臂与立柱之间采用导轨式移动副，如图 3.49 所示。

导轨式移动副的截面形状主要有如图 3.50 所示的 4 种情况。这种移动副磨损后，常用镶条和压板来调整间隙。如图 3.51(a)所示,靠调整螺钉 1 移动镶条 2 的位置来调整间隙;如图 3.51 (b)所示,靠改变压板 1 与导轨 3 结合面间垫片 4 的厚度来调整导轨 3 与静导轨 2 之间的间隙,压板还可承受倾覆力矩。

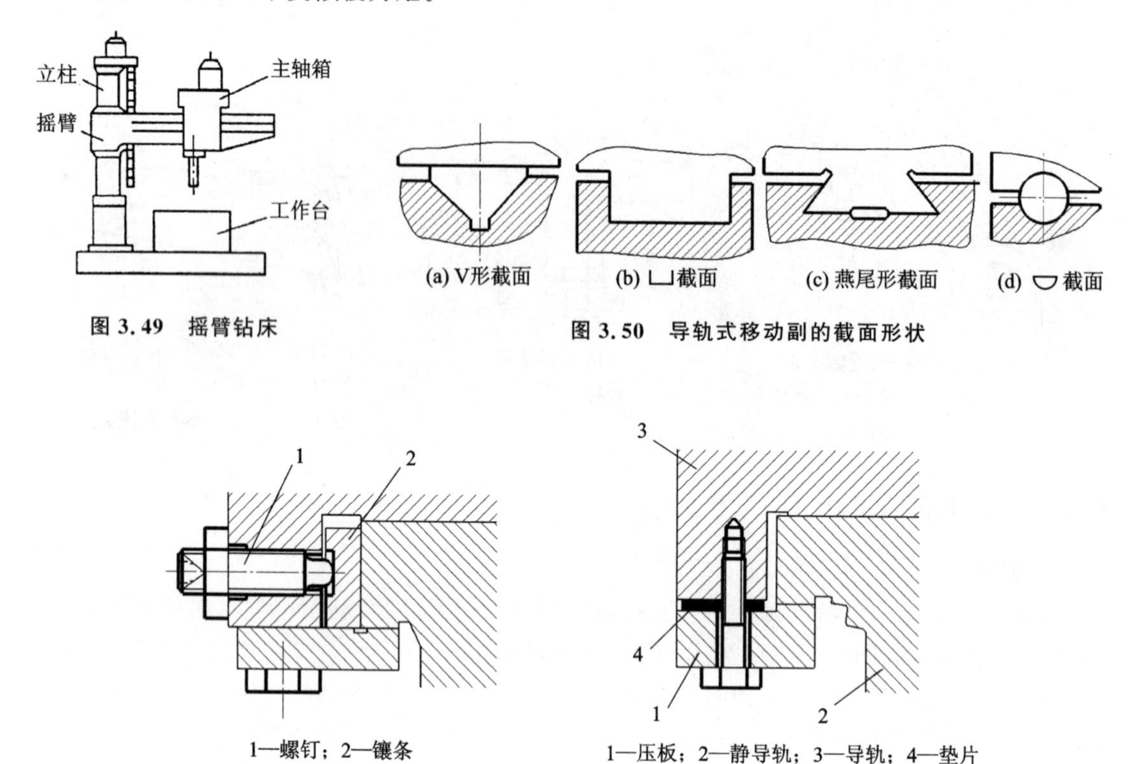

图 3.49　摇臂钻床

图 3.50　导轨式移动副的截面形状

图 3.51　移动副间隙的调整

3.5　间歇运动机构概述

在机械中,有时需要将原动件的等速连续转动变为从动件的周期性停歇间隔单向运动(又称步进运动)或者是时停时动的间歇运动,如牛头刨床上的横向进给运动、自动机床中的刀架转位和进给、成品输送及自动化生产线中的运输机构等的运动都是间歇性的运动。能实现间歇运动的机构称为间歇运动机构。间歇运动机构很多,如凸轮机构,不完全齿轮机构和恰当设计的连杆机构都可实现间歇运动。本节将介绍在生产中广泛应用的两种间歇运动机构:棘轮机构和槽轮机构。

3.5.1　棘轮机构

1. 棘轮机构的工作原理及其分类

如图 3.52 所示,典型的棘轮机构由棘轮 1、棘爪 2、摇杆 3、止回棘爪 4 和机架组成。弹簧 5 用来使棘爪 2、止回棘爪 4 与棘轮 1 保持接触。棘轮 1 装在轴上,用键联接。驱动棘爪 2 铰接于摇杆 3 上,摇杆 3 空套在棘轮轴上,可绕轴自由摆动。当摇杆 3 顺时针方向摆动时,棘爪在棘轮齿顶滑过;当摇杆 3 逆时针方向摆动时,棘爪插入棘轮齿间推动棘轮转过一定角度。这样,摇杆 3 连续往复摆动,棘轮 1 实现单向的间歇运动。

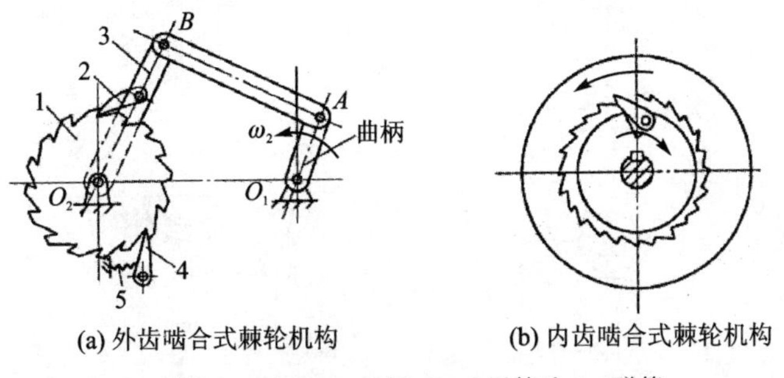

(a) 外齿啮合式棘轮机构　　(b) 内齿啮合式棘轮机构

1—棘轮;2—棘爪;3—摇杆;4—止回棘爪;5—弹簧

图 3.52　棘轮机构

棘轮机构按其工作原理可分为齿式棘轮机构和摩擦式棘轮机构两大类;按啮合的情况,又可分为外齿啮合式棘轮机构(棘齿在棘轮的外缘,见图 3.52(a))和内齿啮合式棘轮机构(棘齿在棘轮的内缘,见图 3.52(b))。

(1) 齿式棘轮机构

齿式棘轮机构按其运动形式又可分为 3 类:

① 单动式棘轮机构。如图 3.52 所示,当主动摇杆正向摆动时棘爪驱动棘轮沿同一方向转过某一角度,摇杆反向摆动时棘轮停止。

② 双动式棘轮机构。如图 3.53 所示,摇杆 1 往复摆动时都能使棘轮 2 作同一方向的间歇转动。驱动棘爪 3 可制成平头的或钩头的。

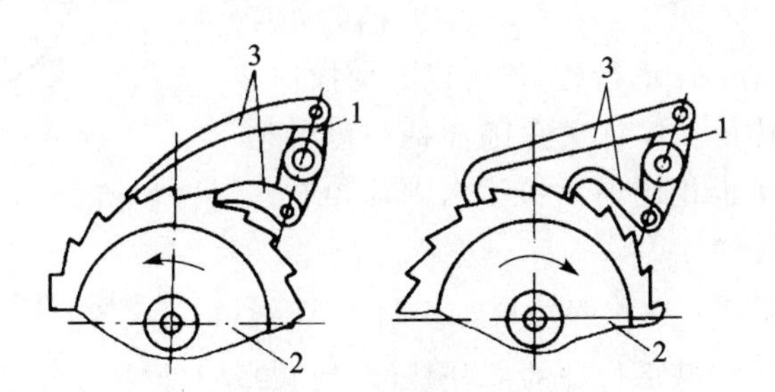

1—摇杆;2—棘轮;3—棘爪

图 3.53　双动式棘轮机构

③ 可变向棘轮机构。这种机构的棘轮采用矩形齿,如图 3.54(a)所示,当棘爪 1 处于实线位置,摇杆 1 往复摆动时,棘轮 2 沿逆时针方向做单向间歇运动;当棘爪 3 翻转到虚线位置,摇杆 1 往复摆动时,棘轮 2 将沿顺时针方向做单向间歇运动。

图 3.54(b)所示为另一种可变向棘轮机构,当棘爪 3 处于图示位置往复摆动时,棘轮 2 沿逆时针方向做单向间歇运动;当将棘爪 3 提起,并绕其本身轴线转过 180°后再插入棘轮齿中往复摆动时,棘轮便沿顺时针方向做单向间歇运动。

(2) 摩擦式棘轮机构

齿式棘轮机构的棘轮转角都是相邻两齿所夹中心角的倍数,也就是说,棘轮的转角是有级性改变的。如果需要无级性改变转角,则可采用摩擦式棘轮机构。如图 3.55 所示,它由摩擦轮 3 和摇杆 1 及其铰接的驱动偏心楔块 2、止动楔块 4 和机架 5 组成。当摇杆 1 逆时针方向摆

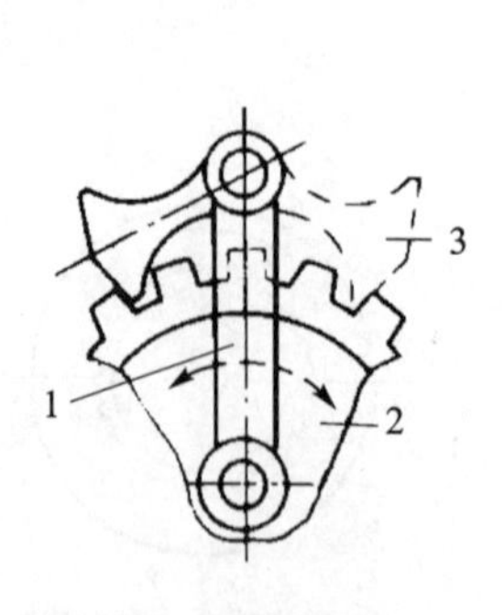

1—棘爪；2—棘轮
(a) 可变向棘轮机构1

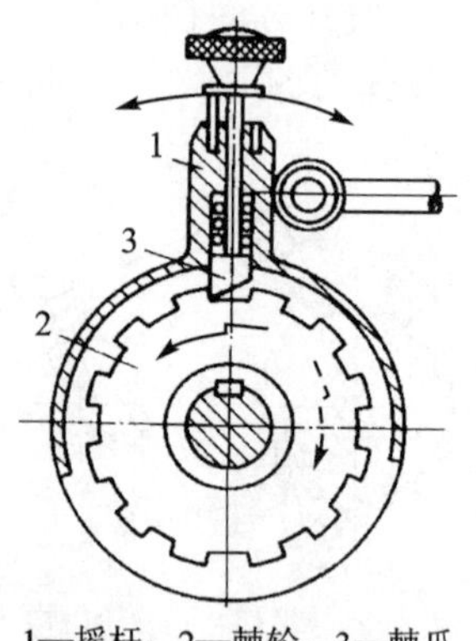

1—摇杆；2—棘轮；3—棘爪
(a) 可变向棘轮机构2

图 3.54 可变向棘轮机构

动时，通过驱动偏心楔块 2 与摩擦轮 3 之间的摩擦力，使摩擦轮 3 沿逆时针方运动。当摇杆 1 顺时针方向摆动时，驱动偏心楔块 2 在摩擦轮上滑过，而止动楔块 4 与摩擦轮之间的摩擦力促使此楔块与摩擦轮卡紧，从而使摩擦轮静止，以实现间歇运动。

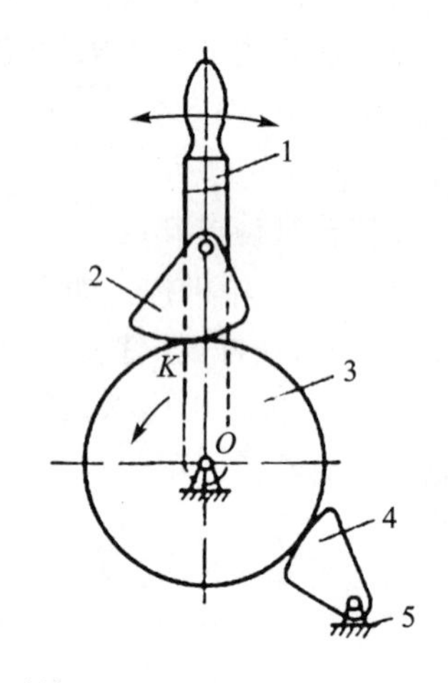

1—摇杆；2—驱动偏心楔块；3—摩擦轮；4—止动楔块；5—机架

图 3.55 摩擦式棘轮机构

2. 棘轮转角的调节

在齿式棘轮机构中，棘轮的转角可以进行有级调节，常用的调节方法如下：

① 改变摇杆摆角。例如改变图 3.56 中曲柄的长度和浇注输送传动装置中活塞 1 的行程，均可以改变摇杆 2 的摆角，从而调节棘轮转角。摇杆摆角随曲柄长度的增加而增加，因此棘轮转角也相应增大；反之，则棘轮转角减小。

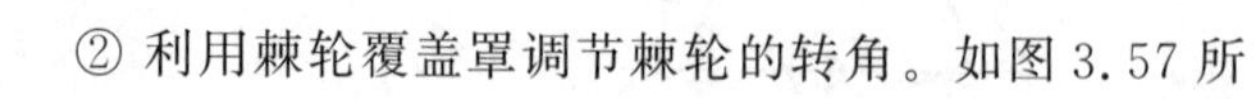

② 利用棘轮覆盖罩调节棘轮的转角。如图 3.57 所示，改变覆盖罩位置以遮住棘爪行程的部分棘齿，使棘爪只能在遮盖罩上滑过，而不能与这部分棘齿接触，从而改变棘爪推动棘轮的实际转角。

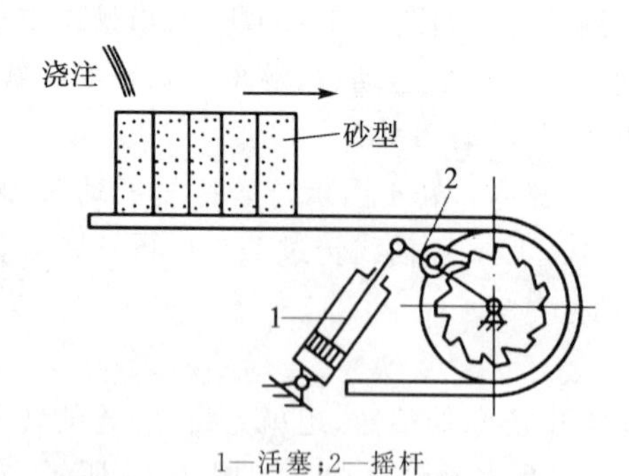

1—活塞；2—摇杆

图 3.56 浇注输送传动装置

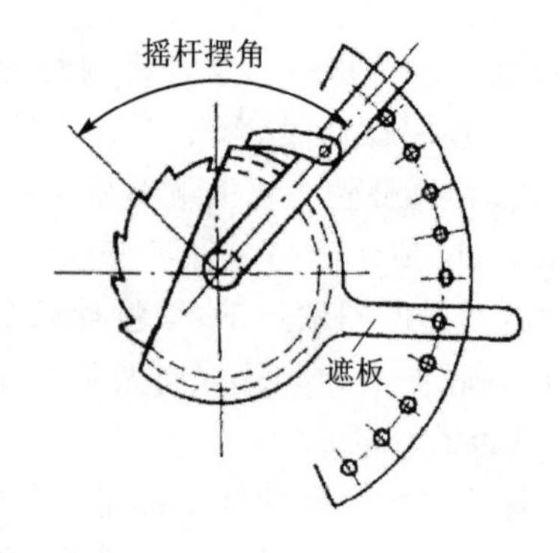

图 3.57 改变覆盖罩位置调节棘轮转角

3. 棘轮机构的特点与应用

棘轮机构具有结构简单、制造方便和运动可靠的特点。齿式棘轮的转角可以在一定范围内调节，但运转时易产生冲击或噪声。摩擦式棘轮机构传动平稳、无噪声，可实现运动的无级调节，但其运动准确性较差。因此，棘轮机构适用于低速和载荷不大的间歇运动的场合。

棘轮机构可满足机械的间歇送料、转位分度、制动和超越等要求，常用于各种机床和自动化的进给机构、转位机构中。例如，自动线上的浇注输送传动装置（见图 3.56）和牛头刨床的横向进给机构（见图 3.58）。偏心销 1 装在齿轮上，齿轮转动时，通过连杆 2 带动摇杆 3 摆动，装在摇杆 3 上的棘爪 4 推动棘轮 5 做间歇转动。棘轮 5 和丝杠 6 装在同一轴上，工作台 7 装有与丝杠配合的螺母，丝杠（棘轮）的间歇运动转变为工作台的横向进给运动。

棘轮还常用作防止机构逆转的停止器。这类棘轮停止器广泛用于卷扬机、提升机以及运输机中，图 3.59 所示为提升机的棘轮停止器。

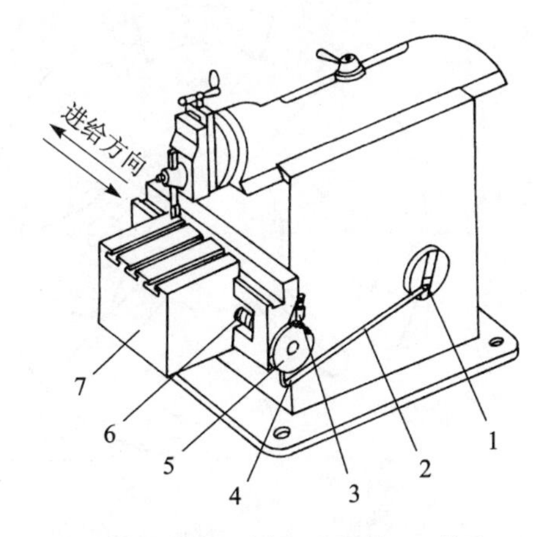

1—偏心销；2—连杆；3—摇杆；4—棘爪；
5—棘轮；6—丝杠；7—工作台

图 3.58　牛头刨床横向进给机构

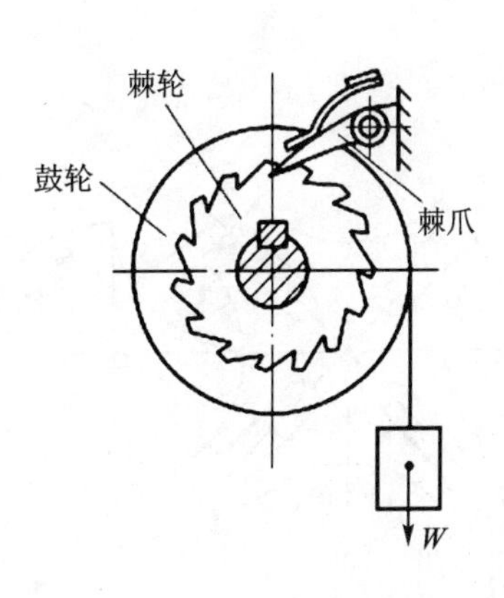

图 3.59　提升机的棘轮停止器

3.5.2　槽轮机构

1. 槽轮机构的工作原理及其分类

如图 3.60 所示，槽轮机构由带圆销的拨盘 1、具有径向槽的槽轮 2 和机架组成。拨盘 1 以等角速度 ω_1 做连续回转，槽轮 2 做间歇运动。当圆销 A 未进入槽轮的径向槽时，槽轮的内凹锁住弧 efg 被拨盘的外凸锁住弧卡住，槽轮静止不动；当圆销 A 进入槽轮的径向槽时（见图 3.60 (a)），内外锁住弧所处位置对槽轮无锁止作用，槽轮因圆销的拨动而转动；当圆销 A 在另一边离开径向槽时（见图 3.60(b)），凹凸锁住弧 efg 又起作用，槽轮又被卡住不动。当拨盘继续转动时，槽轮重复上述运动，从而实现间歇运动。

槽轮机构也有内、外啮合之分。外啮合时，拨盘与槽轮的转向相反（见图 3.61）；内啮合时，拨盘与槽轮转向相同（见图 3.62）。

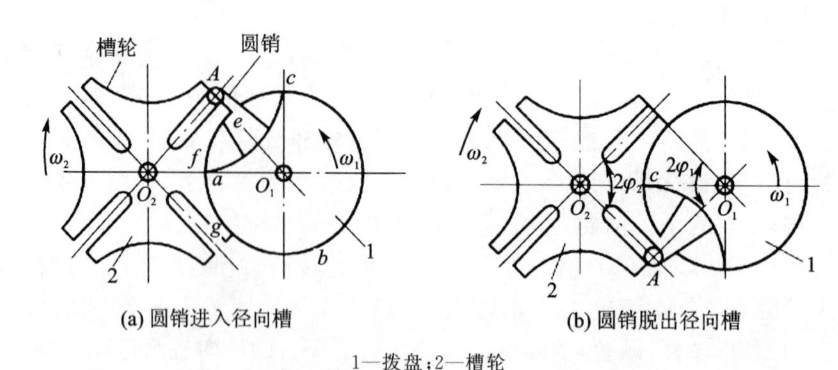

1—拨盘;2—槽轮

图 3.60 单圆销外啮合槽轮机构

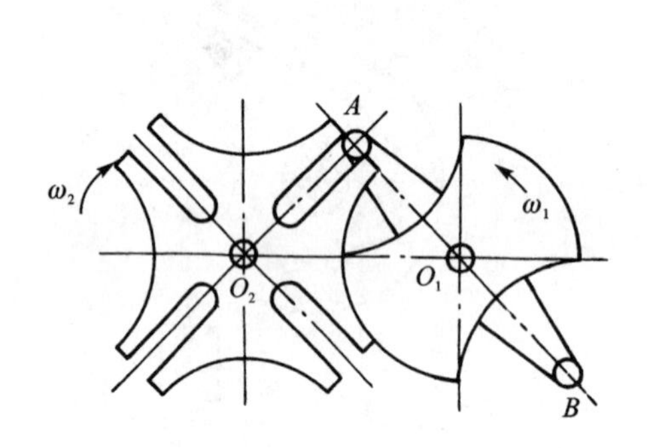

图 3.61 双圆销外啮合槽轮机构

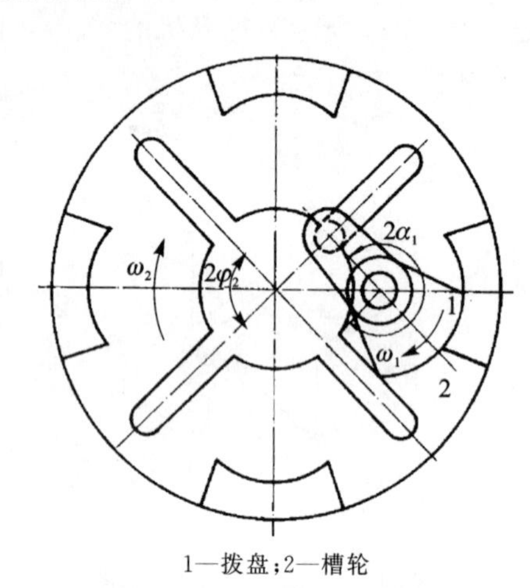

1—拨盘;2—槽轮

图 3.62 内啮合槽轮机构

拨盘上的圆销可以是一个,也可以是多个。图 3.62 所示为双圆销外啮合槽轮机构,此时拨盘转动一周,槽轮转动两次。

2. 槽轮机构的特点和应用

槽轮机构具有结构简单、制造方便、转位迅速、工作可靠、外形尺寸小、机械效率高等特点;但其转角不能调节,当槽数 z 确定后,槽轮转角即被确定。由于槽数 z 不宜过多,一般选取 $z=4\sim8$,所以槽轮机构不宜用于转角较小的场合。槽轮机构的定位精度不高,故适用于各种转速不太高的自动机械中作转位或分度机构。图 3.63 所示为槽轮机构在电影放映机中的应用情况。图 3.64 所示为 C1325 单轴转塔自动车床的转塔刀架及转位机构的立体图,其中拨盘、槽轮和机架组成一槽轮机构。

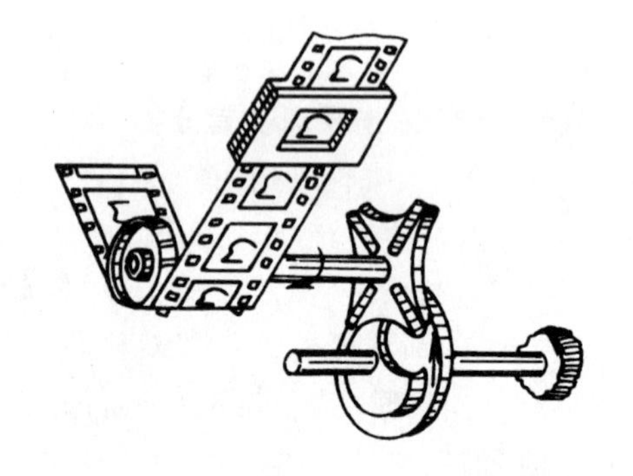

图 3.63 电影放映机上的槽轮机构

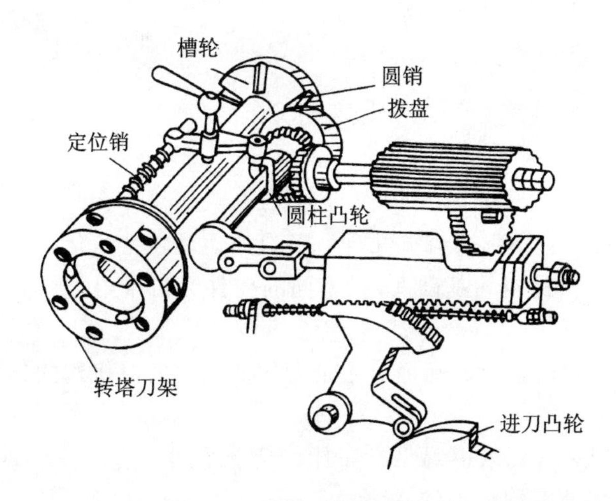

图 3.64　C1325 单轴转塔自动车床的转塔刀架及转位机构的立体图

本章知识点提示

1. 把刚性构件全部用低副(转动副和移动副)联接而成的机构称为连杆机构;如果机构中各构件均在同一平面或平行平面内运动,则称为平面连杆机构。

2. 铰链四杆机构是全由转运副联接而成的四杆机构,它是平面连杆机构的最基本形式,由机架、两连架杆和连杆组成。根据机构是否有曲柄、有多少曲柄、有多少移动副以及哪个构件为机架可以把铰链四杆机构演化为多种类型,其主要形式详见表 3.1。

3. 四杆机构存在一个(或二个)曲柄的条件是:曲柄(或机架)之长为最短;最短与最长构件长度之和小于或等于其余两构件长度之和。

4. 在四杆机构中,曲柄与连杆两次共线位置所夹的锐角称为极位夹角 θ。当 $\theta>0$ 时机构有急回作用。机构从动件回程与工作行程平均速度之比称为行程速比系数 K。K 与 θ 的关系为

$$\theta=180^{\circ}\times\frac{K-1}{K+1}$$

5. 从动件上一点(如图 3.32 中从动摇杆上的 C 点)的运动方向与力作用方向的夹角称为压力角 α,压力角 α 的余角称为传动角 γ。四杆机构传力的好坏与传动角 γ(或压力角 α)有关,γ 越大传力越好。当从动连架杆与连杆轴线夹角 δ 小于 90°时,传动角 $\gamma=\delta$;当 δ 大于 90°时,$\gamma=180^{\circ}-\delta$。

6. 在四杆机构中,当连杆与从动连架杆共线时,传动角 $\gamma=0^{\circ}$,若机构在此位置启动,则不论驱动力多大也不能使机构运动,则该位置称为机构的死点。

7. 利用铰链四杆机构构件间的平面几何关系,可以针对已知铰链四杆机构中连杆二个或三个位置、两连架杆二个或三个对应位置以及按行程速比系数等条件,确定四杆机构的其余构件尺寸,完成铰链四杆机构的尺度综合。

8. 间歇运动机构能够将主动件的连续运动变为从动件按要求的时动时停。常用的有棘轮机构和槽轮机构,应了解该两种机构的组成、工作原理、特点、常用类型及应用。

9. 了解机构创新设计基本方法:机构组合方式、机构的演化与变异、机构再生运动链

变换。

思考题

3.1 与齿轮等高副相比，平面连杆机构的主要优、缺点是什么？

3.2 铰链四杆机构的基本形式有哪几种？各自的运动特性是什么？

3.3 在对心曲柄滑块机构的基础上，以不同的构件为机架可以得到哪些含有一个移动副的四杆机构？

3.4 机构的压力角和传动角是确定值还是变化值？它们对机构的传力性能有何影响？如何控制这种影响？

3.5 有曲柄的机构必有死点位置吗？在什么情况下可能存在平面四杆机构的死点位置？举出生产和生活中利用或克服死点的实例。

3.6 构件的结构有哪些形式？各有何特点？试分别举例说明。

3.7 转动副和移动副各有哪些类型？

3.8 什么是间歇运动机构？有哪些机构能实现间歇运动？

3.9 棘轮机构和槽轮机构各有什么特点？

3.10 调节棘轮机构的转角大小有哪些方法？

3.11 内啮合槽轮机构能不能采用多圆销拨盘？

习　题

3.1 试根据题3.1图中所标明的各构件尺寸判定它们为何种类型的铰链四杆机构？可否采用不同构件为机架的方法，由图(b)和(c)所示的机构演化出双曲柄机构？

3.2 在题3.2图所示的铰链四杆机构中，已知 $L_{BC}=50$ mm，$L_{CD}=35$ mm，$L_{AD}=30$ mm，AD 为机架。问题：①若此机构为曲柄摇杆机构，且 AB 杆为曲柄，求 L_{AB} 的最大值；②若此机构为双曲柄机构，求 L_{AB} 的最小值；③若此机构为双摇杆机构，求 L_{AB} 的数值。

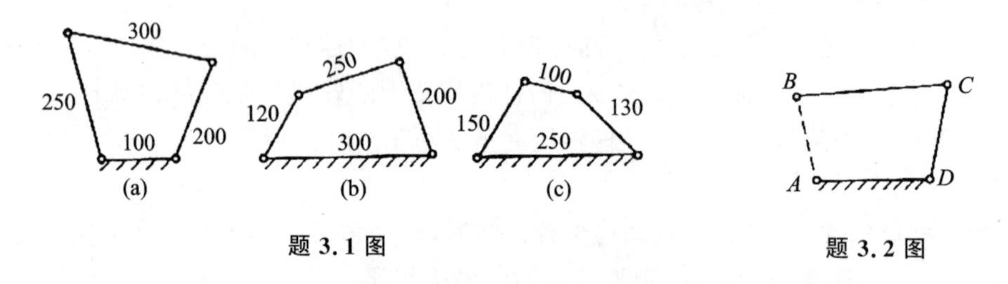

题 3.1 图　　题 3.2 图

3.3 如题3.3图所示的压力机，构件 $AB=20$ mm，$BC=265$ mm，$CD=CE=150$ mm，$L_2=150$ mm，$L_1=300$ mm。求：① 按适当的比例画出机构简图；② 作出冲头 E 的两极限位置，并从图中量出冲头的行程。

3.4 如题3.4图所示的机构，已知各机构尺寸为 $L_{AB}=30$ mm，$L_{BC}=55$ mm，$L_{CD}=40$ mm，$L_{DE}=20$ mm，$L_{EF}=60$ mm。试用图解法求出：

① 滑块 F 往返行程的平均速度是否相同？其行程速比系数 K 为多少？

② 滑块 F 处最小传动角 γ_{min} 为多少？

③ 滑块的行程 s 为多少？

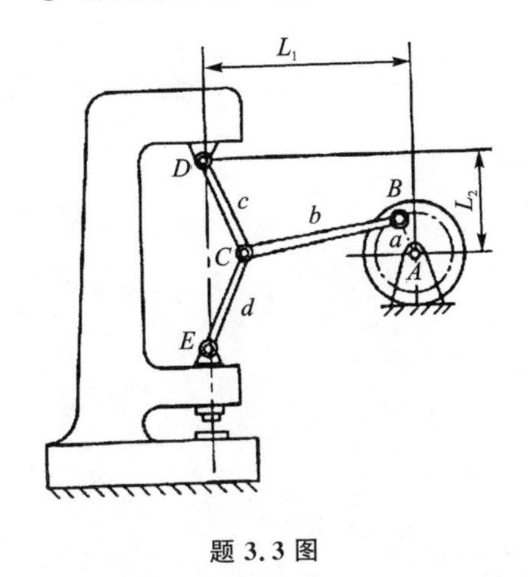

题 3.3 图

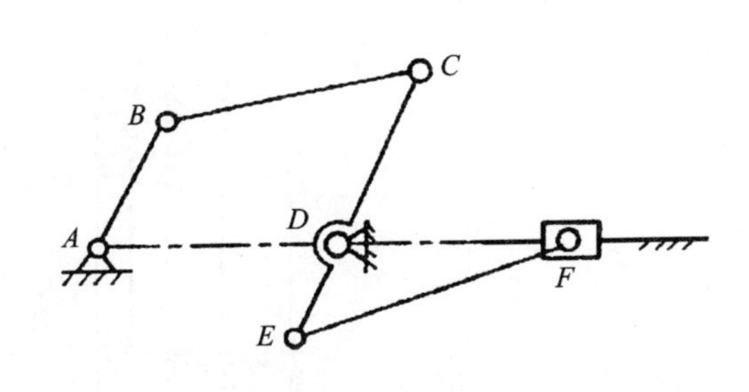

题 3.4 图

3.5 题 3.5 图所示为由铰链四杆机构驱动的压铸机下料机械手的手臂 BC，B_1C_1 为机械手取出铸件的位置，然后手部 E 沿近似“S”形轨迹退出，B_2C_2 为机械手卸掉铸件的位置。若铰链 A 和 D 分别设置在 B_1C_1 的延长线及 m 线上，相关尺寸如题 3.5 图所示，试完成驱动压铸机下料机械手的铰链四杆机构的尺度综合。

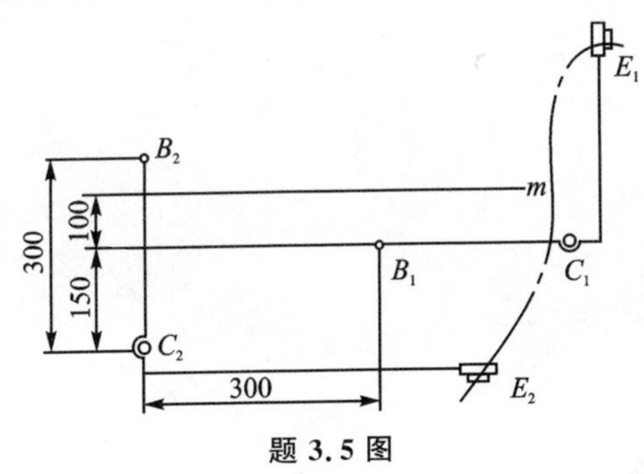

题 3.5 图

3.6 试作图说明：当曲柄长度经调整变长后，①对曲柄摇杆机构的摇杆摆角有何影响？②对曲柄滑块机构的行程有何影响？

3.7 题 3.7 图所示为用四杆机构控制的加热炉炉门的启闭机构。工作要求：加热时炉门能关闭严密；取放工件时，炉门能打开放平，能当一个台面使用。炉门两铰链的中心距 $BC=200$ mm，与机架联接链 A、D 宜安置在 yy 轴线上，其相互位置的 B、C 尺寸如题 3.7 图所示。试综合此机构。

3.8 已知一铰链四杆机构的机架长 $L_{AD}=50$ mm，曲柄 $L_{AB}=15$ mm，两连架杆的对应关系为 $\alpha_{12}=45°$，$\varphi_{12}=9°$，$\alpha_{13}=90°$，$\varphi_{13}=30°$，两者均沿逆时针方向回转(参见图 3.40)。试综合此机构。

3.9 一铰链四杆机构，已知摇杆长 $L_{CD}=0.05$ mm，摆角 $\psi=45°$，行程速比系数 $K=1.4$，机架长 $L_{AD}=0.038$ mm，求曲柄和连杆的长度。

3.10 绘制折叠椅和撑伞的机构运动简图，并说明它们各是什么机构？如何运动？

3.11 调整各种电动大门的构造和工作原理，按照学校大门尺寸参数，试综合一平面连杆机构。

3.12 牛头刨床工作台的横向进给丝杠的导程为 4 mm，与丝杠轴联动的棘轮齿数为 48 齿，问棘轮的最小转角 δ 和该刨床的最小横向进给量是多少？

3.13 已知槽轮的槽数 $z=5$，拨盘的圆销数 $k=1$，转速 $n_1=120$ r/min，求槽轮的运动时间 t_m 和静止时间 t_s。

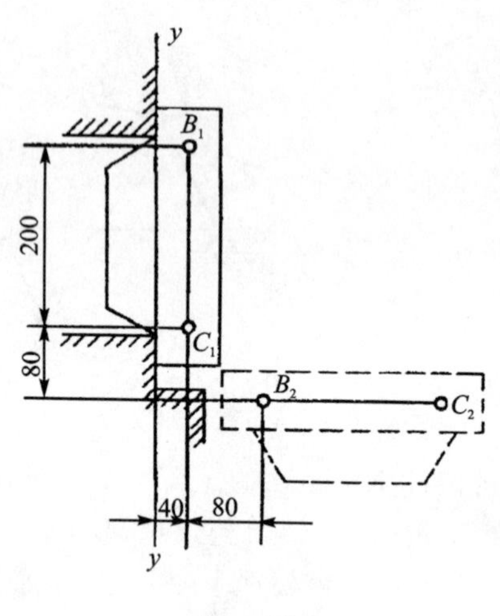

题 3.7 图

第4章　凸轮机构

4.1　概　述

4.1.1　凸轮机构的应用和分类

在某些机械中，为获得比较复杂的运动规律，常应用凸轮机构。如图4.1所示的内燃机配气机构，凸轮1以等角速度ω回转，驱动从动件2做上下运动，从而有规律地开启或关闭气阀。凸轮轮廓的形状决定了气阀开启或关闭时间的长短及其速度、加速度的变化规律。

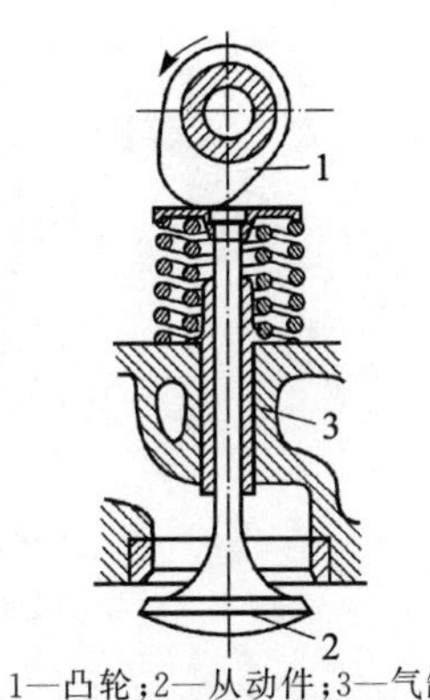

1—凸轮；2—从动件；3—气缸

图4.1　内燃机配气机构（盘状凸轮机构）

凸轮机构由凸轮、从动件和机架3个基本构件组成。凸轮与从动件间的运动副为高副，由此可将主动件凸轮的连续转动或移动转换为从动件的移动或摆动。凸轮机构的类型很多，通常按凸轮和从动件的形状、运动形式分类，部分类型见表4.1。

表4.1　凸轮机构的分类部分类型

盘形凸轮机构			圆柱凸轮机构	移动凸轮机构	锁合方式
尖顶对心移动从动件	尖顶偏置移动从动件	尖顶摆动从动件	移动从动件	尖顶移动从动件	形锁合
滚子对心移动从动件	滚子偏置移动从动件	滚子摆动从动件	摆动从动件	滚子移动从动件	
平底对心移动从动件	平底偏置移动从动件	平底摆动从动件	移动从动件	滚子摆动从动件	力锁合

1. 按凸轮的形状和运动分类

① 盘形凸轮。它是绕固定轴转动且变化半径的盘形零件(见图 4.1 中的凸轮 1),是凸轮最基本的形式。

② 移动凸轮。这种凸轮外形通常呈平板状(见图 4.2 中的凸轮 1),可视作回转中心趋于无穷远时的盘形凸轮。

③ 圆柱凸轮。将移动凸轮卷成圆柱体即成圆柱凸轮(见图 4.3 中的凸轮 1)。

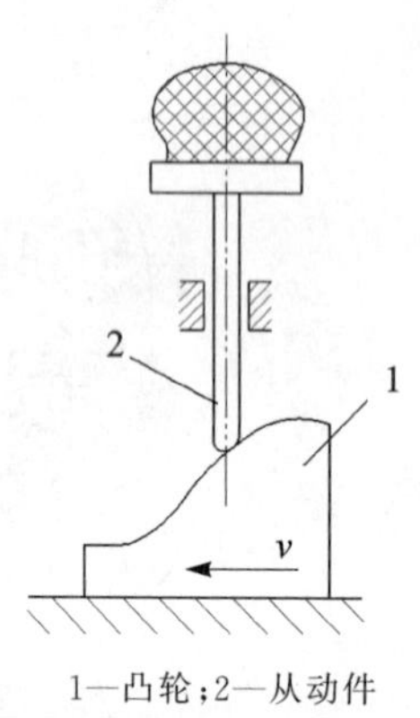

1—凸轮;2—从动件

图 4.2 移动凸轮机构

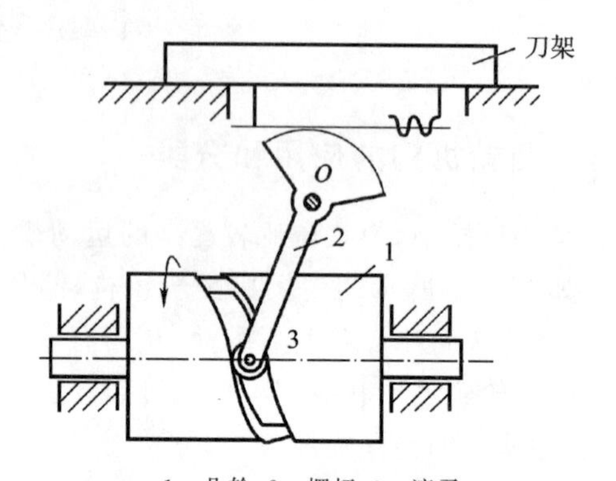

1—凸轮;2—摆杆;3—滚子

图 4.3 圆柱凸轮机构(进刀机构)

2. 按从动件端部结构分类

① 尖顶从动件。如图 4.2 所示,从动件 2 的端部为尖顶,这种从动件构造最简单,其尖顶能与外凸或内凹轮廓接触,可实现复杂的运动规律,但尖顶易磨损,用于低速、轻载场合。

② 滚子从动件。如图 4.3 所示,摆杆 2 的端部装有可自由转动的滚子 3,它与凸轮相对运动时为滚动摩擦,因此阻力、磨损均较小,可以承受较大的载荷,应用较广。

③ 平底从动件。如图 4.1 所示,从动件 2 的端部为一平底,这种从动件与凸轮轮廓接触处在一定条件下可形成油膜,利于润滑,传动效率较高,且传力性能较好,常用于高速凸轮机构中。

3. 按从动件的运动形式分类

按从动件的运动形式分类,可分为直动从动件(见图 4.1 和图 4.2)和摆动从动件(见图 4.3)两种。凸轮机构中,采用重力(见图 4.2)、弹簧力(见图 4.1)使从动件端部与凸轮始终相接触的方式称为力锁合;采用特殊几何形状实现从动件端部与凸轮相接触的方式称为形锁合(见图 4.3)。

凸轮机构简单、紧凑,能方便地设计凸轮轮廓以实现从动件预期的运动规律,广泛用于自动化和半自动化机械中作为控制机构。但因凸轮轮廓与从动件间为点、线接触而易磨损,因而不宜承受重载或冲击载荷。

4.1.2 凸轮和滚子的材料

凸轮机构的主要失效形式是磨损和疲劳点蚀,这就要求凸轮和滚子的工作表面硬度高、耐磨并有足够的表面接触强度,而且对于经常受到冲击的凸轮机构,要求凸轮芯部有较大的韧性。

对于低速、中小载荷的一般场合,凸轮常用 45 钢、40Cr 表面淬火(硬度 40～50HRC),亦可采用 15 钢、20Cr、20CrMnTi,经渗碳淬火,硬度达 56～62HRC。

滚子材料可采用 20Cr，经渗碳淬火，表面硬度达 56～62HRC；也可用滚动轴承作为滚子。

4.1.3　凸轮的结构与安装

除尺寸较小的凸轮与轴制成一体外，结构设计应考虑安装时便于调整凸轮与轴相对位置的需要。凸轮的常用结构有：

① 凸轮轴。凸轮和轴作成一体（见图 4.4），这种凸轮结构紧凑，工作可靠。

② 整体式。图 4.5 所示为整体式凸轮，用于尺寸无特殊要求的场合。轮毂尺寸推荐值为

$$d_1 = (1.5 \sim 2.0)d_0, \quad L = (1.2 \sim 1.6)d_0$$

式中：d_0 为凸轮孔径。

图 4.4　凸轮轴

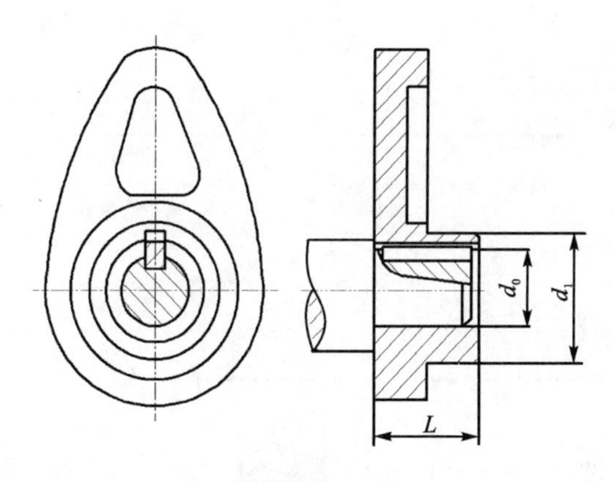

图 4.5　整体式凸轮

③ 镶块式。图 4.6 所示为镶块式凸轮，由若干镶块拼接，固定在鼓轮上。鼓轮上制有许多螺纹孔，供固定镶块时灵活选用。这种凸轮可以按使用要求更换不同轮廓的镶块以适应工作情况的变化，适用于需要常变换从动件运动规律的场合。

④ 组合式。如图 4.7 所示，组合式凸轮用螺栓将凸轮与轮毂联成一体，可以方便地调整凸轮与从动件起始的相对位置。

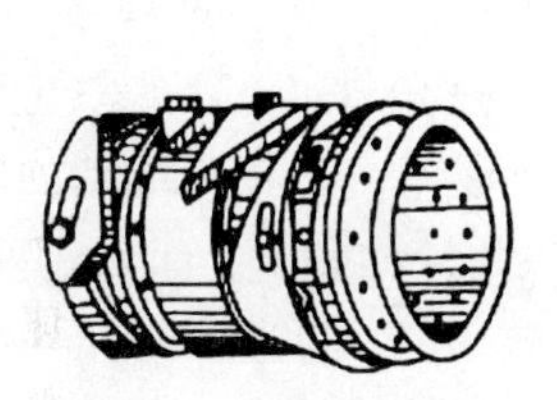

图 4.6　镶块式凸轮

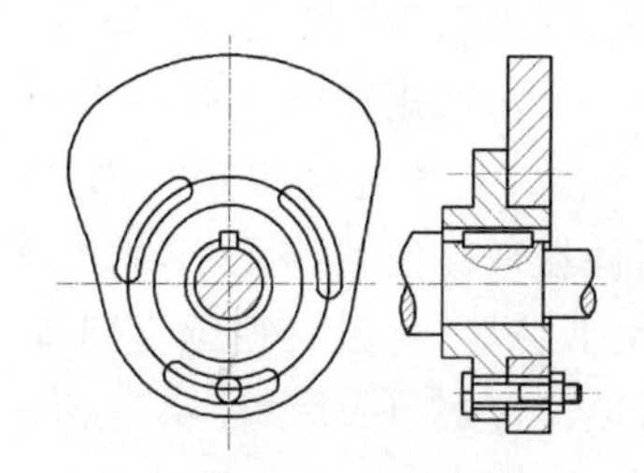

图 4.7　组合式凸轮

凸轮在轴上的固定除采用键联接外，也可采用紧定螺钉和圆锥销固定，如图 4.8(a)所示，初调用紧定螺钉定位，然后用圆锥销固定；如图 4.8(b)所示，采用开槽锥形套固定，调整灵活，但传递转矩不能太大。

凸轮的常用制造公差和表面粗糙度可参考表 4.2 选取。

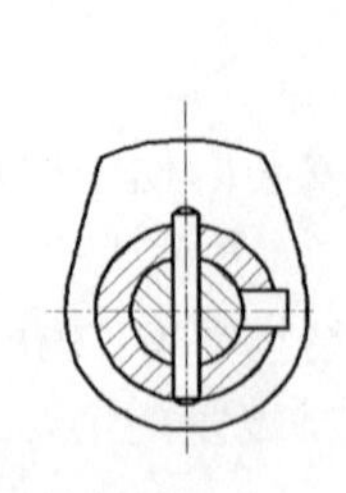

(a) 圆锥销或紧钉螺钉固定

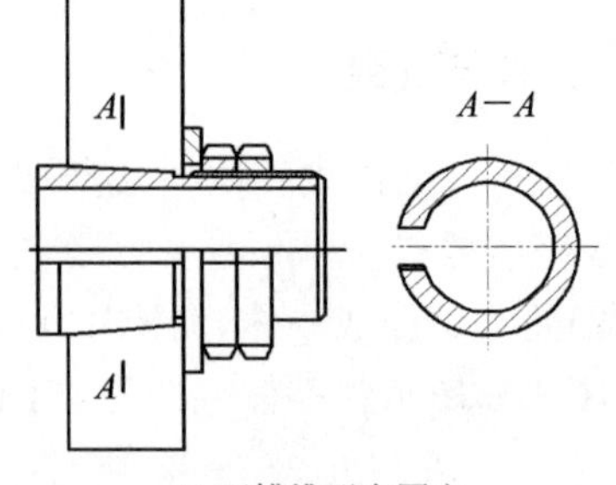

(b) 开槽锥形套固定

图 4.8　盘状凸轮在轴上的固定

表 4.2　凸轮公差及轮廓表面粗糙度

凸轮精度	极限偏差			表面粗糙度 $Ra/\mu m$	
	向径/mm	基准孔	槽式凸轮槽宽	盘形凸轮	槽式凸轮
高精度	±(0.05～0.10)	H8	H7(H8)	0.4	0.8
一般精度	±(0.10～0.20)	H7(H8)	H8	0.8	1.6
低精度	±(0.20～0.50)	H8	H8(H9)	1.6	1.6

4.2　凸轮机构特性分析

4.2.1　凸轮机构的运动分析

凸轮机构中，从动件的运动由凸轮轮廓决定。根据凸轮轮廓分析从动件的位移、速度、加速度，称为凸轮机构的运动分析。以图 4.9 所示的对心直动尖顶从动件盘形凸轮机构为例，以凸轮的最小向径为半径所作的圆称为基圆，基圆半径用 r_b 表示。图 4.9 所示位置是从动件处于上升的起始位置，其尖顶与凸轮在 B_0 点接触。当凸轮以角速度 ω 逆时针回转 θ_{01} 时，从动件被凸轮推动，以一定运动规律到达最高点位置 B，从动件在这一过程中经过的距离 h 称为推程，对应的凸轮转角 θ_{01} 称为推程角。当凸轮继续转过角度 θ_{fd} 时，以 O 为圆心的圆弧 BD 与尖顶接触，从动件在最高位置静止不动，θ_{fd} 称为远停程角。凸轮再继续回转，从动件以一定运动规律下降到最低位置，这段行程称为回程，对应的凸轮转角 θ_{02} 称为回程角。凸轮继续回转，圆弧 D_0B_0 与尖顶接触，从动件停留不动，对应的转角 θ_{nd} 为近停程角。凸轮继续回转，从动件重复上述运动。

从动件的位移 s 与凸轮的转角 θ 间的关系可用 $s-\theta$ 图(位移线图)表示，如图 4.9(b)所示。当凸轮转过 θ_1(横坐标 1 位置)时，从动件对应自 B_0 点上移动到 B_1 点，即 $s_1=11'$；当凸轮转过 θ_2(横坐标 2 位置)时，从动件上移到 B_2 点，即 $s_2=22'$，…，$s_6=66'$，等等。显然，依此规律可以逐点画出从动件运动的位移曲线。

$s-\theta$ 图也可用“反转法”原理作出：设想给整个凸轮机构加上绕凸轮轴心 O 的反向角速度 $-\omega$，机构各构件间的相对运动仍不变，但凸轮变为不动，而从动件则以 $-\omega$ 绕 O 点转动，同时受凸轮轮廓的作用又在导路中移动。反转中尖顶的运动轨迹(1′，2′，3′，…)就是凸轮轮廓，尖

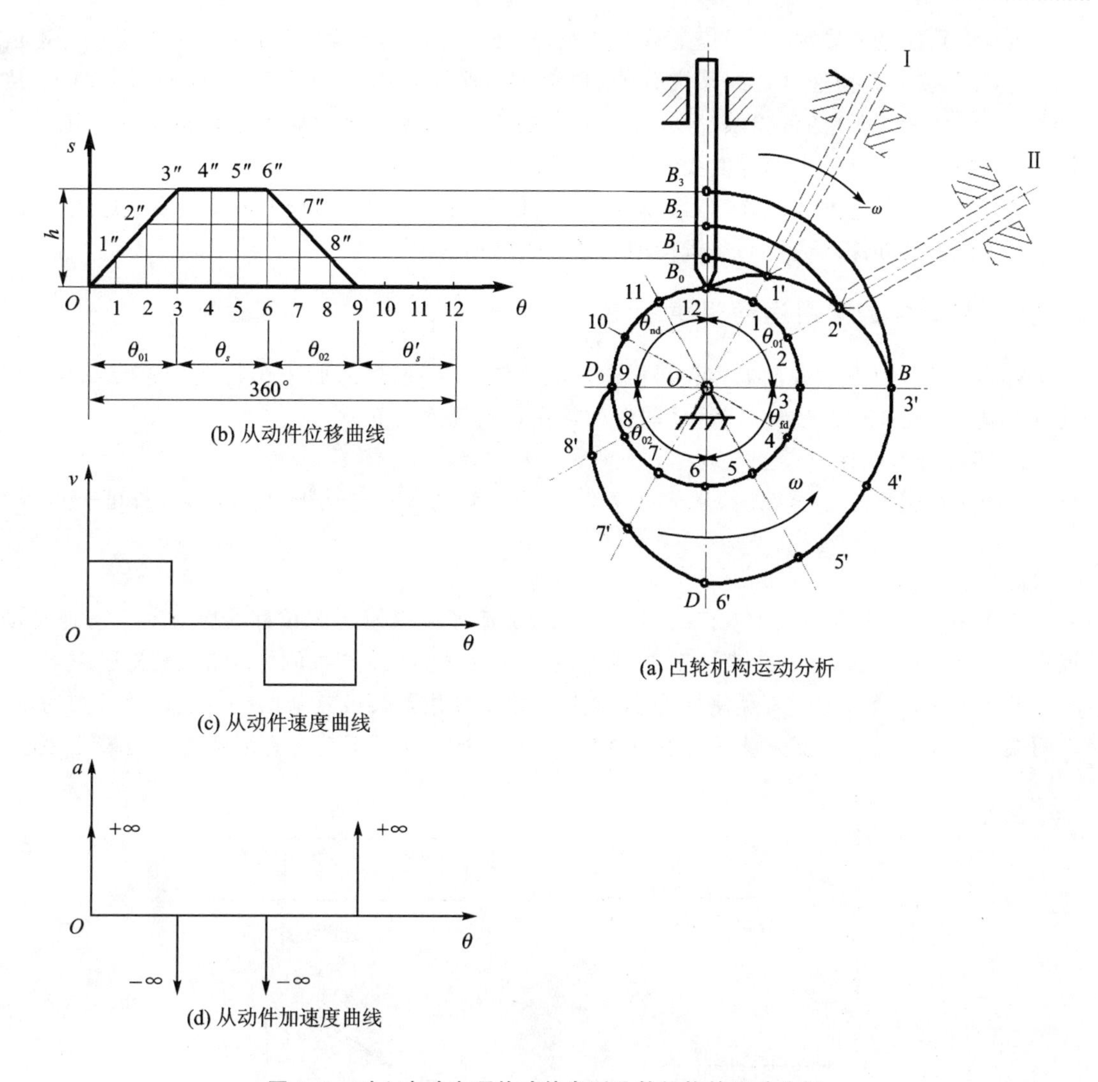

(b) 从动件位移曲线

(c) 从动件速度曲线

(d) 从动件加速度曲线

(a) 凸轮机构运动分析

图 4.9　对心直动尖顶从动件盘形凸轮机构的运动分析

顶离开基圆的距离即是从动件的位移。位移线图的作图步骤可概括如下：

① 将图 4.9(a)中的推程角和回程角沿 $-\omega$ 的方向分成若干等分，在基圆上得 1,2 等点。

② 从凸轮轴心 O 向各等分点作连线并将其延长，得各连线与凸轮轮廓的交点 1′、2′等点。

③ 以从动件的位移 s 为纵坐标，凸轮的转角 θ(或对应时间 t)为横坐标，并将横坐标分成与图 4.9(a)对应的区间和等分。过各等分点 1,2,…作横坐标的垂线，在这些垂线上量取各个位移量，即取 11″=11′,22″=22′,…得 1″、2″等点。

④ 用圆滑的曲线连接 0,1″,2″等点即得位移线图，即 $s-\theta$ 图(见图 4.9(b))。

根据位移线图的每一行程区间的曲线图形，运用数学知识，可以画出速度线图($v-\theta$ 图)和加速度线图($a-\theta$)。

如图 4.9 所示，凸轮角速度 ω 为常数，推程时位移线图为一斜直线，可以推知从动件的速度是恒定值，故这一段运动规律称为等速运动规律；同理，回程亦为等速运动规律，只是速度方向相反；停程时速度为零，据此可画出速度线图(见图 4.9(c))。

加速度是速度的导数，由于速度 v 为常数，因此等速运动过程中加速度 $a=0$，但在等速运动启动瞬时，要立即使速度达到某常数值，理论上加速度 a 将趋于无穷大，从而引起冲击；从动件终止工作的瞬时也有这种情况发生。将加速度 a 趋于无穷大时引起的冲击称为刚性冲击。根据以上分析可画出加速度线图(见图 4.9(d))。

位移、速度、加速度线图统称为运动线图，它们是凸轮机构运动分析的简明表达形式，是凸轮轮廓曲线设计和深入进行凸轮机构动力分析的依据。

4.2.2 从动件的常用运动规律

从动件的运动规律指在推程和回程中从动件位移 s、速度 v、加速度 a 随凸轮转角变化的规律。根据凸轮机构的运动分析，从动件的常用运动规律如下：

1. 等速运动规律

当凸轮角速度 ω 为常数时，从动件速度 v 不变，称为等速运动规律。位移方程可表达为

$$s=\frac{h}{\theta_0}\theta \tag{4.1}$$

图 4.10 所示为等速运动规律的位移、速度、加速度以及修正的位移线图。对于等速运动规律，从动件在运动起点和终点的瞬时加速度 a 为无穷大，将产生刚性冲击，因此适用于中、小功率和低速场合。为了避免刚性冲击，实际应用时常用圆弧或其他曲线修正位移线图的始、末两端如图 4.10(d)所示。修正后的加速度 a 为有限值，此时引起的有限冲击称为柔性冲击。

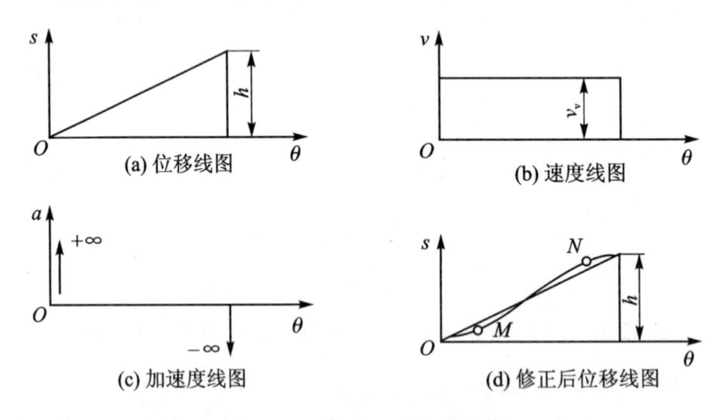

图 4.10 等速运动规律线图

2. 等加速、等减速运动规律

对于等加速、等减速运动规律，通常是指从动件在一个行程中，前半程做等加速运动，后半程做等减速运动，两部分加速度的绝对值相等。前半程位移方程为

$$s=\frac{2h}{\theta_0^2}\theta^2 \tag{4.2}$$

图 4.11 所示为等加速、等减速运动规律的位移、速度、加速度线图。对于等加速、等减速运动规律，从动件在运动起点 A、中点 B、终点 C 处的加速度突变为有限值，从而产生柔性冲击，适用于中速场合。等加速、等减速运动规律的位移线图的作法见图 4.11(a)。

3. 余弦加速度运动规律

余弦加速度运动规律的加速度曲线为 1/2 个周期的余弦曲线，位移曲线为简谐运动曲线

(又称简谐运动规律),位移方程为

$$s=\frac{h}{2}\left[1-\cos\left(\frac{\pi}{\theta_0}\theta\right)\right] \tag{4.3}$$

位移线图的作法可参见图 4.12(a),速度线图和加速度线图分别见图 4.12(b)和(c)。

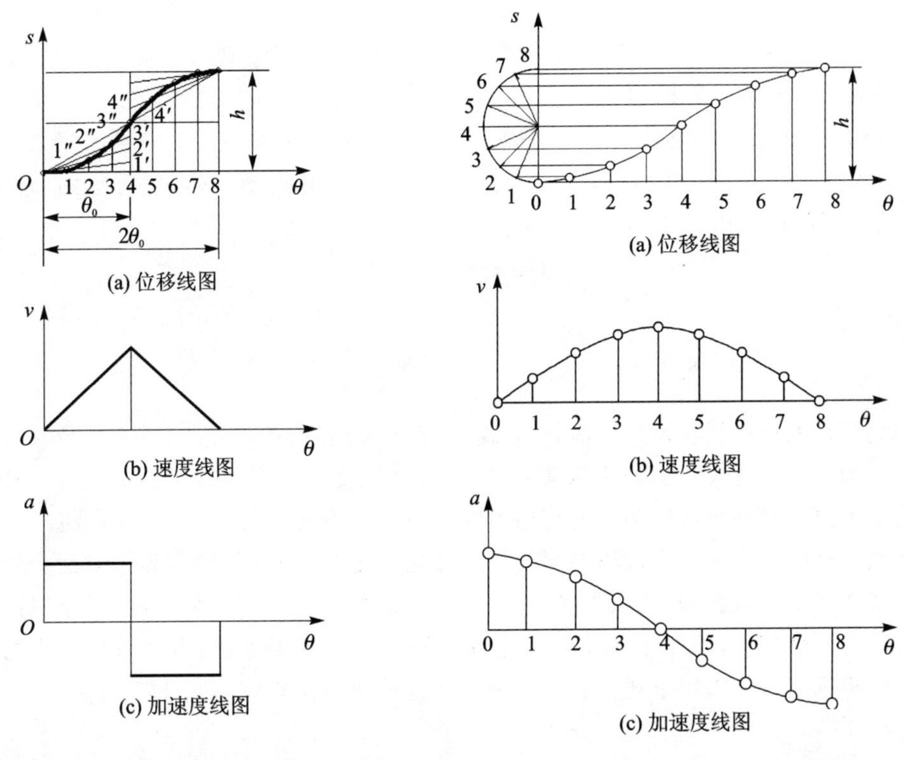

图 4.11　等加速、等减速运动规律线图　　**图 4.12　余弦加速度运动规律线图**

余弦加速度运动规律在运动起始和终止位置加速度曲线不连续,存在柔性冲击,适用于中速场合。但对于升→降→升型运动的凸轮机构,加速度曲线变成连续曲线,无柔性冲击,可用于较高速场合。

4.2.3　凸轮机构的压力角与基圆半径的关系

如图 4.13(a)所示,F_Q 为作用在从动件上的载荷,凸轮以等角速度 ω 转动,当不计摩擦时,凸轮给从动件的作用力 F 的方向线为沿接触点的法线方向。这个力的作用线与从动件运动方向之间所夹的锐角称为凸轮机构的压力角,用 α 表示。F 可分解为两个力,一个是推动从动件运动的有效分力 F';另一个是使从动件压紧导路上产生摩擦的阻力 F'',是有害分力。根据受力分析得:$F'=F\cos\alpha$;$F''=F\sin\alpha$。由此可见,当 F 一定时,压力角 α 增大,有效分力 F' 减小,摩擦力则随 F''的增大而增大,凸轮推动从动件就越费力,因而凸轮机构运动不灵活、效率低。当压力角 α 增大到某一数值,由 F''引起的摩擦阻力超过有效分力 F'时,无论凸轮对从动件施加多大的驱动力,都不能推动从动件运动。此时,从动件发生自锁(卡死)现象。因为凸轮机构在工作过程中压力角 α 是变化的,所以为保证机构良好的传力性能,应使凸轮机构的最大压力角小于许用压力角,即

$$\alpha_{\max} \leqslant [\alpha]$$

一般情况下，直动从动件许用压力角$[\alpha]=30^\circ\sim38^\circ$，摆动从动件许用压力角$[\alpha]=40^\circ\sim45^\circ$。

当从动件处于回程时，由于受载较小(一般仅受弹簧力或重力作用)，同时又希望从动件得到较大速度以节省回程时间，因此许用压力角$[\alpha]=70^\circ\sim80^\circ$。

由以上分析可知，从凸轮机构传力性能的观点来看，压力角α越小越好。

图4.13(b)所示为凸轮机构在B点传动时的速度多边形。v_{B2}是凸轮在B点传动时的速度；v_{B1}是凸轮在B点的线速度，$v_{B1}=\omega\cdot R_B=\omega(R_b+s_B)$，其中，$R_b$为基圆半径，$s_B$为$B$点从动件的推程。$v_{B2B1}$是在$B$点传动时从动件与凸轮间的相对滑动速度，其方向为凸轮轮廓线上B点的切线方向，由图4.13(b)可得

$$\tan\alpha=v_{B2}/v_{B1}$$

由此可得

$$\tan\alpha=\frac{v_{B2}}{\omega(R_b+S_B)}$$

当凸轮机构的运动规律确定之后，v_{B2}、s_B、ω均为定值，因此α越小，基圆半径R_b越大，从而使整个机构的尺寸变大。欲使机构紧凑，则基圆半径就要小些，此时压力角α就要增大，但压力角的最大值不允许超过压力角的许用值$[\alpha]$。因此，在设计凸轮时，应兼顾机构受力情况好及机构紧凑这两个方面。一般可根据设计条件先确定凸轮基圆半径，如果对凸轮机构的结构尺寸没有严格要求，则凸轮基圆半径可取大一些，使机构受力情况好一些；如果对凸轮机构的结构尺寸有严格控制，则在压力角不超过许用压力角的原则下，尽可能采用较小的基圆半径。通常可根据结构要求用下述经验公式确定凸轮基圆半径的最小值，即

$$R_b=0.9d_s+(7\sim10)\text{mm}$$

式中：d_s为安装凸轮处轴的直径。

按此经验公式确定基圆直径后，在设计凸轮轮廓时，应检验压力角是否满足$\alpha_{\min}\leqslant[\alpha]$。若不满足，则应加大基圆半径，重新绘制凸轮轮廓，直至满足上述条件。

如果结构允许，应适当增大凸轮基圆半径，以利于改善凸轮机构的受力状况，并能减小凸

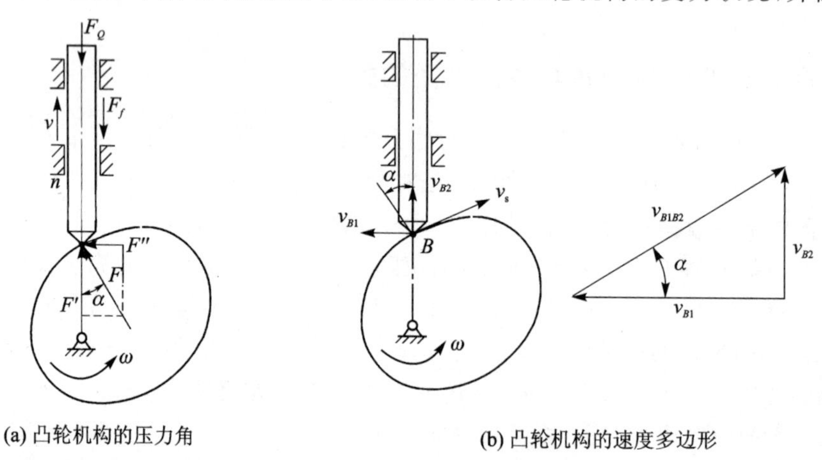

(a) 凸轮机构的压力角　　(b) 凸轮机构的速度多边形

图4.13　对心直动尖顶从动件盘形凸轮机构

轮轮廓曲线制造误差的影响。

4.3　凸轮机构的尺度综合方法

凸轮轮廓的尺度综合方法有作图法和解析法，其中，解析法可以精确计算出轮廓上某点相对于参照点的数值，目前可用计算机精确算出，用于高精度凸轮；作图法是解析法的基础，还可直接设计出精度要求不高的凸轮，但要求其作图精度高。下面将介绍作图法。

当从动件的运动规律给定后，按前述“反转法”作位移线图的逆过程，可以方便地绘出凸轮轮廓。

1. 对心直动尖顶从动件盘形凸轮轮廓的绘制

设凸轮逆时针转动，基圆半径 $R_b=40$ mm，从动件运动规律如表4.3所列。

表4.3　从动件运动规律

凸轮转角 θ/(°)	0～120	120～180	180～300	300～360
从动件运动规律	余弦加速度上升20 mm	停止不动	等加速等减速下降至原位	停止不动

凸轮轮廓的绘制步骤如下：

① 选择比例尺 μ_s、μ_θ，作位移线图。取位移比例尺 $\mu_s=2$ mm/mm，角度比例尺 $\mu_\theta=6°$/mm。按比例尺画出的位移图如图4.14(a)所示，沿横坐标轴将推程运动角和回程运动角分别分成若干等分，得1,2,3,…,13,14诸点。于是，获得与各转角相应的从动件位移，即 $s_1=11'$，$s_2=22'$，$s_3=33'$，…。

② 选取长度比例尺 μ_l 画基圆。这里取 $\mu_l=\mu_s$，以 O 为圆心，以 $OA_0=r_b/\mu_l=(40/2)$ mm $=20$ mm为半径作基圆。确定从动件尖顶起始位置为 A_0，沿顺时针($-\omega$)方向按 $s-\theta$ 图划分的角度将基圆分成相应的等分，得 A_1，A_2，A_3 等点。

③ 连接 OA_1，OA_2，OA_3…并延长各向径，取 $A_1A_1'=s_1$，$A_2A_2'=s_2$，$A_3A_3'=s_3$，…，得 A_1'，A_2'，A_3'等点。

④ 用圆滑曲线连接 A_0、A_1'、A_2'、A_3'、…、A_{14}'诸点，其中，A_6'至 A_7'及 A_{13}'至 $A_{14}'(A_0)$为停程，故只需以对应向径画圆弧，所得曲线即为所求凸轮轮廓，如图4.14(b)所示。

2. 对心直动滚子从动件盘形凸轮轮廓的绘制

如果将“1.对心直动尖顶从动件盘形凸轮轮廓的绘制”中的尖顶改成 r_T 为10 mm的滚子，则当绘制凸轮轮廓时，需先将滚子中心 A 看作尖顶从动件的尖顶，按前述方法作出轮廓线 β_0，β_0 称为理论轮廓。如图4.15所示，在曲线 β_0 上选取一系列的点作为圆心，以 $r_T/\mu_l=(10/2)$ mm $=5$ mm为半径作一系列的圆，再作这些圆的内包络线 β，β 即为所求凸轮的实际轮廓(工作轮廓)。

滚子半径对凸轮实际轮廓的形状影响很大。如图4.16所示，设凸轮理论轮廓上某处的曲率半径为 ρ，实际轮廓的曲率半径 $\rho_{bmin}=\rho-r_T$。当滚子半径 $r_T<\rho_{min}$ 时，实际轮廓的曲率半径 $\rho_{bmin}>0$，即比较圆滑(见图4.16(a))；当滚子半径 $r_T=\rho_{min}$ 时，实际轮廓的曲率半径 $\rho_{bmin}=0$，出现尖点(见图4.16(b))；当滚子半径 $r_T>\rho_{min}$ 时，实际轮廓的曲率半径 $\rho_{bmin}<0$ 时，轮廓线发生叠交(见图4.16(c))，叠交阴影部分在实际加工过程中将被切去。工作时，这一部分的运运规律是无法实现的，这种现象称为运动失真。为了避免实际轮廓变尖或运动失真，一般要求

$r_T < 0.8\rho_{min}$，凸轮轮廓的最小曲率半径 ρ_{min} 一般不小于 1～5 mm。

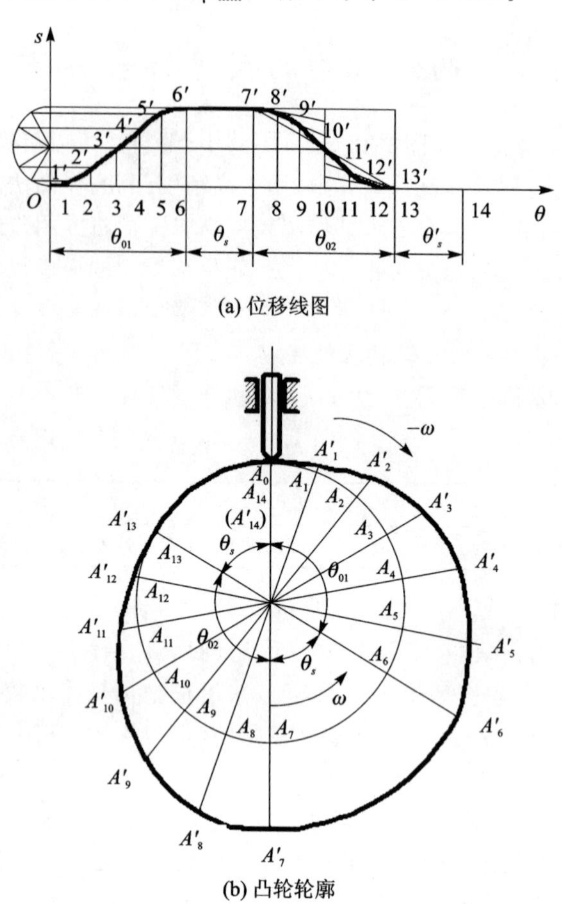

(a) 位移线图

(b) 凸轮轮廓

图 4.14　对心直动尖顶从动件盘形凸轮轮廓的绘制

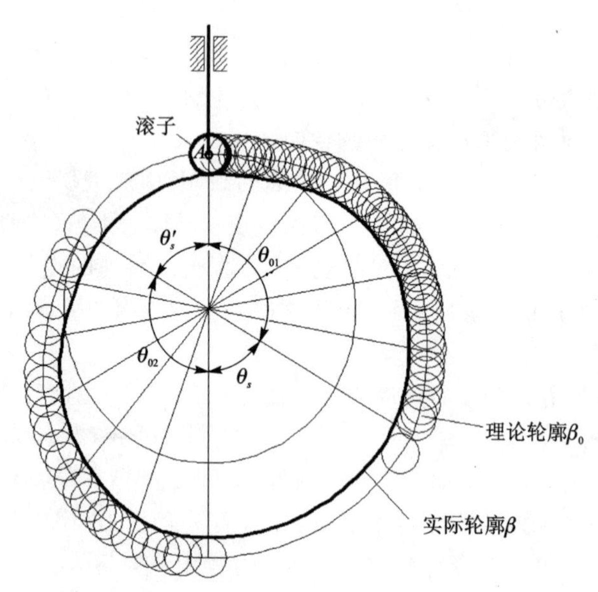

图 4.15　对心直动滚子从动件盘形凸轮轮廓的绘制

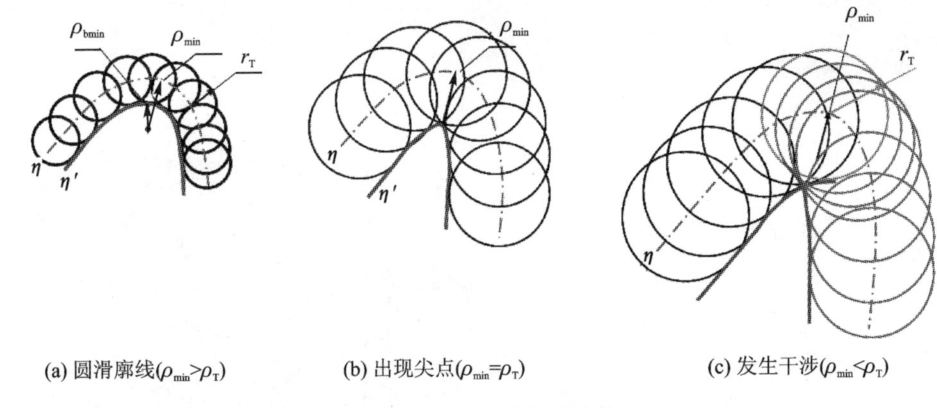

图 4.16　滚子半径的选择

3. 对心直动平底从动件盘形凸轮轮廓的绘制

如果将"1. 对心直动尖顶从动件盘形凸轮轮廓的绘制"中的从动件端部改为与导路垂直的平底，则当绘制凸轮轮廓时，可将导路与平底从动件的交点视作尖顶从动件的尖顶，按反转法原理依照将"1. 对心直动尖顶从动件盘形凸轮轮廓的绘制"中的作图步骤①、②、③得端点 A_1'，A_2'，A_3'…，显然这只是平底从动件在导路方向上的高度位置，由于平底与导路垂直，因此步骤④应为：过A_1'，A_2'，A_3'…作与 OA_1'，OA_2'，OA_3'、…相垂直的直线(平底)系列，然后作这些直线的包络线(该直线系列的内公切线)，即得凸轮的实际轮廓 β，如图 4.17 所示。显然，选点越多，包络线就越趋圆滑，绘制出的实际轮廓亦越准确。

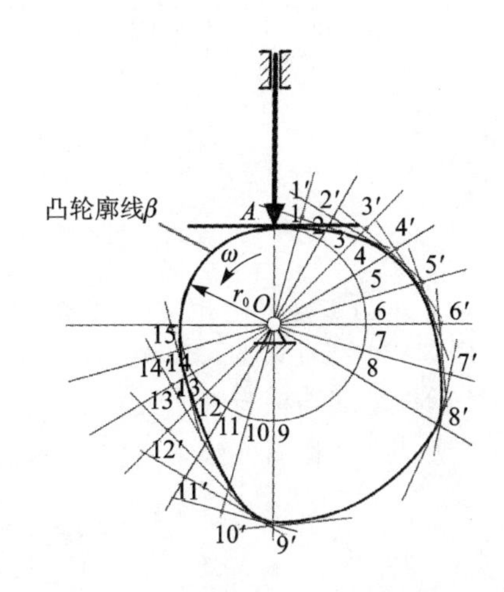

图 4.17　平底从动件盘形凸轮轮廓的绘制

4. 摆动从动件盘形凸轮轮廓的绘制

摆动从动件的位移是角位移 φ，故其位移线图为 $\varphi-\theta$ 图。凸轮轮廓的绘制方法仍依据"反转法"原理。设已知凸轮基圆半径 $r_b=30$ mm，位移图如图 4.18(a)所示；摆动从动件的长度 $L=50$ mm，摆动从动件的回转中心与凸轮轴心的中心距 $L_{OA}=70$ mm，凸轮顺时针转动，则作图步骤如下：

① 选取长度比例尺 $\mu_l=2$ mm/mm，任选一点 O 为圆心，以 $r_b/\mu_l=(30/2)$ mm$=15$ mm 为半径作基圆；再以 $L_{OA}/\mu_l=(70/2)$ mm$=35$ mm 为半径作从动件 A 铰链的中心圆，并在中心圆上选定始点 A_0(习惯取水平位置)；以 $L/\mu_l=(50/2)$ mm$=25$ mm 为半径作圆弧交基圆于 C_1 点，则$\angle OA_0B_0=\varphi_0$ 为初相角(摆动从动件在最低位置时与连心线 OA_0 的夹角)。

② 用反转法从 A_0 开始，沿逆时针($-\omega$)方向在中心圆上取与图 4.18(a)横坐标相对应的等分，得 A_1，A_2，A_3、…，这些点是反转时从动件回转中心 A 的各个对应位置；以 $L/\mu_l=(50/2)$ mm$=25$ mm 为半径，以 A_1，A_2，A_3，…为圆心作圆弧交基圆于 C_1，C_2，C_3，…。

③ 作$\angle C_1A_1B_1=\varphi_1$，$\angle C_2A_2B_2=\varphi_2$，$\angle C_3A_3B_3=\varphi_3$，…且使 $A_1B_1=A_2B_2=A_3B_3=\cdots$

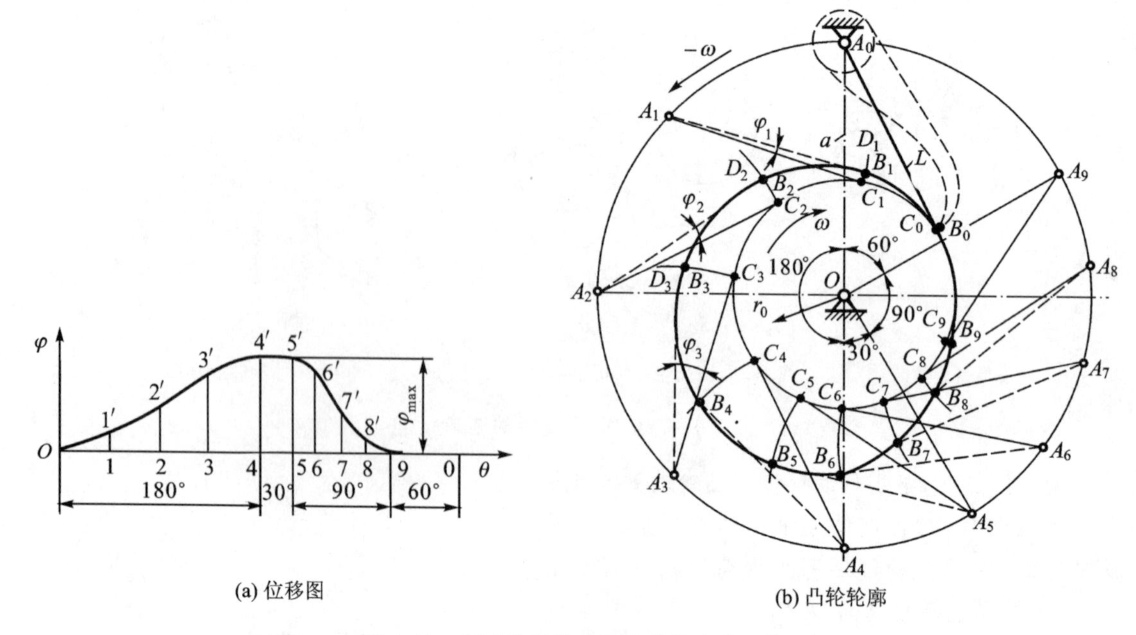

(a) 位移图　　(b) 凸轮轮廓

图 4.18　摆动从动件盘形凸轮轮廓的绘制

$=A_0B_0$(φ_1、φ_2、φ_3 等可用相应纵坐标乘以角度比例尺 μ_φ 求得),得 B_1,B_2,B_3 等点。

④ 用圆滑曲线连接 B_0,B_1,B_2,B_3 等点,所得光滑曲线即为所求凸轮轮廓(见图 4.18(b))。

当从动件端部结构为滚子或平底时,只需将以上步骤所得曲线视为理论轮廓,并仿照直动滚子或平底从动件作图方法求出实际轮廓即可。

本章知识点提示

1. 凸轮机构是一种常用的高副机构,只需设计适当的凸轮轮廓,便可得到所需要的运动规律,并且机构简单,设计方便,故在工程机械中,特别是在自动化和半自动化机械中,应用最为广泛。

2. 根据不同的分类方法,凸轮机构有不同的类型,按凸轮的形状和运动分为盘形凸轮、移动凸轮和圆柱凸轮,按从动件端部结构分为尖顶从动件、滚子从动件和平底从动件,按从动件的运动形式分为直动从动件和摆动从动件,根据凸轮与从动件保持接触的方式分为力锁合和形锁合。

3. 从动件受到凸轮的作用力 F 与受力点速度 v 之间所夹的锐角称为凸轮机构的压力角 α。当 α 越大时,凸轮推动从动件就越费力,当 α 增大到某一数值时,凸轮机构将出现自锁现象。在设计中为了安全起见,规定了许用压力角。

4. 当从动件的运动规律给定后,按前述“反转法”作位移线图的逆过程,可方便地绘出凸轮轮廓。

思考题

4.1 试选择下述工作情况下凸轮机构从动件的运动方式和端部结构,并简要说明理由:

① 高速内燃机配气机构；

② 缝纫机中的挑线机构；

③ 靠模法加工控制刀具进给运动的凸轮机构。

4.2 何谓理论轮廓？何谓实际轮廓？用实际轮廓线最小半径所作的圆是否一定是基圆？

4.3 某凸轮机构的滚子损坏后，能否任选另一滚子来代替？为什么？

4.4 影响压力角大小的因素有哪些？一般选择何处校验凸轮机构的压力角大小？

习　题

4.1 用作图法求解下列问题，并在图中标出：

① 如题4.1(a)图所示，分别作出从动件在 A 和 B 处凸轮接触时机构的压力角 α_A、α_B，并求出位移 s_A、s_B。

② 如题4.1(b)图所示，作出凸轮从图示位置转动45°时的机构压力角 α'_A 及从动件的位移 s'_A。

③ 试作出题4.1(c)图所示位置的机构压力角 α_A。

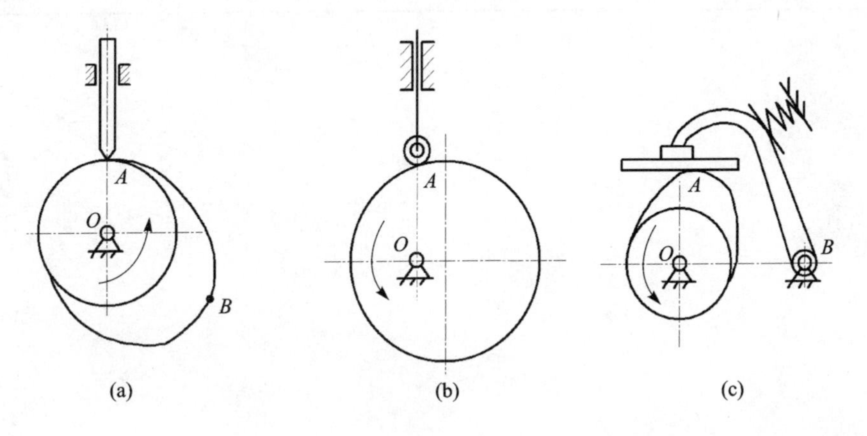

题4.1图

4.2 题4.2图所示为液压泵原理图，凸轮实际轮廓为一个圆，半径 $r=60$ mm，圆心与凸轮回转中心 O 的偏心距 $e=20$ mm，试选择适当比例尺，作出位移线图，并标明推程、回程运动角。

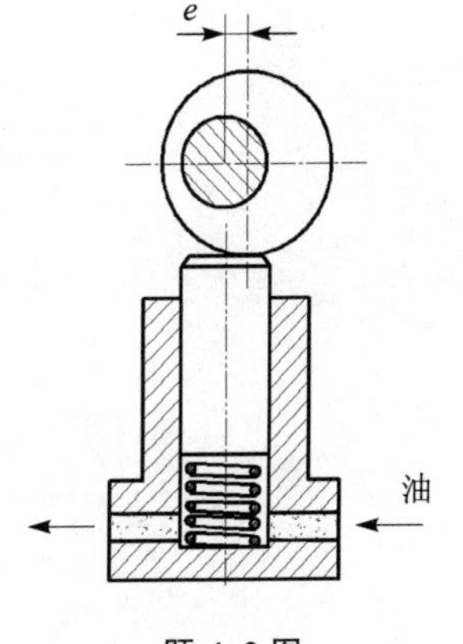

题4.2图

4.3 试设计一对心直动滚子从动件盘形凸轮。已知：凸轮以顺时针回转，从动件推程 $h=32$ mm，位移线图如题4.3图所示，基圆半径 $r_b=35$ mm，滚子半径 $r_T=15$ mm。

4.4 对于一尖顶摆动从动件盘形凸轮机构，已知：凸轮以顺时针回转，基圆半径 $r_b=80$ mm，摆杆长 $L_{AB}=150$ mm，两轴心中心距 $L_{OA}=200$ mm，从动件的运动规律如题4.4表所列，试用作图法设计该凸轮轮廓。

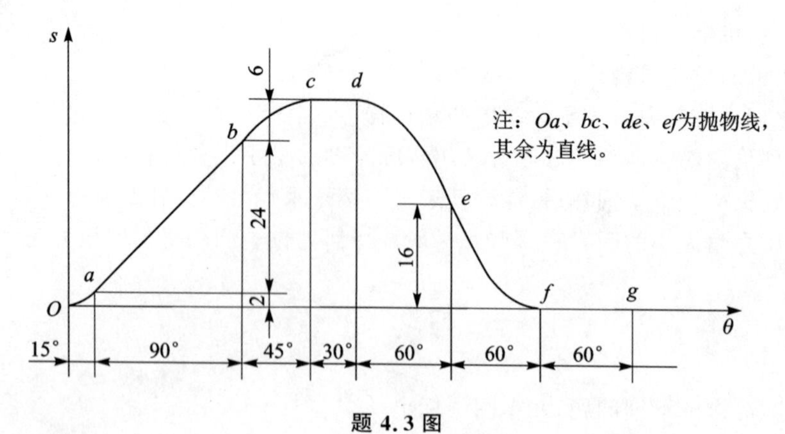

题 4.3 图

题 4.4 表

凸轮转角 θ/(°)	0～120	120～180	180～270	270～360
摆杆摆角 φ	等速上升 45 mm	停程	等速下降至原处	停程

第5章 机械设计概述

5.1 机械零件的工作能力及设计准则

5.1.1 工作能力的基本要求

目前人类使用的各种建筑物、机器及设备，从力学分析的角度来看，都可视为结构。组成结构的每一元件或零件统称为构件。例如，房屋的梁或柱和机器的轴都是构件。构件在工作中会受到载荷的作用，当载荷太大时，构件将遭到毁坏或失效，这表明每个构件都只有一定的承载能力。构件的承载能力包括以下3方面。

1. 强度——构件对破坏的抵抗能力

例如，有两根尺寸相同的圆杆，一根圆杆的材料是钢，另一根圆杆的材料是木材，当它们受到作用在两端并通过杆的轴线的载荷而拉伸发生破坏时，钢杆的载荷大于木杆的载荷，也就是说，钢杆的强度比木杆的大。这里是用破坏时抵抗的载荷来衡量构件的强度的，构件的强度还可用破坏时的“应力”来衡量。

2. 刚度——构件抵抗变形的能力

在载荷作用下，构件的尺寸和形状会发生变化，这种变化称为变形。在很多情况下，构件尽管不发生破坏，但是由于它的变形超过了允许的限度，因而也不能正常工作。

例如电机的转子和定子之间只能留很小的空隙(见图5.1)，以提高电机的品质。这就要求转轴在偏心质量旋转产生的离心力作用下发生的变形不要使空隙减小到零，以防运转时转子与定子相碰。这里要求转轴在一定的外力作用下变形要小，反过来说，要求转轴的刚度要大。因此，构件的刚度用使构件发生单位变形的力(例如50 kN/cm)来表示。

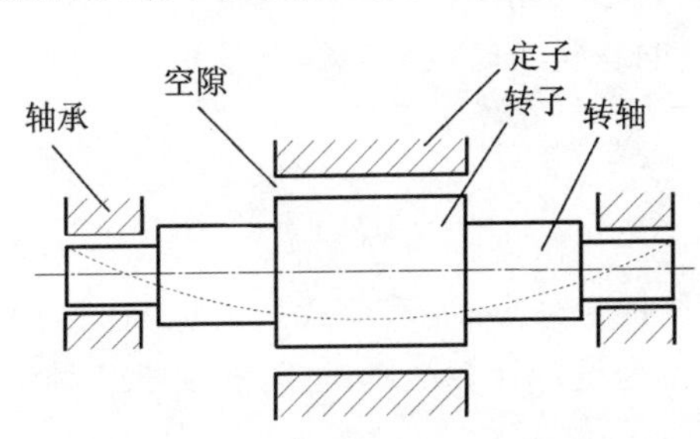

图5.1 电机的转子与定子

又如摇臂钻床(见图5.2(a))，工作时，若摇臂与立柱等变形过大(见图5.2(b))，则将使钻孔误差太大而影响加工精度，并会使钻床振动加剧，影响加工孔的表面粗糙度。

以上两个例子说明，工程中对构件的刚度是有一定要求的。

3. 稳定性——构件保持其原有平衡形式的能力

如图5.3(a)所示的挺杆是一根细长的受压构件，亦称压杆。当压力 P 较小时，它能始终

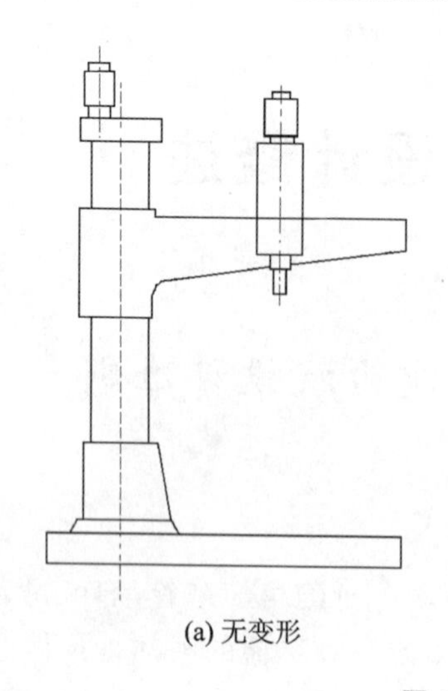
(a) 无变形

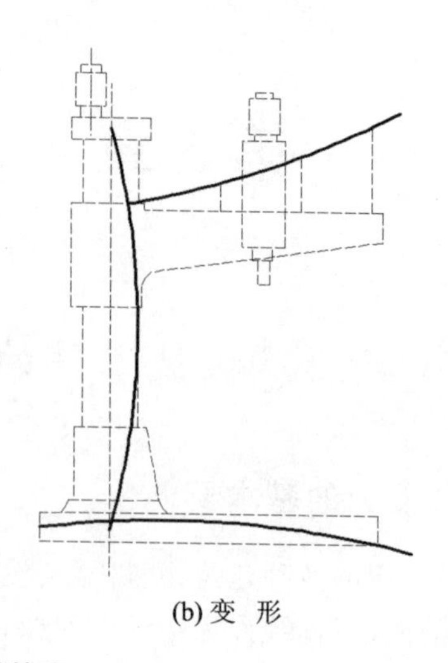
(b) 变 形

图 5.2 摇臂钻床

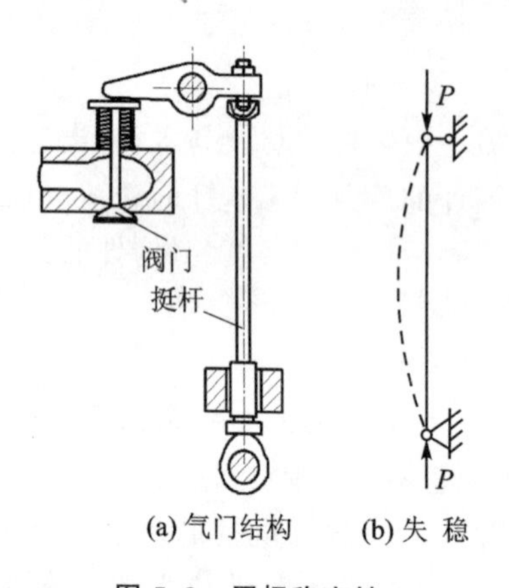

(a) 气门结构 (b) 失 稳

图 5.3 压杆稳定性

保持直杆受压的平衡形式，如图 5.3(b)中的实线所示。但当压力 P 增至某一数值时，压杆从直线平衡形式变成在弯曲形状(图 5.3(b)中的虚线)下平衡，此时压杆不能保持其原有平衡形式，称为压杆丧失了稳定性(简称失稳)。工程结构由于构件失稳往往会造成大的灾祸。

由以上例子可以看出，构件的稳定性一般是用某一个载荷作为判据，当构件所承受的载荷小于该载荷时，称该构件具有稳定性或该构件的平衡是稳定的。

设计构件时，在力学上有两方面的要求：一是要求构件安全可靠，也就是要求构件具有足够的强度、刚度和稳定性；二是要求构件轻便和经济。这两个要求是矛盾的，前者要求构件的截面尺寸要大一些，材质要好一些；后者要求构件的截面面积要尽可能小，并且尽可能用廉价的材料。这就需要在既安全又经济的条件下，为构件选择恰当的材料及确定合理的形状和尺寸。

5.1.2 设计计算准则

零件不发生失效时的安全工作限度称为零件的工作能力(对载荷而言的能力称为承载能力)。同一零件，对于几种不同的失效形式，其承载能力也不同。根据不同的失效原因而建立起来的工作能力的判定条件称为设计计算准则，主要有如下几种：

1. 强度准则

强度是零件应满足的基本要求。强度是指零件在载荷作用下抵抗断裂、塑性变形及表面失效(磨粒磨损、腐蚀除外)的能力。强度准则是指零件的工作应力 σ 不应超过允许的限度$[\sigma]$(零件的许用应力)，其表达式为

$$\sigma \leqslant [\sigma]$$

2. 刚度准则

刚度是零件受载后抵抗弹性变形的能力。为了保证零件有足够的刚度，设计计算时，应使

零件在载荷作用下产生的弹性变形量 y 小于或等于机器工作性能允许的极限值 $[y]$（许用变形量），其表达式为

$$y \leqslant [y]$$

3. 耐磨性准则

耐磨性是指做相对运动的零件工作表面抵抗磨损的能力。很多零件的寿命都取决于耐磨性。设计时应使零件的磨损量在预定期限内不超过允许量。由于磨损机理比较复杂，通常采用条件性的计算准则，即零件的压强 p 不大于零件的许用压强 $[p]$，其表达式为

$$p \leqslant [p]$$

4. 振动稳定性准则

为确保零件及系统的振动稳定性，设计时要使机器中受激振作用的零件的固有频率 f 与激振源的频率 f_p 错开，通常应满足

$$f_p > 1.15f \quad 或 \quad f_p < 0.85f$$

5. 散热性准则

当零件工作时，如果温度过高，则将导致润滑油失去作用，材料的强度极限下降，引起热变形及附加热应力等，从而使零件不能正常工作。散热性准则就是根据热平衡条件，使工作温度 t 不超过许用工作温度 $[t]$，其表达式为

$$t \leqslant [t]$$

6. 可靠性准则

可靠性表示系统、机器或零件等在规定时间内正常工作的程度。可靠性通常用可靠度 R 来表示。系统、机器或零件等在规定时间内和规定的使用条件下能正常完成规定功能的概率，称为可靠度。为了保证零件具有所需的可靠度 R，应对零件进行可靠性设计。

5.1.3　变形固体及其假设

理论力学是研究力对物体作用的外效应，即研究物体在外力作用下的运动规律。至于物体在外力作用下几何形状和尺寸的微小改变，对于物体的运动规律来讲是一个次要因素，可以不加考虑，因此采用“刚体”这个概念来使问题的研究简化。材料力学是在理论力学的基础上，深入到物体内部，研究力的内效应的，即研究物体的强度、刚度和稳定性的计算原理。显然，材料的变形是一个主要因素，必须加以考虑。因此，在材料力学中认为一切固体都是变形体。

1. 杆件及其变形形式

尽管构件的尺寸和形状千差万别，但按构件的几何形状总是可以把它们分为 4 类：杆件、平板、壳体及块体。

如图 5.4 所示的构件，它们沿轴线的长度比横向（垂直于轴线方向）尺寸大得多，称其为杆件或简称杆。传动轴、螺栓、梁和柱等均属于杆。每根杆都有两个主要的几何因素，即轴线和横截面。杆的轴线是它的横截面形心的连线，简称杆轴；横截面是与杆轴正交的截面。杆轴为直线的杆称为直杆，见图 5.4(a)；杆轴为曲线的杆称为曲杆，见图 5.4(b)。各横截面大小相同的正棱柱体称为等直杆；各横截面大小不等的杆称为变截面杆。

若构件的厚度远小于其他两个方向的尺寸，则称为平板（简称“板”）或壳体（简称“壳”）。平分厚度的面称为中面，其中平板的中面为平面，见图 5.5(a)；壳体的中面为曲面，见图 5.5(b)。例如，船的甲板就属于平板，锅炉的筒体就属于壳体。

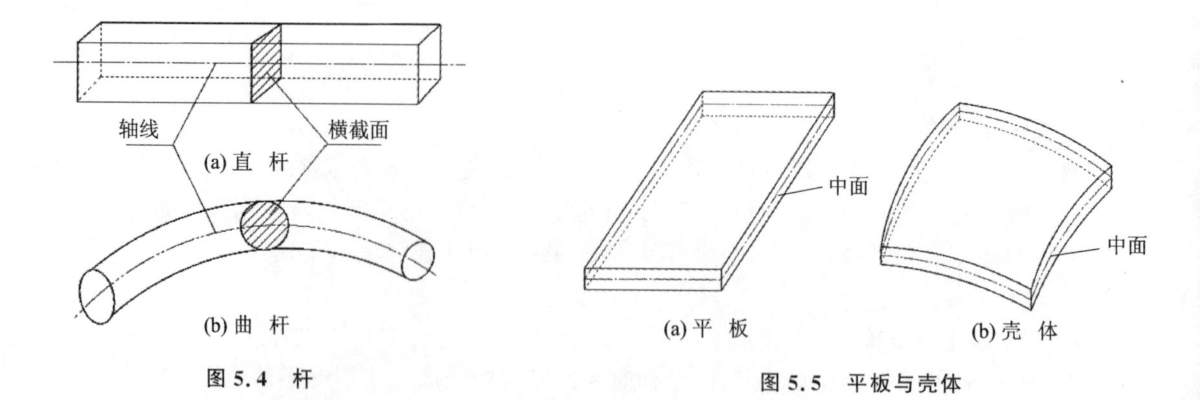

图 5.4 杆

图 5.5 平板与壳体

3 个方向的尺寸属于同一数量级的构件称为块体，例如钢球等。

实际杆件的变形有时比较复杂，但分解来看，杆件只有以下 4 种基本变形形式：

(1) 拉伸或压缩

一对大小相等、方向相反、作用线与杆轴重合的外力作用在杆的两端，使杆在轴线方向发生伸长变形或缩短变形，这种变形形式称为拉伸或压缩，见图 5.6(a)和(b)。例如，起重机的钢索、桁架中杆件的变形都属于拉伸或压缩变形。

(2) 剪 切

一对大小相等、方向相反、作用线相距很近且垂直于杆轴的外力作用在杆的两侧，杆的主要变形是这两外力之间的横截面沿外力方向发生相对错动，这种变形形式称为剪切，见图 5.6(c)。例如，铆钉、销钉等的主要变形就是剪切变形。

(3) 扭 转

如图 5.6(d)所示，作用在杆件两端的一对大小相等、转向相反的力偶(作用面垂直于杆轴)使杆的任意两横截面绕杆轴发生相对转动，这种变形形式称为扭转。杆件表面上画的纵向线变形后成为螺旋线。例如，汽车的传动轴，电机和车床的主轴都是主要发生扭转变形的杆件。

(4) 弯 曲

如图 5.6(e)所示，作用在包含杆轴的纵向平面内的力偶使直杆发生变形，其变形特点是杆轴成为曲线，这就是弯曲变形。例如，桥式起重机的大梁及跳水运动使用的弹跳板均属于主要发生弯曲变形的构件。

在实际使用中，一些杆件只发生一种基本变形，称为简单变形；也有许多构件同时发生几种基本变形，称为组合变形。例如，车床主轴工作时发生弯曲、扭转和压缩 3 种基本变形，钻床立柱同时发生弯曲和拉伸两种基本变形，这些都是组合变形。

2. 基本假设

(1) 均匀连续性假设

均匀连续性假设：假设变形固体的力学性能在体内各处都是一样的，而且构成变形固体的物质是毫无空隙地充满了它的整个体积。

事实上，从微观上看，固体是由许多粒子或晶粒组成的，它们之间并不连续，而且固体的性质也不均匀。但我们是从宏观角度研究问题的，材料力学中的构件比起组成它的粒子或晶粒

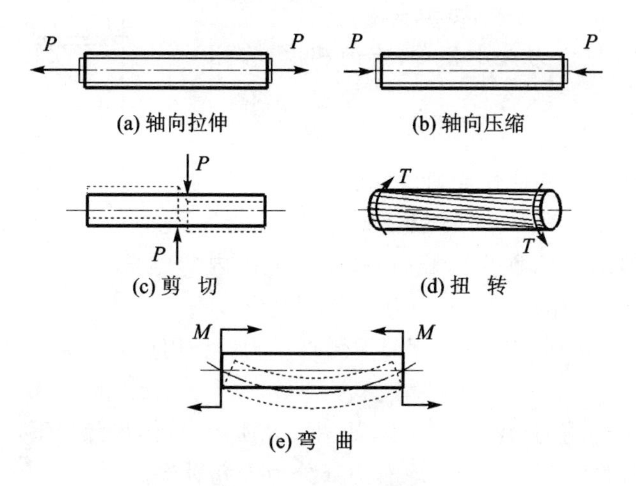

(a) 轴向拉伸　(b) 轴向压缩
(c) 剪　切　(d) 扭　转
(e) 弯　曲

图 5.6　构件变形形式

要大得多，因此，就整个构件来讲，可以认为是均匀连续的。这个假设对于钢、铜等金属材料相当符合，对于砖、石、木材等材料近似符合。

根据这个假设，可以从固体中取出微小部分的一部分来研究受力状态，也可以将由较大尺寸试件在试验中所获得的材料性质应用到微小部分上去。由于将变形固体看作是连续介质，因此可运用数学的方法来处理各种问题。

(2) 各向同性假设

各向同性假设：假设变形固体在各个方向都具有相同的力学性能。

本来组成固体的晶粒的力学性能是有方向性的，但是，由于构件所含晶粒极多，而且晶粒又是错综交迭地排列着，使得材料的力学性能在各个方向趋于一致。铸钢、铸铜和浇注得很好的混凝土等，可认为是各向同性的材料。不具备各向同性的材料称为各向异性材料，例如木柴、碾钢等。

根据这个假设，在研究了材料任一方向的力学性能后，就可认为其结论适用于该材料的其他方向。

(3) 小变形假设

小变形假设：假设变形固体在外力作用下所产生的变形与固体本身尺寸比较起来是很小的。

根据这个假设，我们在列静力平衡方程时，可以不考虑外力作用点在物体变形时的位移；同时，对于各种计算中变形数值的高次方项也可以忽略不计。这样，计算过程大大简化，而引起的误差却非常微小。

5.2　材料的强度计算

5.2.1　拉伸(压缩)变形

工程结构中常见很多受拉杆件和受压杆件，如图 5.7 所示吊物支架中的 AB 杆是受拉杆，BC 杆是受压杆件。

(1) 受力特点

作用在直杆上的两个力大小相等、方向相反,作用线与杆的轴线重合。

(2) 变形特点

杆件产生沿轴线方向的伸长或缩短变形。

(3) 拉伸(压缩)时横截面上的内力——轴力

垂直于杆件轴线的截面称为横截面,横截面上的内力是指横截面上分布内力的合力(总内力)。

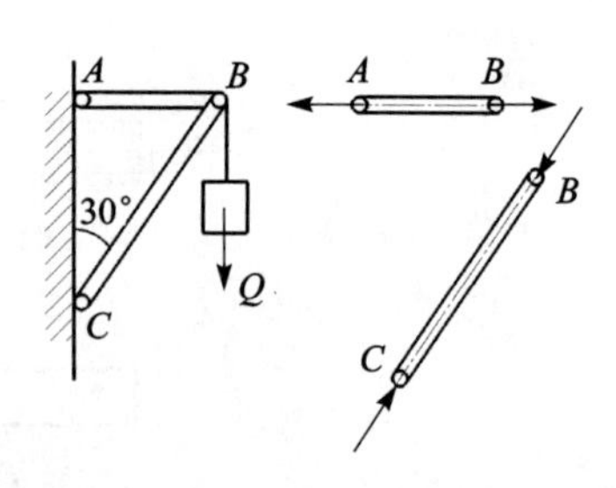

图 5.7 吊物支架

设一直杆同时受 P_1、P_2、P_3 的作用而平衡,3 个力的作用点分别为 A、B、C,求横截面 1-1,2-2 上的内力。

为了求横截面上的内力,应用截面法,如图 5.8 所示,具体步骤如下:

① 截开:将杆沿截面 1-1 截开,取右边部分为研究对象。

② 代替:以截面上的内力 N_1 代替另一部分对研究部分的作用。

③ 平衡:对研究部分列出平衡方程,求出内力 N_1。由于

$$\sum F_x = 0, \quad P_2 - P_3 - N_1 = 0$$

所以

$$N_1 = P_2 - P_3$$

同理可得

$$N_2 = P_1 - P_2$$

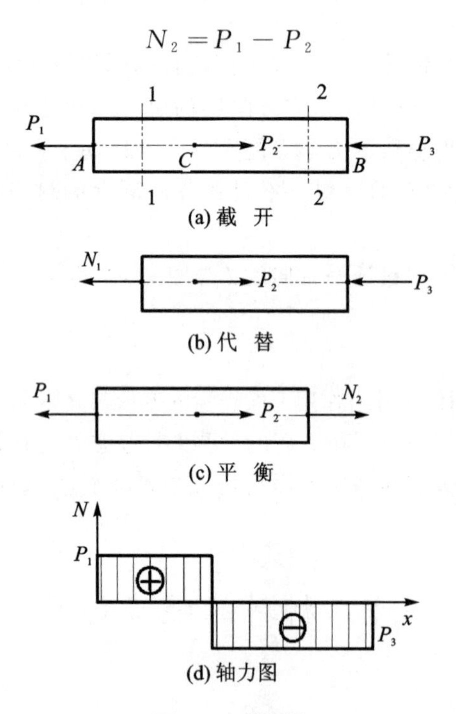

图 5.8 截面法

由于内力 N 的作用线与外力同在轴线上,故把内力称为轴力。为直观地表明各截面上的轴力沿轴线的变化,可用轴力图表示,如图 5.8(d)所示。

求轴力的规律如下:

① 轴力的大小等于截面一侧(左或右)所有外力的代数和。外力与截面外法线方向相反者取正号,反之取负号。

② 当轴力为正值时,轴力的指向与截面外法线方向相同(离开截面),杆件受拉伸作用;当轴力为负值时,轴力的指向与截面外法线方向相反(指向截面),杆件受压缩作用。

(4) 轴向拉伸(压缩)时横截面上的应力

假设材料的性质是均匀的,横截面上的内力是均匀分布的,即横截面上各处的应力都相同,则轴向拉伸(压缩)时横截面上的正应力 σ 为

$$\sigma = \frac{N}{A} \tag{5.1}$$

式中:N 为横截面上的内力(轴力),N;A 为横截面的面积,m^2。

(5) 轴向拉伸(压缩)时的强度计算

为了保证构件在外力作用下能够正常工作,必须使构件截面上的实际应力(工作应力)不超过材料的许用应力,即强度条件为

$$\sigma = \frac{N}{A} \leqslant [\sigma] \tag{5.2}$$

式中:$[\sigma]$为材料许用应力,与材质有关。

利用强度条件可以解决以下 3 方面问题:

① 强度校核。当需检验某已知构件是否安全可靠时,直接用强度条件比较工作应力 σ 与材料许用应力$[\sigma]$,满足则安全;不满足,则强度不够。

② 设计截面尺寸。若构件承受载荷已知,材料确定,则可以把强度条件变形,即求得构件所需截面面积的大小。

③ 计算许可载荷。若构件材料已知,横截面积已知,则可利用强度条件求出构件所能承受的最大轴力,尽而求出构件许可载荷,即

$$N \leqslant A \cdot [\sigma]$$

例 5.1　钢木结构如图 5.9 所示,AB 为木杆,其横截面面积 $A_{AB} = 10 \times 10^3\ \mathrm{mm}^2$,许用应力$[\sigma]_{AB} = 7$ MPa;BC 为钢杆,其横截面面积 $A_{BC} = 600\ \mathrm{mm}^2$,$[\sigma]_{BC} = 160$ MPa。试求 B 处可吊起的最大许可载荷 P。

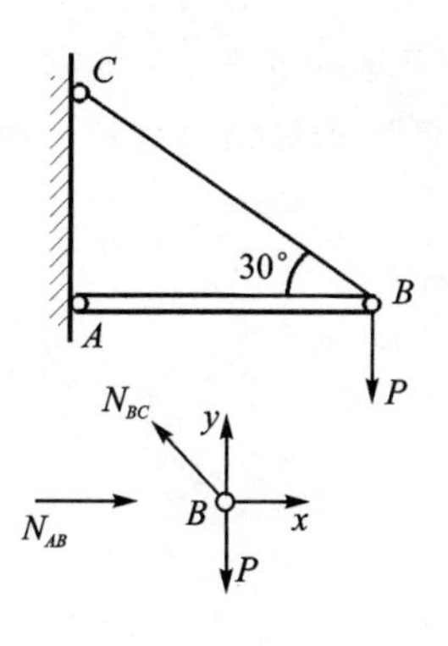

图 5.9　钢木结构

解　1) 受力分析

AB、BC 杆重不计,故 AB、BC 均是二力杆,以销钉 B 为研究对象画受力图。由 $\sum F_y = 0$ 可得 $N_{BC} \cdot \sin 30° - P = 0$,整理得 $N_{BC} = \dfrac{P}{\sin 30°} = 2P$。

由 $\sum F_x = 0$ 可得 $N_{AB} - N_{BC}\cos 30° = 0$,整理得

$$N_{AB} = N_{BC}\cos 30° = \sqrt{3}P$$

2) 求最大许可载荷

木杆许可轴力为 $N_{AB} \leqslant A_{AB}[\sigma]_{AB}$,即

$$\sqrt{3}P \leqslant 10 \times 10^3 \times 10^{-6} \times 7 \times 10^6\ (\mathrm{N})$$

整理得

$$[P]_{木} \leqslant 40.4\ \text{kN}$$

钢杆的许可轴力为 $N_{AB} \leqslant A_{BC}[\sigma]_{AB}$，即

$$2P \leqslant 600 \times 10^{-6} \times 160 \times 10^{6}(\text{N})$$

整理得

$$[P]_{钢} \leqslant 48\ \text{kN}$$

为保证整个结构的安全，应取木杆、钢杆最小值，即 B 处可吊起的最大许可载荷为

$$[P] = 40.4\ \text{kN}$$

5.2.2 剪切(挤压)变形

在工程实际中，经常见到很多承受剪切的构件。例如，图 5.10(a)中的联结两块钢板用的铆钉，当钢板受力时，铆钉左右两个侧面所受的外力的合力是一对 P 力，它们大小相等、方向相反、作用线相距很近(见图 5.10(b))，这使铆钉上下两部分沿 $m-m$ 截面有产生相对错动的趋势(见图 5.10(c))。

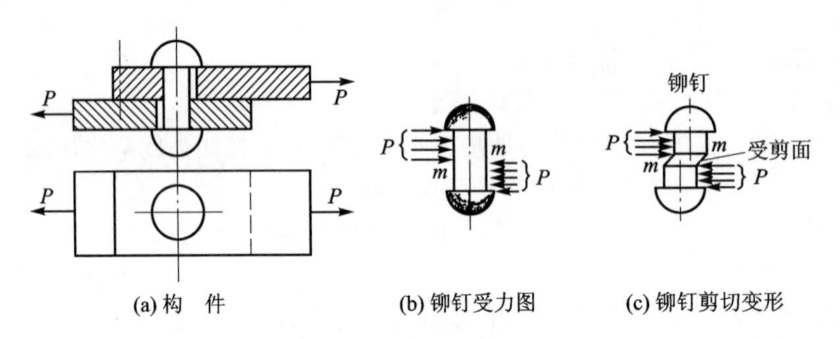

(a) 构　件　　(b) 铆钉受力图　　(c) 铆钉剪切变形

图 5.10　钢板联结构件

图 5.11(a)所示为一剪床剪切钢板的示意图。剪床的上、下刀刃作用在钢板上的两个外力 P 大小相等、方向相反、作用线距离很近，这使钢板在介于两作用力中间部分的截面 $m-m$ 上产生相对错动直到被剪断，如图 5.11(b)所示。

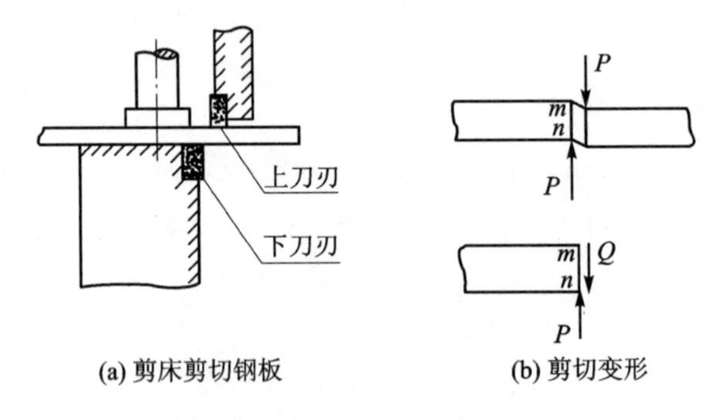

(a) 剪床剪切钢板　　(b) 剪切变形

图 5.11　剪　床

由上述内容可知，铆钉和钢板有着共同的受力和变形特点。

受力特点：构件的两个侧面受到大小相等、方向相反、作用线相距很近的两个外力的作用。

变形特点：构件将沿两力作用线之间的截面产生相对错动。构件的这种变形称为剪切变形。产生相对错动的截面称为受剪面，它平行于作用在构件上的外力。

工程上,构件之间的联接经常采用销钉、铆钉、螺钉和键等,这些联接件主要承受剪切和挤压的作用。

1. 剪切的实用计算

下面以图 5.12(a)所示的铆钉为例来讨论剪切强度计算。铆钉的受力情况如图 5.12(a)所示。

首先讨论内力。用一假想的平面沿受剪面 $m-m$ 将铆钉分成两部分,以下半部分作为研究对象,如图 5.12(b)所示。由平衡可知,截面 $m-m$ 上各点分布内力的合力必然是一个平行于 P 的 Q,平衡条件是 $Q=P$(其中,Q 称为截面 $m-m$ 上的剪力,与截面 $m-m$ 相切)。为了确定受剪面上任一点处剪应力 τ 的数值,必须知道剪应力在受剪面上的分布规律。由于受剪面 $m-m$ 与外力 P 的作用点距离很近,在受剪面附近的变形比较复杂,剪应力 τ 在截面上的分布规律很难确定,所以工程上往往采用实用计算的方法,即假设剪应力 τ 在受剪面内均匀分布。用 A 表示受剪面面积,则受剪面上任一点剪应力的计算公式可写为

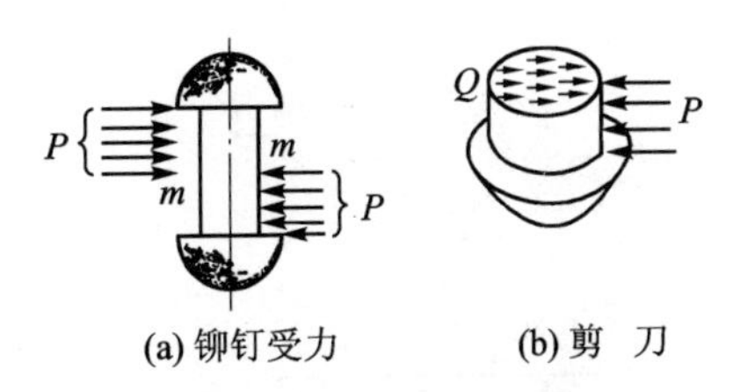

图 5.12　铆钉受力分析

$$\tau=\frac{Q}{A} \tag{5.3}$$

为了保证铆钉不被剪坏,要求铆钉在工作时受剪面上的剪应力不超过构件的许用剪应力 $[\tau]$,因此其剪切强度条件为

$$\tau=\frac{Q}{A}\leqslant[\tau] \tag{5.4}$$

对许用剪应力 $[\tau]$ 的确定,可以利用剪切试验(与构件实际受力情况相似),测出破坏载荷 P_b,得到极限剪力 Q_b;再由式(5.3)计算出剪切极限应力 τ_b,然后除以大于 1 的安全系数 n,即可得到构件的许用剪应力 $[\tau]$。

实践证明:剪切实用计算的方法不会引起很大的误差,完全可以满足工程上的需要。对于钢质构件,许用剪应力 $[\tau]$ 与许用拉应力 $[\sigma]$ 的关系为

$$[\tau]=(0.6\sim0.8)[\sigma]$$

2. 挤压的实用计算

上面以铆接件为例讨论了铆钉的剪切强度问题,在力 P 的作用下,铆钉有可能沿受剪面被剪断。而在力 P 作用的同时,铆钉和钢板的接触面将互相压紧从而可能产生挤压破坏。如图 5.13 所示,钢板上的铆钉孔有可能由于局部产生塑性变形而被挤压成椭圆孔,铆钉也有可能局部被挤压“扁”。这种破坏与普通的压缩破坏不同,其受力和变形特点是:接触面的局部地区因受较大压力的作用而产生塑性变形或被压碎。通常将这种接触面称为挤压面。工程中一些受剪切的构件往往伴随着挤压的产生,至于哪个因素使构件破坏,则应视具体情况而定。因此,除了进行剪切强度计算以外,还必须进行挤压强度计算。由构件局部相互挤压而产生的应力称为挤压应力,用 σ_{jy} 表示,其方向垂直于挤压面。挤压应力沿挤压面的分布比较复杂,为方便起见,通常采用挤压的实用计算方法,即假定挤压计算面积上的挤压应力是均匀分布的,则

$$\sigma_{jy}=\frac{P}{A_{jy}} \tag{5.5}$$

式中：P 为挤压面上的挤压力；A_{jy} 为挤压计算面积。

挤压计算面积 A_{jy} 视具体情况而定。若挤压面为平面，则该平面的面积就是挤压计算面积；若挤压面为圆柱面，则挤压面上应力的分布规律如图 5.14(a)所示，该半圆柱面在其直径平面上的投影面积作为挤压计算面积(见图 5.14(b))，即 $A_{jy}=td$，这样计算出来的挤压应力与理论分析所得的最大挤压应力大致相等。

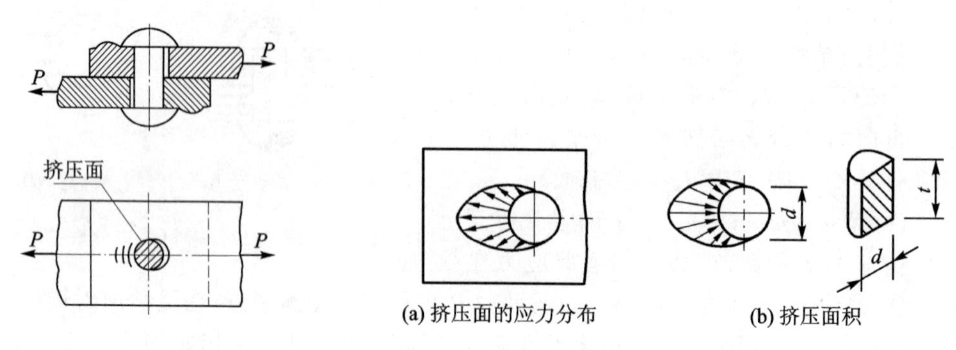

图 5.13 挤压变形

图 5.14 挤压面积

确定了挤压计算面积 A_{jy} 之后，便可建立挤压强度条件，即

$$\sigma_{jy}=\frac{P}{A_{jy}}\leqslant[\sigma_{jy}] \tag{5.6}$$

式中：$[\sigma_{jy}]$是材料的许用挤压应力，其值由实验确定，也可从有关设计手册中查到。

挤压应力仅分布在物体局部地区的表面上，在物体的较浅深度以外即行衰减，而一般受压构件的压应力则分布于整个构件上。因此，材料承受挤压的能力比承受一般压缩的能力大。

对于一般的钢质构件，

$$[\sigma_{jy}]=(1.7\sim 2)[\sigma]$$

式中：$[\sigma]$是材料的拉伸许用应力。

例 5.2 图 5.15 (a)所示为一铆接头，已知它们的许用拉应力为$[\sigma]=160$ MPa，许用剪应力为$[\tau]=125$ MPa，许用挤压应力为$[\sigma_{jy}]=30$ MPa，$P=100$ kN，$b=80$ mm，$t=10$ mm，$d=16$ mm。试校核铆接头的强度。

解 铆接头的强度受到 3 个条件的限制，即铆钉是否被剪坏，铆钉或孔是否被挤压坏，拉杆会不会被拉坏。下面根据这 3 个条件对铆接头进行校核。

设每个铆钉承受相等的载荷，则各铆钉在受剪面内有相同的剪力，即

$$Q=\frac{P}{4}=\frac{100}{4}\ \text{kN}=25\ \text{kN}$$

1）剪切校核

在 P 的作用下，铆钉受剪面面积等于铆钉的横截面积，即

$$A=\frac{\pi d^2}{4}=\left(\frac{\pi}{4}\times 16^2\right)\ \text{mm}^2=201\ \text{mm}^2$$

而受剪面上的剪力为

$$Q=25\ \text{kN}$$

则铆钉的剪应力为

$$\tau = \frac{Q}{A} = \frac{25 \times 10^3}{201 \times 10^{-6}} \text{ MPa} = 124.3 \text{ MPa} < [\tau]$$

2）挤压校核

铆钉或孔受到的挤压力为

$$P_{jy} = 25 \text{ kN}$$

其挤压计算面积为

$$A_{jy} = td = (10 \times 16) \text{ mm}^2 = 160 \text{ mm}^2$$

则挤压应力为

$$\sigma_{jy} = \frac{P_{jy}}{A_{jy}} = \frac{25 \times 10^3}{160 \times 10^{-6}} \text{ MPa} = 156.3 \text{ MPa} < [\sigma_{jy}]$$

3）拉杆的抗拉强度校核

拉杆的受力情况及轴力图如图 5.15(b)和(c)所示。由轴力图可知，1－1 截面为危险截面，其最大拉应力为

$$\sigma_{max} = \frac{N_{max}}{A_{1-1}} = \left[\frac{100 \times 10^3}{(80-16) \times 10 \times 10^{-6}}\right] \text{ MPa} = 156.3 \text{ MPa} < [\sigma]$$

由上述分析可知，该铆接头的强度符合要求。

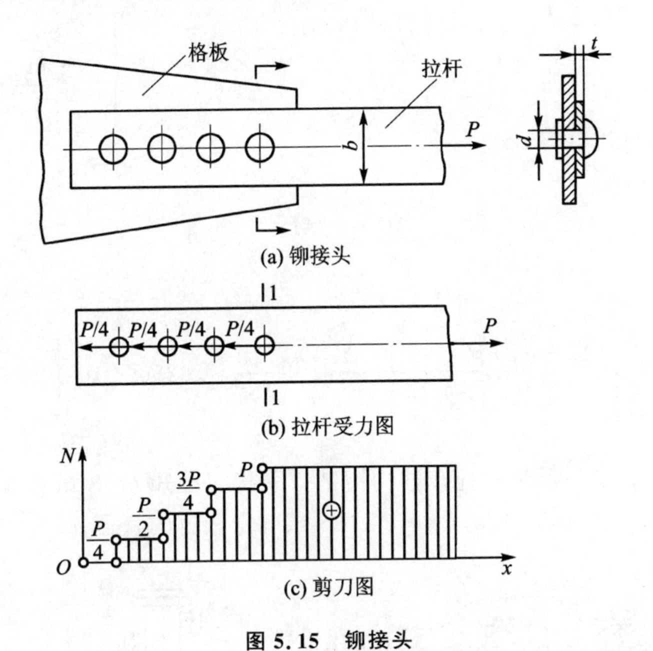

图 5.15　铆接头

例 5.3　图 5.16(a)所示为一皮带轮用圆头平键联接在轴上。已知键的尺寸为宽 $b=12$ mm、高 $h=8$ mm、长 $l=42$ mm(见图 5.16(b))，材料的许用剪应力$[\tau]=110$ MPa，许用挤压应力$[\sigma_{jy}]=250$ MPa，轴的直径 $d=40$ mm。试求该结构许可传递的力矩 M。

解　1）按键的剪切强度计算 M 键的受力情况如图 5.16(c)所示，键所受的剪力 $Q=P$。由 $\sum M_O=0$ 得

$$M = \frac{P}{2}d = \frac{Q}{2}d$$

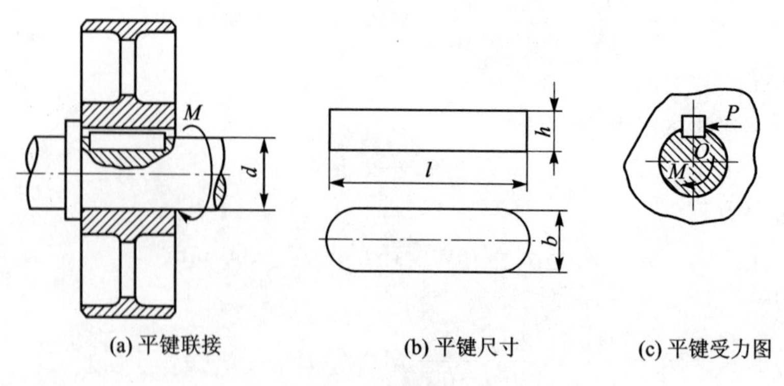

(a) 平键联接　　(b) 平键尺寸　　(c) 平键受力图

图 5.16　平键联接

整理得

$$Q=\frac{2M}{d}$$

由 $\tau=\dfrac{Q}{A}\leqslant[\tau]$ 得 $\tau=\dfrac{2M}{Ad}\leqslant[\tau]$，故

$$M\leqslant\frac{Ad}{2}[\tau]=\left[\frac{\left(\dfrac{\pi\times 12^{2}}{4}+30\times 12\right)\times 40\times 10^{-9}}{2}\times 110\times 10^{6}\right]\ \mathrm{N\cdot m}=1\ 041\ \mathrm{N\cdot m}$$

2）按键的挤压强度计算 M

由于

$$\sigma_{\mathrm{jy}}=\frac{P}{A_{\mathrm{jy}}}=\frac{2M}{dA_{\mathrm{jy}}}\leqslant[\sigma_{\mathrm{jy}}]$$

所以

$$M\leqslant\frac{A_{\mathrm{jy}}d}{2}[\sigma_{\mathrm{jy}}]=\left[\frac{(42-12)\times 4\times 10^{-6}\times 40\times 10^{-3}}{2}\times 250\times 10^{6}\right]\ \mathrm{N\cdot m}=600\ \mathrm{N\cdot m}$$

取 $M=600\ \mathrm{N\cdot m}$。

例 5.4　图 5.17(a)所示为一拖车挂钩用销钉联接。已知 $t=8$ mm，销钉的材料为 20 号钢，$[\tau]=30$ MPa，$[\sigma_{\mathrm{jy}}]=100$ MPa，$P=15$ kN。试确定销钉的直径 d。

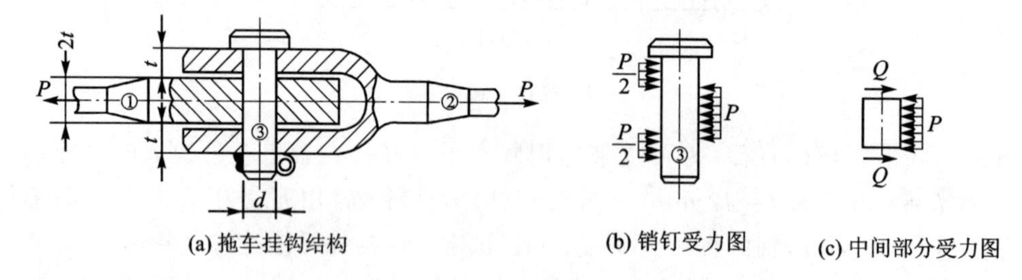

(a) 拖车挂钩结构　　(b) 销钉受力图　　(c) 中间部分受力图

图 5.17　销钉联接

解　取销钉为研究对象，其受力情况如图 5.17(b)和(c)所示。销钉的中间部分有两个受剪面，每个受剪面上的剪力均为

$$Q = \frac{P}{2} = \frac{15}{2}\ \text{kN} = 7.5\ \text{kN}$$

1）按剪切强度条件设计销钉直径

由
$$\tau = \frac{Q}{A} \leqslant [\tau]$$

得

$$A \geqslant \frac{Q}{[\tau]} = \frac{7.5 \times 10^3}{30 \times 10^6}\ \text{m}^2$$

又因为 $A = \frac{\pi d^2}{4}$，所以

$$d \geqslant \sqrt{\frac{4}{\pi} \times 2.5 \times 10^{-4}}\ \text{m} = 0.017\ 84\ \text{m} = 17.84\ \text{mm}$$

2）按挤压强度条件校核

由于

$$\sigma_{jy} = \frac{P}{A_{jy}} = \frac{P}{2td} = \frac{15 \times 10^3}{2 \times 8 \times 17.8 \times 10^{-6}}\ \text{MPa} = 52.7\ \text{MPa} < [\sigma_{iy}]$$

因此，采用 $d = 17.8$ mm 的销钉能够同时满足剪切强度和挤压强度的要求。若采用标准件，则可取 $d = 20$ mm。

5.2.3　弯曲变形

当杆件受到垂直于杆轴的外力或在杆轴平面内受到外力偶作用时，杆的轴线将由直线变为曲线，这样的变形形式称为弯曲变形。凡以弯曲变形为主要变形的构件，通常称为梁，按支座情况可分为 3 种基本类型（见图 5.18）：

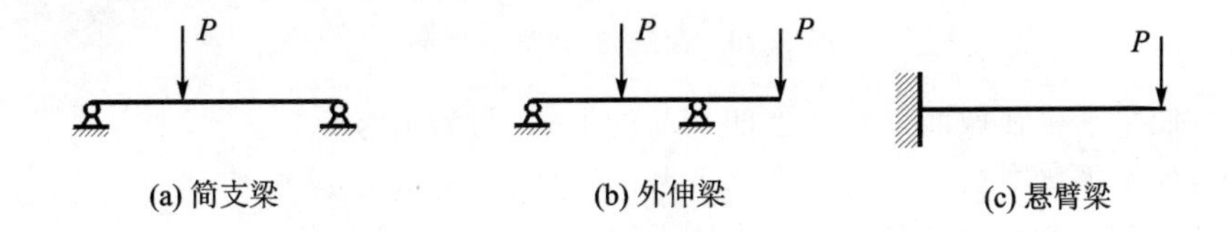

图 5.18　梁的类型

① 简支梁：一端为固定铰支座，另一端为可动铰支座。

② 外伸梁：支座形式同简支梁，但梁一端或两端伸出支座外。

③ 悬臂梁：一端固定，另一端自由。

1. 梁弯曲时横截面上的内力——剪力和弯矩

如图 5.19 所示的简支梁，为了求出距 A 端 x 处的横截面 $m-m$ 上的内力，先按静力平衡方程求出梁的支座反力 R_A 和 R_B，然后应用截面法求梁的内力。

① 截开：以 $m-m$ 左侧部分为研究对象。

② 代替：用 Q 和 M 代替右侧部分对左侧部分的作用。

③ 平衡：由 $\sum F_y = 0$ 得 $R_A - P_1 - Q = 0$，整理得

$$Q = R_A - P_1$$

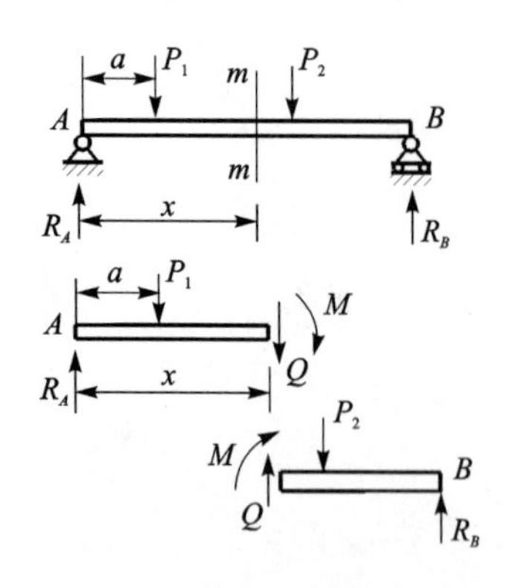

图 5.19　简支梁

由 $\sum M_O(F)=0$ 得 $-R_A x+P_1(x-a)+M=0$，整理得

$$M=R_A-P_1(x-a)$$

注：在 $\sum M_O(F)=0$ 中，横截面的形心 O 为力矩中心。

如果取 $m-m$ 右侧部分为研究对象，则可采用同样的方法求得截面 $m-m$ 上的剪力 Q 和弯矩 M。但是必须注意，分别以左侧或右侧为研究对象求出的 Q 和 M，数值是相等的，但方向和转向则是相反的，因为它们是作用力和反作用力的关系。

可见，梁弯曲时，横截面上一般存在两个内力元素，其中，Q 称为剪力，力偶矩 M 称为弯矩。梁内任一截面上的剪力都等于截面任一侧(左或右)梁上外力的代数和；梁内任一截面上的弯矩都等于截面任一侧(左或右)梁上外力对该截面形心力矩的代数和。

如果梁被破坏，则起决定作用的是弯矩。为使以左或右为研究对象求得的弯矩不但数值相等，而且还有相同的正负号，故弯矩的正、负号规定如下(见图 5.20)：

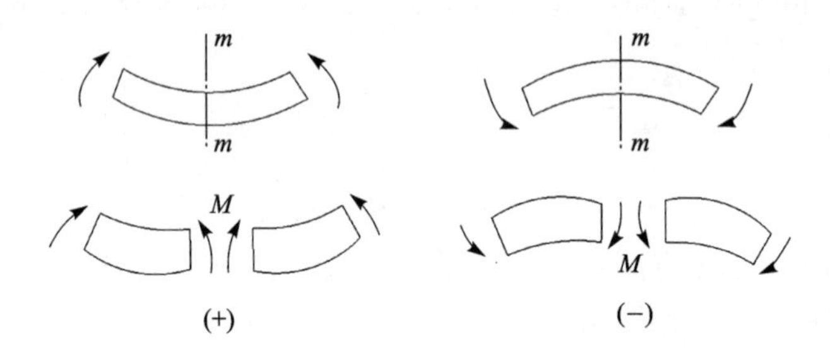

图 5.20　弯矩正、负号的规定

正弯矩：使水平梁在截面处弯成上凹下凸的形状，则为正弯矩。

负弯矩：使水平梁在截面处弯成上凸下凹的形状，则为负弯矩。

外力对截面形心的弯矩可用口诀“左顺右逆为正”来判断。

2. 弯矩方程与弯矩图

梁横截面上所受的弯矩随着截面位置的不同而变化，如取梁轴线为 x 轴，以坐标 x 表示横截面的位置，则弯矩可表示为 x 的函数，即 $M=M(x)$。此函数表示弯矩随梁轴线变化的规律，称为弯矩方程。

为直观清楚地看出梁各个截面上的弯矩大小和正负，弯矩方程可用其图像表示，我们称其为弯矩图。

(1) 悬臂梁在集中力作用下的弯矩图(见图 5.21)

① 以左端 A 为坐标原点，以梁轴为 x 轴，取距原点为 x 的任一截面，弯距方程为

$$M=-Px,\quad 0\leqslant x<L$$

② 求界点 A、B 处截面上的 M 值。

当 $x=0$ 时，$M_A=0$；

当 $x=L$ 时，$M_B=-PL$。

③ 画弯矩图。

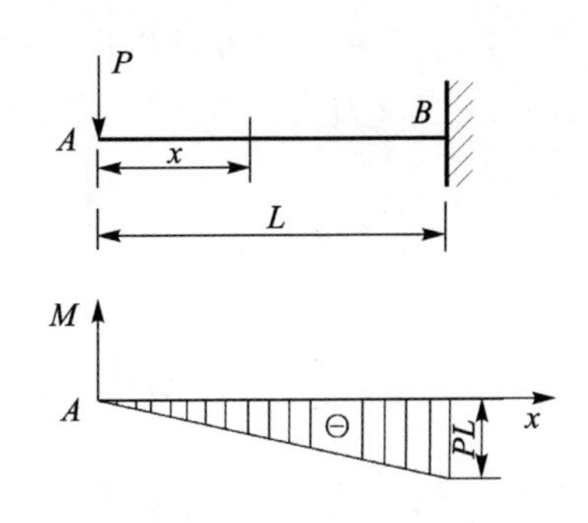

图 5.21　悬臂梁弯矩图

将 A、B 两点处截面上的弯矩 $M_A=0$，$M_B=-PL$ 画在 x 轴相应位置的下侧，由弯矩方程知，M 为 x 的一次函数，是一条斜直线，故将 A、B 处截面上 M 值的端点以直线相连，即得梁的弯矩 M 图。由图 5.21 可知，$|M|_{\max}=PL$。弯矩图中的坐标比较明确，习惯上可将坐标轴略去，故以下各例中坐标轴不再画出。

(2) 简支梁在集中力作用下的弯矩图

图 5.22 所示为起重机横梁的计算简图，P 为载荷，其他尺寸如图所示，试绘其弯矩图。

① 计算梁的支座反力。

取整个梁为研究对象，由平衡方程求得支座反力为

$$N_A=\frac{Pb}{L},\quad N_B=\frac{Pa}{L}$$

② 梁的 AC 段、BC 段不能用同一方程表示。

AC 段：

$$M(x)=N_{Ax}=\frac{Pbx}{L},\quad 0\leqslant x\leqslant a$$

BC 段：

$$M(x)=N_{Ax}-P(x-a)=\frac{Pa}{L}(L-x),\quad a<x\leqslant L$$

③ 按方程分段作图。

弯矩都是 x 的一次函数，所以弯矩图是二段斜直线。由上述方程可得

$$x=0,\ M=0$$

$$x=a,\ M=\frac{Pab}{L}$$

$$x=L,\ M=0$$

由这 3 点分别作出 AC 段和 BC 段的弯矩图，如图 5.22 所示。

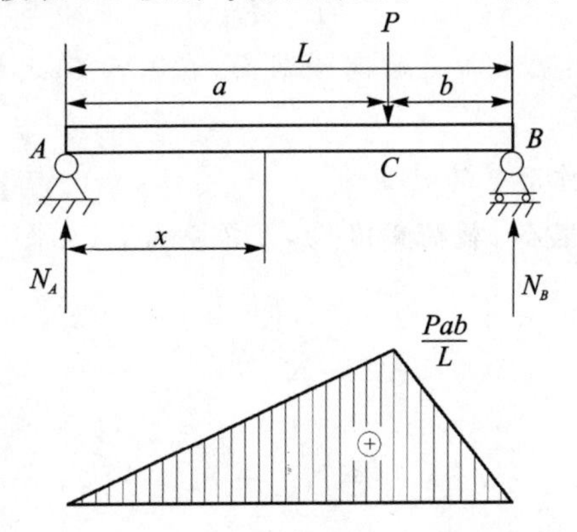

图 5.22　简支梁在集中力作用下的弯矩图

(3) 简支梁在集中力偶作用下的弯矩图(见图 5.23)

梁的支座反力为:

$$N_A = N_B = \frac{m_C}{L}$$

AC 段:

$$M(x) = -N_{Ax} = -\frac{m_C}{L}x,\quad 0 \leqslant x < a$$

BC 段:

$$M(x) = -N_{Ax} + m_C = -\frac{m_C}{L}x + m_C,\quad a < x \leqslant L$$

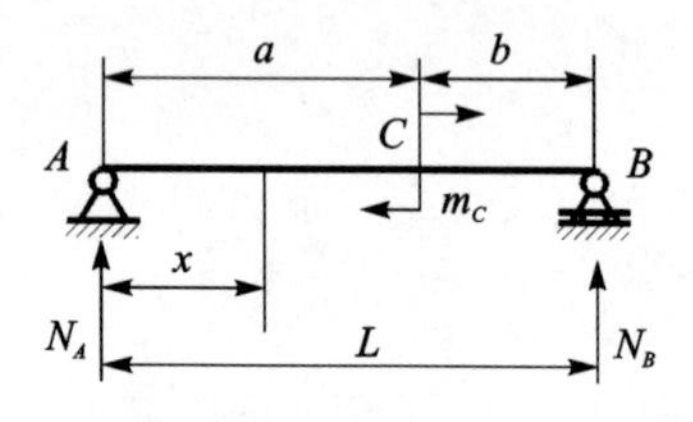

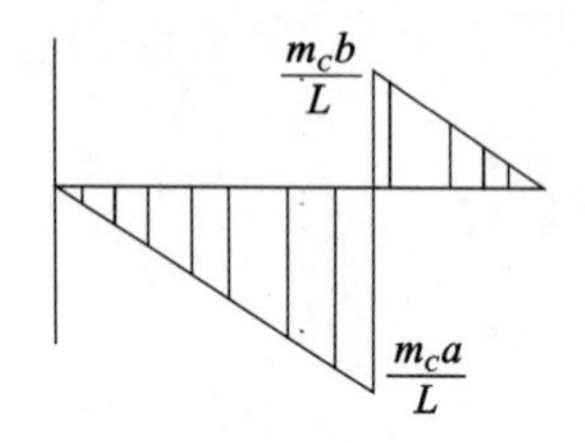

图 5.23　简支梁在集中力偶作用下的弯矩图

由上述方程可得

$$x = 0, M = 0$$

$$x^- = a, M = -\frac{m_C a}{L}$$

$$x^+ = a, M = \frac{m_C b}{L}$$

$$x = L, M = 0$$

注意:集中力偶左右二侧无限接近的两横截面,在截面 C 上的弯矩在图 5.23 中无定值,分别用偏左、偏右弯矩值表示。

(4) 简支梁在均布载荷作用下的弯矩图

已知简支梁自重为均布载荷,载荷集度为 q,梁长为 L,如图 5.24 所示。此时,梁的支座反力为

$$N_A = N_B = \frac{qL}{2}$$

$$M(x) = N_{Ax} - qx \cdot \frac{x}{2} = N_{Ax} - qx - \frac{qx^2}{2},\quad 0 \leqslant x \leqslant L$$

由上述方程可得

$$x=0,\quad M=0$$

$$x=\frac{L}{2},\quad M=\frac{qL^2}{8}$$

$$x=L,\quad M=0$$

故最大弯矩 $M_{\max}=\dfrac{qL^2}{8}$,在梁的中点处。

3. 按规律作弯矩图

规律归纳如下：

① 无载荷作用的梁段上,弯矩图为斜直线。

② 在均布载荷作用的梁段上,弯矩图为抛物线。载荷指向向下,抛物线上凸,反之下凹。

③ 在集中力作用处,弯矩图出现折角。

④ 在集中力偶作用处,弯矩发生突变,突变值等于集中力偶矩之值。从左至右外力偶顺时针转向,弯矩向上突变,反之向下突变。

例 5.5　简支梁受集中力 F 和集中力偶矩 M_O 的作用(见图 5.25),梁长 L,$M_O=FL$。试按规律作梁的弯矩图。

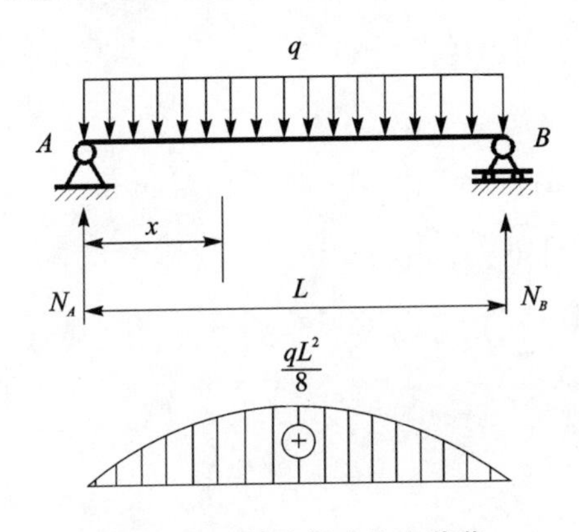

图 5.24　简支梁在均布载荷

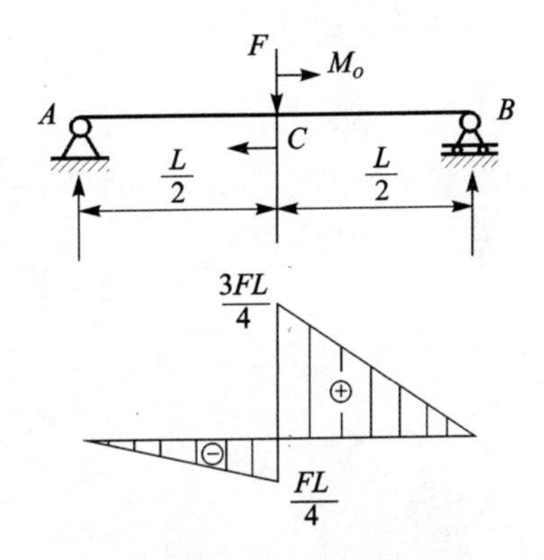

图 5.25　简支梁在集中力和集中力偶矩作用下的弯矩图

解　1) 求支座反力

由 $\sum M_B=0$ 得 $N_A L+F\cdot\dfrac{L}{2}-M_O=0$,整理得

$$N_A=\frac{F}{2}$$

由 $\sum F_y=0$ 得 $-N_A-F+N_B=0$,整理得

$$N_B=\frac{3}{2}F$$

2) 作弯矩图

AC 段和 CB 段弯矩图的形状均为斜直线,故只需确定两点,如下：

AC 段：

对于 A 截面,$M_A=0$。

对于 C^- 截面,$M_C^-=-N_A\left(\dfrac{L}{2}-\Delta\right)$,又因为 $\Delta\to 0$,所以 $M_C^-\to -N_A\cdot\dfrac{L}{2}=-\dfrac{FL}{4}$。

CB 段：

对于 C^+ 截面，$M_C^+=-N_A\left(\frac{L}{2}+\Delta\right)-F\Delta+M_O$，又因为 $\Delta\to 0$，所以 $M_C^+\to -N_A\cdot\frac{L}{2}+M_O=\frac{3FL}{4}$。

对于 *B* 截面，$M_B=0$。

用适当的比例描点然后连成直线，*C* 截面处的弯矩既有转折又有突变，突变值等于集中力偶矩 *FL*，$M_{\max}=\frac{3}{4}FL$，发生在 *C* 截面右侧。

4. 纯弯曲时梁横截面上的应力

当梁横截面上只有弯矩而无剪力时，称为纯弯曲。弯矩 *M* 只与正应力 σ 相关，因此纯弯曲时梁横截面上只有正应力。

正应力分布规律(见图 5.26)为

$$\frac{\sigma}{y}=\frac{\sigma_{\max}}{y_{\max}}$$

任一点的正应力为

$$\sigma=\frac{My}{I_z}$$

式中：*M* 为横截面上的弯矩，N·m；*y* 为点到 *z* 距离，mm；I_z 为截面对 *z* 的惯性矩，mm^4。

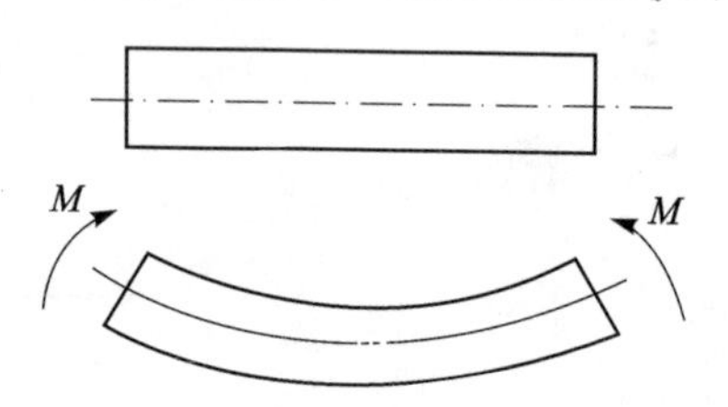

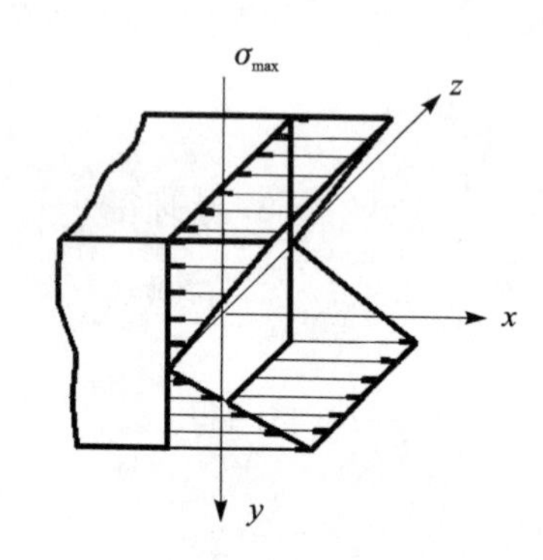

图 5.26 纯弯曲时梁横截面上的应力分布

当 *y* 取最大值时，即为该截面的最大应力为：

$$\sigma_{\max}=\frac{My_{\max}}{I_z}$$

令 $W_z=\dfrac{I_z}{y_{\max}}$，且取梁上的最大弯矩，则获得整个梁上的最大应力，得

$$\sigma_{\max}=\frac{M_{\max}}{W_z}$$

式中：W_z 为抗弯截面系数，单位为 m^3。

常用截面的 I、W 计算公式见表 5.1。

表 5.1　常用截面的 *I*、*W* 计算公式

截面图形	形心轴惯性矩	抗弯截面系数
矩形截面（宽 b，高 h）	$I_z=\dfrac{bh^3}{12}$ $I_y=\dfrac{hb^3}{12}$	$W_z=\dfrac{bh^2}{6}$ $W_y=\dfrac{hb^2}{6}$
圆形截面（直径 d）	$I_z=I_y=\dfrac{\pi d^4}{64}$	$W_z=W_y=\dfrac{\pi d^3}{32}$

5. 梁的正应力强度计算

梁的正应力强度条件是

$$\sigma_{\max}\leqslant[\sigma]$$

产生最大正应力的截面称为危险截面，最大正应力所在的点称为危险点。梁危险截面的正应力强度系件是：

$$\sigma_{\max}=\frac{M_{\max}}{W_z}\leqslant[\sigma]$$

强度条件可解决梁的强度校核、设计截面尺寸和确定许可载荷 3 类问题。

例 5.6　圆轴受力简图如图 5.27 所示，已知此轴许用应力 $[\sigma]=125\ \text{MPa}$，试设计轴的直径 d。

解　①画计算简图。

②画弯矩图，确定危险截面。如图 5.27(c)所示，最大弯矩所在截面 C 即为该轴的危险截面。

③设计轴的直径。

$$\sigma_{\max}=\frac{M_{\max}}{W_z}\leqslant[\sigma]$$

$$\frac{32M_{\max}}{\pi d^3}\leqslant[\sigma]$$

$$d\geqslant\sqrt[3]{\frac{32M_{\max}}{\pi[\sigma]}}=\sqrt[3]{\frac{32\times1.5\times10^6}{\pi\times125}}\ \text{mm}=49.6\ \text{mm}$$

取 $d=50$ mm，即轴的直径为 50 mm。

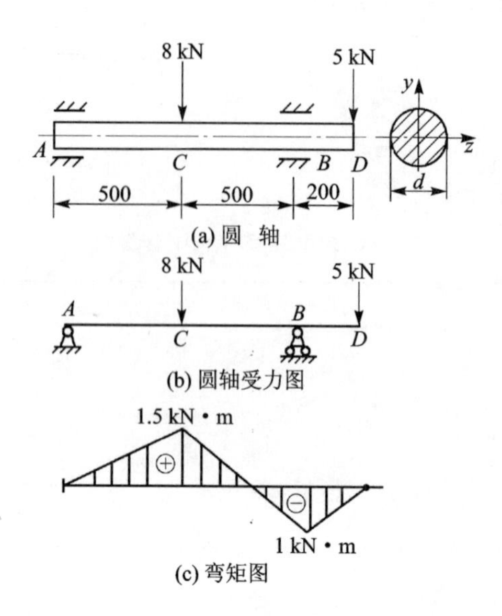

图 5.27　圆轴受力简图

5.2.4　圆轴扭转

轴发生扭转变形的有很多，圆轴扭转简称轴扭转，下面将对其进行详细介绍。

1. 受力特点

在垂直于杆件轴线平面内，有一对大小相等、转向相反、作用面平行的外力偶矩，如图 5.28 所示。

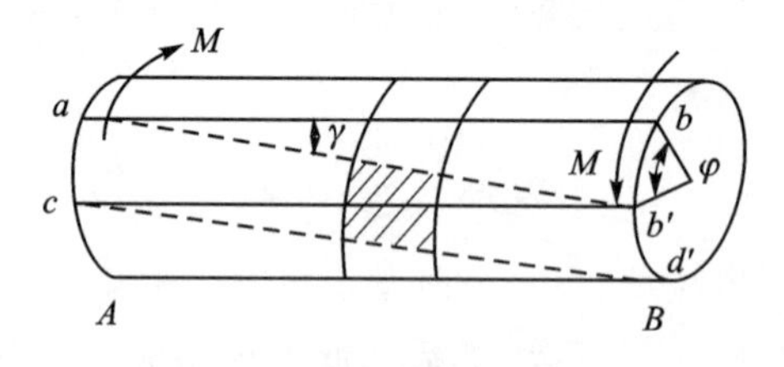

图 5.28　圆轴扭转

2. 变形特点

纵向线 ab 倾斜了一个小角度 γ，A、B 两横截面绕轴线相对转动，产生了相对转角 φ，如图 5.28 所示。

3. 扭矩与扭矩图

(1) 外力偶矩的计算

工程实际中给定轴的参数一般是转速 n 和轴传递的功率 P，外力偶矩通过以下公式求得

$$M=9\ 550\times\frac{P}{n}$$

式中：P 为功率，kW；n 为转速，r/min。

(2) 圆轴扭转时的内力——扭矩

圆轴在外力偶矩的作用下,其横截面上将产生内力,应用截面法可求出横截面上的内力。

图5.29所示为圆轴扭转简图。应用截面法,假设用一截面 $m-m$ 将轴截分为两段,如图5.29(a)所示,任取左或右为研究对象。如果取左段为研究对象。由于轴原来处于平衡状态,则其左段也必然是平衡的,$m-m$ 截面上存在一个内力偶矩与左端面上的外力偶矩平衡。根据力偶只能与力偶平衡可得

$$T-M=0$$

即

$$T=M$$

式中:T 为 $m-m$ 截面的内力偶矩,称为扭矩。

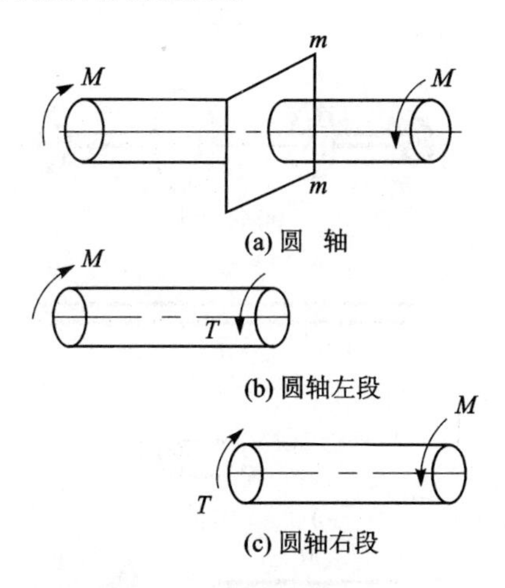

(a) 圆　轴

(b) 圆轴左段

(c) 圆轴右段

图5.29　圆轴扭矩简图

当然,也可取截面右段为研究对象,此时求得的扭矩与取左段为研究对象所求得的扭矩大小相等,但转向相反,如图5.29(c)所示。

利用右手螺旋法则规定扭矩的正负:右手握轴,拇指沿截面外法线方向,若截面上的扭矩转向与其他四指转向相同,则扭矩取正号;若截面上的扭矩转向与其他四指转向相同,扭矩取负号。由此法则可得出图5.29(b)和(c)所示的 $m-m$ 截面的扭矩皆为正值,这就使得同一截面上的扭矩相一致(无论取左段还是取右段为研究对象)。

如果轴上作用3个或3个以上的外力偶矩使轴平衡,则轴上各段横截面的扭矩将不相同。为了能够形象直观地表示出轴上各横截面扭矩的大小,故用扭矩图表示,即横轴坐标代表横截面位置,垂直于横轴的坐标表示横截面上对应扭矩的大小。

例5.7　图5.30(a)所示为传动轴,转速 $n=200$ r/min,主动轮 A 输入的功率 $P_1=36$ kW,从动轮 B、C、D 输出的功率 $P_2=P_3=10$ kW,$P_4=16$ kW。不计摩擦,试问最大扭矩发生在何段?其值为多少?

解　①计算外力偶矩

$$M_1=9\ 550\frac{P_1}{n}=9\ 550\times\frac{36}{200}\ \mathrm{N\cdot m}=1\ 719\ \mathrm{N\cdot m}$$

$$M_2=M3=9\ 550\frac{P_2}{n}=9\ 550\times\frac{10}{200}\ \mathrm{N\cdot m}=4\ 775\ \mathrm{N\cdot m}$$

$$M_4 = 9\ 550\ \frac{P_4}{n} = 9\ 550 \times \frac{16}{200}\ \text{N} \cdot \text{m} = 746\ \text{N} \cdot \text{m}$$

② 画出轴的计算简图，如图 5.30(b)所示。

③ 计算各段横截面上的扭矩(见图 5.30(c)～(e))所示。

$$T_1 = -M_2 = -477.5\ \text{N} \cdot \text{m}$$

$$T_2 = -M_2 - M_3 = -955\ \text{N} \cdot \text{m}$$

$$T_3 = M_A = 764\ \text{N} \cdot \text{m}$$

④ 画扭矩图，如图 5.30(f)所示。

⑤ 最大扭矩发生在 CA 段，$|T|_{\max} = 955\ \text{N} \cdot \text{m}$。

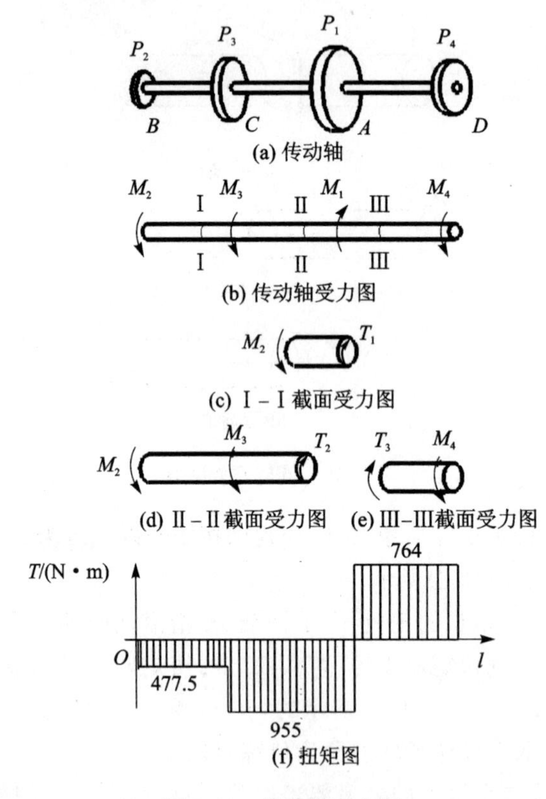

图 5.30　传动轴受力图

4. 圆轴扭转时横截面上的应力

由圆轴扭转变形特点可知，横截面间发生相对错动，而相邻截面间距不变，所以横截面上无正应力，有剪应力；又因半径长度不变，故剪应力方向与半径垂直，圆轴各点切应力的大小与该点到圆心的距离成正比，其分布规律如图 5.31 所示。横截面上任一点的切应力 τ_ρ 为

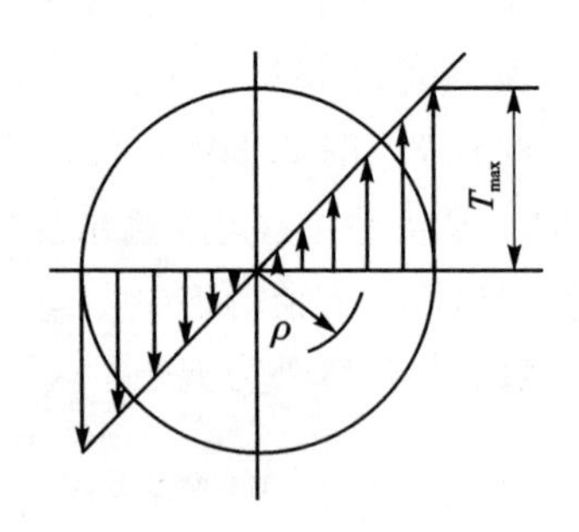

图 5.31　圆轴扭矩分布

$$\tau_\rho = \frac{T\rho}{I_\rho}$$

式中：T 为横截面上的扭矩，N · mm；ρ 为欲求应力的点到

圆心的径面距离，mm；I_ρ 为截面对圆心的极惯性矩，mm^4。

显然，当圆轴扭转时，横截面边缘上各点的切应力最大，其值为

$$\tau_R = \frac{TR}{I_\rho}$$

若令

$$W_\rho = \frac{I_\rho}{R}$$

则

$$\tau_{max} = \frac{T}{W_\rho}$$

式中：W_ρ 为抗扭截面系数，mm^3。

极惯性矩 I_ρ 与抗扭截面系数 W_ρ 表示截面的几何性质，其大小与截面的形状和尺寸有关。工程上经常采用的轴有实心圆轴和空心圆轴两种，它们的极惯性矩与抗扭截面系数按下式计算：

① 实心轴设直径为 D，则

$$I_\rho = \frac{\pi D^4}{32} \approx 0.1D^4$$

$$W_\rho = I_\rho / R = \frac{\pi D^3}{16} \approx 0.2D^3$$

② 空心轴设外径为 D，内径为 d，$\alpha = d/D$，则

$$I_\rho = \frac{\pi D^4}{32} - \frac{\pi d^4}{32} = \frac{\pi D^4}{32}(1-\alpha^4) \approx 0.1D(1-\alpha^4)$$

$$W_\rho = I_\rho / R = \frac{\pi D^3}{16}(1-\alpha^4) \approx 0.2D^3(1-\alpha^4)$$

例 5.8　已知图 5.30 中所示传动轴的直径 $d = 50$ mm，试计算该轴Ⅲ-Ⅲ截面上点($\rho = 20$ mm)的切应力及轴的最大切应力。

解　由扭矩图(见图 5.30(f))可得Ⅲ-Ⅲ截面的扭矩，$T_3 = 764$ N·m，该截面上 A 点的切应力为

$$\tau_\rho = \frac{T_3 \rho_A}{I_\rho} = \frac{764 \times 10^3 \times 20}{0.1 \times 50^4} \text{ MPa} = 24.4 \text{ MPa}$$

轴的最大切应力必然发生在最大扭矩 $T_{max} = 955$ N·m 所在轴段的外边缘上，故

$$\tau_{max} = \frac{T_{max}}{W_\rho} = \frac{955 \times 10^3}{0.2 \times 50} \text{ MPa} = 38.1 \text{ MPa}$$

5. 圆轴扭转的强度条件

圆轴扭转的强度条件为

$$\tau_{max} = \frac{T_{max}}{W_\rho} \leqslant [\tau]$$

对于阶梯轴，要综合考虑 T 与 W_ρ 两个因素来确定最大切应力 τ_{max}；许用切应力$[\tau]$由试验确定，也可查阅有关手册。

扭转强度条件亦可解决校核、许可载荷和设计截面尺寸 3 方面的问题。

例 5.9 某一传动轴所传递的功率 $P=80$ kW，其转速 $n=582$ r/min，直径 $d=55$ mm，材料的许用切应力 $[\tau]=50$ MPa，试校核该轴的强度。

解 ① 计算外力偶矩：

$$M=9\ 550\times\frac{P}{n}=9\ 550\times\frac{80}{582}\ \text{N}\cdot\text{m}=1\ 312.7\ \text{N}\cdot\text{m}$$

② 计算扭矩：

$$T=M=1\ 312.7\ \text{N}\cdot\text{m}$$

③ 校核强度：

$$\tau_{\max}=\frac{T}{W_\rho}=\frac{1\ 312.7\times10^3}{0.2\times55^3}\ \text{MPa}=39.5\ \text{MPa}<[\tau]$$

所以，轴的强度满足要求。

5.2.5 组合变形

工程中大多数构件在载荷作用下产生的变形都不是单纯的一种变形，而是两种或两种以上基本变形的组合，称为组合变形。如图 5.32 所示的传动轴，皮带拉力使轴产生弯曲和扭转组合变形；如图 5.33 所示的容器支架，容器的重量使支架发生压缩和弯曲组合变形。

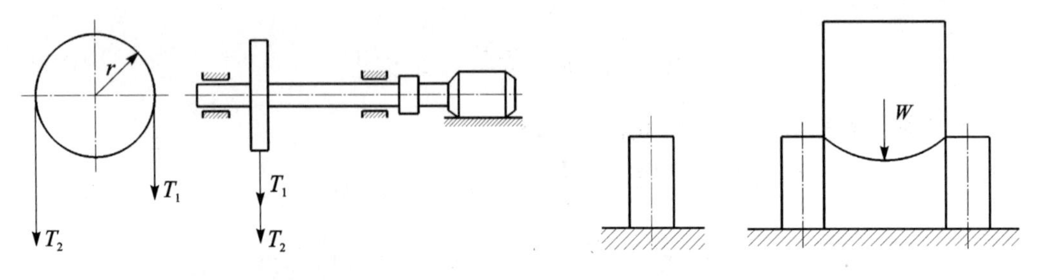

图 5.32 传动轴　　　　图 5.33 容器支架

当计算组合变形的强度时，若构件的变形很小，且在弹性范围内，则一般应用叉叠加原理计算。因此，只要将作用在构件上的载荷作适当的分解与简化，使构件在分解后的各载荷作用下发生单一的基本变形，分别计算各基本变形所引起的应力，然后按几何相加，就可得到总的应力，从而确定危险截面及危险点，建立组合变形的强度条件。

本小节将研究工程中常遇到的两种组合变形的强度计算：弯曲与拉伸（或压缩）；弯曲与扭转。

1. 弯曲与拉伸（或压缩）组合变形

(1) 外力与梁轴倾斜

图 5.34 所示为矩形截面悬臂梁，在其自由端截面的形心作用一个位于梁的纵向对称面 xy 内的力 P，它与梁轴 x 轴成夹角 φ。现在应用叠加原理对梁进行强度分析。

首先，将力 P 沿 x、y 轴分解为两个分力 P_x 和 P_y（见图 5.34(b)）。轴向分力 $P_x=P\cos\varphi$，使梁产生拉伸变形（见图 5.34(c)），在梁的各横截面上引起均匀分布的拉应力 σ_τ（见图 5.34(d)），其值为

$$\sigma_\tau=\frac{P_x}{A}$$

式中:A 为矩形截面梁横截面积,mm^2。

横向分力 $P_y = P\sin\varphi$,使梁发生弯曲变形(见图 5.34(e)),固定端弯矩最大,即 $M_{max} = P_y L$。因此,固定端上、下边缘 m''、n''处弯曲应力的绝对值最大(见图 5.34(f)),其值为

$$\sigma = \frac{M_{max}}{W_z}$$

将各点应力分别叠加,即得各点的总应力。图 5.34(g)所示为固定端截面的总应力分布图(当 $\sigma_\tau < \sigma$ 时)。m、n 点应力的代数值分别为

$$\left.\begin{matrix}\sigma_m \\ \sigma_n\end{matrix}\right\} = \left.\begin{matrix}\sigma_{max} \\ \sigma_{min}\end{matrix}\right\} = \sigma_\tau + \sigma = \frac{P_x}{A} \pm \frac{M_{max}}{W_z}$$

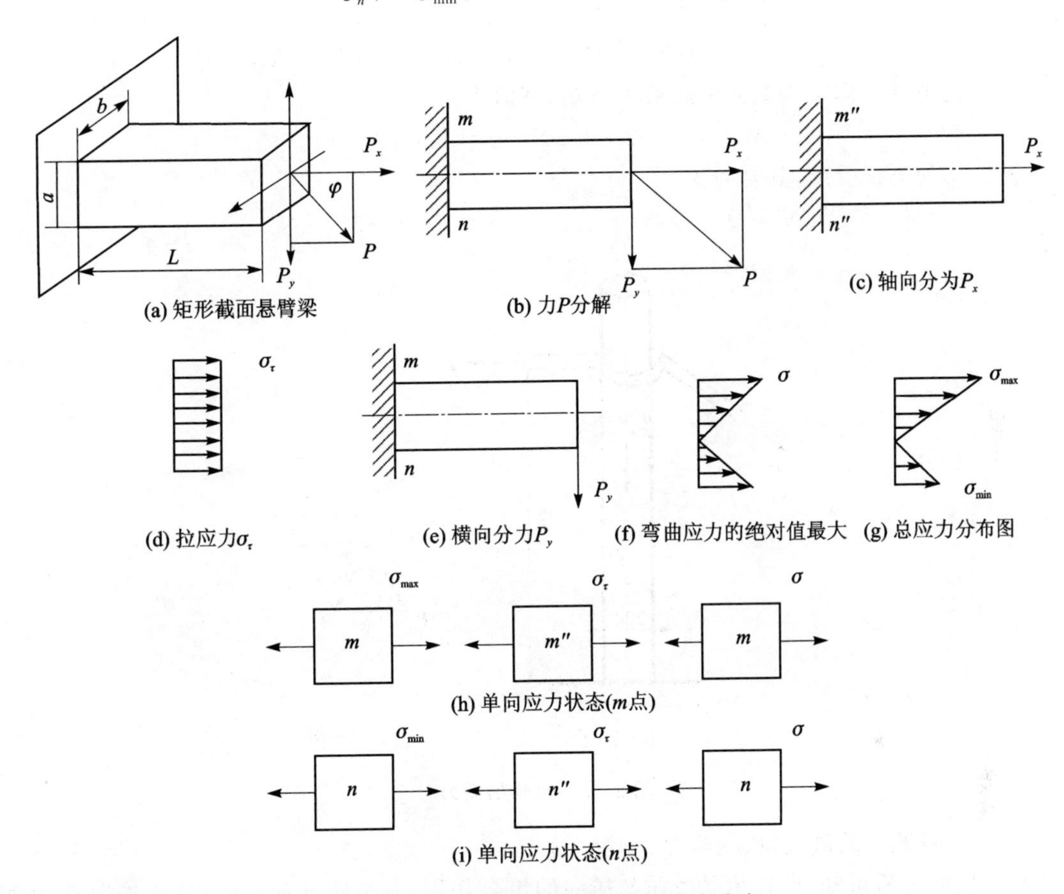

图 5.34　矩形截面悬臂梁受力和应力分布

由以上讨论可看出:固定端截面是危险截面,m、n 点是危险点。由于应力叠加后,m、n 点仍是单向应力状态(见图 5.34(h)和(i)),所以强度条件为

$$\sigma_{max} = \frac{P_x}{A} + \frac{M_{max}}{W_z} \leqslant [\sigma]$$

若 P_x 是压力,则固定端 m、n 处的应力为

$$\left.\begin{matrix}\sigma_m \\ \sigma_n\end{matrix}\right\} = \left.\begin{matrix}\sigma_{max} \\ \sigma_{min}\end{matrix}\right\} = \sigma_c + \sigma = -\frac{P_x}{A} \pm \frac{M_{max}}{W_z}$$

对于塑性材料,这时的强度条件应当是

$$|\sigma_{\min}|=\left|-\frac{P_x}{A}-\frac{M_{\max}}{W_z}\right|\leqslant[\sigma]$$

例 5.10 图 5.35(a)所示电杆的直径 $d=200$ mm，在距地面 1 500m 处挂有两组水平导线 A 和 B，互成 120°角。已知 A、B 两组导线作用于电杆的水平拉力分别为 $P_A=1$ kN，$P_B=1.5$ kN，两组导线传到杆上的重量 $Q=2.8$ kN，杆的自重 $G=0.9$ kN。试求电杆危险截面上的最大拉、压应力。

解 1）受力分析

水平力 P_A 和 P_B 均使电杆发生弯曲变形，其合力为(见图 5.35(b))

$$P=\sqrt{P_A^2+P_B^2+2P_AP_B\cos 120°}$$
$$=\sqrt{1^2+1.5^2+2\times 1.5\cos 120°}\ \text{kN}=1.32\ \text{kN}$$

力 P 使电杆在固定端截面引起最大弯矩，其值为

$$M_{\max}=1.32\times 5\ \text{kN}\cdot\text{m}=6.6\ \text{kN}\cdot\text{m}$$

Q、G 均使电杆受压，其合力为

$$N=Q+G=(-2.8-0.9)\ \text{kN}=-3.7\ \text{kN}$$

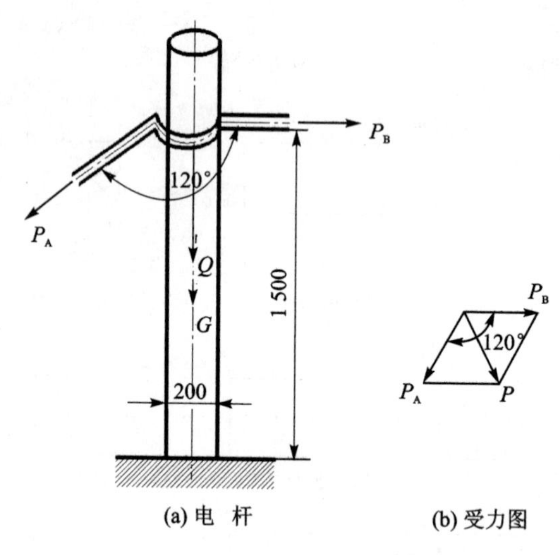

(a) 电 杆　　(b) 受力图

图 5.35 电杆的受力

2）求危险截面的最大拉、压应力

从上面的分析可知，电杆承受弯曲与压缩的组合作用，其危险截面在固定端，按照叠加原理，其最大拉、压应力为

$$\left.\begin{matrix}\sigma_{\text{tmax}}\\ \sigma_{\text{cmax}}\end{matrix}\right\}=\sigma_c+\sigma=-\frac{N}{\frac{\pi\times 200^2}{4}}\pm\frac{M_{\max}}{\frac{\pi\times 200^2}{32}}=$$

$$\left(-\frac{3\ 700}{31\ 400}\pm\frac{66\times 10^5}{785\times 10^3}\right)\ \text{MPa}=(-0.12\pm 8.4)\ \text{MPa}=\begin{cases}8.28\\-8.52\end{cases}\text{MPa}$$

例 5.11 起重用悬臂式吊车如图 5.36(a)所示，吊车的最大起重量 $P=25$ kN。若 AC 和 BC 两杆均由 18 号工字钢制成，其中 BC 杆长 $L=2.6$ m 则许用应力$[\sigma]=100$ MPa，试核算 BC 杆的强度。重量 P 可随电动小车沿 BC 杆运动(不计杆自重)。

解　1）受力分析

取 BC 杆进行研究，当小车处于 BC 杆的跨中 D 时，对 BC 杆最不利，受力如图 5.36(b)所示。由图 5.36(b)可看出：

$$R_{By}=R_{Cy}=\frac{P}{2}=12.5\ \text{kN}$$

$$R_{Bx}=R_{Cx}=R_{Cy}\times\cot 30^{\circ}$$
$$=(12.5\times1.732)\ \text{kN}=21.65\ \text{kN}$$

2）内力分析

根据受力情况可知：R_{By}、P 和 R_{Cy} 三力使 BC 杆弯曲，最大弯矩在跨中(见图 5.36(c))，其值为

$$M_{\max}=\frac{PL}{4}=\frac{25\times2.6}{4}\ \text{kN}\cdot\text{m}=16.25\ \text{kN}\cdot\text{m}$$

R_{Bx} 和 R_{Cx} 使 BC 杆受压，其轴力图如图 5.36(d)所示。

由内力图判断可知，BC 杆的危险截面是跨中 D 截面。

3）应力分析

轴向力引起的危险截面各点的压应力是相等的，而最大弯矩在危险截面的上、下边缘引起绝对值最大的弯曲应力，因此危险点是在危险截面的上边缘。查型钢表可知，18 号工字钢的 $A=3\ 060\ \text{mm}^2$，$Z=185\ 000\ \text{mm}^3$，则危险点的压应力为

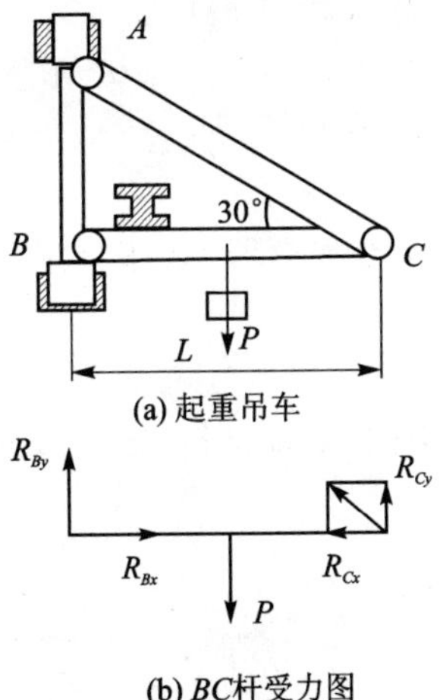

(a) 起重吊车

(b) BC杆受力图

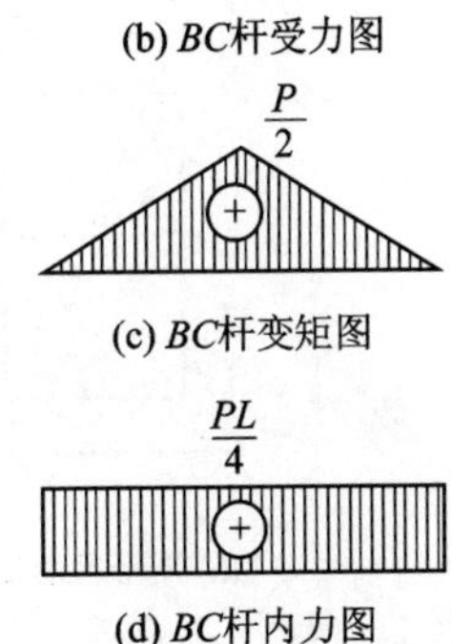

(c) BC杆变矩图

(d) BC杆内力图

图 5.36　悬臂式吊车受力

$$\sigma_{c}=-\frac{21\ 650}{3\ 060}\ \text{MPa}=-7.1\ \text{MPa}$$

危险点的最大弯曲应力为

$$\sigma=\pm\frac{1625\times10^{4}}{185\times10^{3}}\ \text{MPa}=\pm87.84\ \text{MPa}$$

4）强度核算

危险点为单向应力状态，故强度条件为

$$|\sigma_{\min}|=|-7.1-87.84|\ \text{MPa}=94.94\ \text{MPa}<[\sigma]$$

故 BC 杆的强度是足够的。

(2) 偏心压缩(或拉伸)

图 5.37(a)所示为下端固定的矩形截面端杆，受到位于杆件纵向对称面内偏心轴向压力 P 的作用，称杆件受到偏心压缩。力 P 与杆件轴线之间的距离 e 称为偏心距。

为了分析力 P 使杆件产生哪些变形，首先将力 P 向截面形心 c 平移。这样，得到一个作用在形心 c 上的轴向压力 P 和一个作用在纵向对称平面 xy 内的力偶 $M=Pe$，如图 5.37(b)所示。杆件的固定端相应地引起轴向反力 P 和反力偶矩 M。P 使杆压缩，M 使杆弯曲，因此偏心压缩(或拉伸)实际上还是压缩(或拉伸)与弯曲的组合作用。

轴向力 P 引起的压应力在横截面上是均匀分布的，如图 5.37(c)所示，其值为

$$\sigma_{c}=-\frac{P}{A}$$

力偶矩 M 使杆发生纯弯曲，弯矩为常量 Pe，引起的弯曲正应力沿横截面高 h 的变化情况如图 5.37(d)所示，最大值为

$$\sigma = \pm \frac{M}{W_z} = \pm \frac{Pe}{W_z}$$

按叠加原理得到横截面上危险点的总应力为

$$\left.\begin{matrix}\sigma_{\max} \\ \sigma_{\min}\end{matrix}\right\} = \sigma_c + \sigma = -\frac{P}{A} \pm \frac{Pe}{W_z}$$

图 5.37(e)所示为 $\sigma_c < \sigma$ 时的总应力分布图。

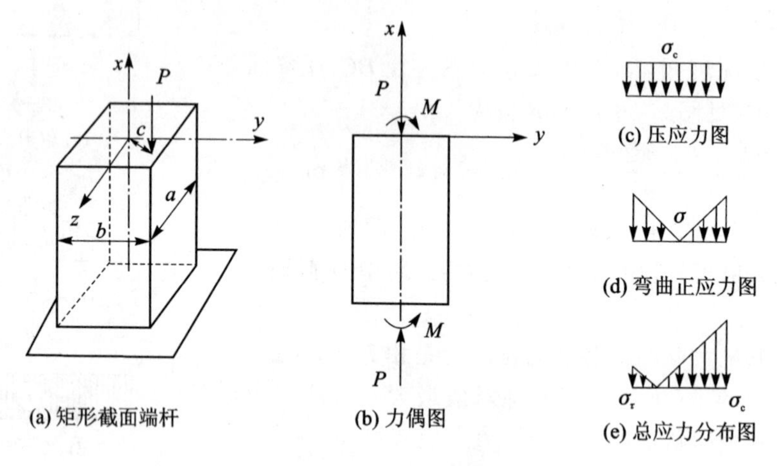

图 5.37 矩形截面端杆受力和应力

由于叠加后仍为单向应力状态，故强度条件为

$$|\sigma_{\min}| = \left| -\frac{P}{A} - \frac{Pe}{W_z} \right| \leqslant [\sigma]$$

对于砖石建筑物，如果受到拉伸作用，则在接缝处可能出现裂缝。设计上为了避免这种情况，应使 $\sigma_{\max}=0$，即

$$-\frac{P}{A} + \frac{Pe}{W_z} = 0$$

由此方程就可求出砖石建筑物上不产生拉伸应力时所允许的最大偏心距为

$$e_{\max} = \frac{W_z}{A}$$

对于矩形截面构件来说，$A=bh$， $W_z = \frac{bh^2}{6}$，故

$$e_{\max} = \frac{bh^2/6}{bh} = \frac{h}{6}$$

若为偏心拉伸，则

$$\left.\begin{matrix}\sigma_{\max} \\ \sigma_{\min}\end{matrix}\right\} = \frac{P}{A} \pm \frac{Pe}{W_z}$$

这时，强度条件为

$$\sigma_{\max} = \frac{P}{A} + \frac{Pe}{W_z} \leqslant [\sigma]$$

2. 弯曲与扭转组合变形

工程中只承受扭转的构件是很少的，大多数情况是扭转伴随着弯曲的组合作用，例如汽车传动轴、汽轮机轴和曲柄轴等。下面将讨论这类构件的强度计算。

图 5.38(a)所示为一端固定而另一端自由的轴，在它的自由端垂直于轴的平面内，受一水平力 P 和一转矩 M 的作用。取距轴固定端为 x 的横截面来分析，其上即有扭矩 $T=M_O$，又有弯矩 $M=P(L-x)$。在轴的全长内，扭矩为常量，而弯矩的最大值在轴的固定端截面上。因此，固定端截面是轴的危险截面。

现在来分析危险截面上的应力情况。扭矩引起的剪应力在截面的圆轴上达到最大值，弯矩引起的正应力只在截面圆周上的 1 和 2 点处达到最大绝对值。因此，点 1 和 2 同时存在绝对值最大的正应力和剪应力(见图 5.38(b))，是全轴的危险点。

为了进一步分析危险点的应力状态，于是围绕圆轴表面的点 1 以两个相邻的横截面、两个相邻的水平纵截面和两个相邻的垂直纵截面截取单元体，如图 5.38(c)所示。在横截面上有弯曲正应力 σ 和扭转剪应力 τ，根据剪应力双生定律，在两个水平截面上也有与横截面上相等的剪应力 τ。因此，点 1 是二向应力状态，并且可用平面图表示(见图 5.38(d))。为了应用强度理论的强度条件，必须先求出主应力。

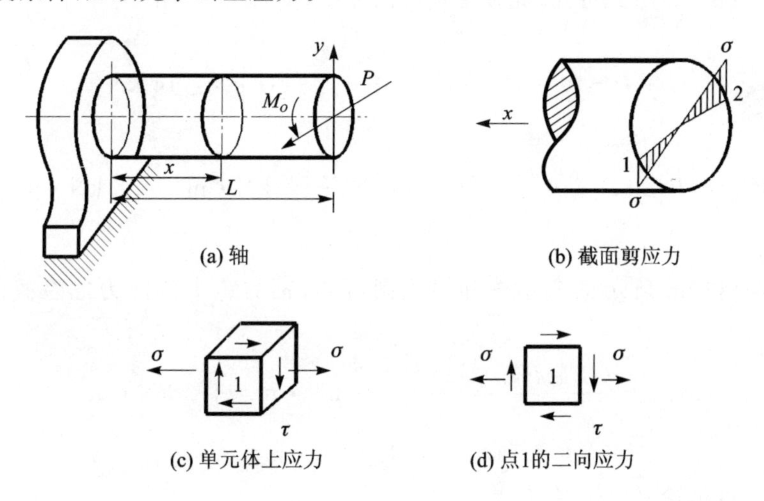

图 5.38　弯扭组合变形轴的应力

由应力状态理论公式可得

$$\left.\begin{matrix}\sigma_1\\\sigma_3\end{matrix}\right\}=\frac{\sigma}{2}\pm\frac{1}{2}\sqrt{\sigma^2+4\tau^2},\quad \sigma_2=0$$

若圆轴用塑性材料制造，则按第三强度理论的强度条件为

$$\sigma_{eq3}=\sigma_1-\sigma_3\leqslant[\sigma]$$

将 σ_1 和 σ_3 的值代入上式得

$$\sigma_{eq3}=\sqrt{\sigma+4\tau^2}\leqslant[\sigma]$$

而 $\sigma=\dfrac{M}{W_z}$，$\tau=\dfrac{T}{Z_p}$，$W_z=\dfrac{\pi d^3}{32}$，$Z_p=\dfrac{\pi d^3}{16}=2W_z$，将这些值代入上式并化简得

$$\sigma_{eq3}=\sqrt{\left(\frac{M}{W_z}\right)^2+4\left(\frac{T}{2W_z}\right)^2}\leqslant[\sigma]$$

或

$$\sigma_{eq3}=\frac{1}{W_z}\sqrt{M^2+T^2}\leqslant[\sigma]$$

通过以上相似的推导,可得按第四强度理论推出的强度条件,即

$$\sigma_{eq3}=\frac{1}{W_z}\sqrt{M^2+0.75T^2}\leqslant[\sigma]$$

若轴在垂直平面与水平平面内同时承受弯矩,则上述公式中的弯矩 M 应为水平弯矩 M_h 和垂直弯矩 M_v 的几何和,即

$$M=\sqrt{M_h^2+M_v^2}$$

例 5.12 用电动机带动的轴的中点装有一个重 $G=5$ kN、直径 $D=1.2$ m 的皮带轮(见图 5.39(a)),皮带紧边的拉力 $P_1=6$ kN,松边的拉力 $P_2=3$ kN,$L=1.2$ m。若$[\sigma]=$ 50 MPa,则试按第三强度理论确定轴的直径 d。

解 1) 分析受力

将轮上皮带张力 P_1、P_2 向轮轴线平移,简化后得到一个作用于轴的横向力 P 和一个转矩 M_O(见图 5.39(b))。由此可知,此轴受到弯曲和扭转的组合作用。

横向力:

$$G+P=G+P_1+P_2=(5+6+3)\ \text{kN}=14\ \text{kN}$$

转矩:

$$M_O=(P_1-P_2)\times\frac{P}{2}=\left[(6-3)\times\frac{1.2}{2}\right]\ \text{kN}\cdot\text{m}=1.8\ \text{kN}\cdot\text{m}$$

2) 分析内力

由图 5.39(c)和(d)所示的弯矩图和扭矩图可知,轴的跨中截面为危险截面,其内力分别为

$$M_{max}=\frac{(G+P)L}{4}=\frac{14\times1.2}{4}\ \text{kN}\cdot\text{m}=4.2\ \text{kN}\cdot\text{m}$$

$$T=M_O=1.8\ \text{kN}\cdot\text{m}$$

3) 按第三强度理论确定轴径 d

$$\frac{1}{0.1d^3}\sqrt{(42\times10^5)^2+(18\times10^5)^2}\leqslant50$$

$$d^3\geqslant\frac{1}{0.1\times50}\sqrt{(42\times10^5)^2+(18\times10^5)^2}\ \text{mm}^3=914\times10^3\ \text{mm}^3$$

故

$$d\geqslant97\ \text{mm}$$

例 5.13 图 5.40(a)所示为变速箱的第一轴,它由电动机通过联轴器带动,经齿轮 1 和 2 将功率传递给第二轴。电动机功率 $N=7.5$ kW,转数 $n=1\ 450$ r/min;齿轮 1 的节圆直径 $D=77$ mm,传动时承受的径向力 $P_y=460$ N,周向力 $P_z=1\ 280$ N(见图 5.40(b))。若轴径 $d=32$ mm,$[\sigma]=80$ MPa,试按第三或第四强度理论校核此轴的强度。

解 1) 分析受力

电动机传给轴的转矩 M_O 是轴发生扭转,其值为

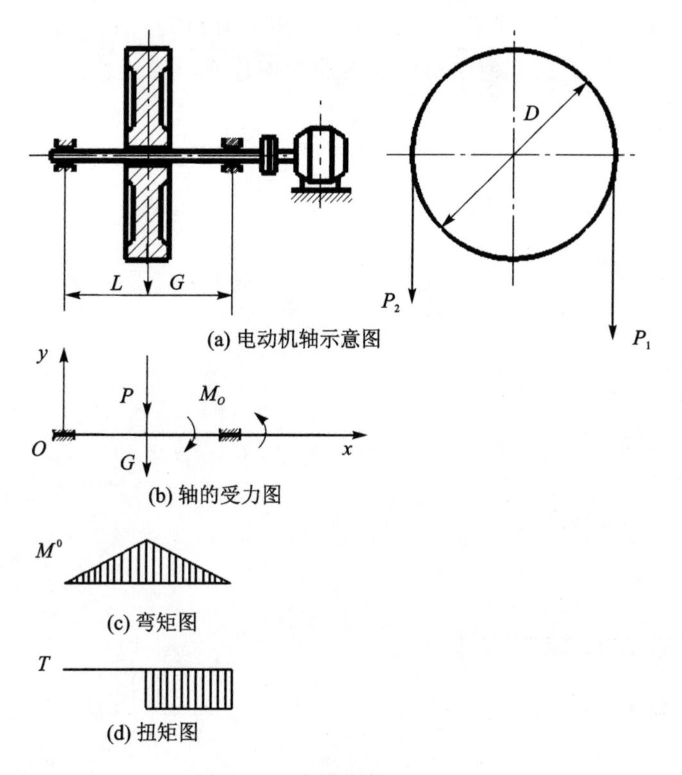

图 5.39　电动机轴

$$M_O=\left(9\ 550\times\frac{7.5}{1\ 450}\right)\ \text{N}\cdot\text{m}=49.3\ \text{N}\cdot\text{m}$$

力 P_y 使轴在垂直平面内发生弯曲。将力 P_z 平移到轮轴线上，得到一个作用在轴上的横向力 P_z 和一个力偶。横向力使轴在水平面内发生弯曲，力偶使轴发生扭转。其力偶矩为

$$M_O=P_z\times\frac{D}{2}=\left(1\ 280\times\frac{0.077}{2}\right)\ \text{N}\cdot\text{m}=49.3\ \text{N}\cdot\text{m}$$

轴的受力如图 5.40(c)所示。

2) 分析内力

① 作垂直平面内的弯矩图。由平衡条件 $\sum M_B=0$，$\sum P_y=0$，分别得到支反力(见图 5.40(d))

$$R_{Ay}=\frac{460\times0.245}{0.293}\ \text{N}=385\ \text{N}$$

$$R_{By}=(460-385)\ \text{N}=75\ \text{N}$$

弯矩图如图 5.40(e)所示。同样 C 截面处的弯矩最大，其值 $M_{Cy}=18.4\ \text{N}\cdot\text{m}$。

② 水平平面内的弯矩图。由于平衡条件 $\sum M_B=0$，$\sum P_z=0$ 分别得到支反力(见图 5.40(f))

$$R_{Az}=\frac{1\ 280\times0.245}{0.293}\ \text{N}=1\ 070\ \text{N}$$

$$R_{Bz}=(1\ 280-1\ 070)\ \text{N}=210\ \text{N}$$

弯矩图如图5.40(g)所示。同样C截面处的弯矩最大,其值$M_{Cz}=51.5\ \text{N}\cdot\text{m}$。

③ 作合成弯矩图。按几何法将两平面的弯矩合成。弯矩如图5.40(h)所示,C截面处的弯矩值最大,即

$$M_C=\sqrt{18.4^2+51.5^2}\ \text{N}\cdot\text{m}=54.7\ \text{N}\cdot\text{m}$$

④ 轴的OC段发生扭转变形,扭矩图如图5.40(i)所示。

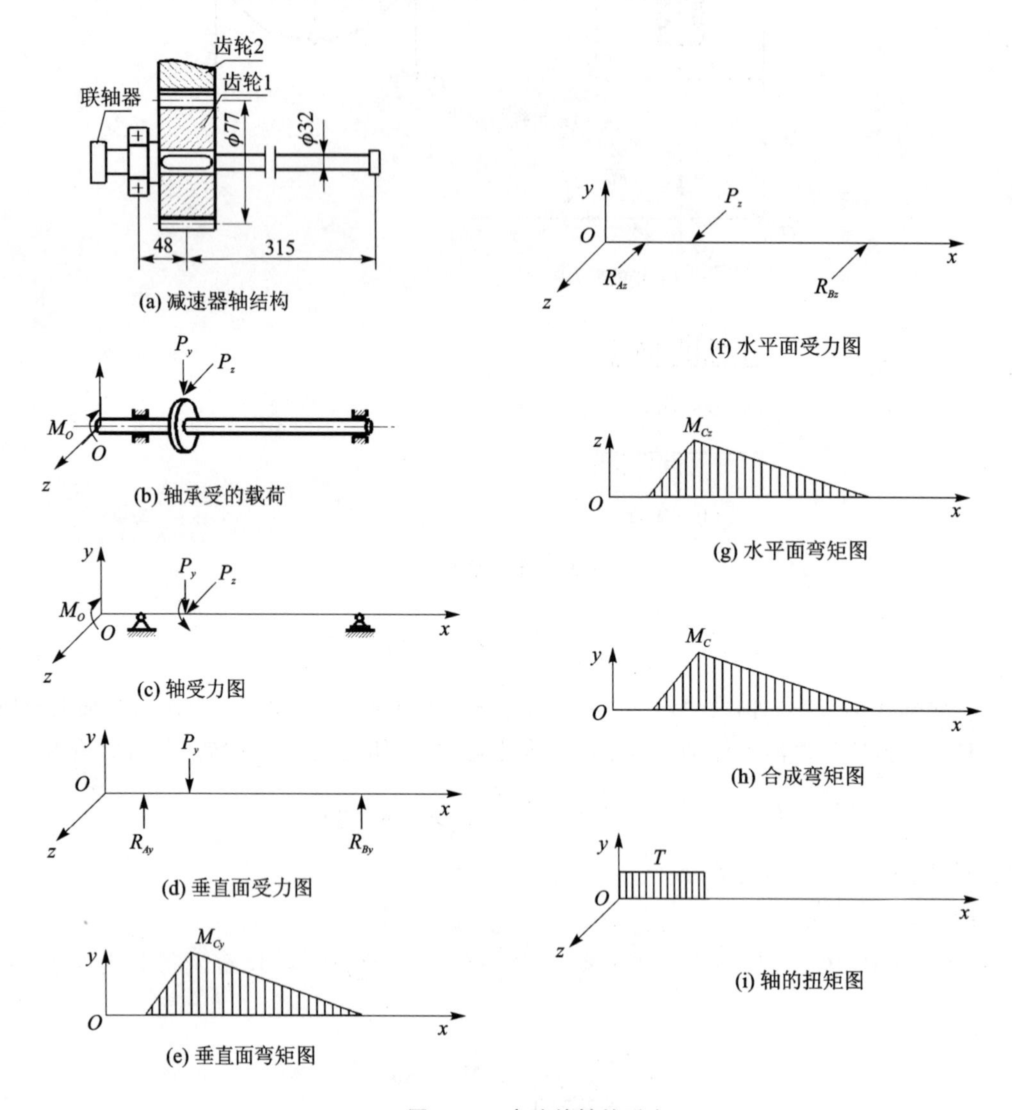

图5.40　变速箱轴的受力

综合所有内力来看,C截面为危险截面。内力分别为

$$M=54.7\ \text{N}\cdot\text{m},\quad T=49.3\ \text{N}\cdot\text{m}$$

3）强度校核

$$\sigma_{\text{eq3}}=\frac{1}{W_z}\sqrt{M^2+T^2}=\frac{1}{0.1\times32^3}\sqrt{54\ 700^2+49\ 300^2}\ \text{MPa}=22.5\ \text{MPa}<[\sigma]$$

$$\sigma_{eq4}=\frac{1}{W_z}\sqrt{M^2+0.75T^2}=\frac{1}{0.1\times 32^3}\sqrt{54\ 700^2+0.75\times 49\ 300^2}\ \text{MPa}=21.2\ \text{MPa}<[\sigma]$$

满足强度条件，所以轴是安全的。

5.3　材料的选择及结构工艺性

1. 材料选择

机械零件的常用材料有铁碳合金和有色金属。铁碳合金包括各种牌号的钢、铸钢和铸铁。有色金属包括铜合金、铝合金和轴承合金。目前，各种非金属材料和复合材料也获得了广泛应用。常用材料的性能和应用将结合具体零件在后续章节中介绍。

材料选择是机械设计的一项重要内容。选择材料应综合考虑零件的用途、工作条件、受力大小及应力性质、外形尺寸和重要程度等具体情况，保证零件在使用过程中具有良好的工作能力，便于加工以及具有较低的成本，一般要满足下列要求：

(1) 使用要求

首先，要保证机械零件在预期寿命内不失效；其次，还应满足其他要求，如质量小、尺寸准确、防腐蚀等。

若零件尺寸取决于强度，且尺寸和质量又有所限制，则应选用强度较高的材料；若零件尺寸取决于刚度，则应选用弹性模量较大的材料；若零件尺寸取决于接触强度，则应选用能进行淬火或表面热处理的材料，如调质钢、渗碳钢、渗氮钢。对于在滑动动摩擦条件下工作的零件，应选用耐磨性、减摩性好的材料。

(2) 工艺要求

工艺要求主要考虑零件及其毛坯制造的可能性和难易程度。结构复杂、尺寸较大的零件不宜用锻造方法制造毛坯；如果采用铸造或焊接方法，则材料必须具有良好的铸造性能和焊接性能。选用铸造方法还是焊接方法，应视批量大小而定。对于锻件，还要根据批量大小来决定采用模锻还是自由锻。此外，还应考虑材料的加工性能和热处理工艺性。

(3) 经济要求

首先考虑材料本身的价格，在满足使用要求的前提下，应尽量选择价格低廉的材料，表 5.2 所列为常用材料的相对价格。同时，要考虑材料的加工费用，如箱体零件，在单体生产时选用钢板焊接比铸铁铸造经济，因为可以省去制作型模的费用；采用无切削或少切屑毛坯，如精铸、冲压、模锻、粉末冶金等，可以提高材料的利用率；采用局部品质增强原则，可以满足零件不同部位对材料的不同要求，如蜗轮的轮齿必须具有良好的耐磨性和抗胶合能力，而轮体则只是一般的强度，因此可采用铸铁轮芯外套青铜齿圈，以节省贵重的青铜；也可以采用不同的热处理方法使各局部的要求得到满足；选择材料还要考虑材料的供应情况，应尽可能减少同一台机器上使用的材料品种和规格。

表 5.2 常用材料的相对价格

材料种类	相对价格/(万元·吨$^{-1}$)	材料种类	相对价格/(万元·吨$^{-1}$)
铸铁	1	钢板	3
普通碳钢	3	角钢	2.5～3
优质碳钢	4.5	工字钢	2.6～2.8
弹簧钢	7.5～8.7	槽钢	2.4～2.8
铬钢	11	铜管	37～75
钼钢	11.5	黄铜及紫铜板	34～39
镍钢	12	黄铜及紫铜棒	32～37
铬钒钢	12	铅板	16～18.6
铬镍钢	12.5～14	锌板	16～17.5
轴承钢	13～15	铝	16

2. 结构工艺性

在满足使用功能的前提下，设计者必须考虑所设计的零件要有良好的工艺性，即力求在制造和使用过程中做到生产率高、材料消耗少、成本低。为使零件具有良好的工艺性，应合理选择材料、毛坯，设计合理的结构，规定适当的精度和表面粗糙度。

3. 标准化、系列化及通用化

标准化通常是指把产品的形式、尺寸、参数、性能等统一规定为数量有限的几种并作为标准执行。按规定标准生产的零件称为标准件。标准化带来的好处有：①由专门化工厂大量生产标准件，能够保证质量、节约材料、降低成本；②选用标准件，简化设计工作，缩短产品生产周期；③对于实行参数标准化的零件，可以减少刀具和量具的规格，便于设计和制造；④增大互换性，简化机器的安装和维修。

系列化是指对于同一种产品，为了符合不同的使用要求，在同一基本结构或基本条件下，规定出若干辅助尺寸不同的产品系列。

通用化是指在不同规格的同类产品或不同类产品之间采用同一结构和尺寸的零件、部件，以减少零部件的种类，简化生产管理，降低成本和缩短生产周期。

由于标准化、系列化及通用化具有明显的优越性，所以在机械设计中应大力推广三化，贯彻采用各种标准。

本章知识点提示

1. 截面法求内力：

(1) 截开：将杆沿截面截开，取一边为研究对象，画受力图；

(2) 代替：以截面上的内力来代替另一部分对研究部分的作用；

(3) 平衡：对研究部分列出平衡方程，求出内力。

2. 拉伸(压缩)变形的强度计算公式：$\sigma=\frac{N}{A}\leqslant[\sigma]$。

3. 剪切变形的强度计算公式：$\tau=\frac{Q}{A}\leqslant[\tau]$。

挤压变形的强度计算公式：$\sigma_{jy}=\frac{P}{A_{jy}}$。

4. 梁的弯曲变形强度计算公式：$\sigma_{max}=\frac{M_{max}}{W_z}\leqslant[\sigma]$。

5. 圆轴的扭转变形强度计算公式：$\tau_{max}=\frac{T_{max}}{W_\rho}\leqslant[\tau]$。

6. 组合变形的强度计算公式：

(1) 弯曲与扭转组合变形的强度计算公式：

第四强度理论推出的强度条件 $\sigma_{eq3}=\frac{1}{W_z}\sqrt{M^2+T^2}\leqslant[\sigma]$；

第四强度理论推出的强度条件：$\sigma_{eq3}=\frac{1}{W_z}\sqrt{M^2+0.75T^2}\leqslant[\sigma]$。

(2) 拉伸(或压缩)与弯曲的组合变形的强度计算公式：

外力与梁轴倾斜的强度条件：$|\sigma_{min}|=\left|-\frac{P_x}{A}-\frac{M_{max}}{W_z}\right|\leqslant[\sigma]$；

偏心压缩(或拉伸)的强度条件：$\sigma_{max}=\frac{P}{A}+\frac{Pe}{W_z}\leqslant[\sigma]$。

思考题

5.1 机械零件主要失效形式有哪些？试分析轴的失效形式。

5.2 试分析齿轮传动的设计计算准则。

5.3 接触应力有什么特点？接触疲劳强度条件是什么？

5.4 计算转矩 $T_C=KT$，其中 K 反映载荷的什么变化情况？

5.5 对于普通碳素钢制作的梁，当刚度不够时，是否可以用高强度钢替代原材料以增加梁的刚度？

5.6 为什么火车车轮采用铸钢轮芯上热套一个轮圈的结构？

习　题

5.1 空气泵操纵杆的尺寸及受力如题 5.1 图所示，试求 Ⅰ-Ⅰ 截面的内力。

5.2 电车架空线立柱结构简图如题 5.2 图(a)所示，其计算简图如题 5.2 图(b)所示。假设已知力 P 与长度 a、b，试求 $m-m$ 截面和 $n-n$ 截面上的内力。

5.3 求题 5.3 图所示铰接结构 CD 杆中的内力。

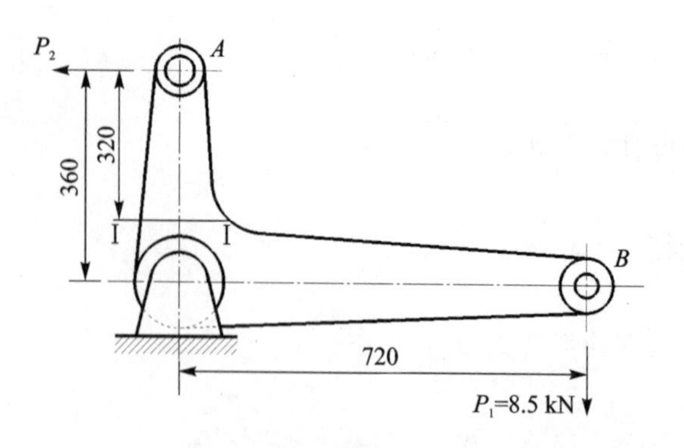

题 5.1 图

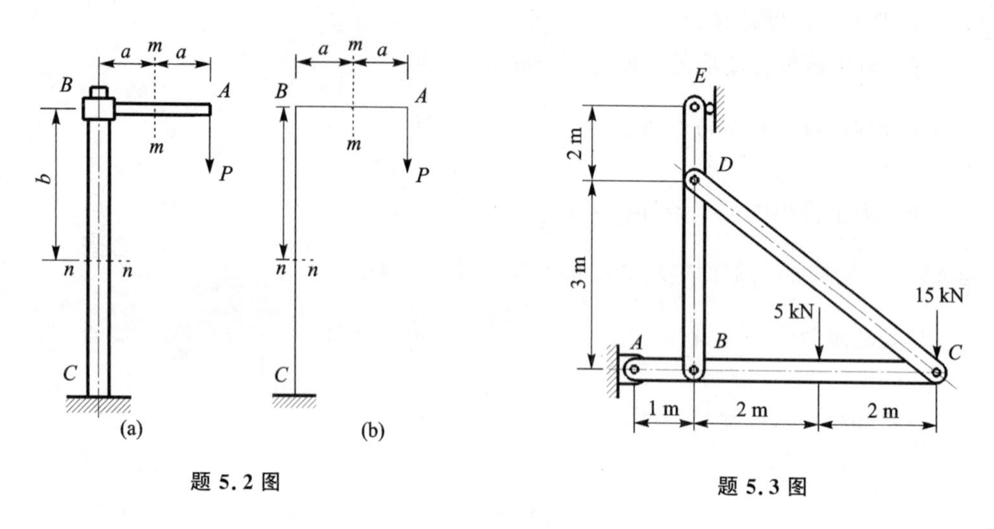

题 5.2 图

题 5.3 图

5.4 题 5.4 图所示为折杆，在 D 端受到力 P 的作用。分析各段的基本变形形式，并计算 A 和 C 两个横截面上的内力大小。

5.5 等直杆 AB 受集中力 P 及轴向均匀分布力 q 的作用，如题 5.5 图所示。若已知 $m-m$ 截面上各点沿 x 轴方向的位移 $\mu=\dfrac{x}{EA}\left[P+q\left(1-\dfrac{x}{2}\right)\right]$（其中，$E$ 及 A 为常数），试求 $m-m$ 截面上各点在 x 轴方向上的线应变，并绘出此应变沿杆轴线的变化图。

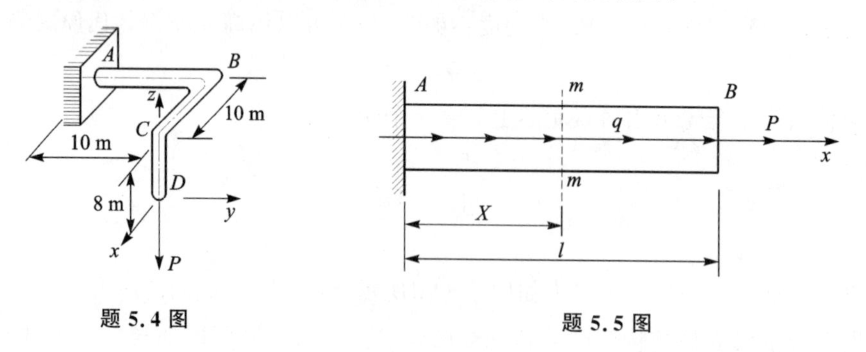

题 5.4 图

题 5.5 图

5.6 梁 AB 的截面为 100 mm×100 mm 的正方形，受力如题 5.6 图所示。若 $P=3$ kN，试作梁的轴力图及弯矩图，并求最大拉应力及最大压应力。

5.7 题 5.7 图所示为皮带轮轴，皮带拉力分别为 $P_1=4$ kN，$P_2=2$ kN，$P_3=2$ kN，$P_4=1$ kN，皮带轮直径 $D_1=1$ m，$D_2=2$ m，$L=2$ m，$a=0.5$ m，轴径 $d=80$ mm，轴材料的许用应力 $[\sigma]=60$ MPa。试按第四强度理论校核轴的直径。

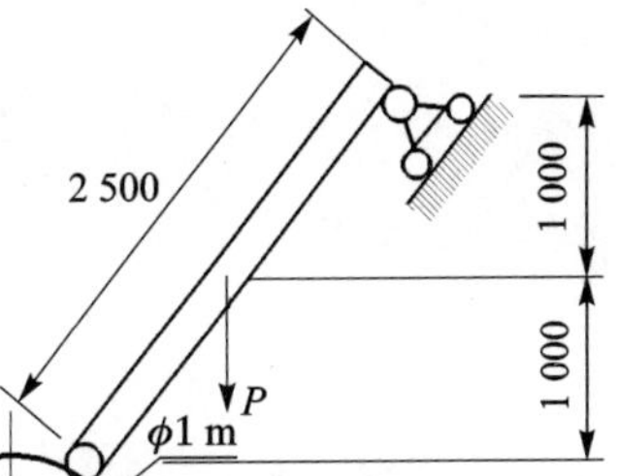

题 5.6 图

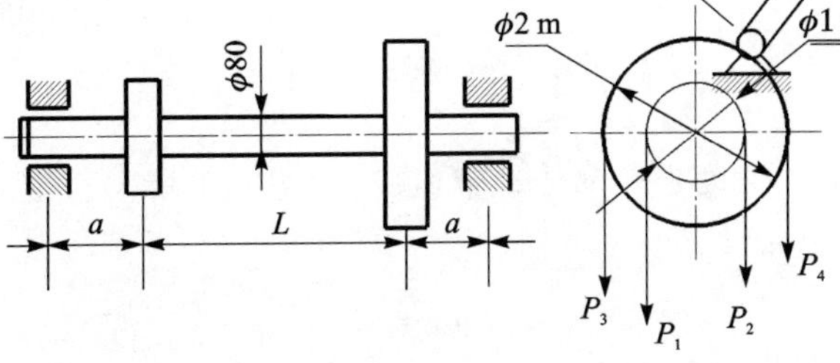

题 5.7 图

5.8 某汽轮机齿轮减速箱第一根传动轴的输入转矩 $M_O=16.67$ kN·m。已知：齿轮节圆直径 $D=369$ mm，作用于齿轮上的圆周力 $F_z=84.2$ kN，经向力 $F_y=30.6$ kN，轴的跨度 $L=650$ mm，材料的许用应力 $[\sigma]=150$ MPa，齿轮位于轴的跨中，如题 5.8 图所示。试按第三强度理论设计轴的直径。

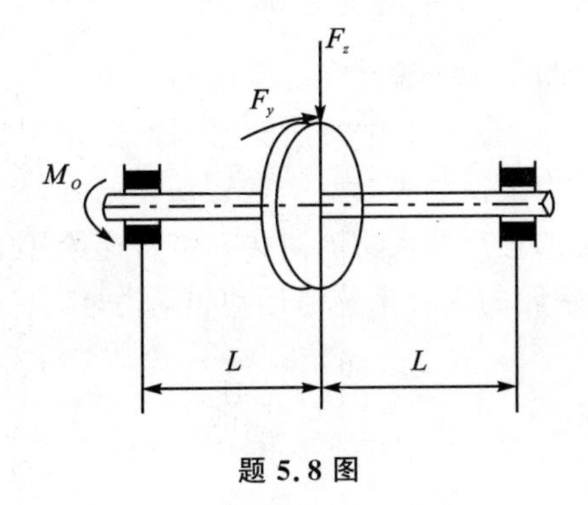

题 5.8 图

第6章　带传动

6.1　概　述

带传动是由主动带轮、从动带轮和传动带组成,如图6.1所示。带传动主要分成两大类,即摩擦型带传动和啮合型带传动。

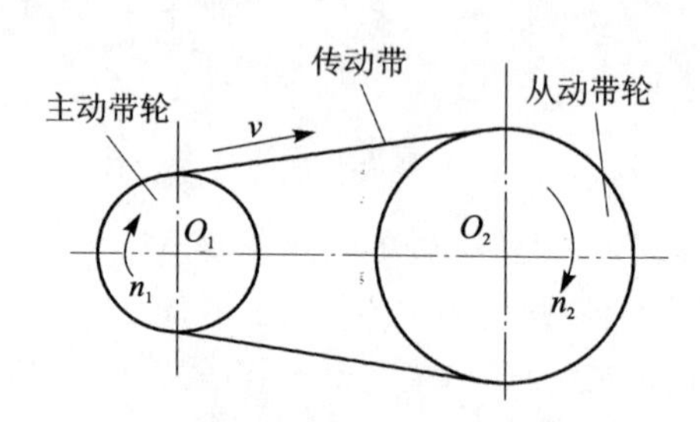

图6.1　带传动

摩擦型带传动靠带和带轮间的摩擦力传递运动和动力。工作时传动带以一定的初拉力F_0紧套在带轮上,在F_0作用下,带与带轮的接触面间产生正压力,当主动轮回转时,接触面间产生摩擦力,主动轮靠摩擦力使传动带与其一起运动。同时,传动带靠摩擦力驱使从动轮与其一起转动,从而使主动轴上的运动和动力通过传动带传递给从动轴。

啮合型带传动靠带齿与带轮的啮合来传递运动和动力,综合了链传动和齿轮传动的优点。

6.1.1　带传动的特点

带传动的特点如下:

① 传动带具有良好的弹性,能够缓和冲击,吸收振动,因此传动平稳,无噪声。

② 传动带与带轮是通过摩擦力传递运动和动力的,因此过载时,传动带在轮缘上会打滑,从而可以避免其他零件的损坏,起到安全保护的作用。但传动效率低,带的使用寿命短,轴、轴承承受的压力较大,同时由于带的滑动,不能保证固定不变的传动比。

③ 结构简单,制造和安装精度要求低,使用维护方便。

④ 适宜用在两轴中心距较大的场合,传动的外廓尺寸较大。

6.1.2　带传动的主要类型及应用

带传动按照传动带截面形状及原理不同常分以下几类:

1. 平带传动

平带的截面为扁平矩形,带内面与带轮接触,即内面为工作面,如图6.2(a)所示。平带有普通平带、编织平带和高速环形平带等多种,普通平带较常用。平带传动结构简单,带轮制造方便,平带质轻且挠曲性好,故应用于高速和中心距较大的传动。

2. V 带传动

V 带的横截面为等腰梯形，二侧面为工作面，如图 6.2(b)所示。若 V 带和平带以相同的力 Q 压向带轮，则两者所产生的摩擦力大小是不同的。

平带产生的摩擦力为

$$F = fN = fQ \tag{6.1}$$

V 带产生的摩擦力为

$$F' = 2fN = 2fQ\frac{1}{2\sin\frac{\varphi}{2}} = \frac{f}{2\sin\frac{\varphi}{2}}Q = f_{\mathrm{v}}Q \tag{6.2}$$

式中：φ 为带槽轮角，V 带轮有 4 个槽角值，分别为 32°、34°、36°和 38°；f 为摩擦系数；f_{v} 为当量摩擦系数，其值为

$$f_{\mathrm{v}} = \frac{f}{\sin\frac{\varphi}{2}} = \frac{f}{\sin\frac{38°}{2}} \sim \frac{f}{\sin\frac{32°}{2}} = (3.07 \sim 3.63)\ f$$

$$F' = (3.07 \sim 3.63)\ fQ \tag{6.3}$$

在相同的条件下，V 带传动比平带传动摩擦力大，故 V 带传动能传递较大的载荷，所以得到广泛应用，在一般机械中已取代平带传动。多楔带可代替根数较多的 V 带传动。

3. 圆带传动

圆带的横截面呈圆形，常用皮革制成，也有圆绳带和圆锦纶带等，它们的横截面均为圆形，如图 6.2(c)所示。圆带传动只适用于低速、轻载的机械，如缝纫机、真空吸尘器和牙科医疗器械等。

4. 同步带传动

它是靠带内侧的齿与带轮的齿相啮合来传递运动和动力的，如图 6.2(d)所示。

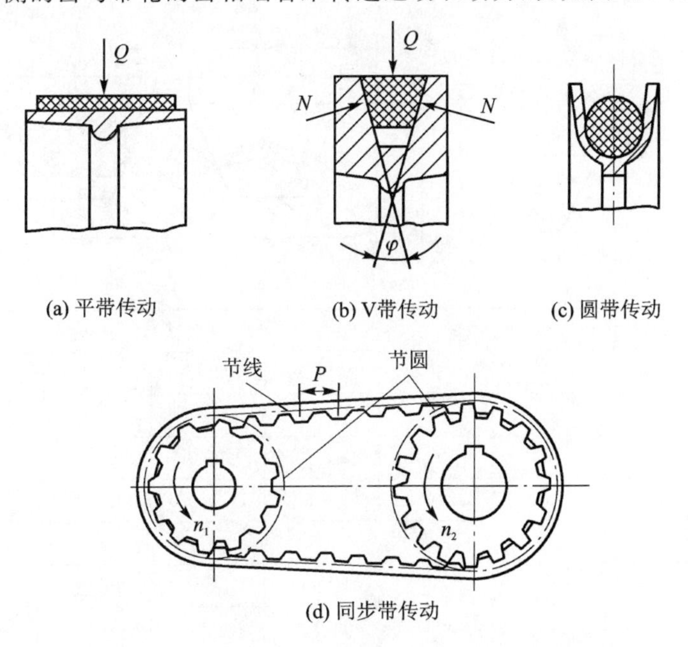

图 6.2　带传动的类型

6.2 V带的结构和标准

V带为无接头环形带，带两侧工作面的夹角 α 称为带的楔角，$\alpha=40°$。

V带由包布、顶胶、抗拉体和底胶4部分组成，其结构如图6.3所示。V带结构的包布为胶帆布，顶胶和底胶材料为橡胶。抗拉体是V带工作时的主要承载部分，结构有绳芯和帘布芯两种。帘布芯结构的V带抗拉强度较高，制造方便；绳芯结构的V带柔韧性好，抗弯强度高，适用于转速较高、带轮直径较小的场合。现在，生产中越来越多地采用绳芯结构的V带。

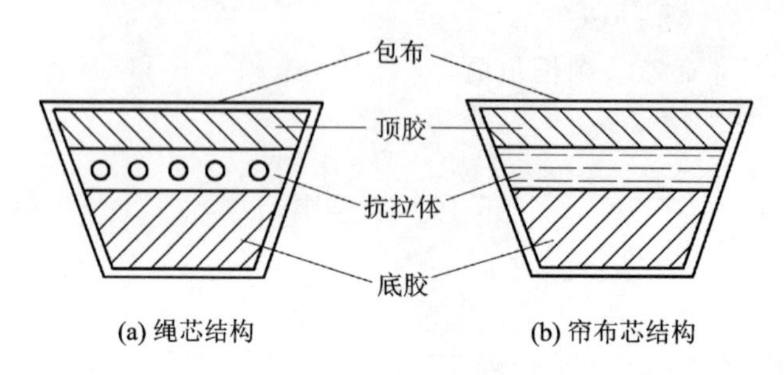

图6.3　V带结构

V带的尺寸已标准化(GB/T 11544—2012)，按截面尺寸自小至大，普通V带和窄V带共两大类型，分11种型号。普通V带分为Y、Z、A、B、C、D、E七种型号，窄V带有SPZ、SPA、SPB、SPC四种型号。V带的截面尺寸、V带轮轮槽尺寸(GB/T 1145—2012、GB/T 10412—2002)如表6.1所列。

表6.1　V带的截面尺寸、V带轮轮槽尺寸(GB/T 1145—2012、GB/T 10412—2002)

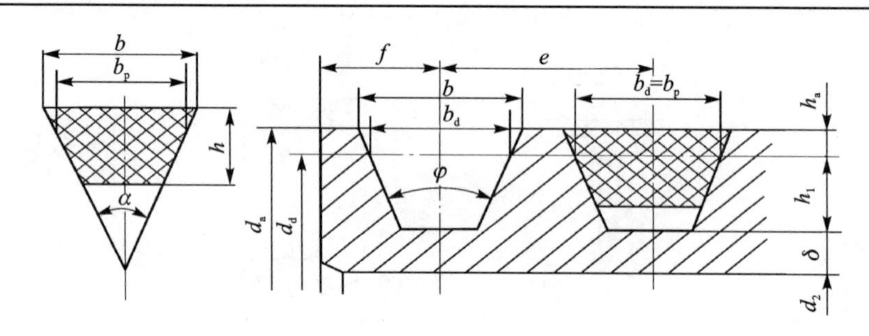

尺寸参数		V带型号						
		Y	Z(SPZ)	A(SPA)	B(SPB)	C(SPC)	D	E
V带	节宽 b_p/mm	5.3	8.5(8)	11.0	14.0	19.0	27.0	32.0
	顶宽 b/mm	6.0	10.0	13.0	17.0	22.0(32)	32.0	38.0
	高度 h/mm	4.00	6.0(8)	8.0(10)	11.0(14)	14.0(18)	19.0	23.0
	楔角 α/(°)	40						
	截面面积 A/mm^2	18	47(57)	81(94)	138(167)	230(278)	476	692
	每米带长质量 q/($kg \cdot m^{-1}$)	0.04	0.06(0.07)	0.10(0.12)	0.17(0.20)	0.30(0.37)	0.60	0.87

续表 6.1

尺寸参数		V 带型号						
		Y	Z(SPZ)	A(SPA)	B(SPB)	C(SPC)	D	E
V 带轮	基准宽度 b_d/mm	5.3	8.5	11.0	14.0	19.0	27.0	32.0
	槽顶 b/mm	≈6.3	≈10.1	≈13.2	≈17.2	≈23.0	≈32.7	≈38.7
	基准线至槽顶高 h_{amin}/mm	1.6	2.0	2.75	3.5	4.8	8.1	9.6
	基准线至槽底深 h_{fmin}/mm	4.7	7.0(9.0)	8.7(11.0)	10.8(14.0)	14.3(19.0)	19.9	23.4
	第一槽对称面至端面距离 f/mm	7±1	8±1	10^{+2}_{-1}	12.5^{+2}_{-1}	17^{+2}_{-1}	23^{+3}_{-1}	29^{+4}_{-1}
	槽间距 e/mm	8±0.3	12±0.3	15±0.3	19±0.4	25.5±0.5	37±0.6	45±0.7
	最小轮缘厚度 δ/mm	5	5.5	6	7.5	10	12	15
	轮缘宽 B/mm	按 $B=(z-1)e+2f$ 计算（z 为轮槽数）或查 GB/T 10412—1989						
	轮缘外径 d_a/mm	$d_a=d_d+2h_a$						
	轮槽数 z 范围	1～3	1～4	1～5	1～6	3～10	3～10	3～10
	槽角 φ 32° 相对应的基准直径 d_d/mm	≤60	—	—	—	—	—	—
	槽角 φ 34° 相对应的基准直径 d_d/mm	—	≤80	≤118	≤190	≤315	—	—
	槽角 φ 36° 相对应的基准直径 d_d/mm	>60	—	—	—	—	≤475	≤600
	槽角 φ 38° 相对应的基准直径 d_d/mm	—	>80	>118	>190	>315	>475	>600

V 带绕在带轮上产生弯曲变形，顶层部分受拉伸长，底层部分受压缩短，其中必有一层长度是不变的，我们把这层称为中性层。中性层面称为节面，节面的宽度称为节宽 b_p（见表 6.1 中的图）。在 V 带轮上，与配用 V 带节面处于同一位置的槽形轮廓宽度称为基准宽度 b_d，基准宽度处的带轮直径称为基准直径 d_d。在规定的张紧力下，V 带必位于带轮基准直径上的周线长度称为带的基准长度 L_d。普通 V 带基准长度 L_d 的标准系列值和每种型号带的长度范围如表 6.2 所列。

表 6.2　普通 V 带基准长度系列值和带长修正系数 K_L（GB/T 1145—2012）

基准长度 L_d/mm	带长公差/mm		带长修正系数 K_L						
基本尺寸	极限偏差	配组公差	Y	Z	A	B	C	D	E
200～500	略，可参看 GB/T 13575.1—1992								
560	+13	2		0.94					
630	−6			0.96	0.81				
710	+15			0.99	0.82				
800	−7			1.00	0.85				
900	+17			1.03	0.87	0.81			
1 000	−8			1.06	0.89	0.84			
1 120	+19			1.08	0.91	0.86			
1 250	−10			1.11	0.93	0.88			

续表 6.2

基准长度 L_d/mm	带长公差/mm		带长修正系数 K_L						
基本尺寸	极限偏差	配组公差	Y	Z	A	B	C	D	E
1 400	+23	4		1.14	0.96	0.90			
1 600	−11			1.16	0.99	0.93	0.84		
1 800	+27			1.18	1.01	0.95	0.85		
2 000	−13				1.03	0.98	0.88		
2 240	+31	8			1.06	1.00	0.91		
2 500	−16				1.09	1.03	0.93		
2 800	+37				1.11	1.05	0.95	0.83	
3 150	−18				1.13	1.07	0.97	0.86	
3 550	+44	12			1.17	1.10	0.98	0.89	
4 000	−22				1.19	1.13	1.02	0.91	
4 500	+52					1.15	1.04	0.93	0.90
5 000	−26					1.18	1.07	0.96	0.92
5 600	+63	20					1.09	0.98	0.95
6 300	−32						1.12	1.00	0.97
7 100	+77						1.15	1.03	1.00
8 000	−38						1.18	1.06	1.02
9 000～16 000	略,可参看 GB/T 13575.1—1992								

V 带的高度 h 与其节宽 b_p 之比称为相对高度。普通 V 带的相对高度约为 0.7,窄 V 带的相对高度约为 0.9。窄 V 带截面形状不同于普通 V 带,其传动功率大,具体形状见 GB/T 10413—2002。

普通 V 带的标记如 A2000 GB/T 11544—2012,其含义为 A 型普通 V 带,基准长度 L_d=2 000 mm,标准号为 GB/T 11544—2012。

V 带已标准化,因此每根 V 带顶面应有水洗不掉的标记,还应包括制造厂名或商标、配组代号和制造年月等。

6.3 V 带传动的工作能力分析

6.3.1 带传动的受力分析

当 V 带传动(简称“带传动”)未运转时,由于带紧套在带轮上,带在带轮两边所受的初拉力相等,均为 F_0,如图 6.4(a)所示;当带传动工作时,主动轮 1 作用在带上的摩擦力使带运行,带又通过摩擦力驱动从动轮 2,由于带在主、从动轮上所受的摩擦力方向相反,所以使带在带轮两边的拉力发生变化,如图 6.4(b)所示。带绕进主动轮的拉力增大,被拉得更紧,称为紧边;绕出主动轮的那一边拉力减小,有所放松,称为松边。两边拉力的差值为有效拉力,以 F_t 表示,紧边拉力为 F_1,松边拉力为 F_2,则

$$F_t = F_1 - F_2 = \sum F_f \tag{6.4}$$

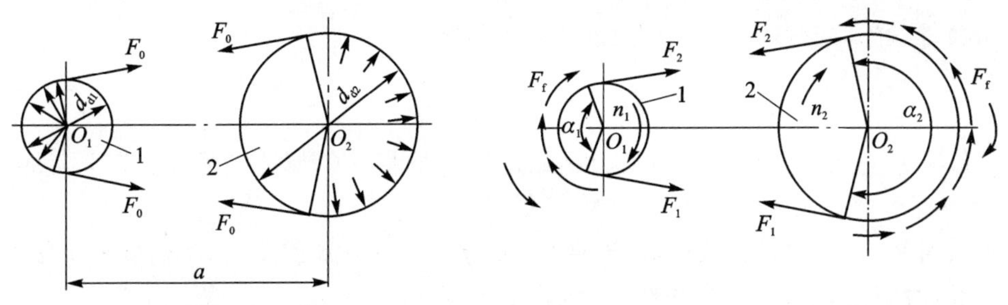

(a) 工作前初拉力F_0　　(b) 工作后紧边拉力F_1>松边拉力F_2

1—主动轮；2—从动轮

注：图 6.4(b)中的外侧箭头表示带在轮上的相对滑动方向。

图 6.4　带传动的受力分析

假定带工作时的总长度不变，则紧边拉力的增大量 $F_1 - F_0$ 近似等于松边拉力的减小量 $F_0 - F_2$，即

$$F_1 - F_0 = F_0 - F_2$$

整理得

$$F_1 + F_2 = 2F_0$$

所以

$$F_1 = F_0 + \frac{F_t}{2}, \quad F_2 = F_0 - \frac{F_t}{2}$$

$$F_t = \sum F_f$$

如果传递功率为 P(kW)，传动速度为 v(m/s)，则

$$F_t = \frac{1\ 000\ P}{v} \tag{6.5}$$

6.3.2　带传动的应力分析

传动带工作时受到 3 种应力，如下：

1. 拉力引起的应力 σ_1 和 σ_2

由紧边拉力 F_1、松边拉力 F_2 所产生的拉应力分别为

$$\sigma_1 = \frac{F_1}{A}$$

$$\sigma_2 = \frac{F_2}{A}$$

式中：A 为 V 带的横截面积(mm^2)，详见表 6.1。

2. 离心力引起的应力 σ_c

沿带轮轮缘弧面运动的传动带，由于具有一定的质量，因此受到离心力 F_c 的作用，产生的离心应力为

$$\sigma_c = \frac{F_c}{A} = \frac{\frac{qv^2}{g}}{A} = \frac{qv^2}{gA}$$

式中:q 为传动带单位长度的质量(N/m),见表 6.1;v 为传动带速度 (m/s)。

3. 传动带的弯曲应力 $\boldsymbol{\sigma}_{\mathrm{b}}$

V 带绕经带轮时变弯曲,产生的弯曲应力近似为

$$\sigma_{\mathrm{b}} \approx \frac{2h_{\mathrm{a}}E}{d_{\mathrm{d}}}$$

式中:h_{a} 为 V 带基准线至顶面的距离,mm;E 为 V 带材料的弹性模量;d_{d} 为带轮的基准直径,mm。

由上式可知,当带轮直径越小,带越厚时,带的弯曲应力就越大,寿命就越短。显然,V 带绕经小带轮时的弯曲应力 σ_{b1} 大于绕经大带轮时的弯曲应力 σ_{b2}。

综上所述,传动带应力分布情况如图 6.5 所示。V 带在交变应力状态下工作,最大应力 $\sigma_{\max}$ 发生在紧边带与小带轮相切处,其值为

$$\sigma_{\max} = \sigma_1 + \sigma_2 + \sigma_{\mathrm{b1}} \tag{6.6}$$

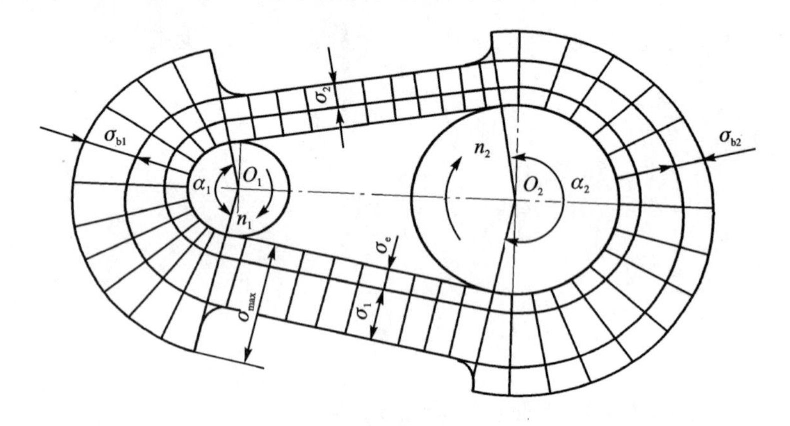

图 6.5 传动带应力分布图

因此,为了保证带传动能正常工作,V 带必须具有足够的疲劳强度。

6.3.3 带传动的运动分析

在带传动中,如果不考虑传动带在带轮上的滑动,则传动带与两带轮的圆周速度相等。

若主动轮和从动轮的直径分别为 d_1 和 d_2(单位为 mm),转速分别为 n_1 和 n_2(单位为 r/min),则传动带的速度为

$$v = \frac{\pi d_1 n_1}{60 \times 1\,000} = \frac{\pi d_2 n_2}{60 \times 1\,000} \tag{6.7}$$

因此,可得理想传动比为

$$i = \frac{n_1}{n_2} = \frac{d_2}{d_1}$$

但带传动在工作时,传动带在带轮上不可避免地要产生滑动,使从动轮的实际转速低于理论转速。如果滑动严重,还将影响传动的正常进行,因此有必要对带传动中的滑动现象进行分析研究。

在带传动中,传动带在带轮上的滑动有以下两种:

1. 弹性滑动

传动带具有一定的弹性,受到拉力后要产生弹性伸长,拉力大伸长量也大。当传动带工作

时，紧边拉力 F_1 比松边拉力 F_2 大，所以紧边比松边产生的弹性变形量也大。当传动带绕入主动带轮时，轮上的 A 点和带上的 B 点重合(见图 6.6)，两者线速度相等。随着主动带轮的转动，带上 B 点所在截面的拉力由 F_1 逐渐减小到 F_2，因而带的伸长量也相应地逐渐减小。这样，当轮上的 A 点转到了 A_1 点时，带上的 B 点才到 B_1 点，B_1 点滞后于 A_1 点。由此可见，在传动带随主动带轮运动的过程中，在轮缘表面上逐渐缩短，有向后的微小滑动，使带的线速度 v 落后于主动轮的线速度 v_1。当传动带绕入从动带轮时，带上的 C 点和轮上的 D 点重合。传动带由松边过渡到紧边，所以带所受的拉力 F_2 逐渐增大到 F_1，带的变形量也逐渐增加。因此，当带上的 C 点移到 C_1 点时，轮上的 D 点才转到 D_1 点，D_1 点滞后于 C_1 点。可见，传动带在从动带轮轮缘表面上有向前的微小滑动，使传动带的线速度 v_1 大于从动带轮的线速度 v_2。

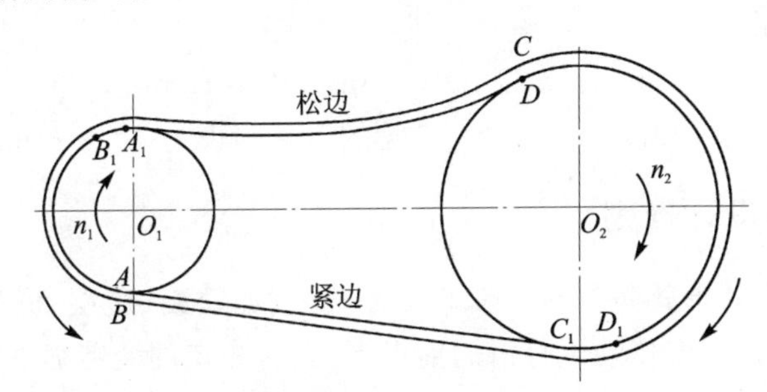

注：外侧箭头表示带在轮上的相对滑动方向。

图 6.6　弹性滑动

这种由于带内拉力变化造成弹性变形量改变而引起带与带轮间的相对滑动，称为带的弹性滑动。这是摩擦型带传动正常工作时的固有特性，是不可避免的。

弹性滑动导致传动效率降低、带磨损、从动轮的圆周速度低于主动轮的圆周速度、传动比不准确。从动轮圆周速度降低的相对值称为滑动率，用 ε 来表示，其表达式如下：

$$\varepsilon=\frac{v_1-v_2}{v_1}=1-\frac{d_{d2}n_2}{d_{d1}n_1}=1-\frac{d_{d2}}{d_{d1}i} \tag{6.8}$$

式中：n_1、n_2 分别为主、从动轮的转速，r/min。从式(6.8)中可以得出：

从动轮转速为

$$n_2=(1-\varepsilon)\frac{d_{d1}n_1}{d_{d2}}$$

传动比为

$$i=\frac{n_1}{n_2}=\frac{d_{d2}}{d_{d1}(1-\varepsilon)}$$

滑动率 ε 与带材料和载荷的大小有关。在正常传动中，$\varepsilon=1\%\sim2\%$。对于输出转速要求不高的机械，ε 可略去不计，于是传动比为

$$i=\frac{n_1}{n_2}\approx\frac{d_{d2}}{d_{d1}}$$

2. 打　滑

带传动是靠传动带与带轮之间的摩擦力进行的，而摩擦力的最大值是有一定限度的。当所需要的圆周力小于传动带与带轮之间所产生的摩擦力时，传动带与带轮间仅产生微小的滑动(弹性滑动)；而当所需传递的圆周力大于传动带与带轮间产生的最大摩擦力时，传动带将在带轮上产生显著的相对滑动，这种滑动称为打滑。带传动产生打滑后就不能继续正常工作了，

这是要避免的。

例 6.1 已知普通 V 带传动，主动小带轮的直径 $d_{d1}=140$ mm，转速 $n_1=1\ 440$ r/min，从动轮直径 $d_{d2}=315$ mm，滑动率 $\varepsilon=2\%$。计算从动轮的转速 n_2，并求大带轮的转速损失。

解 1）滑动率 $\varepsilon=2\%$

$$n_2=(1-\varepsilon)\frac{d_{d1}n_1}{d_{d2}}=(1-0.02)\frac{140\times 1\ 440}{315}\ \text{r/min}=627.2\ \text{r/min}$$

2）不考虑弹性滑动

$$n_2=\frac{d_{d1}n_1}{d_{d2}}=\frac{140\times 1\ 440}{315}\ \text{r/min}=640\ \text{r/min}$$

3）大带轮的转速损失

$$(640-627.2)\ \text{r/min}=12.8\ \text{r/min}$$

故从动轮的转速 n_2 为 627.2 r/min，大带轮的转速损失为 12.8 r/min。

6.3.4 V 带传动的设计准则

V 带传动的主要失效形式是打滑和带的疲劳破坏（如拉断、脱层、撕裂等）。因此，V 带传动的设计准则应为：在保证带传动不打滑的前提下，具有一定的疲劳强度和使用寿命。

6.3.5 单根 V 带的基本额定功率

单根 V 带所能传递的基本额定功率 P_1 可查表（见 GB/T 13575.1—2008 和 GB/T 13575.2—2008）确定。其中，表 6.3 摘列了 A、B、C 型单根普 V 带在规定条件（载荷平稳、包角 $\alpha_1=180°$、传动比 $i=1$、规定带长）下的基本额定功率。在尺寸和运转条件相同的情况下，单根狭窄 V 带的基本额定功率要比普通 V 带大得多，暂未摘录。

由表 6.3 可以看出，小带轮基准直径越大、转速越高，单根带所能传递的功率就越大。当传动比 $i\neq 1$ 时，由于带绕经大带轮时的弯曲应力较绕经小带轮时小，故可使带的疲劳强度有所提高，即能传递的功率增大。其增大量称为额定功率增量 ΔP_1，见表 6.3。

表 6.3 普通 V 带的额定功率 P_1 和功率增量 ΔP_1（GB/T 13575.1—2008）

型号	小带轮转速 n/(r·min^{-1})	小带轮基准直径 d_{d1}/mm 单根 V 带的额定功率 P_1/kW								传动比 i 额定功率增量 ΔP_1/kW					
		75	90	100	112	125	140	160	180	1.13～1.18	1.19～1.24	1.25～1.34	1.35～1.51	1.52～1.99	≥2.00
A	700	0.40	0.61	0.74	0.90	1.07	1.26	1.51	1.76	0.04	0.05	0.06	0.07	0.08	0.09
	800	0.45	0.68	0.83	1.00	1.19	1.41	1.69	1.97	0.04	0.05	0.06	0.08	0.09	0.10
	950	0.51	0.77	0.95	1.15	1.37	1.62	1.95	2.27	0.05	0.06	0.07	0.08	0.10	0.11
	1 200	0.60	0.93	1.14	1.39	1.66	1.96	2.36	2.74	0.07	0.08	0.10	0.11	0.13	0.15
	1 450	0.68	1.07	1.32	1.61	1.92	2.28	2.73	3.16	0.08	0.09	0.11	0.13	0.15	0.17
	1 600	0.73	1.15	1.42	1.74	2.07	2.45	2.54	3.40	0.09	0.11	0.13	0.15	0.17	0.19
	2 000	0.84	1.34	1.66	2.04	2.44	2.87	3.42	3.93	0.11	0.13	0.16	0.19	0.22	0.24

续表 6.3

型号	小带轮转速 n/(r·min^{-1})	小带轮基准直径 d_{d1}/mm								传动比 i					
		单根 V 带的额定功率 P_1/kW								1.13～1.18	1.19～1.24	1.25～1.34	1.35～1.51	1.52～1.99	≥2.00
										额定功率增量 ΔP_1/kW					
B		125	140	160	180	200	224	250	280						
	400	0.84	1.05	1.32	1.59	1.85	2.17	2.50	2.89	0.06	0.07	0.08	0.10	0.11	0.13
	700	1.30	1.64	2.09	2.53	2.96	3.47	4.00	4.61	0.10	0.12	0.15	0.17	0.20	0.22
	800	1.44	1.82	2.32	2.81	3.30	3.86	4.46	5.13	0.11	0.14	0.17	0.20	0.23	0.25
	950	1.64	2.08	2.66	3.22	3.77	4.42	5.10	5.85	0.13	0.17	0.20	0.23	0.26	0.30
	1 200	1.93	2.47	3.17	3.85	4.50	5.26	6.04	6.90	0.17	0.21	0.25	0.30	0.34	0.38
	1 450	2.19	2.82	3.62	4.39	5.13	5.79	6.82	7.76	0.20	0.25	0.31	0.36	0.40	0.46
	1 600	2.33	3.00	3.86	4.68	5.46	6.33	7.20	8.13	0.23	0.28	0.34	0.39	0.45	0.51
C		200	224	250	280	315	355	400	450						
	500	2.87	3.58	4.33	5.19	6.17	7.27	8.52	9.81	0.20	0.24	0.29	0.34	0.39	0.44
	600	3.30	4.12	5.00	6.00	7.14	8.45	9.82	11.29	0.24	0.29	0.35	0.41	0.47	0.53
	700	3.69	4.64	5.64	6.76	8.09	9.50	11.02	12.63	0.27	0.34	0.41	0.48	0.55	0.62
	800	4.07	5.12	6.23	7.52	8.92	10.46	12.10	13.80	0.31	0.39	0.47	0.55	0.63	0.71
	950	4.58	5.78	7.04	8.49	10.05	11.73	13.48	15.23	0.37	0.47	0.56	0.65	0.74	0.83
	1 200	5.29	6.71	8.21	9.81	11.53	13.31	15.04	16.59	0.47	0.59	0.70	0.82	0.94	1.06
	1 450	5.84	7.45	9.04	10.72	12.46	14.12	15.53	16.47	0.58	0.71	0.85	0.99	1.14	1.27

若普通 V 带传动的包角 α_1 和带长 L_d 不符合上述规定条件，则应对查出的 P_1 和 ΔP_1 进行修正。单根 V 带的许用功率为

$$[P_1]=(P_1+\Delta P_1)K_\alpha K_L \tag{6.9}$$

式中：K_α 为包角修正系数，查表 6.4；K_L 为带长修正系数，查表 6.2。

表 6.4　包角修正系数 K_α（GB/T 13575.1—2008）

包角 α_1/(°)	180	175	170	165	160	155	150	145	140	135	130	125	120
K_α	1.00	0.99	0.98	0.96	0.95	0.93	0.92	0.91	0.89	0.88	0.86	0.84	0.82

6.4　V 带传动设计

设计 V 带传动时，原始数据和已知条件有：原动机种类，带传动的用途和工况条件；所需传递的功率 P_1，小带轮转速 n_1，大带轮转速 n_2 或传动比 i；对传动外廓尺寸的要求等。

设计需确定的主要内容是：V 带型号、长度和根数；V 带传动的中心距；V 带作用于轴上的压力；V 带轮材料、结构尺寸、工作图等。

6.4.1　V 带设计

带传动的设计流程框图见图 6.7。

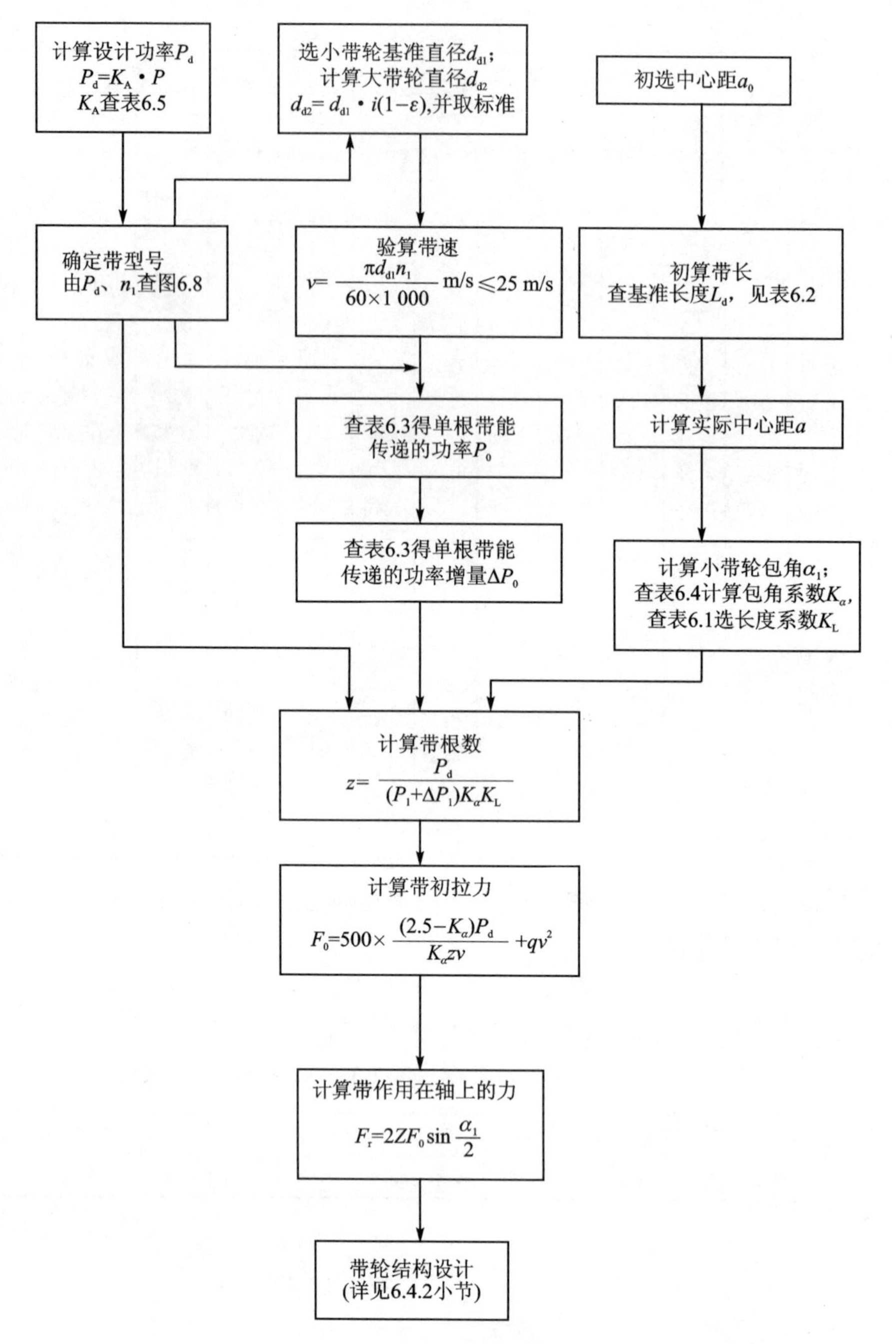

图 6.7　带传动的设计流程框图

带传动具体的设计过程如下：

1. 选择 V 带型号

V 带的型号根据传动的设计功率 P_d 和小带轮转速 n_1 按图 6.8 普通 V 带选型图进行选取。

$$P_d=K_A P$$

式中：P 为所需传递的功率(kW)；K_A 为工况系数，查表 6.5。

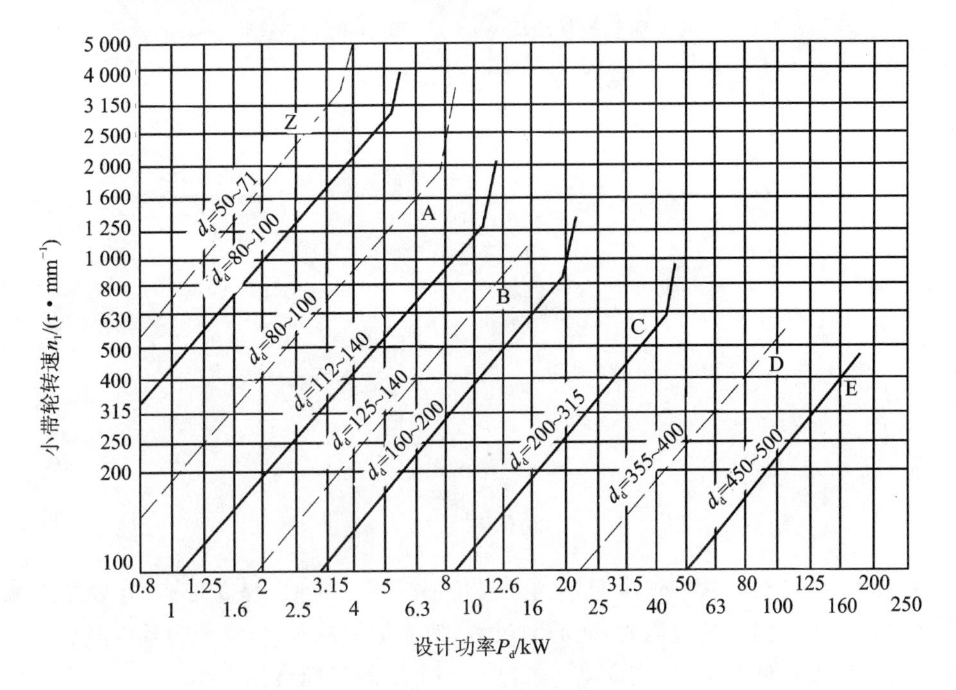

图 6.8　普通 V 带选型图

表 6.5　工况系数 K_A

工　况		K_A					
载荷性质	工作机	空、轻载启动			重载启动		
		每天工作小时数/h					
		<10	10～16	>16	<10	10～16	>16
载荷变动最小	体搅拌机，通风机和鼓风机(≤7.5 kW)，离心式水泵，压缩机，轻负荷输送机	1.0	1.1	1.2	1.1	1.2	1.3
载荷变动小	带式输送机，通风机(>7.5 kW)，旋转式水泵和压缩机(非离心式)，发电机，金属切削机床，印刷机等	1.1	1.2	1.3	1.2	1.3	1.4
载荷变动较大	斗式提升机，往复式水泵和压缩机，起重机，冲剪机床，橡胶机械，纺织机械等	1.2	1.3	1.4	1.4	1.4	1.6

注：1. 空、轻载启动——电动机(交流启动、三角启动、直流并励)、四缸以上的内燃机；
2. 重载启动——电动机(联机交流启动、直流复励或串励)、四缸以下的内燃机；
3. 在反复启动、正反转频繁等场合，将查出的系数乘以 1.2。

2. 确定带轮的基准直径以及验算带的速度

(1) 选择小带轮的基准直径 d_{d1}

小带轮基准直径 d_{d1} 是最重要的自选参数。当小带轮直径较小时，传动装置结构紧凑。但是小带轮直径小，弯曲应力就大，寿命就短，带轮圆周速度就低，需用的 V 带根数就多。因此，小带轮基准直径不能太小，表 6.6 规定了小带轮的最小直径，要求 $d_{d1} \geq d_{d1\min}$。同时，要参照图 6.8 选择合适的 d_{d1}。

表 6.6 普通 V 带轮的基准直径 d_d 系列值(GB/T 13575.1—2008)

槽型	Y	Z	A	B	C	D	E
d_{d1min}/mm	20	50	75	125	200	355	500
d_d 的范围/mm	20～125	50～630	75～800	125～1 125	200～2 000	355～2 000	500～2 500
d_d 标准系列值/mm	50 56 71 75 80 (85) (95) 100 (106) (112) (118) 125 (132) 140 150 160 170 180 200 210 224 236 250 265 280 300 315 335 355 375 400 425 450 (475) 500 530 560 (600) 630 670 710 (750) 800 (900) 1 000 1 060 1 120 1 250 1 400 1 500 1 600 1 800 2 000 2 240 2 500						

注:表中带括号的尺寸不常用,一般不推荐使用。

(2) 验算带的速度 v

带的速度 v 为

$$v = \frac{\pi d_{d1} n_1}{60 \times 1\ 000} \tag{6.10}$$

带的速度一般应在 5～25 m/s 范围内。当传递功率一定时,提高带速,有效拉力减小,可减少带的根数。但是当带速过高时,离心力过大,使摩擦力减小,传动能力反而降低,并影响带的寿命。若带速不在此范围内,则应增大或减小小带轮的基准直径。

(3) 确定大带轮的基准直径

大带轮的基准直径为 d_{d2}

$$d_{d2} = i\, d_{d1}(1 - \varepsilon) \tag{6.11}$$

计算出的 d_{d2} 应按表 6.6 圆整成相近的带轮基准直径系列值。

3. 确定中心距 a 和带的基准长度 L_d

(1) 初定中心距 a_0

中心距 a 为一重要参数,a 太小,则带的长度短,带应力循环频率高,寿命短,而且包角 α_1 小,传动能力低;a 过大,则将引起带的抖动,传动结构也不紧凑。初定中心距时,若无安装尺寸要求,a_0 可在如下范围内选取

$$0.7(d_{d1} + d_{d2}) \leqslant a_0 \leqslant 2(d_{d1} + d_{d2}) \tag{6.12}$$

(2) 确定带的基准长度 L_d

根据已定的带轮基准直径和初定的中心距 a_0,可按下式计算所需的基准直径 L_{d0}:

$$L_{d0} = 2a_0 + \frac{\pi}{2}(d_{d1} + d_{d2}) + \frac{(d_{d2} - d_{d1})^2}{4a_0} \tag{6.13}$$

根据 L_{d0} 由表 6.2 选取 L_d。

(3) 确定中心距 a

带传动的中心距 a 用下式计算:

$$a = A + \sqrt{A^2 + B} \tag{6.14}$$

式中:$A = \frac{L_d}{4} - \frac{\pi(d_{d1} + d_{d2})}{8}$;$B = \frac{(d_{d2} - d_{d1})^2}{8}$。

也可以近似计算如下:

$$a \approx a_0 + \frac{L_d - L_{d0}}{2}$$

为便于安装和调整中心距，需留出一定的中心距调整余量，即

$$\begin{cases} a_{max} = a + 0.03L_d \\ a_{min} = a - 0.015L_d \end{cases}$$

(4) 验算小带轮包角 α_1

$$\alpha_1 = 180° - 57.3° \times \frac{d_{d2} - d_{d1}}{a} \geqslant 120° \tag{6.15}$$

若 α_1 太小，则可增大中心距 a 或设置张紧轮。

4. 确定V带的根数 z

$$z = \frac{P_d}{[P_1]} = \frac{P_d}{(P_1 + \Delta P_1)K_\alpha K_L} \tag{6.16}$$

将 z 圆整取整数。为了使各根带间受力均匀，z 不能太多。标准规定各种类型所许用的带根数见表6.1。

5. 计算单根V带的初拉力 F_0

保证传动正常工作的单根V带合适的初拉力 F_0 为

$$F_0 = 500 \times \frac{(2.5 - K_\alpha)P_d}{K_\alpha z v} + qv^2 \tag{6.17}$$

6. 计算带作用于轴上的力 F_r

为了计算轴和选择轴承，需要确定带作用在带轮上的径向力 F_r（见图6.9），可近似按下式计算

$$F_r = 2zF_0 \sin\frac{\alpha_1}{2} \tag{6.18}$$

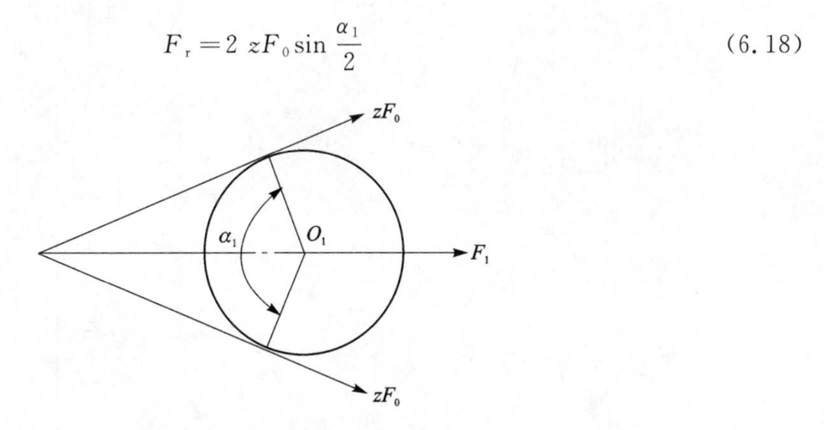

图6.9　带作用于轴上的力

6.4.2　V带轮设计

1. 带轮的设计要求

对V带轮的设计要求是：带轮质量小，有足够的强度；结构工艺性好；质量分布均匀；转速高时（带速 v>25 m/s）需要经过动平衡；应消除制造时产生的内应力；轮槽工作表面要精细加工（Ra 一般为3.2～6.3 μm）以减少带的磨损；各槽的尺寸和角度应保持一定的精度，以使载荷分布较为均匀等。

2. 带轮材料

带轮材料主要采用灰铸铁,有时也采用钢、铝合金或工程塑料等。带速 $v \leqslant 25$ m/s 时多用灰铸铁;$v > 25 \sim 45$ m/s 时,宜用铸钢(或用钢板冲压后焊接而成)和铝合金;低速或传递功率小时也可采用铸铝和工程塑料。

3. 带轮的结构尺寸

带轮结构一般由轮缘、轮辐(腹板)和轮毂 3 部分组成。图 6.10 所示为 V 带轮的结构。

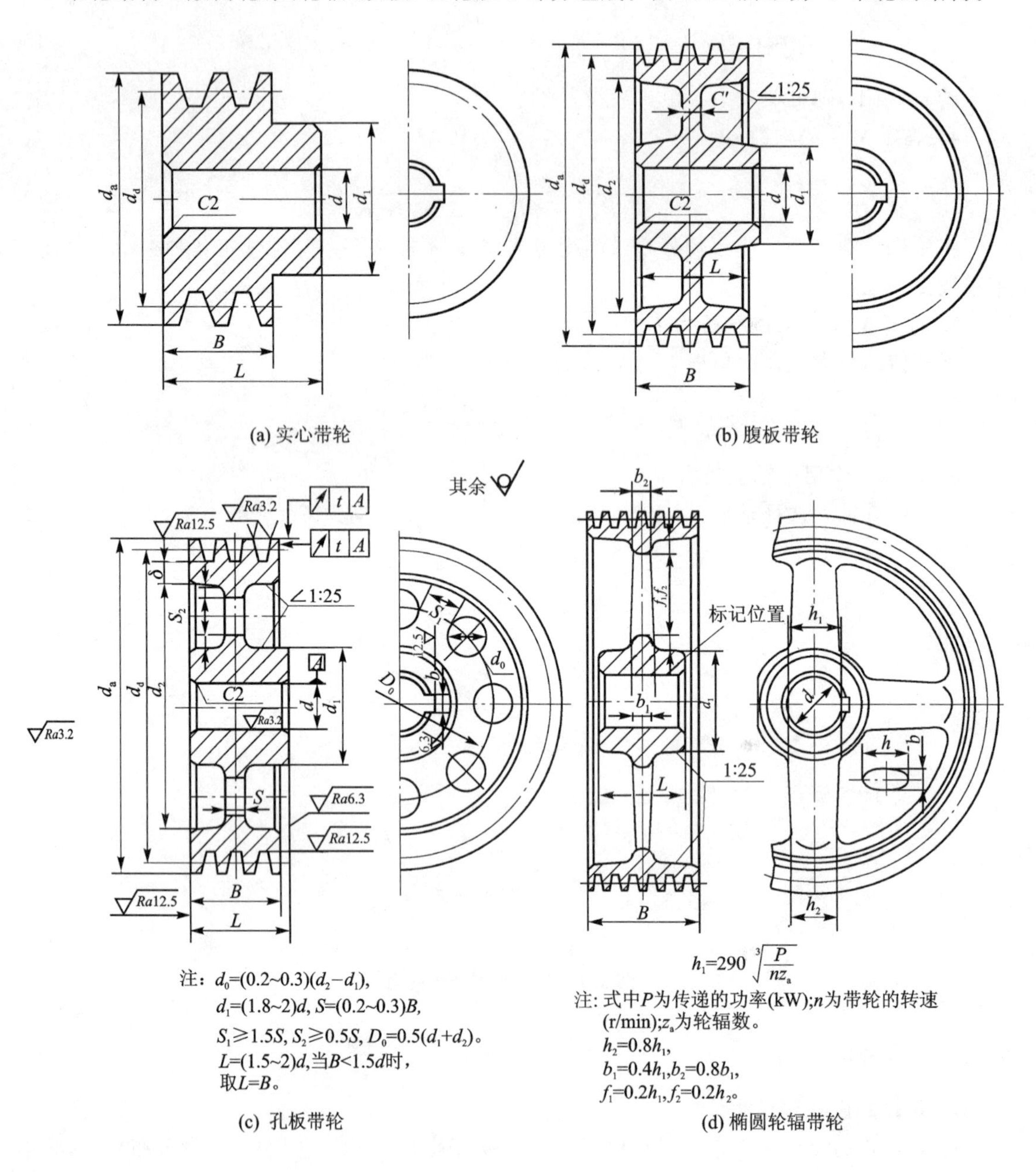

图 6.10 V 带轮的结构

轮缘是带轮上具有轮槽的部分,截面尺寸按表 6.1 选取。

轮毂是带轮与轴配合的部分，它的外径 d_1 和长度 L 按经验公式计算，见图 6.10。

轮辐是轮缘和轮毂联接部分，根据带轮基准直径 d_d 的不同可制成以下 4 种类型：

① 实心带轮 S 型：$d_d \leqslant (2.5 \sim 3)\,d$（$d$ 为轴的直径），采用实心带轮，轮毂与轮缘连成一体，见图 6.10(a)。

② 腹板带轮 P 型：$d_d \leqslant 250 \sim 300$ mm 时采用腹板带轮，见图 6.10(b)。

③ 孔板带轮 H 型：$d_d = 250 \sim 400$ mm，且轮缘与轮毂间距离 ≥100 mm 时，可在腹板上制出 4 个或 6 个均布孔，以减小质量和便于加工时装夹，见图 6.10(c)。

④ 椭圆轮辐带轮 E 型：$d_d > 400$ mm 时多采用椭圆轮辐带轮，见图 6.10(d)。

除上述类型外，还一种组合式带轮（卸荷带轮，见图 6.11）：带轮 2 与花键套 1 用螺钉连接，并支承在法兰 3 内的两个轴承上，当带轮转动时，带动花键套一起转动，进而带动轴 5 一起转动。皮带施加给带轮的径向力通过带轮 2、花键套 1、轴承、法兰 3 传递到箱体上。

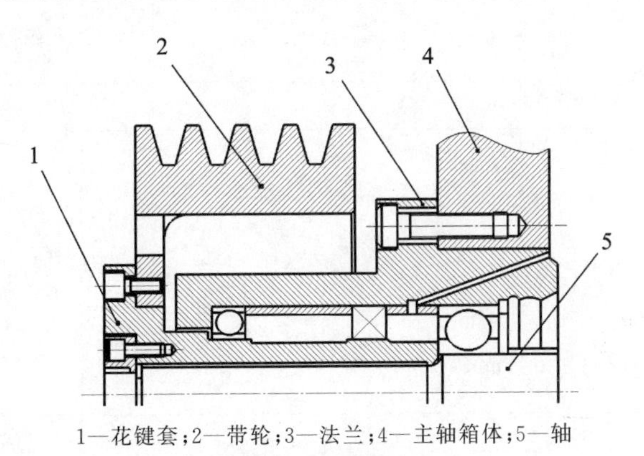

1—花键套；2—带轮；3—法兰；4—主轴箱体；5—轴

图 6.11　卸荷带轮

组合式带轮的特点：使轴 5 的花键只传递扭矩，不承受弯矩，从而避免因胶带拉力造成轴 5 的弯曲变形。

4. 带轮的结构设计

带轮的结构设计包括：根据带轮的基准直径选择结构形式；根据带的型号确定轮槽尺寸；根据经验公式确定带轮的腹板、轮毂等结构尺寸；然后绘制出带轮工作图，并标注出技术要求等。

5. 带轮的技术要求

带轮的技术要求主要有：带轮工作面不应有砂眼、气孔，腹板及轮毂不应有缩孔和较大的凹陷。带轮外缘棱角要倒圆或倒钝。轮槽间距的累积误差不得超过 ±0.8 mm。带轮基准直径公差是其基本尺寸的 0.8%，轮毂孔公差为 H7 或 H8。带轮槽侧面和轮毂孔的表面粗糙度 $Ra = 3.2\ \mu$m，位置公差为：当 $d_d = 120 \sim 250$ mm 时，取圆跳动 $t = 0.3$ mm；当 $d_d = 250 \sim 500$ mm 时，取圆跳动 $t = 0.40$ mm。此外，带轮一般要进行静平衡，高速时要进行动平衡。

例 6.2　试设计某机床用的普通 V 带传动。已知电动机功率 $P = 5.5$ kW，转速 $n_1 = 1\ 440$ r/min，传动比 $i = 1.92$，要求两带轮轴中心距不大于 800 mm，每天工作 16 h。

解　1) 设计项目、设计计算及说明（见表 6.7）

表 6.7 例 6.2

设计项目	设计计算	设计说明
1. 确定计算功率	$P_d=K_AP=(1.3\times5.5)$ W=7.15 W	查表 6.5 取工况系数 $K_A=1.3$
2. 选择 V 带型号	A 型	据 $n_1=1\,440$ r/min, $P_d=7.15$ kW, 查图 6.8
3. 确定带轮基准直径	$d_{d1}=112$ mm $d_{d2}=id_{d1}(1-\varepsilon)=[1.92\times112\times(1-0.015)]$ mm $=211.81$ mm 取 $d_{d2}=212$ mm	d_{d1} 查表 6.6 d_{d2} 结合图 6.8 查表 6.6
4. 验算 V 带速度	$v=\frac{\pi d_{d1}n_1}{60\times1\,000}$ m/s $=8.44$ m/s	v 在 5～25 m/s 之间
5. 初定中心距	取 $a_0=700$ mm	中心距＜800 mm
6. 确定带的基准长度 L_d	$L_{d0}=2a_0+\frac{\pi}{2}(d_{d1}+d_{d2})+\frac{(d_{d2}-d_{d1})^2}{4a_0}$ $=\left[2\times700+\frac{\pi}{2}(112+212)+\frac{(212-112)^2}{4\times700}\right]$ mm $=1\,912.5$ mm 取 $L_d=2\,000$ mm	查表 6.2 取最接近的带的标准基准长度值
7. 计算实际中心距	$A=\frac{L_d}{4}-\frac{\pi(d_{d1}+d_{d2})}{8}$ $=\left[\frac{2\,000}{4}-\frac{\pi(112+212)}{8}\right]$ mm $=372.77$ mm $B=\frac{(d_{d2}-d_{d1})^2}{8}=\frac{(212-112)^2}{8}$ mm $=1\,250$ mm $a=A+\sqrt{A^2-B}$ $=\left(372.77+\sqrt{372.77^2-1\,250}\right)$ mm $=744$ mm $a_{min}=a-0.015L_d=(744-0.015\times2\,000)$ mm $=714$ mm $a_{max}=a-0.03L_d=(744+0.03\times2\,000)$ mm $=804$ mm	计算 a_{max} 与 a_{min}，便于安装和调整中心距
8. 验算小带轮包角 α_1	$\alpha_1=180°-\frac{d_{d2}-d_{d1}}{a}\times57.3°$ $=180°-\frac{212-112}{744}\times57.3°=172.3°$	$\alpha_1>120°$，合适
9. 确定 V 带的根数 z	$z=\frac{P_d}{(P_1+\Delta P_1)K_\alpha K_L}$ $=\frac{7.15}{(1.6+0.15)\times0.985\times1.03}=4.027$ 取 $z=4$	由表 6.3 查得 $P_1=1.6$ kW，$\Delta P_1=0.15$ kW； 由表 6.4 查得 $K_\alpha=0.985$； 由表 6.2 查得 $K_L=1.03$

续表 6.7

设计项目	设计计算	设计说明
10. 计算初拉力 F_0	$F_0=500\times\frac{(2.5-K_\alpha)P_d}{K_\alpha zv}+qv^2$ $=\left[500\times\frac{(2.5-0.985)\times7.15}{0.985\times4\times8.44}+0.1\times8.44^2\right]$ N $=170$ N	查表 6.1 得 V 型带的 $q=0.10$ kg/m
11. 计算带作用在轴上的力 F_r	$F_r=2zF_0\sin\frac{\alpha_1}{2}$ $=\left(2\times4\times170\times\sin\frac{172.3°}{2}\right)$ N$=1\ 357$ N	设计轴及选择轴承时使用

设计结果：4 根 V 带。带的标记是：A2000 GB/T 11544—2012。

2）带轮结构设计

小带轮 $d_{d1}=112$ mm，采用实心轮。

大带轮 $d_{d2}=212$ mm，采用腹板轮。按表 6.1 和图 6.10 确定结构尺寸，$h_{amin}=2.75$ mm，取 $a=3$ mm，轮缘外径 $d_{a2}=d_{d2}+2h_a=(212+2\times3)$ mm$=218$ mm。取基准线至槽底深 $h_f=9$ mm，轮缘厚度 $\delta=12$ mm，基准宽度 $b_d=11.0$ mm，槽楔角 $\varphi=38°$，腹板厚度 $S=18$ mm；取轮缘宽度 $B=65$ mm，轮毂长度 $L=70$ mm，轴孔径 $d=40$ mm。大带轮的工作图如图 6.12 所示。

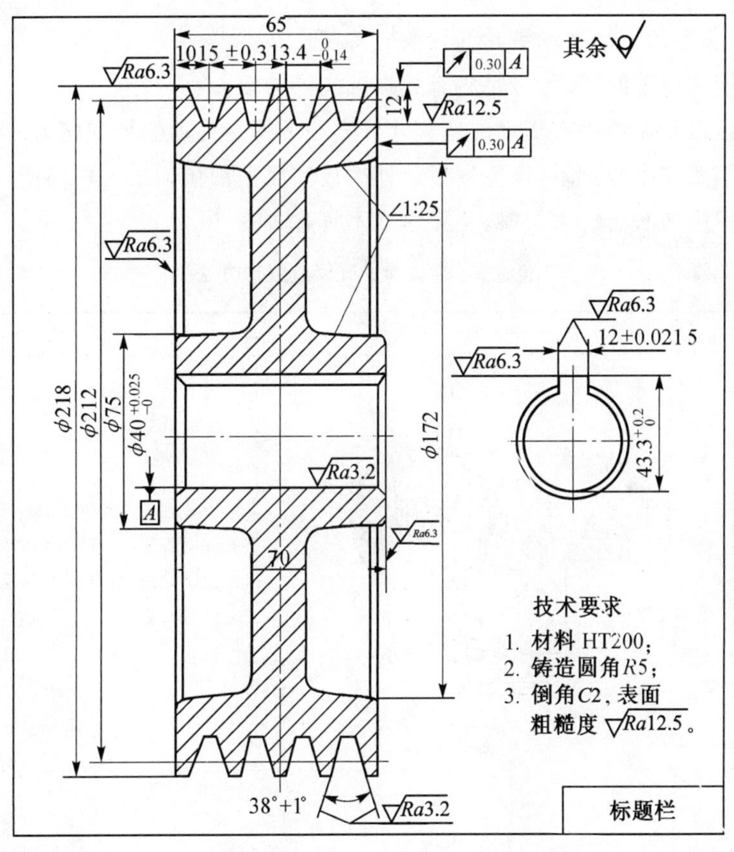

图 6.12　大带轮的工作图

6.5 V带传动的使用与维护

6.5.1 V带传动的张紧装置

为使带具有一定的初拉力，新安装的带在套装后需张紧；V带运行一段时间后，会产生磨损和变形，使带松弛而初拉力减小，需要将带重新张紧。常用的张紧方法见表6.8。

6.5.2 V带传动的使用与维护

为了保证传动能正常工作，延长带的使用寿命，应正确使用与维护带传动。

由于普通V带基准长度的极限偏差较大，对于多根V带传动，为使各根带受力均匀，应将带配组使用，即同一带传动中使用的V带除截型和基准长度 L_d 相同外，其配组代号也应相同，以使同组V带实际长度的误差在允许的配组公差范围内。配组代号是根据每根V带的实际偏差除以相应的配组公差而确定的，用带正负号的整数或“0”表示，如－2、－1、0、＋1、＋2等。配组代号压印在带的顶面上。新旧不同V带不能同时使用，如发现有的V带出现过度松弛或疲劳损坏，应全部更换新带。

注意事项：

① 安装时，主动带轮与从动带轮的轮槽应对正；

② 为了便于传动带的装拆，带轮应布置在轴的外伸端；

③ 传动带在带轮轮槽中有正确的位置才能充分发挥带传动的传动能力；

④ 带传动装置应有防护罩，以免发生意外事故和保护带传动的工作环境；

⑤ 带传动不应与酸、碱、油接触，工作温度不宜超过60 ℃。

表6.8 带传动的张紧装置和方法

张紧方法		示意图	说明
用调节轴的位置张紧	定期张紧	摆动机座 销轴 调整螺母	用于垂直或接近垂直的传动。 旋转调整螺母，使机座绕转轴转动，将带轮调到合适位置，使带获得需要的张紧力，然后固定机座位置

续表 6.8

张紧方法		示意图	说　明
用调节轴的位置张紧	定期张紧	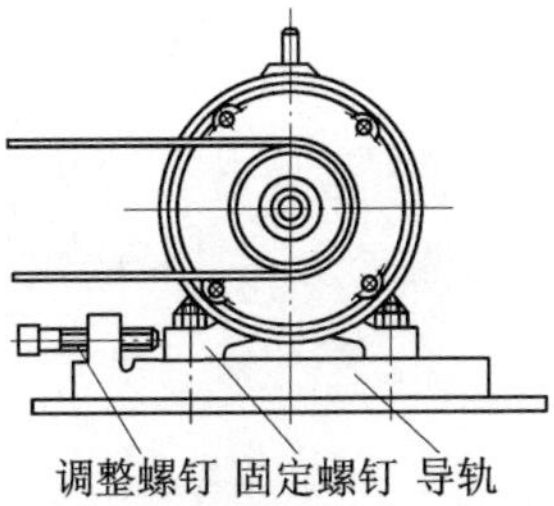 调整螺钉 固定螺钉 导轨	用于水平或接近水平的传动。 放松固定螺栓,旋转调节螺钉,可使带轮沿导轨移动,调节带的张紧力,当带轮调到合适位置时,即可拧紧固定螺栓
	自动张紧	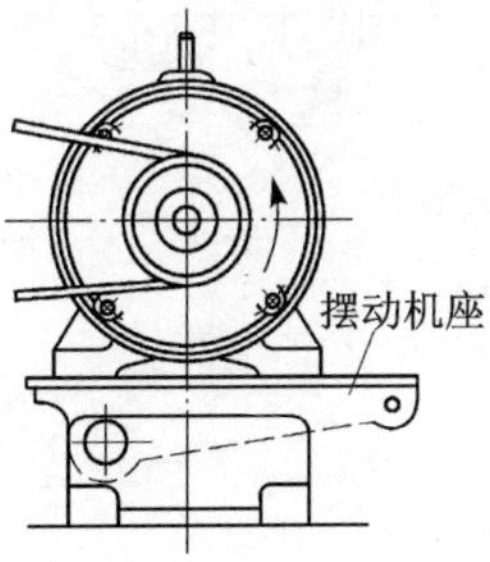 摆动机座	用于小功率传动。利用自重自动张紧传动带
用张紧轮张紧	定期张紧	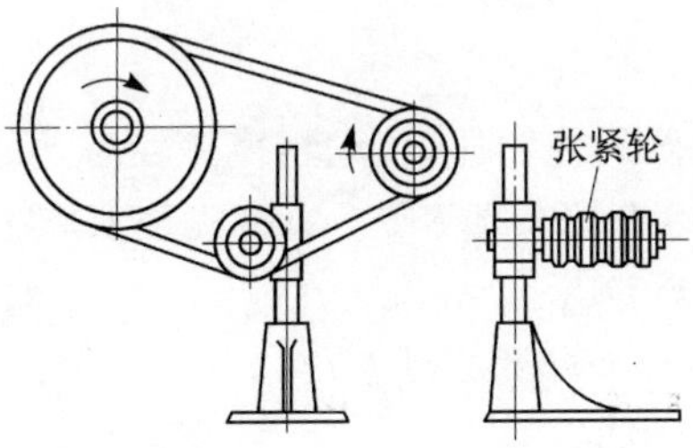 张紧轮	用于固定中心距传动。张紧轮安装在带的松边。为了不使小带轮的包角减小过多,应将张紧轮尽量靠近大带轮
	自动张紧	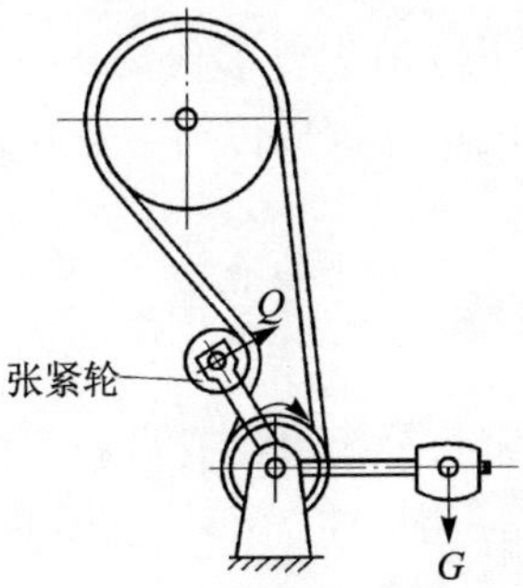 Q 张紧轮 G	用于中心距小、传动比大的场合,但寿命短,适宜平带传动。张紧轮可以装在平型带松边的外侧,并尽量靠近小带轮处,这样可以增大小带轮上的包角

6.6 同步带传动

6.6.1 同步带传动的特点及应用

同步带传动是由一根内圆表面设有等间距齿的环形带及具有相应齿槽的带轮所构成的，由强力层1、带齿2、带背3组成，如图6.13所示。靠带齿与带轮的啮合来传递运动和动力，综合了链传动和齿轮传动的优点。

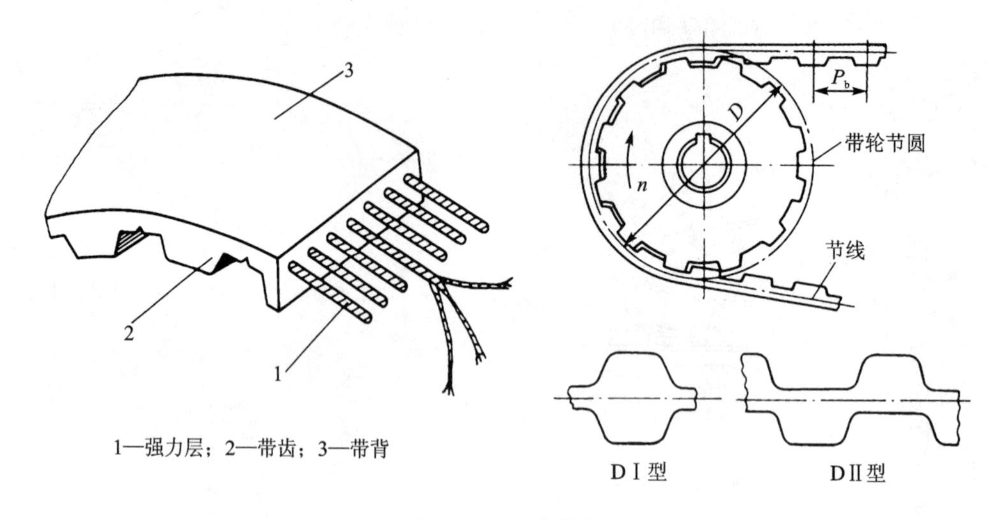

图 6.13 同步带传动

同步带传动的优点如下：

① 带与带轮间无相对滑动，能保证准确的传动比，传动精度比较高，可做到同步传动；

② 同步带通常以钢丝绳或玻璃纤维绳为抗拉体，氯丁橡胶或聚氨酯为基体，这种带薄且轻，强度高，故可用于较高速度，线速度最大可达 80 m/s；

③ 传动比范围大，一般单级传动比可达10，传动效率可达98%～99%，传动功率可达几百千瓦；

④ 传动噪声比带传动、链传动和齿轮传动小，耐磨性好，不需油润滑，寿命比摩擦带长。

同步带传动的主要缺点是制造和安装精度要求较高，中心距要求较严格，成本较高。

由于同步带传动具有以上优点，所以被广泛应用于要求传动比准确的中、小功率传动中，如机床、计算机、化工、冶金、仪器仪表、石油和汽车等机械传动中，如图6.14和图6.15所示。

6.6.2 同步带的类型和主要参数

1. 同步带的类型

同步带主要是梯形齿。其中，梯形齿同步带又分为单面有齿和双面有齿两种，简称单面带和双面带。双面带又有对称齿型(DⅠ)和交错齿型(DⅡ)两种，见图6.13。

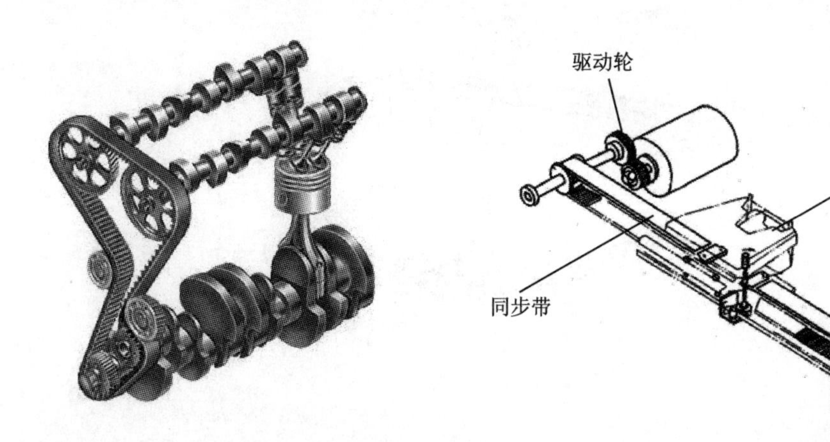

图6.14　汽车发动机正时皮带传动系

图6.15　打印头驱动装置

2. 同步带的主要参数

节距 P_b 是同步带传动最主要的参数，它是在规定初拉力下，同步带相邻对称中心线的直线距离(见图6.13)。节线是指当同步带垂直其底边弯曲时，在带中保持原长度不变的周线(见图6.13)。节线长 L_p 为公称长度。

梯形齿同步带型号按节距不同分为最轻型MXL、超轻型XXL、特轻型XL、轻型L、重型H、特重型XH和超重型XXH七种。各种带的节距 P_b、齿形尺寸见机械零件设计手册相关章节。

同步带的标记内容和顺序如下：

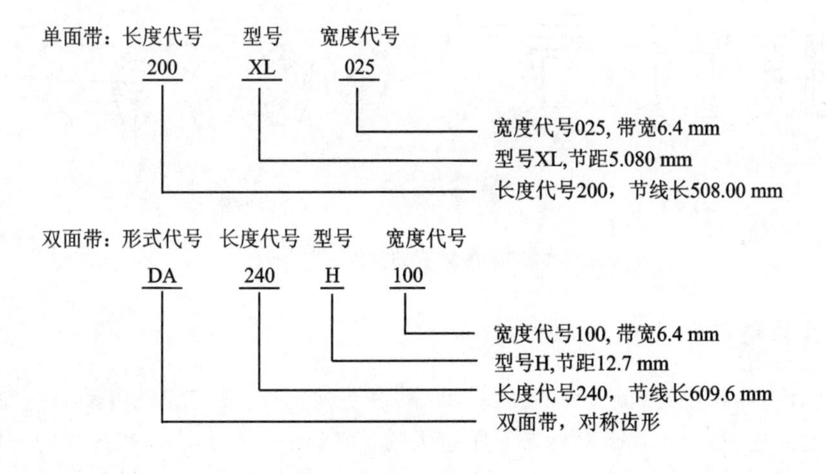

6.7　链传动

链传动由主动链轮1、从动链轮2和绕在链轮上的链条3等组成(见图6.16)，靠链条与链轮轮齿的啮合来传递平行轴间的运动和动力。

6.7.1　链传动的主要类型

按用途来分，链有三大类：

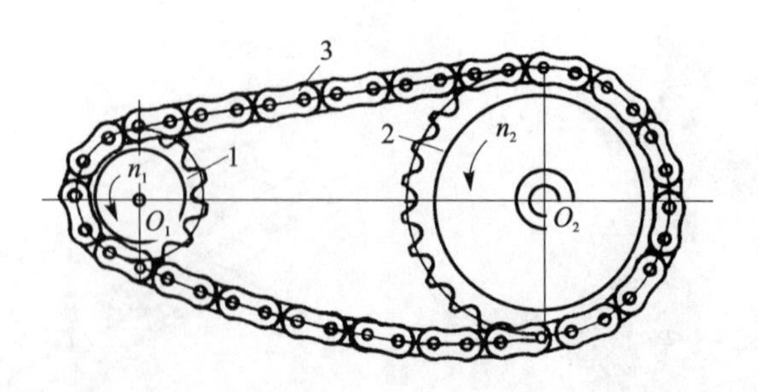

1—主动链轮;2—从动链轮;3—链条

图 6.16　链传动

① 传动链,用于一般机械传动。

② 输送链,在各种输送装置和机械化装卸设备中用于输送物品。

③ 起重链,在起重机械中用于提升重物。

根据结构的不同,传动链又可分为滚子链、套筒链、弯板链、齿形链等多种类型(见图 6.17)。其中,最常用的是滚子链。

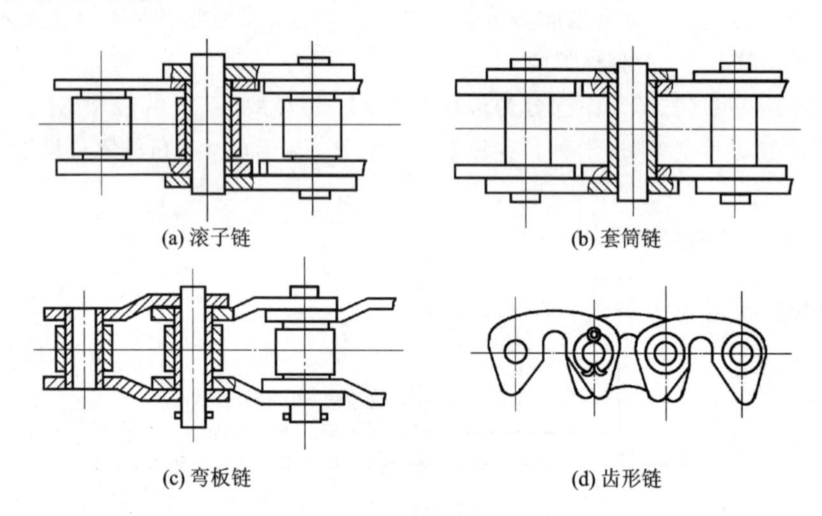

图 6.17　传动链的类型

6.7.2　链传动的特点和应用

链传动是具有中间挠性体(链条)的啮合传动,其有下列优点:没有弹性滑动和打滑;平均传动比准确;传动效率较高;可用于两轴中心距较大的传动;承载能力较大;在同样的使用条件下,结构尺寸较带传动紧凑;链条对轴的作用力较小;能在温度较高、有水或油等恶劣环境下工作。链传动的主要缺点为:瞬时传动比不稳定,传动平稳性差;工作时冲击和噪声较大;磨损后易发生跳齿;只能用于平行轴间的传动。

链传动通常用于要求有准确的平均传动比,两轴平行且中心距较大,不宜应用带传动和齿轮传动的场合。因链传动能在恶劣条件下工作,故在矿山、冶金、建筑、石油、农业和化工机械中获得广泛应用。通常,链传动的传递功率为 $P \leqslant 100$ kW,链速 $v < 15$ m/s,传动比 $i \leqslant 6$,中心距 $a \leqslant 8$ m,效率 $\eta = 0.94 \sim 0.96$。

1. 滚子链

滚子链由内链板 1、外链板 2、销轴 3、套筒 4 和滚子 5 组成(见图 6.18(a))。两片外链板与销轴采用过盈配合联接,构成外链节(见图 6.18(b))。两片内链板与套筒也为过盈配合联接,构成内链节(见图 6.18(c))。销轴穿过套筒,将内、外链节交替连接成链条。套筒、销轴间为间隙配合,因而内、外链节可相对转动。滚子与套筒间亦为间隙配合,使链条与链轮啮合时形成滚动摩擦,以减轻磨损。链板制成 8 字形,使链板各截面强度大致相等,并减小质量。

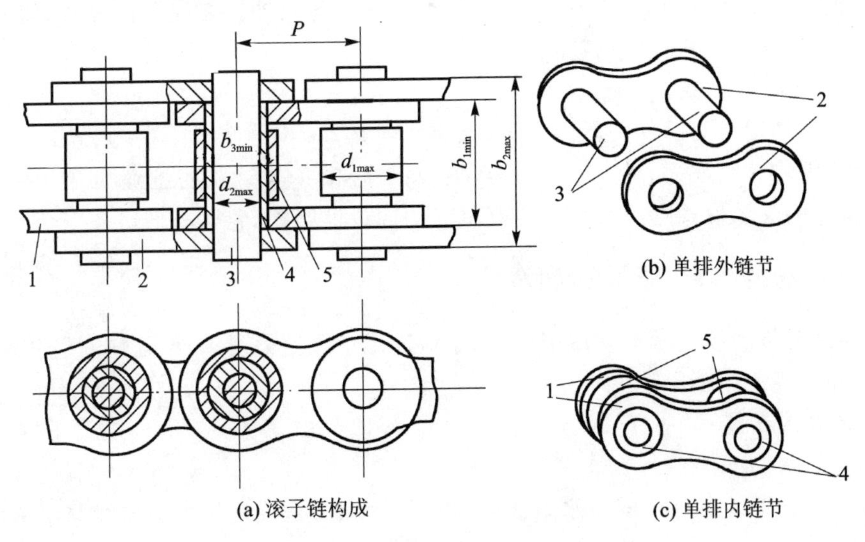

(a) 滚子链构成　(b) 单排外链节　(c) 单排内链节

1—内链板;2—外链板;3—销轴;4—套筒;5—滚子

图 6.18　滚子链的结构

滚子链的接头和止锁形式如图 6.19 所示。当链节数为偶数时,内外链板正好相接,可直接采用连接链节(见图 6.19(a))。当节距较小时,常采用弹性锁片锁住连接链板;当节距较大时,止锁件多用钢丝锁销(见图 6.19(b))或开口销止锁(见图 6.19 (c))。当链节数为奇数时,接头可用过渡链节(见图 6.19 (d))。过渡链节的链板为了兼作内外链板,形成弯链板,工作时受到附加弯曲应力的作用,使承载能力降低 20%。因此,应尽量采用偶数链节。

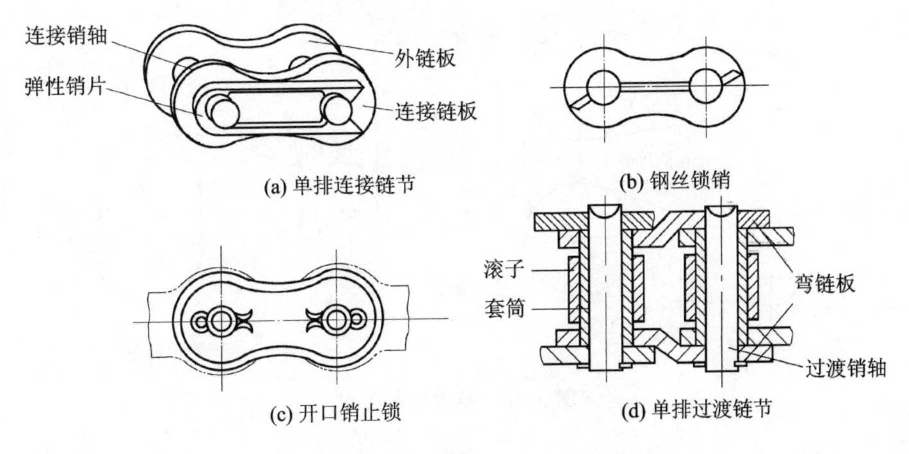

(a) 单排连接链节　(b) 钢丝锁销　(c) 开口销止锁　(d) 单排过渡链节

图 6.19　滚子链的接头和止锁形式

滚子链的标记要顺次标出链号、排数、整链链节数和标准号。例如，A 系列、节距为 38.10 mm、双排、60 节的滚子链标记为 24A—2×60 GB 1243—2006。

2. 链传动的主要失效形式

链传动的失效多为链条失效，主要有：

(1) 链条疲劳破坏

链传动时，由于链条在松边和紧边所受的拉力不同，故其在运行中受变应力作用。经多次循环后，链板将发生疲劳断裂，或套筒、滚子表面出现疲劳点蚀。在润滑良好时，疲劳强度是决定链传动能力的主要因素。

(2) 销轴磨损与脱链

链传动时，销轴与套筒间的压力较大，又有相对运动，若再润滑不良，则导致销轴、套筒严重磨损，链条平均节距增大。达到一定程度后，将破坏链条与链轮的正确啮合，发生跳齿而脱链。这是常见的失效形式之一。开式传动极易引起铰链磨损，急剧降低链条寿命。

6.7.3 链传动的布置、张紧和润滑

为了保证链传动能正常可靠地工作，除了应满足承载能力要求外，还应对链传动进行合理布置、张紧和正确使用维护。

1. 链传动的布置

布置链传动时应注意：

① 最好两轮轴线布置在同一水平面内(见图 6.20(a))，或两轮中心连线与水平面成 45°以下的倾斜角(见图 6.20(b))。

② 应尽量避免垂直传动。两轮轴线在同一铅垂面内时，链条因磨损而垂度增大，使与下链轮啮合的齿数减少或松脱。若必须采用垂直传动，则可采用如下措施：中心距可调；设张紧装置；上下两轮错开，使两轮轴线不在同一铅垂面内(见图 6.20(c))。

③ 主动链轮的转向应使传动的紧边在上(见图 6.20(a)、(b))。若松边在上方，则会由于垂度增大，链条与链轮齿相干扰，破坏正常啮合，或者引起松边与紧边相碰。

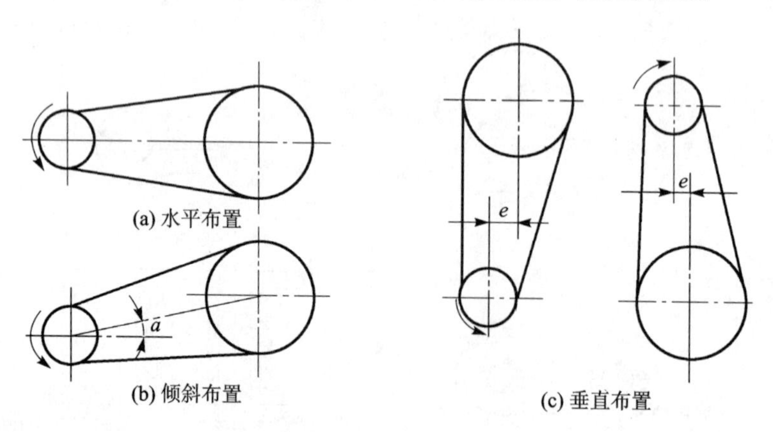

图 6.20 链传动的布置

2. 链传动的安装

两链轮的轴线应平行。安装时应使两轮轮宽中心平面的轴向位置误差 $\Delta e \leqslant 0.002a$($a$ 为

中心距)，两轮的旋转平面间的夹角 $\Delta\theta \leqslant 0.006$ rad，如图 6.21 所示。若误差过大，则易脱链和增加磨损。

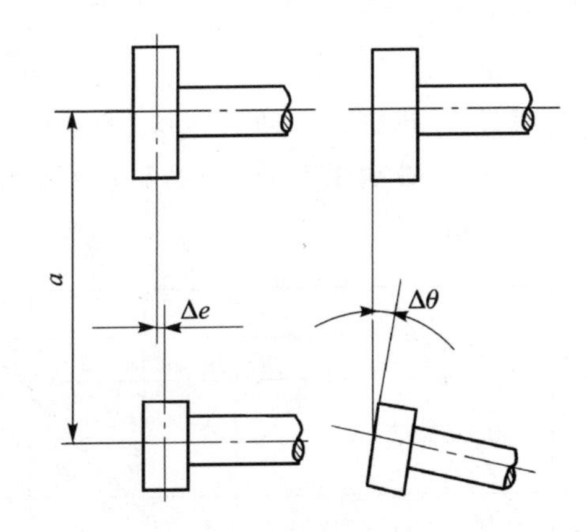

图 6.21　链传动的安装误差

3. 链传动的张紧

(1) 链传动的垂度

链传动松边的垂度可近似认为是两轮公切线与松边最远点的距离。合适的松边垂度推荐为 $f=(0.01\sim0.02)a$，a 为中心距。

对于重载、经常制动、启动、反转的链传动，以及接近垂直的链传动，松边垂度应适当减小。

(2) 链传动的张紧措施

张紧的目的主要是为了避免链条在垂度过大时产生啮合不良和链条的振动，同时也可增大包角。链传动的张紧采用下列方法：

① 调整中心距。增大中心距使链张紧，对于滚子链传动，中心距的可调整量为 $2p$。

② 缩短链长。对于因磨损而变长的链条，可去掉 1～2 个链节，使链缩短而张紧。

③ 采用张紧装置。在图 6.22(a)中，采用张紧轮，张紧轮一般置于松边靠近小链轮处外侧。在图 6.22(b)和(c)中采用压板或托板，适于中心距较大的链传动。

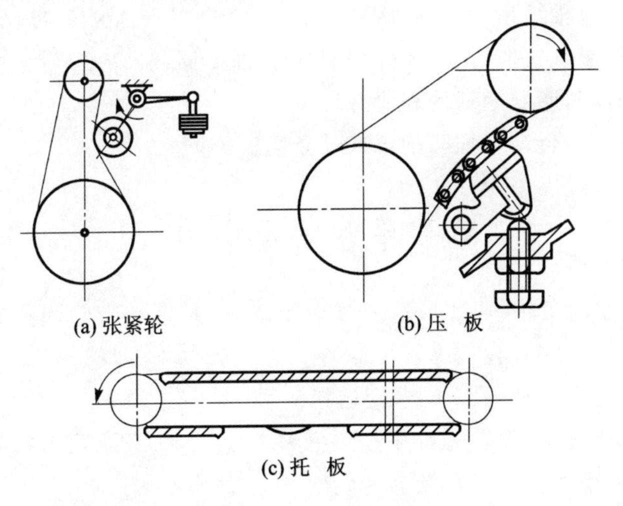

图 6.22　张紧装置

4. 链传动的润滑

链传动的润滑可缓和冲击、减少摩擦和减轻磨损,延长链条使用寿命。

(1) 润滑方式

链传动的润滑方式可根据链速和节距由图 6.23 选定。人工润滑时,在链条松边内外链板间隙中注油,每班一次;滴油润滑时,单排链每分钟油杯滴油 5～20 滴,链速高时取大值;油浴润滑时,链条浸油深度 6～12 mm;飞溅润滑时,链条不得浸入油池,甩油盘浸油深度 12～15 mm。甩油盘的圆周速度大于 3 m/s。

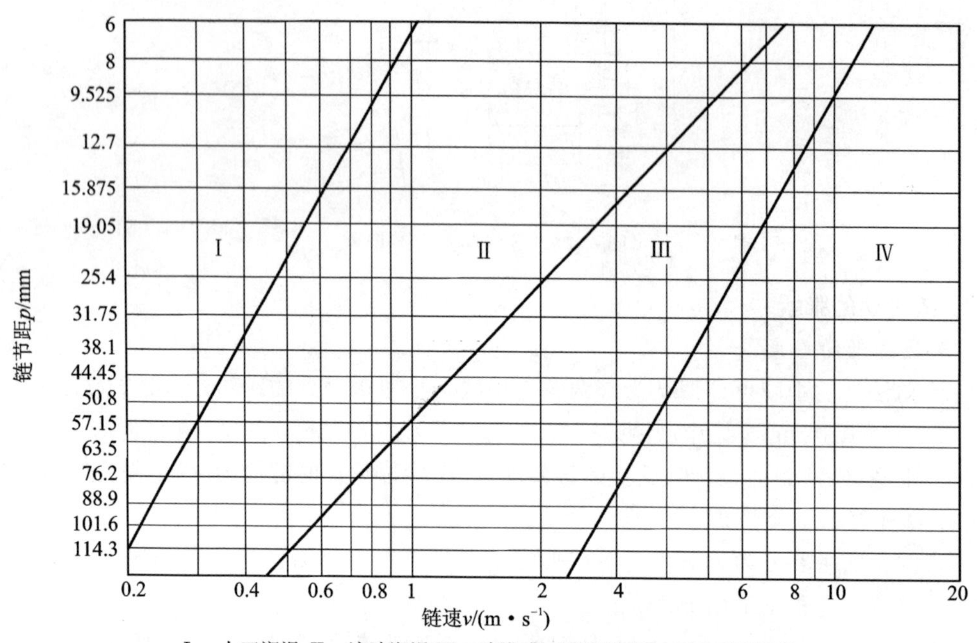

Ⅰ—人工润滑;Ⅱ—滴油润滑;Ⅲ—油浴或飞溅润滑;Ⅳ—压力喷油润滑

图 6.23 建议使用的润滑方式

(2) 润滑油的选择

润滑油推荐使用全损耗系统用油,牌号为 L－AN32、L－AN46、L－AN68,温度较低时用前者。对于对开式及重载低速传动,可在润滑油中加入 M_OS_2、WS_2 等添加剂。对于不便使用润滑油的场合,可用润滑脂定期清洗和涂抹。

为了安全和清洁,链传动常加防护罩或链条箱。

本章知识点提示

1. 带传动是由主动带轮、从动带轮和传动带组成,靠带和带轮间的摩擦力或相互啮合传递运动和动力的。

2. V 带已标准化,应能按照带的标记选择皮带。

3. V 带受到拉伸应力、离心应力和弯曲应力的作用,在交变应力状态下工作。最大应力 σ_{max} 发生在紧边带与小带轮相切处。

4. V 带的弹性滑动是不可避免的,带传动的主要失效形式是打滑和带的疲劳破坏。带传动的设计准则为在保证带传动不打滑的前提下，具有一定的疲劳强度和使用寿命。

5. 单根 V 带的基本额定功率是在特殊条件下获得的，实际条件下应加上功率增量。

6. 设计 V 带需确定的主要内容是：V 带型号、长度和根数；V 带传动的中心距；V 带作用于轴上的压力；V 带轮材料、结构尺寸、工作图等。

7. V 带轮的结构选择主要依据带轮的基准直径选择结构形式；根据带的型号确定轮槽尺寸；根据经验公式确定带轮的腹板、轮毂等结构尺寸。

8. V 带采用定期和自动张紧措施。

9. 同步带传动类似于齿轮传动，应用在传动比精确、传动能力较大的长距离传动上。

10. 链传动由主动链轮、从动链轮和绕在链轮上的链条等组成，靠链条与链轮轮齿的啮合来传递平行轴间的运动和动力。

11. 链传动通常用于要求有准确的平均传动比、两轴平行且中心距较大、不宜应用带传动和齿轮传动的场合。

思考题

6.1 V 带截面楔角 $\alpha=40°$，为什么 V 带轮槽角却有 32°、34°、36°、38°四个值？带轮直径越小，槽角是越大还是越小？为什么？

6.2 带传动中，为什么 V 带传动比平带传动应用广泛？

6.3 试从产生原因、对带传动的影响、能否避免等几个方面说明弹性滑动与打滑的区别？

6.4 带传动工作时，传动带受到哪些力的作用？产生哪些应力？应力的最大值产生在何处？

6.5 增大初拉力可以增加带传动的有效拉力，但带传动中一般并不采用增大初拉力的方法来提高带的传动能力，而是把初拉力控制在一定数值上，为什么？

6.6 试说明公式$[P_1]=(P_1+\Delta P_1)K_a K_L$ 中各符号的含义，ΔP_1、K_a、K_L 各是考虑了什么因素对传动功率的影响？

6.7 试分析小带轮基准直径 d_{d1}、中心距 a 的大小对带传动的影响。各应如何选择？

6.8 多根 V 带传动时，若发现一根已坏，应如何处置？

6.9 链传动的特点是什么？与带传动的优缺点进行对比。

6.10 链传动的时效形式有哪些？经常采用哪些润滑方式？

习　题

6.1 已知 V 带传动的功率 $P=7.5$ kW，小带轮直径 $d_{d1}=140$ mm，转速 $n_1=1\ 440$ r/min，求传动时带内有效拉力。

6.2 已知 V 带传动，小带轮直径 $d_{d1}=160$ mm，大带轮直径 $d_{d2}=400$ mm，小带轮转速 $n_1=960$ r/min，滑动率 $\varepsilon=2\%$，试求由于弹性滑动引起的大带轮的转速损失。

6.3 已知某工厂所用小型离心通风机是 V 带传动，电动机 Y132S－4，额定功率 $P=5.5$ kW，转速 $n_1=1\ 440$ r/min，测得 V 带的顶宽 $b=13$ mm，高度 $h=8$ mm，小带轮的外径 $d_1=146$ mm，大带轮外径 $d_2=321$ mm，中心距 $a=600$ mm，试求：①V 带型号；②带轮的基

准直径 d_{d1}、d_{d2}；③ V 带的基准长度 L_d；④带速 v；⑤小带轮包角 α_1；⑥单根 V 带的许用功率 $[P_1]$。

6.4 已知小带轮基准直径 $d_{d1}=160$ mm，转速 $n_1=960$ r/min，传动比 $i=3.5$，若分别采用 A 型和 B 型 V 带，带的基准长度相同，$L_d=2\ 500$ mm，试计算并比较两种型号的单根 V 带所能传递的功率 $[P_1]$。

6.5 某机床的电动机与主轴之间采用普通 V 带传动，已知电动机的额定功率 $P=5.0$ kW，转速 $n_1=1\ 440$ r/min，传动比 $i=2.1$，两班制工作。根据机床结构要求，带传动的中心距不大于 1 500 mm，试设计此 V 带传动，并绘制大带轮的工作图。

6.6 试设计带式输送机的普通 V 带传动，用 Y 系列电动机驱动，功率 $P=10$ kW，转速 $n=960$ r/min，大带轮转速 $n_2=350$ r/min，载荷有小的变动，两班制工作。

6.7 一链传动的链号为 16A，小链轮齿数 $z_1=23$，试计算小链轮的主要尺寸。

6.8 已知 $P_{0c}=10$ kW，$n_1=400$ r/min，试选择单排滚子链的节距。

第7章　齿轮传动

齿轮传动是现代机械中应用最广泛的一种机械传动。齿轮机构不仅应用广泛，而且历史悠久，例如，我国西汉时期所用的翻水车、三国时期所造的指南车、晋朝时期发明的记里鼓车中都应用了齿轮机构。

7.1　齿轮传动的类型、特点和齿廓啮合基本定律

7.1.1　齿轮传动的分类

按轴线相互位置、啮合方式和齿向划分，常用齿轮传动可按图7.1进行分类。

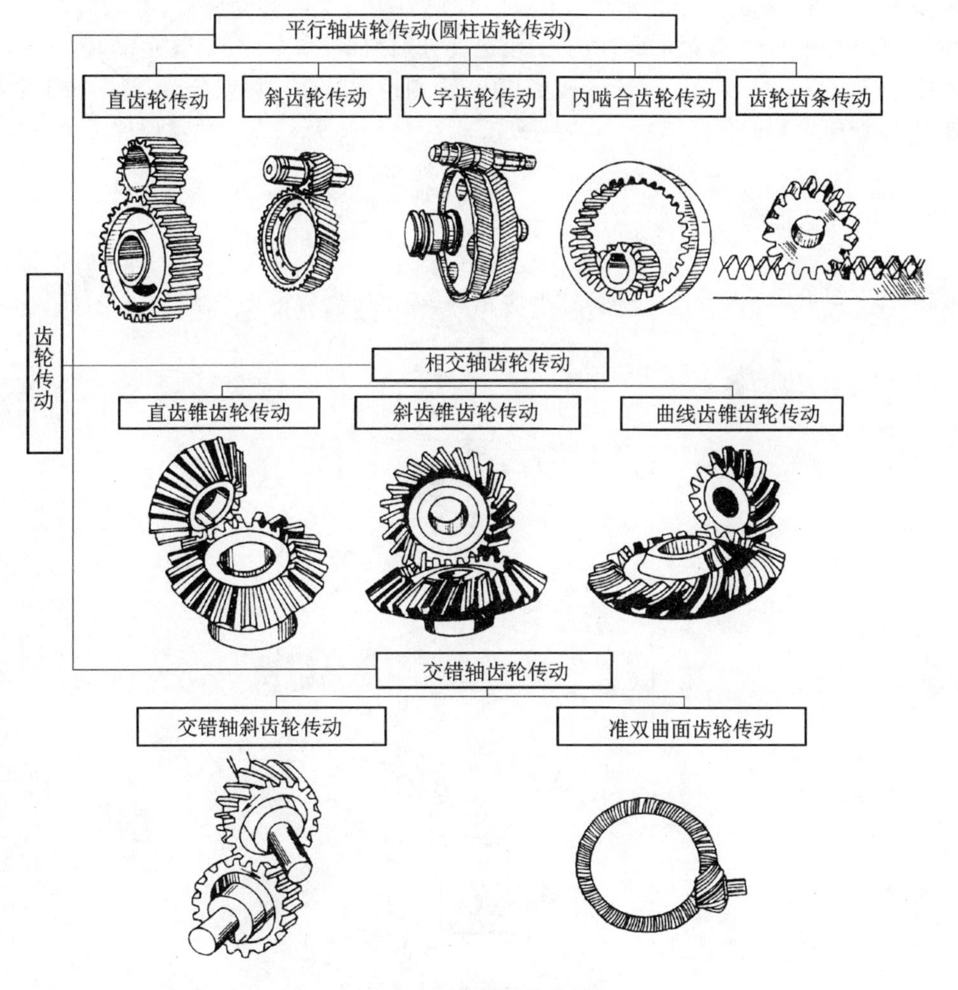

图7.1　齿轮机构类型

7.1.2 齿轮机构的特点

与其他机械传动相比，齿轮机构的主要优点是：瞬时传动比（两齿轮瞬时角速度之比）恒定；传递功率的范围大，齿轮传递适用的功率范围可从百分之几千瓦至十万千瓦；效率高（$\eta=0.92\sim0.98$）；寿命长；结构紧凑，工作可靠性高；传递空间位置两轴间的运动以及速度适用范围广，齿轮圆周速度可以从很低到300 m/s等。其缺点是齿轮传动的制造和安装精度要求高、成本高；不适用于中心距较大的传动。

7.1.3 齿廓啮合基本定律

齿轮传动是依靠主动轮的轮齿依次推动从动轮的轮齿来进行工作的。对齿轮传动的基本要求之一是：瞬时传动比必须保持恒定。否则，当主动轮等角速度转动时，从动轮的角速度为变数，从而产生惯性力，它不仅影响齿轮的强度、寿命和工作精度，而且还会引起机器的振动。显然，两齿轮传动时其传动比的变化与两齿廓曲线的形状有关。齿廓啮合基本定律就是研究当齿廓形状符合何种条件时才能满足这一基本要求。

在如图7.2所示的外啮合传动中，O_1、O_2 分别为两齿轮的转动中心，某瞬时两相互啮合的齿廓E1和E2在 K 点接触啮合，两轮的角速度分别为 ω_1 和 ω_2，当齿轮运动时，必须满足它们在过啮合点的公法线 N_1N_2 上的分速度相等，否则齿廓将会压坏或分离，而不能正常传动。

过 K 点作两齿廓的公法线 N_1N_2，与连心线 O_1O_2 交于 C 点。两轮齿廓上 K 点的速度分别为

$$\left.\begin{aligned} v_{K1}&=\omega_1\overline{O_1K}\\ v_{K2}&=\omega_2\overline{O_2K}\end{aligned}\right\}\tag{7.1a}$$

且 v_{K1} 和 v_{K2} 在公法线 N_1N_2 上的分速度应相等，否则两齿廓将会干涉，即

$$v_{K1}\cos\alpha_{K1}=v_{K2}\cos\alpha_{K2}\tag{7.1b}$$

由式(7.1a)和式(7.1b)得

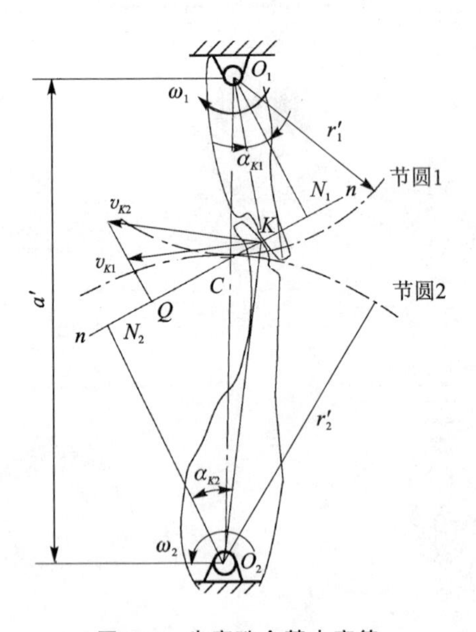

图7.2 齿廓啮合基本定律

$$\frac{\omega_1}{\omega_2}=\frac{\overline{O_2K}\cos\alpha_{K2}}{\overline{O_1K}\cos\alpha_{K1}}=\frac{\overline{O_2N_2}}{\overline{O_1N_2}}$$

且又因$\triangle CO_1N_1\backsim\triangle CO_2N_2$，所以

$$i_{12}=\frac{\omega_1}{\omega_2}=\frac{\overline{O_2K}\cos\alpha_{K2}}{\overline{O_1K}\cos\alpha_{K1}}=\frac{\overline{O_2N_2}}{\overline{O_1N_2}}=\frac{\overline{O_2C}}{\overline{O_1C}}\tag{7.1c}$$

式(7.1c)表明：对于互相啮合传动的一对齿廓，它们的瞬时接触点的公法线必与两齿轮的连心线交于相应的节点C，该节点将齿轮的连心线所分成的两个线段与该对齿轮的角速度比成反比。要保证传动比恒定，就应使比值$\overline{O_2K}/\overline{O_1K}$不变。由于两齿轮的连心线不变，故应使$C$点成为其上的固定点。这个定点$C$称为节点。分别以$O_1$、$O_2$为圆心，作两个相切圆，此两圆称为节圆。

根据以上分析，可得如下结论：齿轮传动要满足瞬时传动比保持不变，则两轮的齿廓不论在何处接触，过接触点的公法线都必须与两轮的连心线交于固定的一点C，这一规律常称为齿廓啮合基本定律。

在图7.2中，由于节点处速度$v_{C1}=v_{C2}$，因此，齿轮传动中，两节圆作无相对滑动的纯滚动。由式(7.1c)可知，两齿轮角速度之比等于两节圆半径的反比。显然单个齿轮就没有节点，因而也不存在节圆。而在齿廓的其他点上，公切线上的分速度并不相等，故两齿廓间必将产生有害的相对滑动。

凡满足齿廓啮合基本定律且互相啮合的一对齿廓，均称为共轭齿廓。符合齿廓啮合基本定律的齿廓曲线有无穷多，传动齿轮的齿廓曲线除要求满足定角速比以外，还必须考虑设计、制造、安装和强度等要求。在机械中，常用的齿廓有渐开线齿廓、摆线齿廓和圆弧齿廓，其中以渐开线齿廓应用最广。

7.2　渐开线直齿圆柱齿轮

7.2.1　渐开线的形成和性质

1. 渐开线的形成

如图7.3所示，当一条动直线沿着固定的圆做纯滚动时，直线上任意一点K的轨迹AK称为这个圆的渐开线。固定的圆称为基圆，半径用r_b表示，这条动直线称为发生线，θ_K称为渐开线在K点的展角。

2. 渐开线的性质

根据渐开线形成的过程可知，渐开线具有以下性质：

① 发生线沿基圆滚过的长度$\overline{NK}$等于基圆上被滚过的圆弧长，即$\overline{NK}=\overset{\frown}{NA}$。

② 渐开线上任一点的法线必与基圆相切。K点的轨迹(渐开线)是以N为圆心、$\overline{NK}$为半径所作极短的圆弧。因此，N点为渐开线在K点的曲率中心，$\overline{NK}$为曲率半径和K点的法线，同时又是基圆的切线。所以，渐开线上任一点的法线必与基圆相切，切于基圆的直线必为渐开线上某一点的法线。

③ 渐开线上各点的曲率半径不相等。如图7.3所示，NK是渐开线上K点的曲率半径，

N 点是曲率中心。渐开线上离基圆愈远的点，其曲率半径愈大，曲线因而也愈平直；渐开线上离基圆愈近点，其曲率半径愈小，曲线因而也就愈弯曲；基圆上渐开线初始点 A 的曲率半径为零。

④ 渐开线的形状取决于基圆的大小。如图 7.3 所示，基圆半径愈小，渐开线愈弯曲；基圆半径愈大，渐开线愈平直；基圆半径无穷大时，渐开线为一条斜直线（齿条齿廓）。

⑤ 基圆内无渐开线。

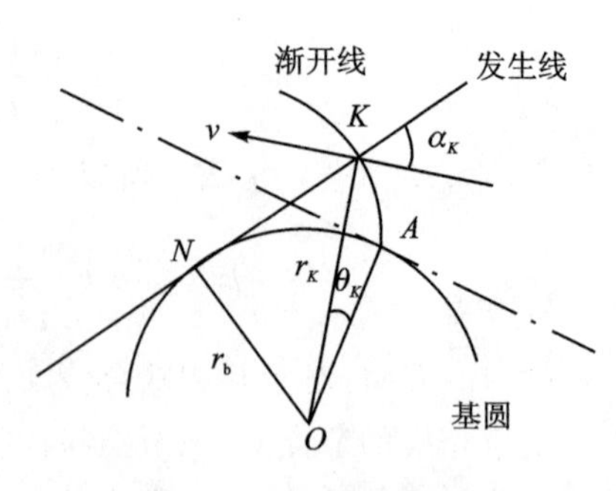

图 7.3 渐开线的形成

7.2.2 渐开线齿廓满足齿廓啮合基本定律

图 7.4 所示为一对齿轮的两渐开线齿廓在 K 点相接触。由渐开线的性质可知，过 K 点的公法线 N_1N_2 必同时与两基圆相切，即 N_1N_2 线是两基圆的内公切线。因为基圆在同一方向的内公切线仅有一条，故无论两齿廓在何处接触（如图 7.4 中的 K'点），过接触点所作两齿廓的公法线都一定与 N_1N_2 相重合。公法线 N_1N_2 与连心线 O_1O_2 的交点 C 为一定点，因此渐开线齿廓满足齿廓啮合基本定律。两齿轮的传动比为

$$i=\frac{\omega_1}{\omega_2}=\frac{\overline{O_2C}}{\overline{O_1C}}=\frac{r_{b2}}{r_{b1}}=\text{常数} \tag{7.2}$$

式(7.2)说明渐开线齿廓啮合能保证瞬时传动比恒定不变。

7.2.3 渐开线齿廓啮合的特点

1. 渐开线齿轮中心距的可分性

一对渐开线齿轮的基圆半径是定值，故由(7.2)可知，当两齿轮的中心距稍有变化时，其瞬时传动比仍保持不变，这个特点称为渐开线齿轮中心距的可分性。由于齿轮制造误差和安装误差等常使渐开线齿轮的实际中心距与设计中心距之间产生一定误差，但因其有可分性的特点，故其传动比仍保持不变。

2. 啮合角为定值

在图 7.4 中，过节点 C 作两节圆的公切线 $t-t$，它与啮合线 N_1N_2 间所夹的锐角称为啮合角，用 α'表示，可得

$$\cos\alpha'=\frac{r_{b1}}{r'_1}=\frac{r_{b2}}{r'_2}=\text{常数}$$

上式说明渐开线齿廓在啮合时啮合角 α'为定值。由于啮合角不改变，表明齿廓间的压力角方向不会改变，因此对齿轮传动的平稳性很有利。

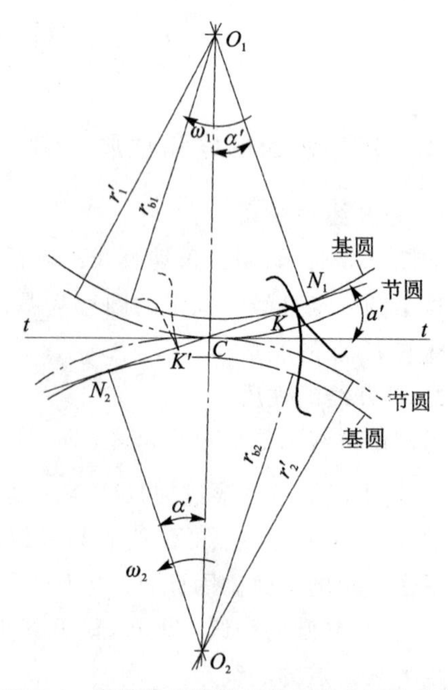

图 7.4 渐开线齿廓满足齿廓啮合基本定律

3. 啮合线、啮合角、齿廓间的压力作用线(四线合一)

注:四线是指啮合线、公法线、力作用线和内公切线。

一对齿轮啮合传动时,齿廓啮合点(接触点)的轨迹称为啮合线。对于渐开线齿轮,无论在哪一点接触,接触齿廓的公法线总是两基圆的内公切线 N_1N_2(见图7.4)。当齿轮啮合时,齿廓接触点又都在公法线上,因此,内公切线 N_1N_2 即为渐开线齿廓的啮合线。

过节点 C 作两节圆的公切线 $t-t$,它与啮合线 N_1N_2 间的夹角称为啮合角。啮合角等于齿廓在节圆上的压力角 α',由于渐开线齿廓的啮合线是一条定直线 N_1N_2,故啮合角的大小始终保持不变。啮合角不变表示齿廓间压力方向不变。若齿轮传递的力矩恒定,则轮齿之间、轴与轴承之间压力的大小和方向均不变,这也是渐开线齿轮传动的一大优点。

渐开线齿轮除具有上述3个主要特点外,还具有互换性好等优点,故它在齿轮机构中应用最广泛。

7.3　渐开线齿轮各部分的名称和几何尺寸

7.3.1　齿轮各部分的名称

图7.5所示为直齿圆柱齿轮的一部分,部分名称和表示符号如下:

① 齿槽:齿轮上相临两轮齿之间的空间称为齿槽。

② 齿顶圆:轮齿顶部所在的圆称为齿顶圆,其直径用 $d_a(r_a)$ 表示。

③ 齿根圆:齿槽底部所在的圆称为齿根圆,其直径用 $d_f(r_f)$ 表示。

④ 齿厚:一个齿的两侧端面齿廓之间的同圆周上的弧长称为齿厚,用 s 表示。

⑤ 齿槽宽:一个齿槽的两侧端面齿廓之间的同圆周上的弧长称为齿槽宽,用 e 表示。

⑥ 分度圆:为了设计、制造的方便,在齿轮上规定了一圆,作为计算齿轮各部分尺寸的基准,该圆称为分度圆,其直径用 d 表示。在标准齿轮中分度圆上的齿厚 s 与齿槽宽 e 相等。

⑦ 齿距:两个相邻同侧的端面齿廓之间的同圆周上的弧长称为齿距,用 p 表示。其中,

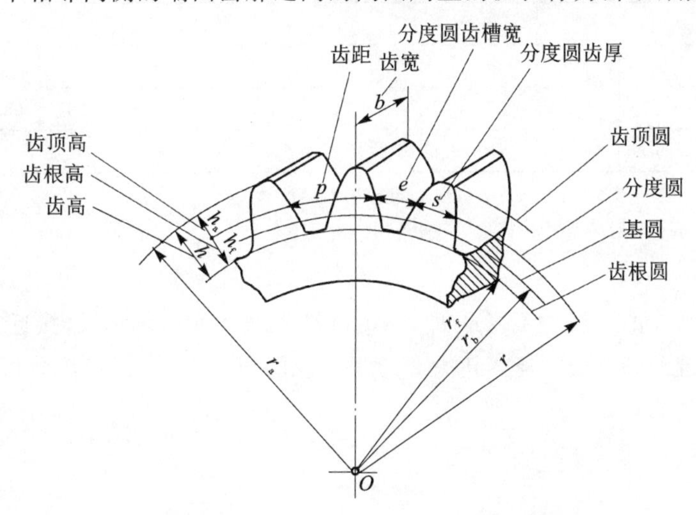

图7.5　直齿圆柱齿轮各部分的名称和符号

$$p = s + e$$

⑧ 齿顶高:齿顶圆与分度圆之间的径向距离称为齿顶高,用 h_a 表示。

⑨ 齿根高:齿根圆与分度圆之间的径向距离称为齿根高,用 h_f 表示。

⑩ 齿高:齿顶圆与齿根圆之间的径向距离称为齿高,用 h 表示。

⑪ 齿宽:齿轮的有齿部位沿分度圆柱面的母线方向量得的宽度称为齿宽,用 b 表示。

7.3.2 基本参数

渐开线直齿圆柱齿轮的基本参数有:齿数 z、模数 m、压力角 α、齿顶高系数 h_a^*、顶隙系数 c^* 等。

1. 齿数 z

齿数 z 是指在齿轮整个圆周上轮齿的总数。

2. 模数 m

因为分度圆的周长 $\pi d = zp$,所以分度圆的直径为 $d = \frac{zp}{\pi}$,由此可知,当已知一直齿圆柱齿轮的齿距 p 和齿数 z 时,就可求出分度圆直径 d,但是由于 π 为无理数,所以求得的 d 也是无理数,这给齿轮设计、制造和检验带来不便。因此,工程上规定齿距 p 除以圆周率 π 所得的商称为模数,用 m 表示(单位为 mm),即

$$m = \frac{p}{\pi}$$

于是,分度圆的直径和半径分别为

$$\left.\begin{aligned} d &= mz \\ r &= \frac{mz}{2} \end{aligned}\right\} \tag{7.3}$$

表 7.1 所列为直齿圆柱齿轮标准模数系列。

表 7.1 直齿圆柱齿轮标准模数系列(GB 1357—1987)

第一系列	1	1.25	1.5	2	2.5	3	4	5	6	8
	10	12	16	20	25	32	40	50		
第二系列	1.75	2.25	2.75	(3.35)	3.5	(3.75)	4.5	5.5	(6.5)	7
	9	(11)	14	18	22	28	(30)	36	45	

注:1 本表适用于渐开线圆柱齿轮,对于斜齿轮是指法向模数。

2 优先采用第一系列,括号内的模数尽可能不用。

3. 压力角 α

如图 7.6 所示,在渐开线上不同点 K_1、K_2 和 K 的压力角各不相同,接近基圆的渐开线上压力角小,远离基圆的渐开线上压力角大。通常所说的压力角,是指齿轮分度圆上的压力角,用 α 表示,计算公式为

$$\cos\alpha = \frac{r_b}{r} \tag{7.4}$$

或 $d_b = 2r_b = 2r\cos\alpha = mz\cos\alpha$。可见,只有 m、z 和 α 都确定了,齿轮的基圆直径 d_b 和渐开线形状才确定。m、z 和 α 是决定轮齿渐开线形状的 3 个基本参数,我国规定标准压力角 $\alpha = 20°$。

4. 齿顶高系数 h_a^* 和顶隙系数 c^*

轮齿的齿顶高和齿根高规定用模数乘上某一系数来表示，即齿顶高

$$h_a = h_a^* m$$

齿根高

$$h_f = (h_a^* + c^*)m$$

式中：h_a^* 为齿顶高系数；c^* 为顶隙系数。

当一对齿轮啮合时，一个齿轮的齿顶圆到另一个齿轮的齿根圆之间的径向距离称为顶隙，用 c 表示，$c = c^* m$。顶隙可以避免传动时轮齿互相顶撞且有利于存储润滑油。我国标准规定：

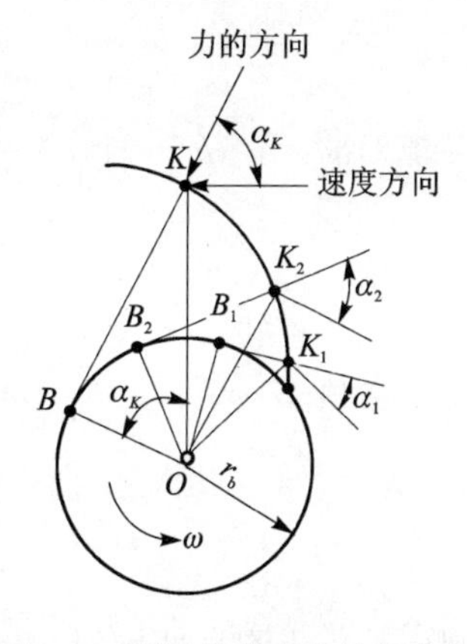

图 7.6　渐开线齿廓上的压力角

正常齿：$h_a^* = 1$，$c^* = 0.25$。

短齿：$h_a^* = 0.8$，$c^* = 0.30$。

标准直齿圆柱齿轮是指模数 m、压力角 α、齿顶高系数 h_a^*、顶隙系数 c^* 都是标准值，且分度圆上的齿厚等于齿槽宽$\left(s = e = \dfrac{p}{2} = \dfrac{\pi m}{2}\right)$的齿轮。内啮合和齿条的几何尺寸计算可查阅《机械设计手册》。

7.3.3　齿轮的几何尺寸计算

标准直齿圆柱齿轮已经标准化，其几何尺寸见表 7.2。

表 7.2　标准直齿轮的尺寸计算

名　称	符　号	外齿轮	内齿轮
齿顶高	h_a	$h_a = h_a^* m$	
齿根高	h_f	$h_f = (h_a^* + c^*)m$	
齿高	h	$h = h_a + h_f = (2h_a^* + c^*)m$	
齿距	p	$p = \pi m$	
齿厚	s	$s = \dfrac{\pi m}{2}$	
槽宽	e	$e = \dfrac{\pi m}{2}$	
基圆齿距	p_b	$p_b = \pi m \cos\alpha$	
分度圆直径	d	$d = mz$	
基圆直径	d_b	$d_b = mz\cos\alpha$	
齿顶圆直径	d_a	$d_a = d + 2h_a$	$d_a = d - 2h_a$
齿根圆直径	d_f	$d_f = d - 2h_f$	$d_f = d + 2h_f$

例 7.1　为修配一残损的标准直齿圆柱外齿轮，实测齿高为 8.96 mm，齿顶圆直径为 135.90 mm，试确定该齿轮的主要尺寸。

解　由表 7.2 可知齿高公式为

$$h = h_a + h_f = (2h_a + c^*)m$$

则

$$m=\frac{h}{2h_{a}+c^{*}}$$

对于标准齿轮，$h_{a}^{*}=1$，$c^{*}=0.25$，所以

$$m=\frac{8.96}{2\times1+0.25}\ \text{mm}=3.982\ \text{mm}$$

由表7.1查知，$m=4$ mm。

对于齿顶，$d_{a}=(z+2h_{a}^{*})m$，则

$$z=\frac{d_{a}-2mh_{a}^{*}}{m}=\frac{135.90-2\times1\times4}{4}=31.975$$

可得齿数为 $z=32$。

则标准直齿圆柱外齿轮几何尺寸如下：

分度圆直径：$d=mz=(4\times32)\ \text{mm}=128\ \text{mm}$。

齿顶圆直径：$d_{a}=(z+2h_{a}^{*})m=(32+2\times1)\times4\ \text{mm}=136\ \text{mm}$。

齿根圆直径：$d_{f}=d-2(h_{a}^{*}+c^{*})m=[128-2\times(1+0.25)\times4]\ \text{mm}=118\ \text{mm}$。

基圆直径：$d_{b}=d\cos20^{\circ}=120.281\ \text{mm}$。

7.4 渐开线直齿圆柱齿轮的啮合传动

7.4.1 渐开线齿轮的正确啮合条件

齿轮传动时，它的每一对齿仅啮合一段时间便要分离，而由后一对齿接替。一对渐开线齿轮在传动时，两齿轮的齿廓啮合是沿啮合线 $N_{1}N_{2}$ 进行的。为了保证轮齿的正常交替啮合，两齿轮相邻两齿同侧齿廓在啮合线上的距离必须相等，即 $KK_{1}=KK_{2}$，如图7.7(a)所示；否则，将出现如图7.7(b)所示的相邻两齿廓在啮合线上不接触或如图7.7(c)所示的重叠现象，而无法正确啮合传动。

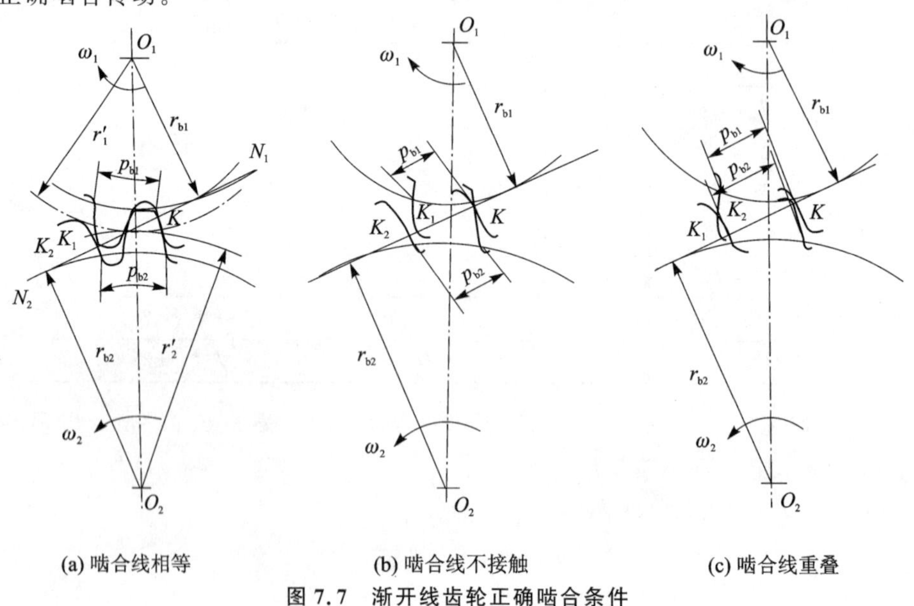

(a) 啮合线相等　　(b) 啮合线不接触　　(c) 啮合线重叠

图7.7　渐开线齿轮正确啮合条件

根据渐开线性质可知，$\overline{KK_1}=p_{b1}$，$\overline{KK_2}=p_{b2}$，因此两齿轮的正确啮合条件是两齿轮基圆齿距相等，即

$$p_{b1}=p_{b2}$$

将 $p_b=\pi m\cos\alpha$ 代入上式得

$$m_1\cos\alpha_1=m_2\cos\alpha_2$$

由于模数和压力角已经标准化，所以要满足上式就必须使

$$\left.\begin{aligned}m_1=m_2=m\\ \alpha_1=\alpha_2=\alpha\end{aligned}\right\}\tag{7.5}$$

由上述内容可知，渐开线直齿圆柱齿轮的正确啮合条件是：两齿轮的模数和压力角分别相等。

7.4.2　中心距

对于一对相啮合的齿轮副，考虑到齿轮的热膨胀、润滑和安装等因素则应有侧隙（一轮节圆的齿宽与另一轮节圆上的齿厚之差），但在实际齿轮传动中，只需要有微量侧隙即可，此侧隙通常由齿轮的负偏差来保证，因而在设计时仍按无侧隙计算。

因为标准齿轮分度圆的齿厚和齿槽宽相等，又因为正确啮合的一对渐开线齿轮模数相等，故有 $s_1=e_1=s_2=e_2=\dfrac{\pi m}{2}$。

若分度圆和节圆重合（两分度圆相切，见图 7.8），则齿测间隙为零。一对标准齿轮分度圆相切时的中心距称为标准中心距，用 a 表示，即

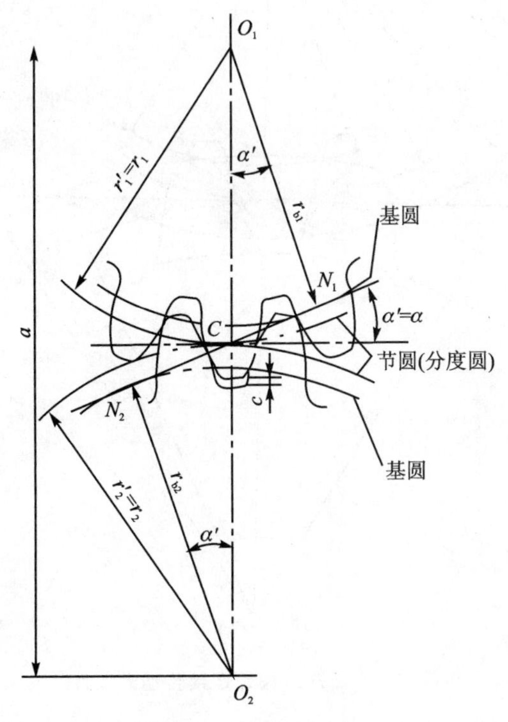

图 7.8　中心距和啮合角

$$a = r'_1 + r'_2 = r_1 + r_2 = \frac{m}{2}(z_1 + z_2) \tag{7.6}$$

应当指出，分度圆和压力角是单个齿轮本身所具有的，而节圆和啮合角是一对齿轮啮合时才出现的。一对标准齿轮只有在分度圆和节圆重合时，压力角与啮合角才相等；否则，压力角与啮合角就不相等。

7.4.3 连续性条件和重合度

图 7.9 所示为一对相互啮合的齿轮，设轮 1 为主动轮，轮 2 为从动轮。齿廓的啮合是由轮 1 的齿根部推动轮 2 的齿顶开始，因此，从动轮齿顶圆与啮合线的交点 B_2 即为一对齿廓进入啮合的开始。随着轮 1 推动轮 2 转动，两齿廓的啮合点沿着啮合线移动。当啮合点移动到轮 1 的齿顶圆与啮合线的交点 B_1 时（见图 7.9 中的虚线位置），这对齿廓终止啮合，两齿廓即将分离。故啮合线 N_1N_2 上的线段 B_1B_2 为齿廓啮合点的实际轨迹，称为实际啮合线，而线段 N_1N_2 称为理论啮合线。当一对轮齿在 B_2 点开始啮合时，前一对轮齿仍在 K 点啮合，则传动就能连续进行。由图 7.9 可见，这时实际啮合线段 B_1B_2 的长度大于齿轮的法线齿距。如果前一对轮齿已于 B_1 点脱离啮合，而后一对轮齿仍未进入啮合，则这时传动发生中断，将引起冲击。所以，保证连续传动的条件是使实际啮合线长度大于或至少等于齿轮的法线齿距（基圆齿距 p_b）。

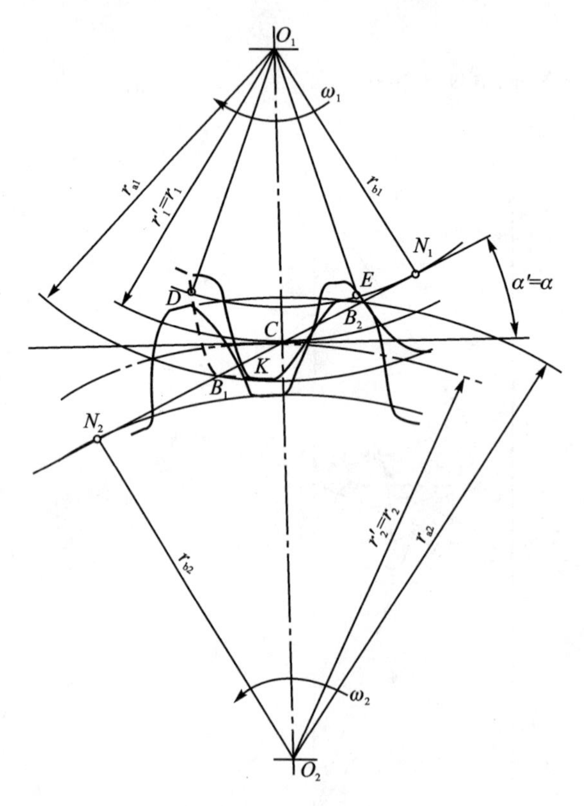

图 7.9 渐开线齿轮连续传动的条件

为了保证连续平稳传动还必须做到，当前一对轮齿尚未脱离啮合前，后一对轮齿已经进入

实际啮合线 B_1B_2 区域内啮合。为此，必须使 $\overline{B_1B_2}>p_b$。当 $\overline{B_1B_2}=p_b$时，除 B_2、B_1 接触瞬间是两对轮齿接触外，始终只有一对轮齿处于啮合状态，如图 7.10(a)所示；当 $\overline{B_1B_2}>p_b$ 时，表明前一对轮齿到达啮合终点 B_1 即将脱离啮合时，后一对轮齿已经在啮合起点 B_2 处啮合，如图 7.10(b)所示；当 $\overline{B_1B_2}<p_b$ 时，表明前一对轮齿到达齿合终点 B_1 脱离啮合时，后一对轮齿尚未进入啮合，使传动中断，而引起轮齿间在重新进入啮合状态时产生冲击，影响传动的平稳性，如图 7.10(c)所示。

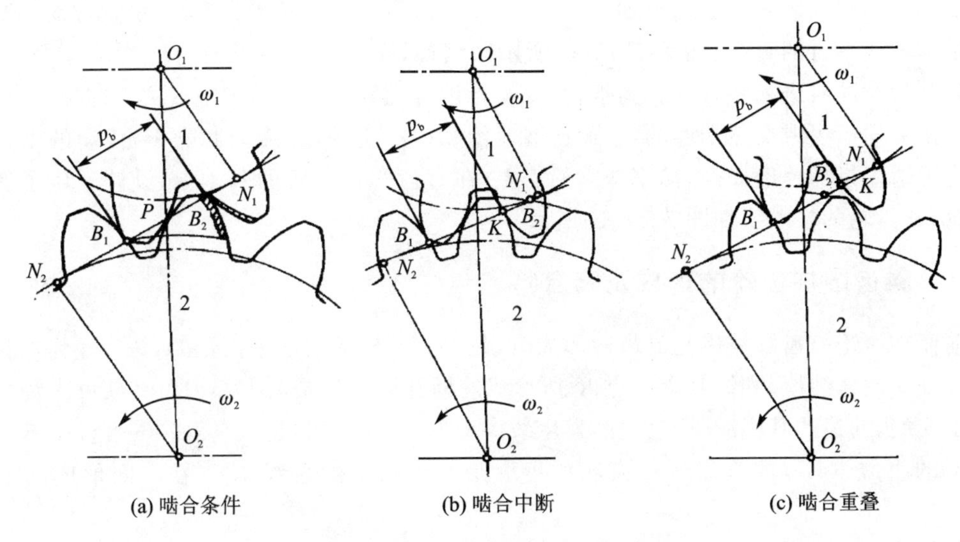

图 7.10　连续性传动条件

综上所述，齿轮连续传动的条件是：两轮齿的实际啮合线 $\overline{B_1B_2}$ 应大于或等于齿轮的基(法)节，即

$$\overline{B_1B_2}\geqslant p_b \quad 或 \quad \frac{\overline{B_1B_2}}{p_b}\geqslant 1$$

通常把 $\overline{B_1B_2}$ 与 p_b 的比值用 ε 来表示，ε 称为齿轮传动的重合度。

工程上，考虑到齿轮的制造和装配的误差，因此必须保证 $\varepsilon>1$，一般取 $\varepsilon=1.1\sim1.4$。

7.4.4　齿条与齿轮传动

1. 齿条及其特性

齿条是基圆为无穷大的渐开线齿轮，其齿廓为直线，如图 7.11 所示。用以确定齿条尺寸的直线称为中线，中线上的齿厚等于齿槽宽，即 $s=e$。齿条与齿轮相比，有如下特点：

① 同侧齿侧上各点法线平行，齿条运动为沿中线的平动，所以齿条上各点的压力角都相等，即 $\alpha_k=\alpha=20°$。齿条的压力角又称为齿形角。

② 同侧齿廓相互平行，所以齿条在不同高度上的齿距都相等，即 $p_k=p=\pi m$。

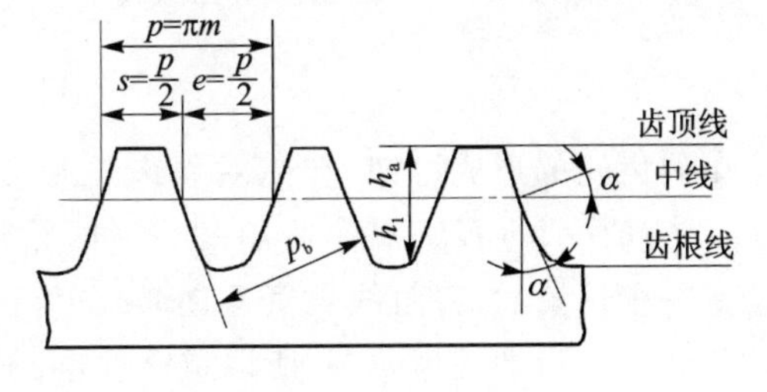

图 7.11　齿　条

2. 齿条与齿轮的啮合特点

渐开线齿轮与齿条啮合传动，不论齿条的中线是否与齿轮的节圆相切（是否标准安装），啮合线均为固定直线；齿轮的节圆总是与分度圆重合；啮合角总是等于分度圆上的压力角。

7.5 斜齿圆柱齿轮传动

由于直齿圆柱齿轮的轮齿与轴线平行，所以在与另一个齿轮啮合时，沿齿宽方向的瞬时接触线是与轴线平行的直线，如图 7.12(a)所示。因此，在直齿圆柱齿轮的传动过程中，一对轮齿沿整个齿宽同时进入啮合和脱离啮合，致使轮齿所受的力是突然加上或突然卸掉的，轮齿的变形也是突然产生或突然消失的，从而在高速传动中产生冲击、振动和噪声，传动的平稳性较差。为了适应机器速度提高、功率增大的需要，在直齿圆柱齿轮的基础上，设计产生了斜齿圆柱齿轮，斜齿轮的接触线如图 7.12(b)所示。

7.5.1 斜齿圆柱齿轮的形成及啮合特点

前面在讨论直齿圆柱齿轮的齿廓形成时，是仅就齿轮的端面来讨论的，认为轮齿的齿廓是发生线绕基圆作纯滚动时，其上一点 K 所形成的渐开线。如图 7.13(a)所示，实际上齿轮总是有宽度 b 的，前述的基圆应是基圆柱，发生线应为发生面 S，而点 K 应为一条平行于基圆柱母线 AA' 的直线 KK'，故直齿圆柱齿轮的齿廓是发生面上的直线 KK' 在空间形成的渐开线齿廓。

斜齿轮齿廓曲面的形成和直齿轮的一样，也是发生面 S 绕基圆柱作纯滚动，所不同的是形成渐开线齿廓的直线 KK' 不再与基圆柱母线 AA' 平行，而是与基圆柱母线 AA' 方向偏斜一个角度 β_b（基圆柱上的螺旋角）。如图 7.13(b)所示，当发生面 S 绕基圆柱做纯滚动时，直线 KK' 上的各点所展成的渐开线形成了斜齿轮的齿廓曲面。

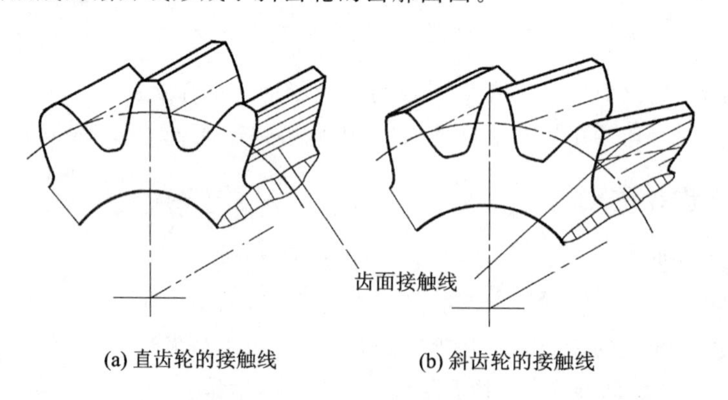

(a) 直齿轮的接触线　　(b) 斜齿轮的接触线

图 7.12　齿面接触线

由斜齿轮的形成可知，在一对斜齿轮啮合过程中，每个瞬时接触线都不与轴线平行，如图 7.13(b)所示的 KK' 就是倾斜的。当两轮轮齿开始啮合时，接触线长度由零逐渐增大；当到达某一个位置后，接触线长度又逐渐减短，直到脱离接触。另外，由于轮齿是倾斜的，同时啮合的齿数比直齿圆柱齿轮多，所以重合度也比直齿轮大。

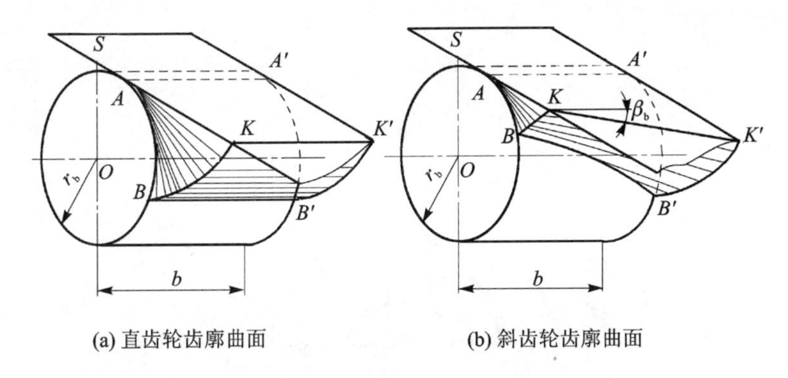

(a) 直齿轮齿廓曲面　　(b) 斜齿轮齿廓曲面

图 7.13　渐开线齿廓曲面的形成

7.5.2　斜齿圆柱齿轮传动的主要特点

与直齿轮相比较，斜齿轮主要有以下优点：

① 啮合性能好。在斜齿轮传动中，其齿轮齿面的接触线为与轴线不平行的斜线。在传动时，由轮齿的一端先进入啮合，然后逐渐过渡到另一端，这种啮合方式不仅使轮齿在开始啮合和脱离啮合时不致产生冲击，因而传动平稳、噪声小，而且这种啮合方式也减小了制造误差对传动的影响。

② 重合度大。这样就降低了每对轮齿的载荷，从而相对提高了齿轮的承受能力，延长了齿轮的使用寿命，并使传动平稳。

③ 斜齿轮的最小齿数比直齿轮的最小齿数 z_{min} 少，因此，斜齿轮不易发生根切，故采用斜齿轮传动可以得到最为紧凑的机构。

斜齿轮传动的主要缺点是：在运转时会产生轴向推力。若要完全消除轴向推力，则可将斜齿轮作成左右对称的人字齿轮（见图 7.1）。该齿轮轮齿左右完全对称，故所产生的轴向推力可以相互抵消，但人字齿轮制造比较麻烦，是其主要缺点。

总之，斜齿轮比直齿轮传动平稳，承载能力大，传动中存在轴向力，适用于高速和重载传动。

7.5.3　斜齿圆柱齿轮的参数

1. 螺旋角 $\boldsymbol{\beta}$ 及模数

从斜齿轮的齿廓形成可见，它的齿面为一渐开线螺旋面，故其端面（垂直于齿轮轴线的平面）和法向平面（垂直于齿的平面）的齿形不同。由于加工斜齿轮时，刀具是沿螺旋线方向进刀的，所以要以轮齿的法向参数为标准值选择刀具。但在计算斜齿轮的几何尺寸时，又要按端面的参数进行计算。因此，必须掌握斜齿轮端面与法向平面的参数换算关系。为了便于讨论，现假想将斜齿轮的分度圆柱面展开，便成为一个矩形（见图 7.14），矩形的高度就是斜齿轮的轮宽 b，其长度是分度圆的周长 πd，这时分度圆柱上齿轮的螺旋线便展成为一条斜直线，其与轴线的夹角为 β，即称为斜齿轮分度圆柱面上的螺旋角。

如图 7.14 所示的几何关系，可得

$$\tan\beta = \pi d / p_z$$

式中：p_z 为螺旋线的导程，即螺旋线绕分度圆柱一整圈后上升的高度。

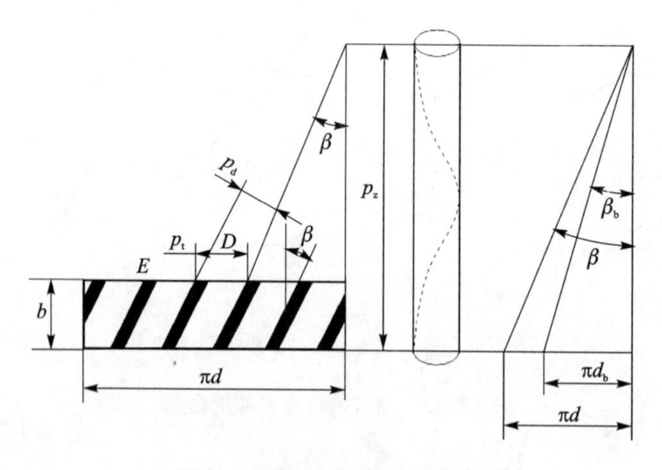

图 7.14　斜齿轮分段圆柱展开图

对于同一个斜齿轮，任何一个圆柱面上的螺旋线导程 p_z 都一样，因此，基圆柱面上的螺旋角 β_b 就应为

$$\tan \beta_b = \pi d_b / p_z$$

由图 7.14 可以看出，$\beta_b < \beta$，且由上述两式可得

$$\tan \beta / \tan \beta_b = d / d_b = 1/\cos \alpha_t$$

式中：α_t 为斜齿轮的端面压力角。

斜齿轮的齿面为一渐开线螺旋面，因此，垂直于螺旋线截面(法面)上的齿形与端面齿形不同。由图 7.15 可知，阴影部分为轮齿，空白部分为齿槽。其中，p_n、p_t 分别为斜齿轮分度圆上的法向齿距与端面齿距，可得法向齿距与端面齿距的关系为

$$p_n = p_t \cos \beta \tag{7.7}$$

将式(7.7)两端同除以 π，即可求得法面模数 m_n 与端面模数 m_t 的关系为

$$m_n = m_t \cos \beta \tag{7.8}$$

斜齿轮轮齿的旋向分为左旋和右旋两种，如图 7.16 所示。为了减小轴向力，螺旋角不宜过大，一般取 $\beta = 8° \sim 20°$。当用于高速大切率的传动时，为了消除轴向力，可以采用左右对称的人字齿轮，此时螺旋角可以增大，$\beta = 25° \sim 40°$。

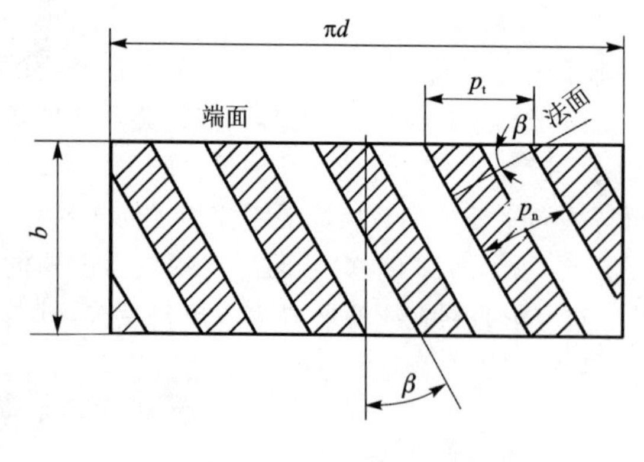

图 7.15　斜齿轮展开图

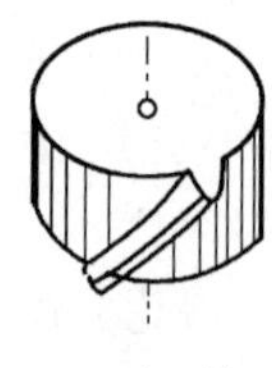

(a) 左　旋

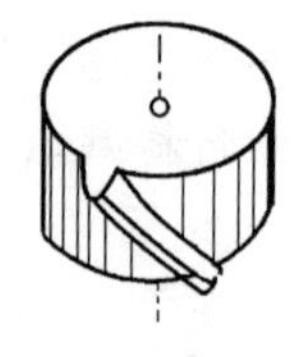

(b) 右　旋

图 7.16　斜齿轮的旋向

2. 压力角

图 7.17 所示是端面(ABD 平面)压力角和法面(A_1B_1D 平面)压力角的关系。

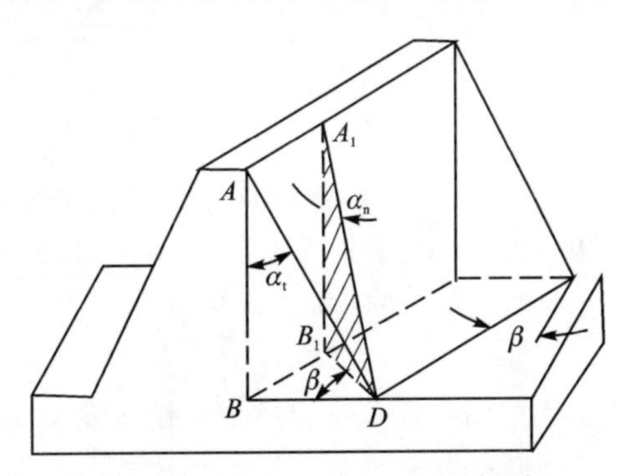

图 7.17　端面压力角和法面压力角

由图 7.17 可见,

$$\tan\alpha_t = \frac{BD}{AB},\quad \tan\alpha_n = \frac{B_1D}{A_1B_1}$$

又因为 $AB = A_1B_1$,$B_1D = BD\cos\beta$,故

$$\tan\alpha_n = \tan\alpha_t\cos\beta \tag{7.9}$$

它表示斜齿轮在分度圆上的法向压力角 α_n 和端面压力角 α_t 之间的关系。一般规定法向压力角取标准值,即 $\alpha_n = 20°$。

3. 斜齿圆柱齿轮的当量齿数

加工斜齿轮时,铣刀是沿着螺旋线方向进刀的,故应当按照齿轮的法面齿形来选择铣刀。另外,在计算轮齿的强度时,因为力作用在法面内,所以需要知道法面的齿形。通常采用近似方法确定。

图 7.18 所示为垂直于齿面的法面,图示椭圆是法面 nn 与分度圆柱的交线。以点 C 处的椭圆曲率半径为分度圆半径,以 m_n 为模数、α_n 为压力角的直齿圆柱齿轮的齿廓与斜齿圆柱齿轮的法向齿廓近似相同,称该直齿圆柱齿轮为斜齿轮的当量齿轮,其齿数 z_v 称为斜齿轮的当量齿数。经推导可知,当量齿数与实际齿数 z 的关系为

$$z_v = \frac{z}{\cos^3\beta} \tag{7.10}$$

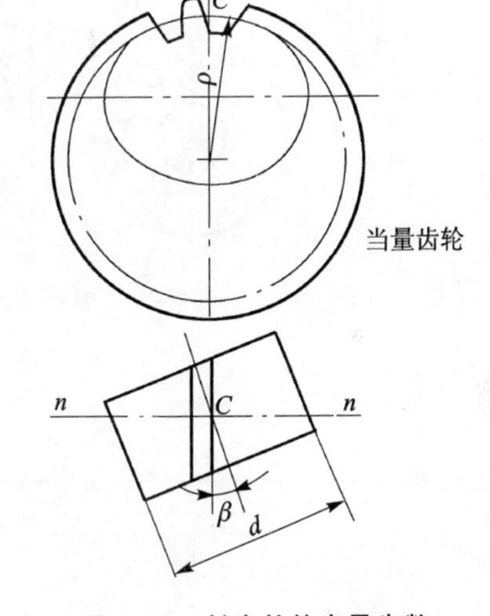

图 7.18　斜齿轮的当量齿数

4. 斜齿圆柱齿轮的正确啮合条件

一对平行轴外啮合斜齿圆柱齿轮的正确啮合,除要求它们的模数和压力角分别相等外,还要使螺旋角的大小相等、旋向相反,即

$$\left.\begin{aligned} m_{n1} &= m_{n2} = m_n \\ \alpha_{n1} &= \alpha_{n2} = \alpha_n \\ \beta_1 &= \beta_2 \end{aligned}\right\} \tag{7.11}$$

7.6 齿轮加工

7.6.1 齿轮的加工方法

齿轮是传递运动和力的重要部件，齿形决定了传递运动的准确性和受载的平稳性。轮齿加工的基本要求是齿形准确和分齿均匀。轮齿的加工方法很多，最常用的是切削加工法，此外还有铸造法、热轧法等。轮齿的切削加工方法按其原理可分为成形法和范成法两类。

1. 成形法

成形法是用与齿轮齿槽形状相同的圆盘铣刀或指状铣刀在铣床上进行加工，如图 7.19 所示。加工时刀具绕本身的轴线旋转的同时沿着毛坯的轴线方向移动，加工出一个齿，加工完这个齿后分度头将齿坯转过 $360°/z$（z 为齿轮齿数），再铣第二个齿槽，其余依次类推，直到铣出所有的齿槽。这种加工方法简单，不需要专用机床，但精度差，而且是逐个齿切削，切削不连续，故生产率低。由于齿轮主要参数（模数、齿数、变位系数等）的任何一个发生改变都要更换刀具，所以仅适用于单件生产及精度要求不高的齿轮加工。生产中通常用同一号铣刀切制同模数、不同齿数的齿轮，故齿形通常是近似的。表 7.3 中列出了 1～8 号圆盘铣刀加工齿轮的齿数范围。

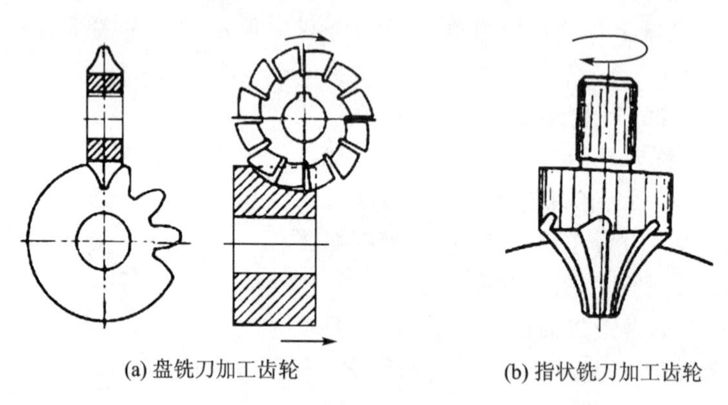

(a) 盘铣刀加工齿轮
(b) 指状铣刀加工齿轮

图 7.19 成形法加工齿轮

表 7.3 圆盘铣刀加工齿轮的齿数范围

刀 号	1	2	3	4	5	6	7	8
加工齿轮的齿数范围	12～13	14～16	17～20	21～25	26～34	35～54	55～134	135 以上

2. 范成法

范成法是利用一对齿轮（或齿轮与齿条）互相啮合时其共轭齿廓互为包络线的原理来切齿的（见图 7.20）。如果把其中一个齿轮（或齿条）做成刀具，就可以切出与它共轭的渐开线齿廓。范成法种类很多，有插齿、滚齿、剃齿、磨齿等，其中，最常用的是插齿和滚齿，剃齿和磨齿用于精度和粗糙度要求较高的场合。

(1) 插　齿

图 7.21 所示为用齿轮插刀加工齿轮时的情形。

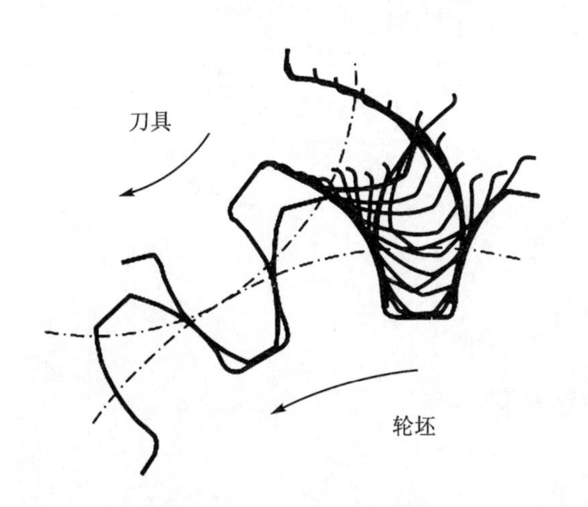

图 7.20　范成法加工齿轮

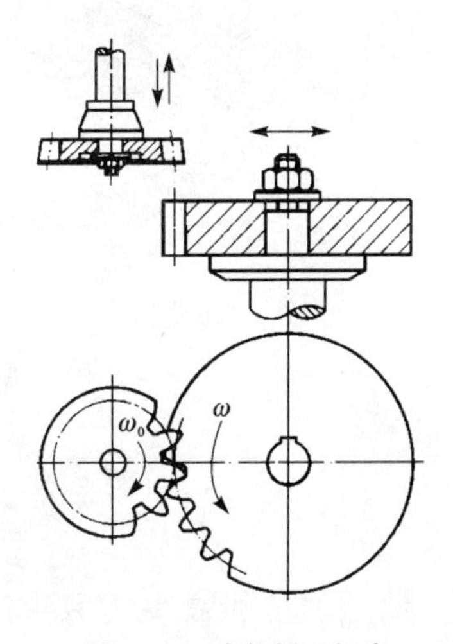

图 7.21　齿轮插刀切齿

齿轮插刀的形状和齿轮相似,其模数和压力角与被加工齿轮相同。加工时,插齿刀沿轮坯轴线方向做上下往复的切削运动,同时,机床的传动系统严格地保证插齿刀与轮坯之间的范成运动。齿轮插刀刀具顶部比正常齿高出 $c^* m$,以便切出顶隙部分。

当齿轮插刀的齿数增加到无穷多时,其基圆半径变为无穷大,插刀的齿廓变成直线齿廓,齿轮插刀就变成齿条插刀。图 7.22 所示为齿条插刀加工轮齿的情形。

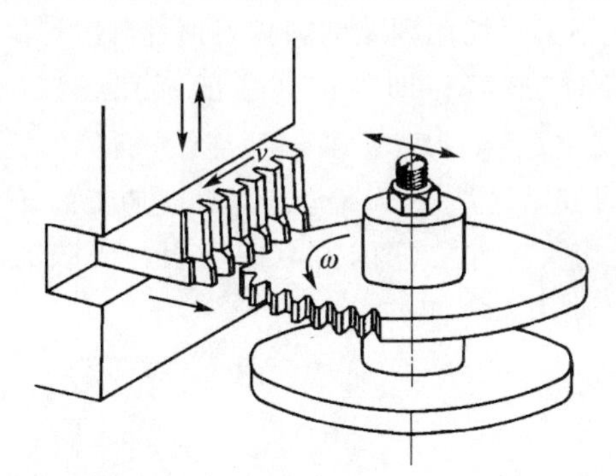

图 7.22　齿条插刀加工轮齿

(2) 滚　齿

齿轮插刀和齿条插刀都只能间断地切削,生产率低。目前广泛采用齿轮滚刀在滚齿机上进行轮齿的加工。

滚齿加工方法基于齿轮与齿条相啮合的原理。图 7.23(a)所示为滚刀加工轮齿的情形。滚刀 1 的外形类似沿纵向开了沟槽的螺旋,其轴向剖面齿形与齿条相同(见图 7.23(b))。当滚刀转动时,相当于这个假想的齿条连续地向一个方向移动,轮坯又相当于与齿条相啮合的齿轮,从而滚刀能按照范成原理在轮坯加工渐开线齿廓。滚刀除旋转外,还沿轮坯 2 的轴向逐渐移动,以便切出整个齿宽。

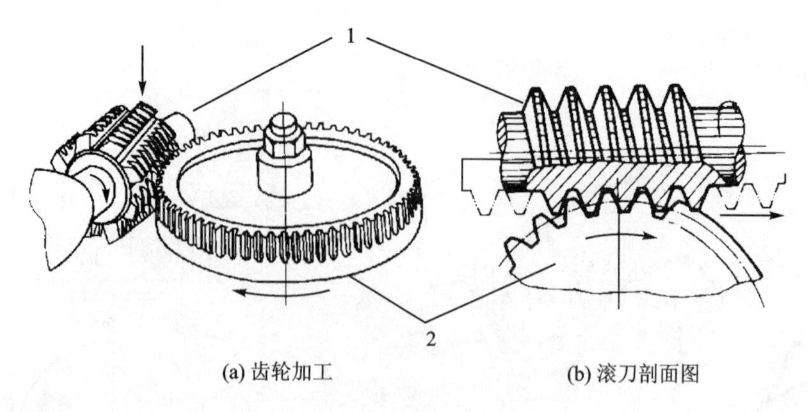

(a) 齿轮加工　　(b) 滚刀剖面图

1—滚刀；2—轮坯

图 7.23　滚刀加工轮齿

7.6.2　根切现象和最小齿数

切制标准齿轮时，有时会发生被加工齿轮齿根部齿廓的渐开线被刀具的顶部切去一部分的状况，如图 7.24(a)所示，这种现象称为根切。根切不仅削弱了轮齿根部的抗弯强度，而且还可能影响传动的平稳性，故应设法避免。

要避免发生根切，首先应了解产生根切的原因，可以齿条型刀具切制齿轮为例来分析轮齿被根切的机理。如图 7.24(b)所示，齿条型插刀的中线与齿坯分度圆相切，展成运动中刀具切削刃由左至右移到位置Ⅰ时，刀刃与被切齿廓相切于理论啮合线上的极限啮合点 N_1，渐开线齿廓被全部切出。如果刀具的齿顶线(不考虑切削顶隙的圆角刀顶)恰好通过 N_1 点(见图 7.24(b)中的虚线)，则当展成运动继续进行时，该刀刃即与被切成的渐开线齿廓脱离，不发生根切。但如图 7.24(b)所示，当刀具顶线超过 N_1 点，切削运动连续进行时，刀具还将继续切削。刀具由位置Ⅰ右移到位置Ⅱ时，刀刃和啮合线交于 K 点，此时被加工的轮齿转过角度 φ，则刀具刀尖便将已加工好的渐开线齿廓切去一部分(图 7.24(b)中阴影线所示)，从而产生根切。

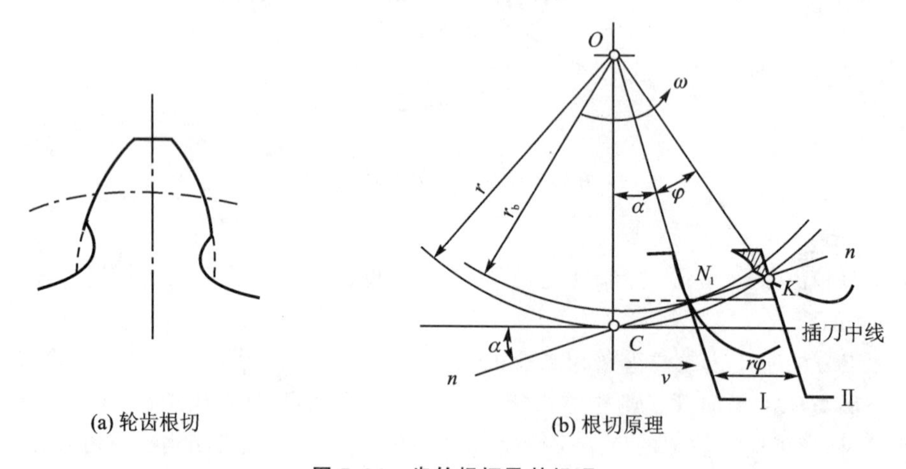

(a) 轮齿根切　　(b) 根切原理

图 7.24　齿轮根切及其机理

为了避免根切，刀具的顶线不应超过极限啮合点 N_1，但用齿条型刀具切削标准齿轮时，刀具中线必须与被切齿轮的分度圆相切，在模数已定的条件下，若使刀具齿顶线不超过 N_1 点，就得设法提高 N_1 点的位置。由图 7.25 可以看出，N_1 点的位置与基圆半径 r_b 有关，r_b 愈小，则 N_1 点离刀具中线的距离 e 愈近，根切的可能性就愈大。由式 $r_b=\frac{1}{2}mz\cos\alpha$ 可知，被切齿轮模数、压力角均与刀具相同，不能改变。

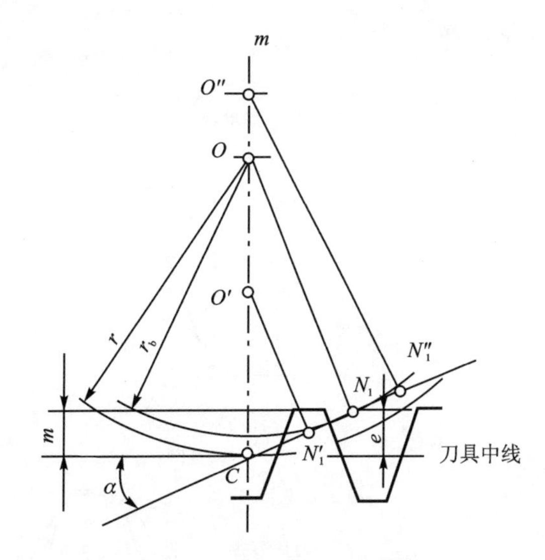

图 7.25　不产生根切的刀具位置

由此可知，根切与否仅取决于被加工齿轮的齿数 z。z 值愈小，r_b 愈小，e 也愈小，根切愈严重。当 $e<m$ 时，点 N_1 移到刀具顶线下方，即发生根切；反之，当 $e>m$ 时，点 N_1 移到刀具顶线上方，不会发生根切；当 $e=m$ 时，刀具顶线正好通过 N_1 点，此时将存在不发生根切所要求的最小的基圆半径 r_b，其相应的齿数称为用齿条型刀具加工标准齿轮不发生根切的最少齿数，用 z_{min} 表示。这样，由图 7.25 所示的几何关系可知，要避免根切，应使

$$e=\overline{CN_1}\sin\alpha=r\sin^2\alpha=\frac{mz}{2}\sin^2\alpha\geqslant m$$

可得

$$z\geqslant\frac{2}{\sin^2\alpha}$$

故切削标准齿轮时，不发生根切的最少齿数为

$$z_{min}=\frac{2}{\sin^2\alpha} \tag{7.12}$$

相应于 $\alpha=20°$的标准齿条型刀具，按上式求得 $z_{min}=17$。在实际应用中，有时为了结构紧凑，允许微量根切，可取 $z_{min}=14$。

7.7　渐开线变位直齿圆柱齿轮传动

7.7.1　渐开线变位直齿圆柱齿轮

标准齿轮有很多优点，在生产中已得到广泛应用。但是由于生产的不断发展，仅使用标准齿轮已不能满足某些特殊要求，因此出现了变位齿轮，如汽车、拖拉机和机床的变速箱中比较普遍地应用了变位齿轮。

如图 7.26 所示，如果将刀具位置相对于齿轮毛坯沿径向移动一定距离，这样加工出的齿轮就是变位齿轮。这种利用改变刀具与齿坯的相对位置来切制齿轮的方法称为变位修正法。刀具中线与齿坯分度圆分离的距离 X 称为变位量，其值与模数成正比，即 $X=xm$，其中 x 称

为变位系数。

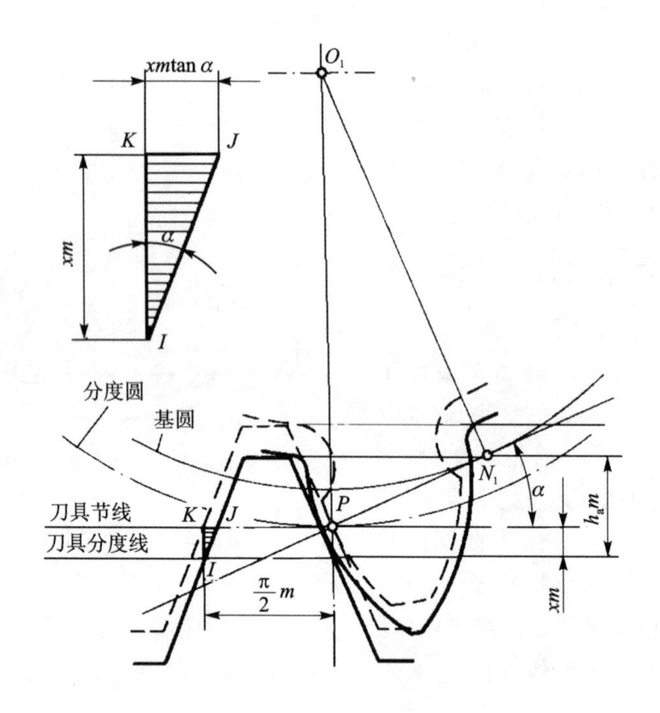

图 7.26 刀具加工变位齿轮

刀具离开轮坯中心的变位称为正变位，加工出来的齿轮称为正变位齿轮，变位系数 $x>0$；刀具靠近齿坯中心的变位称为负变位，加工出来的齿轮称为负变位齿轮，变位系数 $x<0$。

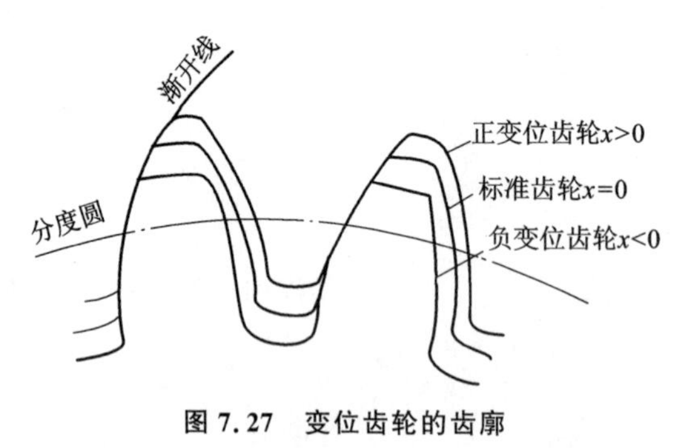

图 7.27 变位齿轮的齿廓

变位齿轮的齿形与标准齿轮的齿形都是在同一条基圆上展出的渐开线，只是应用的区段不同，如图 7.27 所示。适当选择变位系数 x 可以得到有利的渐开线区段，使齿轮传动的性能得到改善。变位齿轮可使被切齿轮齿数 $z<z_{\min}$ 时避免根切，而且在切制这种齿轮时仍可使用标准刀具，所以这种方法已被广泛采用。

变位齿轮与标准齿轮相比较，有以下两个基本特点：

① 如图 7.26 所示，齿条刀具上与分度圆相切并平行于中线的直线称为刀具节线，简称节线。当用齿条刀具加工变位齿轮时，不论是正变位还是负变位，刀具变位后的节线与齿轮的分度圆都相切并做纯滚动。因为刀具上任一条节线的齿距 p、模数 m 以及压力角 α 都相等，故被加工出的变位齿轮的主要参数并不改变，即分度圆、模数、压力角、基圆和齿数都与标准直齿轮相同。

② 如图 7.27 所示，正变位齿轮的齿顶圆、齿根圆、齿顶高和齿根厚度均增大，而齿根高和齿顶厚度则减少。负变位齿轮的齿顶圆、齿根圆、齿顶高和齿根厚度均减小，而齿根高和齿顶厚度则增加。这说明变位齿轮的某些几何尺寸发生了变化。

关于外啮合变位齿轮的几何尺寸，详见表 7.4。

表 7.4　外啮合变位直齿圆柱齿轮的类型和特点以及变位齿轮的几何计算

传动类型		标准齿轮传动 $x_1+x_2=0$	变位齿轮传动		
			高变位 $x_1+x_2=0$	角变位 $x_1+x_2\neq 0$	
				正传动 $x_1+x_2>0$	负传动 $x_1+x_2<0$
主要几何尺寸	分度圆直径	$d=mz$	不变		
	基圆直径	$d_b=d\cos\alpha$	不变		
	齿距	$p=\pi m$	不变		
	啮合角	$\alpha'=\alpha$	不变	增大	减小
	节圆直径	$d'=d$	不变	增大	减小
	中心距	$a=\frac{1}{2}(z_1+z_2)m$	不变	增大	减小
	分度圆齿厚	$s=\frac{1}{2}\pi m$	正变位增大，负变位减小		
	齿顶圆齿厚	$s_a=d_a\left(\frac{\pi}{2z}+\text{inv}\,\alpha-\text{inv}\,\alpha'\right)$	正变位减小，负变位增大		
	齿根圆齿厚	$s_f=d_f\left(\frac{\pi}{2z}+\text{inv}\,\alpha-\text{inv}\,\alpha'\right)$	正变位增大，负变位减小		
	齿顶高	$h_a=h_a^* m$	正变位增大(负变位减小)		
	齿根高	$h_f=d_f(h_a^*+c^*)\ m$	正变位减小，负变位增大		
	齿高	$h=h_a+h_f$	不变	略减	
	齿数限制	$z_1>z_{min}$	$z+z_2\geqslant 2z_{min}$	z_1+z_2 可以$<2z_{min}$	$z_1+z_2>2z_{min}$
效率			提高		降低
应用		广泛用于各种传动中	1. 用于结构紧凑、要求 $a=a'$ 的传动中； 2. 为了不过多地降低大齿轮（负变位）的强度和避免根切现象，多用于 z_1+z_2 较大的场合； 3. 用于均衡大小齿轮强度，而重合度又允许略有降低的场合	1. 多用于结构紧凑、z_1+z_2 较小的场合； 2. 用于希望提高并均衡大小齿轮的强度，而又允许重合度降低的传动； 3. 用于配凑中心距	应用较少，一般仅用于配凑中心距或要求具有较大重合度的场合

7.7.2 变位直齿圆柱齿轮传动的啮合角和中心距

1. 啮合角

在齿轮传动时，理论上要求两轮齿廓间无齿侧间隙。如图 7.28(a)所示，当标准直齿圆柱齿轮无齿侧间隙啮合时，分度圆和节圆重合，中心距 $a=\dfrac{m(z_1+z_2)}{2}$，分度圆压力角等于啮合角。在图 7.28(b)中，当两个正变位直齿圆柱齿轮无齿侧间隙啮合时 $a\neq a'$，其啮合角为

$$\operatorname{inv}\alpha'=\frac{2(x_1+x_2)}{z_1+z_2}\tan\alpha+\operatorname{inv}\alpha \tag{7.13}$$

上式称为无齿侧间隙啮合方程式，其中，$\operatorname{inv}\alpha'$、$\operatorname{inv}\alpha$ 为啮合角和压力角的渐开线函数（查渐开线函数表可得对应值），x_1、x_2 为两齿轮的变位系数。

2. 中心距

实际中心距 a'（单位为 mm）为

$$a'=a\frac{\cos\alpha}{\cos\alpha'} \tag{7.14}$$

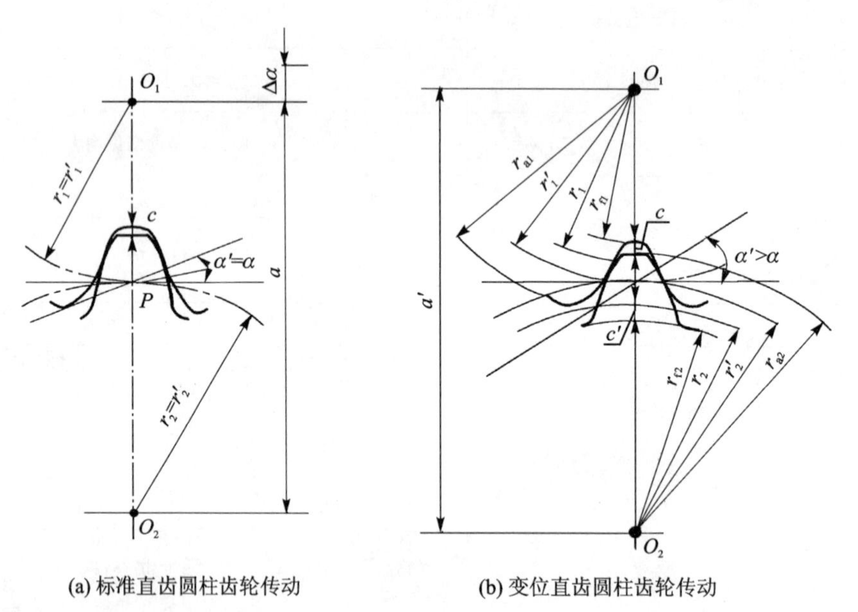

(a) 标准直齿圆柱齿轮传动　　(b) 变位直齿圆柱齿轮传动

图 7.28 无齿侧间隙啮合传动

设中心距变动量 Δa 用模数 m 和中心距变动系数 y 表示，即 $\Delta a=ym=a'-a$，由此得中心距变动系数 y 为

$$y=\frac{a'-a}{m} \tag{7.15}$$

7.7.3 变位传动的类型和特点

变位直齿轮传动可分为以下两类：

(1) 高变位齿轮传动

当两齿轮的变位系数 $x_1+x_2=0$ 时，称为高变位齿轮传动。它的特点是：节圆与分度圆

重合，啮合角与分度圆压力角相等，实际中心距与标准中心距相等，只是齿顶高和齿根高不同于标准直齿轮。

（2）角变位齿轮传动

当两齿轮的变位系数 $x_1+x_2\neq 0$ 时，称为角变位齿轮传动。当 $x_1+x_2>0$ 时，叫正传动；当 $x_1+x_2<0$ 时，叫负传动。角变位传动的特点是：实际中心距不等于标准中心距；压力角不等于啮合角；两齿轮的分度圆与节圆不重合。

外啮合变位直齿圆柱齿轮的类型和特点以及变位齿轮的几何计算见表7.4。

7.7.4 选择变位系数的基本要求

选择变位系数的基本要求如下：

① 保证轮齿加工时不产生根切，即 $z\geqslant z_{\min}$。图7.29中左下方两斜线是防止产生根切的界限，斜线右方为不产生根切区，斜线左方表示根切区，两斜线之间表示允许有少量根切。

② 保证轮齿有足够的齿顶厚度。图7.29中上方表示齿顶厚度变薄的程度，曲线左上方表示齿顶过薄区。为了保证齿轮齿顶强度，一般要求齿顶圆厚度 $s_a>(0.25\sim0.4)m$，其中 m 表示模数。对于韧性较好的齿轮，$s_a>0.25m$；对韧性较差的齿轮，$s_a>0.4m$。设计变位齿轮时，变位系数的选择可查阅有关设计资料。

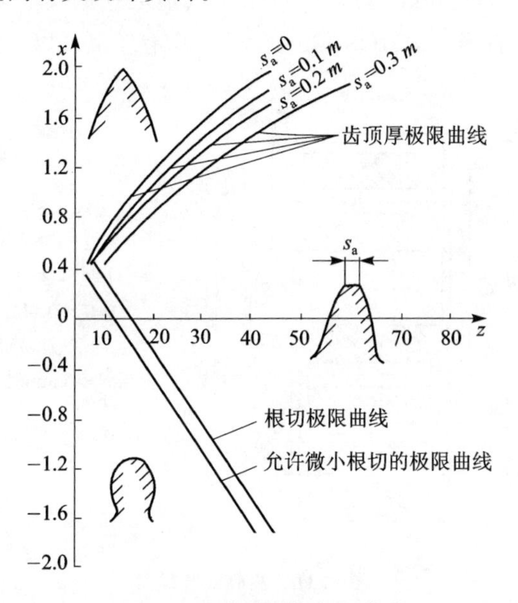

图7.29　变位系数极限曲线

7.8 圆柱齿轮的结构和精度

7.8.1 圆柱齿轮的结构

齿轮的结构一般是指轮缘、轮毂、轮辐3部分，这部分结构除考虑强度和刚度要求外，还要考虑工艺和经济方面的因素，通常是按经验公式或经验数据来确定齿轮的各部分形状和尺寸，根据齿轮的尺寸、制造方法和生产批量的不同，齿轮的结构可分为齿轮轴、实心式、腹板式、轮辐式、镶圈式和剖分式等。

1. 齿轮轴

对于小直径的齿轮，若齿根圆与轴径相差不大，从而使齿轮不便采用键与轴相联接，造成齿轮齿根到键槽根部的距离 $\delta<(2\sim2.5)m$（m 为模数）时，则可将齿轮和轴制成一体，称为齿轮轴，如图 7.30 所示。

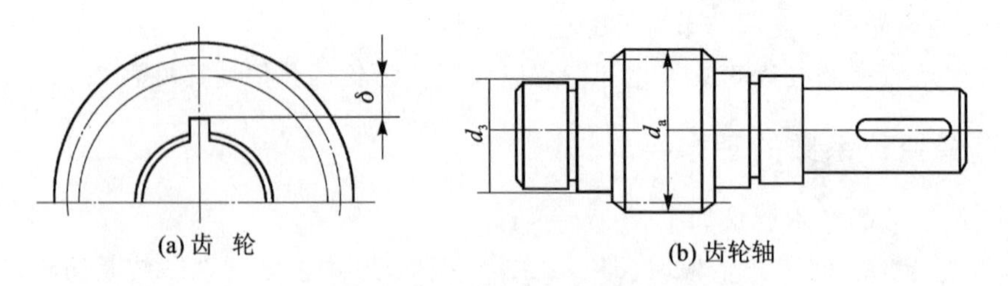

图 7.30 小齿轮和齿轮轴

齿轮轴的刚度较好，但齿轮损坏时，轴将与其一同报废，造成浪费。对于直径较大（$d_a>2d_3$）的齿轮，为了便于制造和装配，应将齿轮和轴分开制造。

2. 实心式齿轮

对于齿顶圆直径 $d_a\leqslant200$ mm 的齿轮，可采用锻造毛坯的实心式结构，如图 7.31 所示。对于单件或小批量生产且直径 $d_a<100$ mm 的齿轮，其毛坯也可以直接采用轧制圆钢。

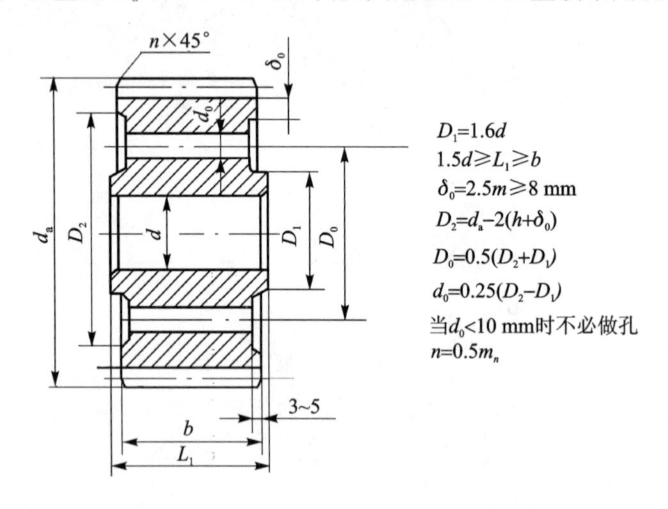

图 7.31 实心式齿轮

3. 腹板式齿轮

对于齿顶圆直径 $d_a\leqslant500$ mm 的齿轮，一般采用腹板式结构，如图 7.32 所示。为了减小质量、节省材料和便于搬运，在腹板上常制出对称的 4～6 个圆孔。

图 7.32(a)所示为锻造齿轮，单件小批量生产可采用自由锻，大批量生产则采用模锻。图 7.32 (b)所示为铸造齿轮，适用于齿顶圆直径 $d_a>400$ mm 的情况，一般直径较大或结构复杂时，毛坯通常用铸铁、铸钢等材料铸造而成。对于模锻和铸造齿轮，为便于起模，应设计必要的拔模斜度和较大的过渡圆角。图 7.32(c)所示为焊接齿轮适用于单件或小批量生产的大直径齿轮，其优点是可以减轻齿轮的质量，缩短加工时间，节省加工费用。

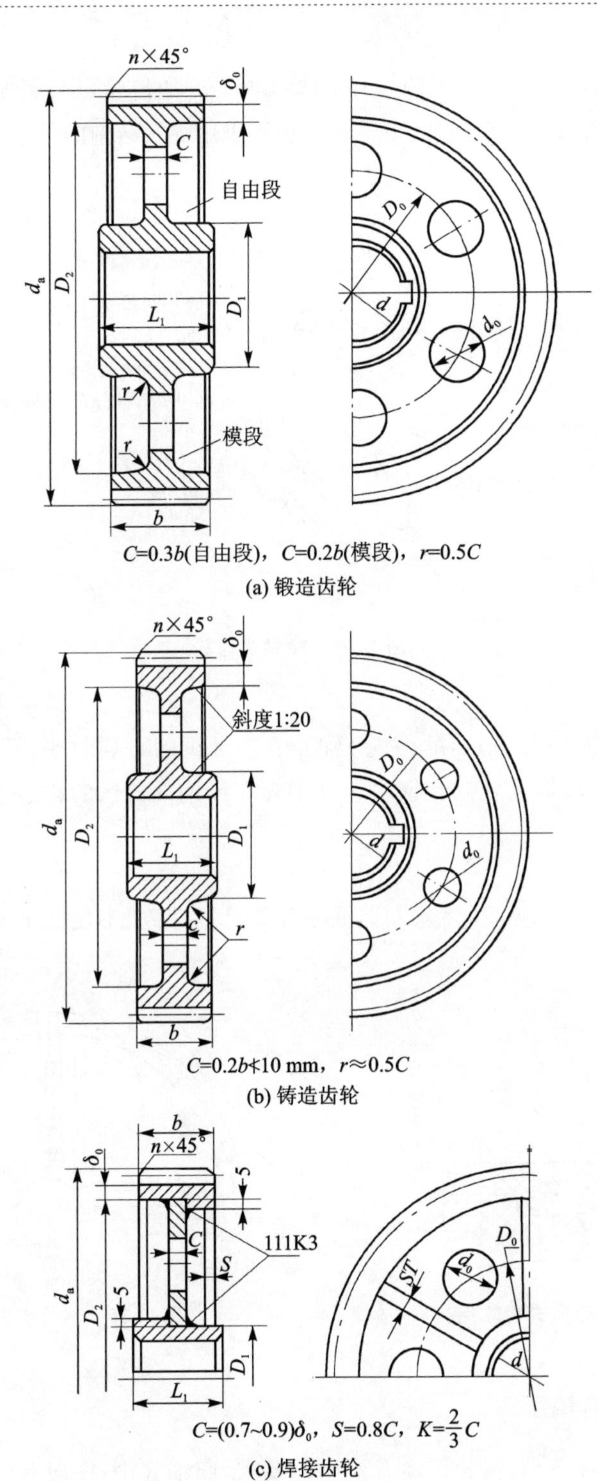

C=0.3b(自由段)，C=0.2b(模段)，r=0.5C

(a) 锻造齿轮

C=0.2b≮10 mm，r≈0.5C

(b) 铸造齿轮

C=(0.7~0.9)δ_0，S=0.8C，$K=\frac{2}{3}C$

(c) 焊接齿轮

D_1=1.6d(钢或铸钢)，D_1=1.8d(铸铁)，1.5d≥L_1≥b

δ_0=(3~4) m_n ≥8 mm，D_0=0.5(D_2+D_1)

d_0=(0.25~0.35)(D_2−D_1)，n=0.5m_n

图 7.32　腹板式齿轮

4. 轮辐式齿轮

为了节省材料和减小质量，齿顶圆直径 $d_a>400$ mm 的齿轮可采用轮辐式结构，如图 7.33 所示。轮辐式齿轮通常采用铸造毛坯，单件生产也可采用焊接结构的毛坯。

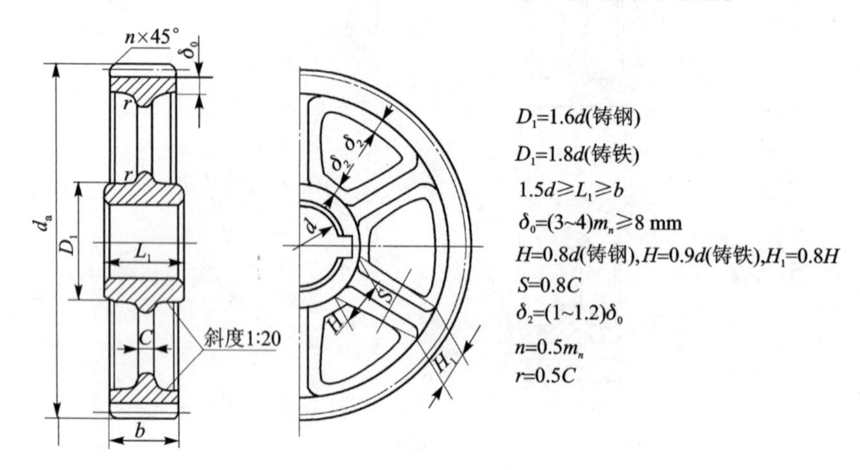

图 7.33　轮辐式齿轮

5. 镶圈式齿轮

对于尺寸很大($d_a>600$ mm)的齿轮，为了节约贵重的金属材料，可采用镶圈式结构，如图 7.34 所示。它是把锻造或轧制的钢质轮缘镶套在铸钢或铸铁的轮芯上，并在镶套的接缝处加紧定螺钉。

6. 剖分式齿轮

对于尺寸很大的齿轮，因受运输、制造或装配条件的限制，不便或不能采用整体式结构时，可采用剖分式齿轮，如图 7.35 所示。

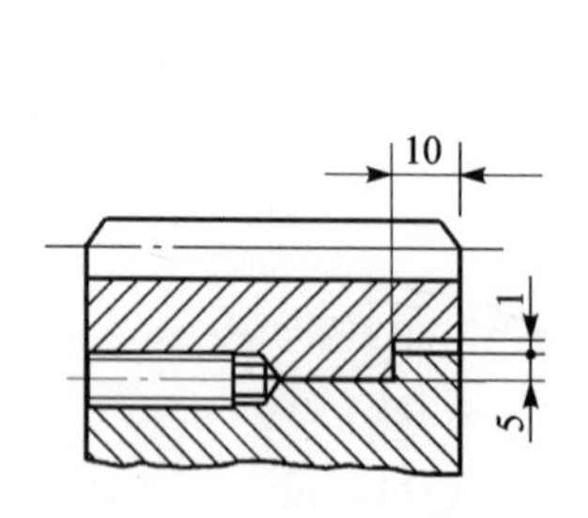

图 7.34　镶圈式齿轮结构

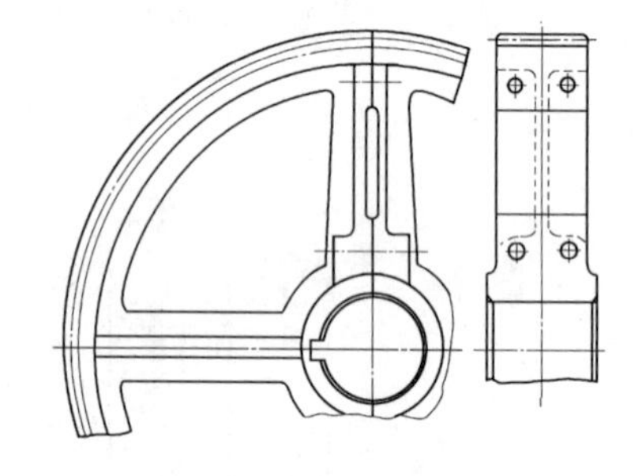

图 7.35　剖分式齿轮

7.8.2　圆柱齿轮的精度

在不同的工作条件下，对齿轮传动有不同的要求，归纳起来，一般有 4 方面的要求：①传递运动准确，即传动比变化尽量小；②传动平稳，振动和噪声小，避免产生动载荷和撞击；③工作齿面接触良好，载荷分布均匀；④有足够的但不是过大的侧隙。影响上述四方面要求的因素很多，但是，齿轮和齿轮副的误差大小是影响齿轮传动工作性能的重要因素。因此，应该对齿轮和齿轮副提出一定的检验项目，并规定精度等级。

1. 精度等级

GB10095—2008对齿轮和齿轮副规定了12个精度等级，由高到低依次用1,2,3,…,11,12表示，其中1、2级精度为待发展级，3～5级为高精度等级，6～8级为中等精度等级，9～12级为低精度等级，齿轮的精度等级中6～9级最为常用。

2. 公差级

按误差特性及对传动性能的主要影响，标准把检验项目分为3个公差组。第Ⅰ公差组主要影响传动的准确性，第Ⅱ公差组主要影响传动的平稳性，第Ⅲ公差组主要影响齿轮受载后载荷分布的均匀性。每个公差组由若干个检验组组成。表7.5所列内容供选择检验组时参考。

表7.5　常用的检验组

精度等级	第Ⅰ公差组	第Ⅱ公差组	第Ⅲ公差组		齿轮副侧隙
	对齿轮		对箱体	对传动	
5、6	F_n	F_{pb} 和 F_f	F_x 和 F_y	接触斑点或 F_β	E_s 或 E_W
7、8	F_p 或 F_r 和 F_W	f_{pt} 和 f_{pb}			
9	F_r 和 F_W				

3. 精度等级的选择

齿轮精度等级的选择应考虑齿轮的用途、使用条件、传递功率、圆周速度、传递运动的准确性和平稳性等，一般情况下由经验法确定精度等级。表7.6列出了若干精度等级齿轮的适用范围，供选择精度等级时参考。

一般情况下，3个公差组应选用相同精度等级。但根据使用要求不同，也允许对3个公差组选用不同的精度等级。例如，机床分度系统的齿轮，传递运动的准确性比工作平稳性要求高，所以第Ⅰ公差组的精度等级比第Ⅱ公差组的精度等级高一级；轧钢机上的齿轮，为了使载荷分布均匀，第Ⅲ公差组精度等级可高些。

表7.6　圆柱齿轮传动精度等级的选择

精度等级			6	7	8	9
加工方法			精密磨齿或剃齿	不淬火时用高精度刀具切制，淬火后需磨、研或珩	范成法或成形法不磨齿（必要时剃或珩）	任意方法加工，不需要精加工
齿面粗糙度 $Ra/\mu m$			≤0.4	0.8或1.6	1.6	3.2
圆周速度/$(m \cdot s^{-1})$	直齿	HBC≤350	≤18	≤12	≤6	≤4
		HBC>350	≤15	≤10	≤5	≤3
	斜齿	HBC≤350	≤36	≤25	≤12	≤8
		HBC>350	≤30	≤20	≤10	≤5
应用范围			用于高速、运转平稳、高效率、低噪声的齿轮	用于高速、载荷小或反转的齿轮，如机床进给、中速减速器齿轮	一般机械用齿轮，如普通减速器用齿轮	用于精度不高且在低速下工作的齿轮

4. 齿轮副的侧隙

齿轮副的最小极限侧隙应根据工作条件确定，其数值与精度无关。为保证得到最小极限侧隙所需要的齿厚减薄量(齿厚上偏差),除了取决于最小极限侧隙外,还要考虑会使侧隙减小的齿轮和齿轮副的加工和装配误差,因此,齿厚上偏差是与精度等级有关的。标准对齿厚极限偏差规定了14种,分别用字母C,D,E,F,G,…,R,S表示,其数值是齿距极限偏差 f_{pt} 的整数倍。齿厚下偏差 E_{SI} 由齿厚上偏差和齿厚公差决定。齿厚公差根据工厂的技术素质或实践经验确定。上、下偏差除由计算法确定外,也可由经验法确定。

5. 齿轮精度的标注

在齿轮零件图上应标注齿轮的精度等级和齿厚极限偏差的字母代号。

① 齿轮的3个公差组同为7级,齿厚上偏差为F,下偏差为L,标注为7 FL GB 10095—2008。

② 齿轮第Ⅰ公差组精度为7级,第Ⅱ、第Ⅲ公差组精度为6级,齿厚上偏差为G,齿厚下偏差为M,标注为7-6-6 GM GB 10095—2008。

6. 齿坯要求

齿坯的加工误差对齿轮的加工、检验和安装精度影响很大。因此,控制齿坯质量是保证和提高齿轮加工精度的一项重要措施,设计时应对齿坯精度作相应要求。

7.9 齿轮传动的失效形式及其材料选择

7.9.1 齿轮传动的失效形式

齿轮传动的失效形式主要是轮齿的失效。轮齿失效分为齿体损伤失效和齿面损伤失效。现将主要失效形式及防止或延缓措施列于表7.7中。

表7.7 齿轮常见失效形式及防治措施

失效形式	塑性变形	轮齿折断	齿面疲劳点蚀	磨粒磨损	胶　合
简图	主动轮 从动轮	折断面	出现麻坑、剥落	磨损部分	齿面出现沟痕
引起原因	低速重载时,齿面间摩擦力大,较软的齿面产生局部塑性变形;主动轮节线附近形成凹槽,从动轮节线附近形成凸脊	在载荷反复作用下,齿根弯曲应力超过弯曲疲劳极限时,发生疲劳折断;用脆性材料制成的齿轮,因短时过载、冲击发生突然折断	在载荷反复作用下,齿轮表面接触应力超过接触疲劳极限时,发生疲劳点蚀	灰尘、金属颗粒等杂物进入齿面	齿面局部温升过高;润滑失效;润滑不良

续表 7.7

失效形式	塑性变形	轮齿折断	齿面疲劳点蚀	磨粒磨损	胶　合
失效的工作环境	常发生在过载严重和启动频繁且润滑不良的情况中	开式、闭式传动中均可以发生	闭式传动	主要发生在开式传动中，润滑油不洁的闭式传动中也可发生	高速重载或润滑不良的低速重载传动中
后果	齿廓变形、无法正常工作	轮齿折断后无法工作	齿廓失去准确形状，使传动不平稳，噪声、冲击增大或无法正常工作		
防止或延缓失效的对策	提高齿面硬度；采用粘度大的润滑油；避免频繁启动	限制齿根危险截面上的弯曲应力；选用合适的齿轮参数和几何尺寸；降低齿根处的应力集中；强化处理(如喷丸、碾压)和良好的热处理工艺	限制齿面的接触应力；提高齿面硬度；减小表面粗糙度值；采用粘度高的润滑油及适宜的添加剂	注意润滑油的洁净，提高润滑油的粘度，加入适宜的添加剂；选用合适的齿轮参数和几何尺寸、材质、精度和表面粗糙度等。 对开式传动采用适当的防护装置；选用合适的润滑油	高速重载传动中进行抗胶合承载能力计算，限制齿面温度；保证良好润滑，采用适宜的添加剂；减小表面粗糙度值

7.9.2 齿轮的材料选择

齿轮的常用材料见表 7.8。选择齿轮材料的主要依据是齿轮所承受的载荷的大小及性质、速度高低、工作环境等工作条件，以及结构、质量和经济性等使用要求。

表 7.8　常用的齿轮材料、轮齿硬度和应用举例

材　料	牌　号	热处理方法	硬　度		应用举例
			齿芯/HB	齿面/HRC	
优质碳素钢合金钢	35	正火	150～180		低速轻载的齿轮或中速中载的大齿轮
	45		162～210		
	50		180～220		
	35	调质	180～210		中、低速，中载的齿轮，如通用减速器和机床中一般传动的齿轮
	45		217～255		
合金钢	35SiMn		217～269		
	35SiMnMo		217～269		
	40Cr		241～286		

续表 7.8

<table>
<tr><th rowspan="2">材　料</th><th rowspan="2">牌　号</th><th rowspan="2">热处理方法</th><th colspan="2">硬　度</th><th rowspan="2">应用举例</th></tr>
<tr><th>齿芯/HB</th><th>齿面/HRC</th></tr>
<tr><td rowspan="2">优质碳素钢</td><td>35</td><td rowspan="3">表面淬火</td><td>180～210</td><td>40～45</td><td rowspan="3">高速中载、无剧烈冲击的齿轮，如机床变速箱中的齿轮</td></tr>
<tr><td>45</td><td>217～255</td><td>40～45</td></tr>
<tr><td rowspan="5">合金钢</td><td>40Cr</td><td>241～286</td><td>48～55</td></tr>
<tr><td>20Cr</td><td rowspan="3">渗碳淬火
回火</td><td rowspan="3">HRC 28～33</td><td>56～62</td><td rowspan="3">高速中载、承受冲击载荷的齿轮，如汽车、拖拉机中的重要齿轮</td></tr>
<tr><td>20CrMnMo</td><td>56～62</td></tr>
<tr><td>20CrMnTi</td><td>56～62</td></tr>
<tr><td>38CrMoAlA</td><td>氮化</td><td>229</td><td>大于 65</td><td>载荷平稳、润滑良好的齿轮</td></tr>
<tr><td rowspan="4">铸钢</td><td>ZG45</td><td rowspan="3">正火</td><td colspan="2">163～197</td><td rowspan="3">重型机械中的低速齿轮</td></tr>
<tr><td>ZG55</td><td colspan="2">179～207</td></tr>
<tr><td>ZG35SiMn</td><td colspan="2">163～217</td></tr>
<tr><td>ZG35SiMn</td><td>调质</td><td colspan="2">197～248</td><td>标准系列减速器的大齿轮</td></tr>
<tr><td rowspan="2">球墨铸铁</td><td>QT500－5</td><td rowspan="4"></td><td colspan="2">147～241</td><td rowspan="2">可用来代替铸钢</td></tr>
<tr><td>QT600－2</td><td colspan="2">229～302</td></tr>
<tr><td rowspan="2">灰铸铁</td><td>HT250</td><td colspan="2">170～241</td><td rowspan="2">低速中载、不受冲击的齿轮，如机床操纵机构的齿轮</td></tr>
<tr><td>HT300</td><td colspan="2">187～255</td></tr>
</table>

注：v<25 m/s 为低速，v=25～40 m/s 为中速，v>40 m/s 为高速。

1. 锻　钢

大多数齿轮毛坯采用的优质碳素结构钢和合金钢由锻造获得，通过热处理改善和提高力学性能。根据齿面硬度高低，钢制齿轮分为软齿面齿轮（齿面硬度≤350HB）和硬齿面齿轮（齿面硬度≥350HB）两类。

① 软齿面齿轮通常适用于一般用途、中小功率、精度要求不高的场合。由于硬度不高，这类齿轮在轮坯调质或正火后进行精切齿。

考虑到传动时小齿轮轮齿的工作次数比大齿轮轮齿的多，小齿轮齿根圆较薄，并便于磨合，对于软齿面齿轮传动，通常小齿轮材料比大齿轮的好，且硬度高 20～50HB 或者更多。

② 硬齿面齿轮通常采用优质碳素结构钢或合金调质钢（或正火）精切齿工艺后，进行表面淬火，使齿轮的耐磨性提高，承载能力增大。同时，由于齿芯未被淬硬，仍有足够的韧性，可以承受一定的冲击载荷。由于加热层薄，表面淬火后齿轮变形不大，对于一般精度（如 7 级以下）要求的齿轮，可不再修形。

2. 铸　钢

对于直径较大（d_a>500 mm）、形状复杂而不易锻造的齿轮，可采用铸钢制造。

3. 铸　铁

灰铸铁有较好的减磨性和加工功能，价格低廉但强度低，抗冲击能力差，适用于低速、无冲击、动力不大的开式齿轮、不重要的齿轮等。球墨铸铁力学性能、抗冲击能力比灰铸铁高，可代替铸钢和调质钢制造大齿轮。

4. 粉末冶金

该类齿轮产品质量稳定，工作时有自润滑型，噪声小，耐冲击较差，常用于载荷平稳、耐磨性要求较高的场合。

5. 有色金属

铸造青铜可用于制造高耐磨性的齿轮，超硬铝制造的齿轮表面经硬质阳极氧化处理，耐磨性好，重量轻，可用于制造仪器中的小模数齿轮。

6. 非金属材料

尼龙 6、聚碳酸酯、酚醛等弹性好，耐磨性好，密度小，可注塑成型，成本低，但承载能力小，可用于制造高速、小功率及精度要求不高的齿轮。

7.10　直齿圆柱齿轮传动的强度计算

7.10.1　轮齿受力分析

为了计算齿轮的强度、设计轴和轴承，需要分析轮齿作用力。

图 7.36(a)所示为标准直齿外啮合圆柱齿轮传动，主动齿轮 1 上的转矩 T_1 通过轮齿传给从动齿轮 2。进行受力分析时，可将沿齿宽分布的全部作用力以作用在齿宽中点的集中力来代替。忽略齿面间的摩擦力，该集中力即为沿啮合线指向齿面的法向力，它分别作用于主动齿轮和从动齿轮，大小相等、方向相反，即 $F_{n1}=F_{n2}=F_n$。在计算支承反力和引力轴弯曲的力时，法向力 F_n 可分解为切向力 F_t 和径向力 F_r，计算公式为

切向力 $$F_t=2\frac{T_1}{d_1} \tag{7.16}$$

径向力 $$F_r=F_t\cos\alpha \tag{7.17}$$

法向力 $$F_n=\frac{F_t}{\cos\alpha} \tag{7.18}$$

式中：T_1 为齿轮传递的名义转矩；d_1 为小齿轮分度圆直径；α 为分度圆压力角。

主动齿轮的切向力 F_{t1} 的方向与作用点圆周速度方向相反，从动齿轮的切向力 F_{t2} 的方向与作用点圆周速度方向相同。主、从动齿轮的径向力 F_{r1}、F_{r2} 的方向指向各自的轮心。

图 7.36(b)所示为将法向力 F_n 分别在两齿轮上分解成切向力 F_t 和径向力 F_r 后的空间受力简图。

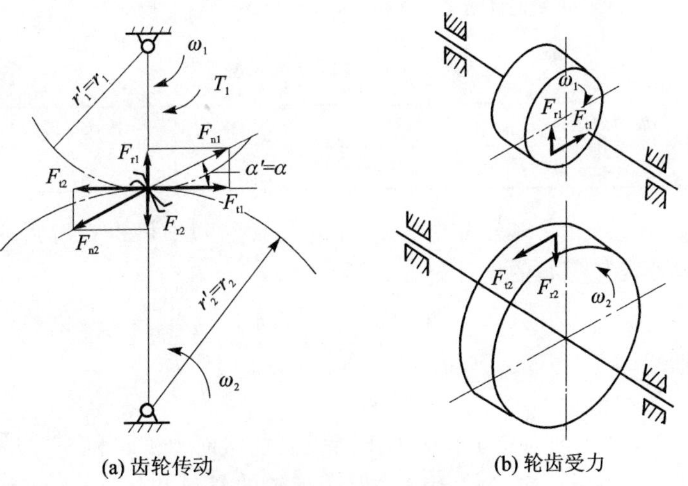

图 7.36　轮齿受力分析

7.10.2 齿面接触疲劳强度计算

计算齿面接触疲劳强度的目的是防止齿面发生疲劳点蚀。实践证明,齿面疲劳点蚀一般发生在节线附近。因此,一般选取节点啮合时的接触应力作为计算依据。其强度条件要求齿面节线附近产生的最大接触应力 σ_H 小于齿轮的许用接触应力。经过推导整理,直齿圆柱齿轮传动齿面接触强度的校核公式为

$$\sigma_H = 3.52 Z_E \sqrt{\frac{KT_1}{bd_1^2} \cdot \frac{u \pm 1}{u}} \leqslant [\sigma]_H \tag{7.19}$$

式中:σ_H 为齿面工作时产生的接触应力(MPa);$[\sigma]_H$ 为齿轮的许用接触应力(MPa);T_1 为小齿轮上的名义转矩(N·m);b 为轮齿宽度(mm);u 为齿数比,即大齿轮齿数与小齿轮齿数之比,$u=\frac{z_2}{z_1}u$;K 为载荷系数,其值见表 7.9;d_1 为小齿轮分度圆直径(mm);Z_E 为齿轮的材料弹性系数($\sqrt{\text{MPa}}$),其值见表 7.10;± 为“+”号用于外啮合,“-”号用于内啮合。

表 7.9 载荷系数

原动机工作情况	工作机械的载荷特性		
	工作平稳	中等冲击	较大冲击
工作平稳(如电动机、汽轮机和燃气轮机)	1.0~1.2	1.2~1.6	1.6~1.8
轻度冲击(如多缸内燃机)	1.2~1.6	1.6~1.8	1.9~2.1
中等冲击(如单缸内燃机)	1.6~1.8	1.8~2.0	2.2~2.4

注:1 对于斜齿圆柱齿轮、圆周速度较低、精度高、齿宽系数小的情况取小值,齿轮在两轴承之间并对称布置时取小值,齿轮在两轴承之间不对称布置或悬臂布置时取大值。

2 工作机械的载荷特性举例:

工作平稳:发电机、带式输送机、板式输送机、螺旋输送机、轻型升降机、电葫芦、机床进给齿轮、通用机、鼓风机、匀密度材料搅拌机等。

中等冲击:机床主传动、重型升降机、起重机的回转机构、矿井通风机、给水泵、多缸往复式压缩机、球磨机、非匀密度材料搅拌机等。

较大冲击:冲床、剪切机、轧钢机、挖掘机、钻机、重型离心分离机、重型给水泵、矿石破碎机、压球成型机、捣泥机、单缸往复式压缩机等。

表 7.10 材料弹性系数

两轮材料组合	钢对钢	钢对铸铁	铸铁对铸铁
Z_E	189.8	165.4	143

令齿宽 $b=\psi_d d_1$,其中 ψ_d 称为齿宽系数,代入式(7.19)中可得直齿圆柱齿轮传动按齿面接触强度条件计算小齿轮直径的设计公式,即

$$d_1 \geqslant \sqrt[3]{\left(\frac{3.52 Z_E}{[\sigma]_H}\right)^2 \cdot \frac{KT_1}{\psi_d} \cdot \frac{u \pm 1}{u}} \tag{7.20}$$

其单位为 mm。

一对齿轮工作时,由于两齿轮工作齿面上所受到的法向力 F_{n1} 和 F_{n2} 大小相同,所以由它们产生的接触应力 σ_{H1} 和 σ_{H2} 也必然相等。但两齿轮的材料和热处理一般并不相等,因而它

们的许用应力$[\sigma]_{H1}$和$[\sigma]_{H2}$也就不一定相等，故在应用上述的设计公式时，必须代入较小的$[\sigma]_H$值。

7.10.3 齿根弯曲疲劳强度计算

轮齿的弯曲疲劳强度计算是防止轮齿折断，其计算准则是齿根弯曲疲劳应力σ_F不大于许用弯曲应力，即$\sigma_F \leqslant [\sigma]_F$。

在计算弯曲应力时，可近似地将轮齿视为宽度为b的悬臂梁，如图 7.37 所示。假定全部载荷作用在一个轮齿的齿顶，并认定危险载面是与轮齿齿廓对称线在 30°角的两直线与齿根圆角相切点连线的齿根截面。经过推导，可得齿根弯曲疲劳强度校核公式为

$$\sigma_F = \frac{2KT_1}{bZ_1m^2}Y_F \leqslant [\sigma]_F \tag{7.21}$$

式中：σ_F为轮齿危险截面上的齿根最大弯曲应力(MPa)；$[\sigma]_F$为齿轮的许用弯曲应力(MPa)；Y_F为载荷作用于齿顶时的齿形系数，见表 7.11。

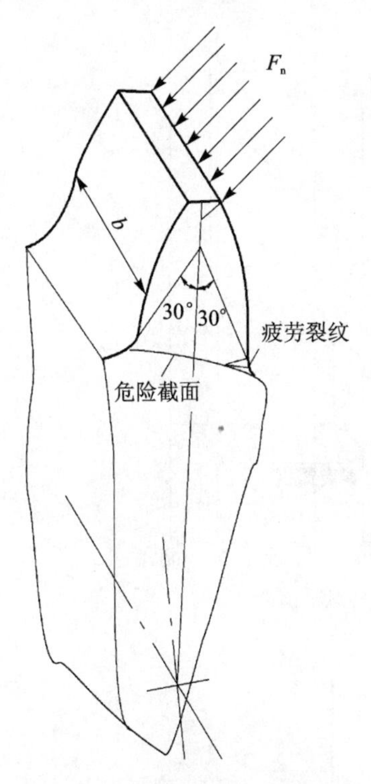

图 7.37 齿根弯曲应力计算简图

表 7.11 外啮合标准齿轮的齿形系数 Y_F

$Z(Z_v)$	14	16	17	18	20
Y_F	3.02	3.20	2.95	2.89	2.80
$Z(Z_v)$	22	25	28	30	35
Y_F	2.72	2.63	2.57	2.53	2.46
$Z(Z_v)$	40	45	50	60	80
Y_F	2.40	2.36	2.33	2.28	2.23
$Z(Z_v)$	100	150	200	400	∞
Y_F	2.19	2.15	2.13	2.10	2.063

注：当全齿高$h \neq 2.25\ m$(如短齿或圆锥齿轮等)，则应将表中查得的Y_F值乘以比值$h/(2.25\ m)$。

由式(7.21)可知，由于一对啮合齿轮的齿数通常是不相等的，因而它们的齿形系数也不相等，故由该式算出的齿根弯曲应力σ_F也不相等。两齿轮的材料一般不相同，许用应力$[\sigma]_{F1}$和$[\sigma]_{F2}$也不一样，究竟哪个齿轮的弯曲强度较弱，必须比较$Y_{FS1}/[\sigma]_{F1}$和$Y_{FS2}/[\sigma]_{F2}$才能判定。$Y_{FS}/[\sigma]_F$比值大的齿轮弯曲疲劳强度较弱，故强度校核应针对该比值大的齿轮进行。

在应用式(7.21)时还必须注意，不论是计算小齿轮还是大齿轮的齿根弯曲应力，都应将T_1和Z_1代入，这是因为切向力F_t的计算是以小齿轮为依据的。

现令$b=\psi_d d_1$，由式(7.21)可整理得按齿根弯曲疲劳强度条件计算齿轮模数的设计公

式,即

$$m \geqslant 1.25\sqrt[3]{\frac{KT_1}{\psi_d z_1^2}\cdot\frac{Y_F}{[\sigma]_F}} \tag{7.22}$$

进行设计计算时,式(7.22)应代入$\frac{Y_{F1}}{[\sigma]_{F1}}$和$\frac{Y_{F2}}{[\sigma]_{F2}}$比值较大的一个,得到的模数取标准值。

7.10.4 齿轮的许用应力

1. 许用接触应力

齿轮的接触应力按下式计算,即

$$[\sigma]_H = \frac{\sigma_{Hlim}}{S_{Hmin}} \tag{7.23}$$

式中:σ_{Hlim} 为试验齿轮的齿面接触疲劳极限(MPa),其值按图 7.38 查取;S_{Hmin} 为齿面接触强度的最小安全系数,其值可查表 7.12。

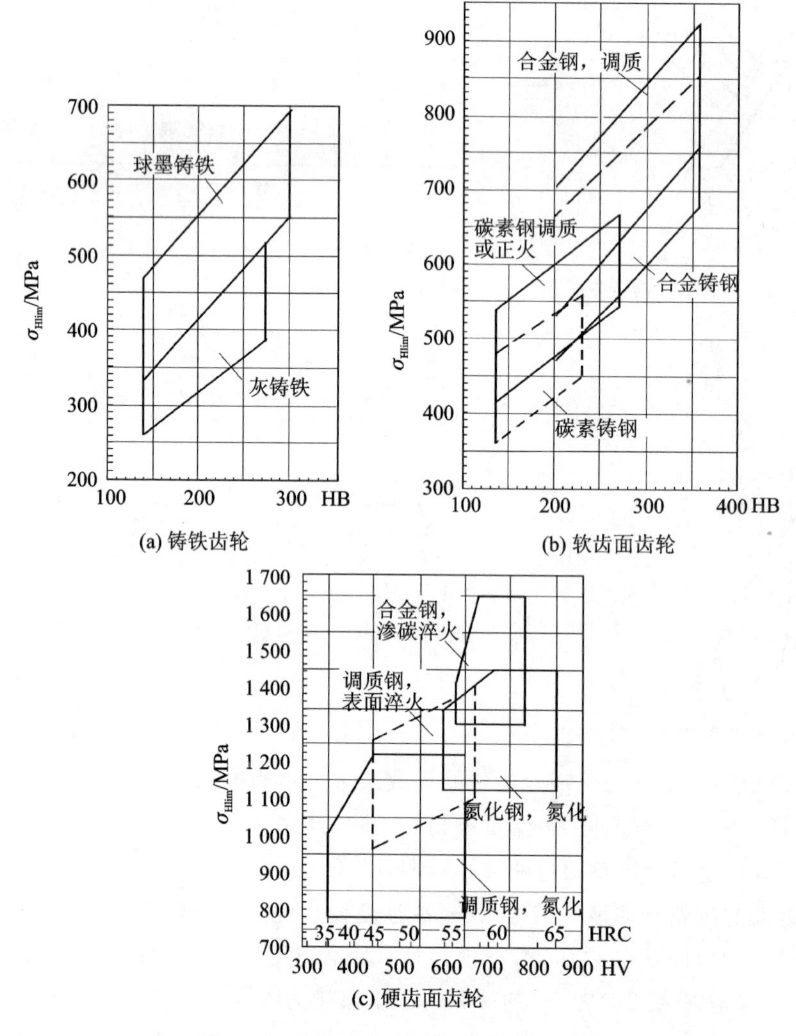

图 7.38 齿轮的齿面接触疲劳极限 σ_{Hlim}

表 7.12　最小安全系数 S_{Hmin} 和 S_{Fmin}

齿轮传动装置的重要性	S_{Hmin}	S_{Fmin}
一般	1	1
齿轮损坏会引起严重后果	1.25	1.5

2. 齿根的许用弯曲应力

齿根的许用弯曲应力按下式计算，即

$$[\sigma]_F = \frac{\sigma_{Flim}}{S_{Fmin} Y_{sr}} \tag{7.24}$$

式中：σ_{Flim} 为试验齿轮的齿面弯曲疲劳极限（MPa），其值按图 7.39 查取；S_{Fmin} 为齿面弯曲强度的最小安全系数，其值可查表 7.12；Y_{sr} 为齿根危险截面处的相对应力集中系数，它是考虑计算齿轮的齿根应力集中与试验齿轮的齿根应力集中不相同时对 σ_{Flim} 的影响，标准直齿圆柱齿轮 Y_{sr} 的值可查表 7.13。

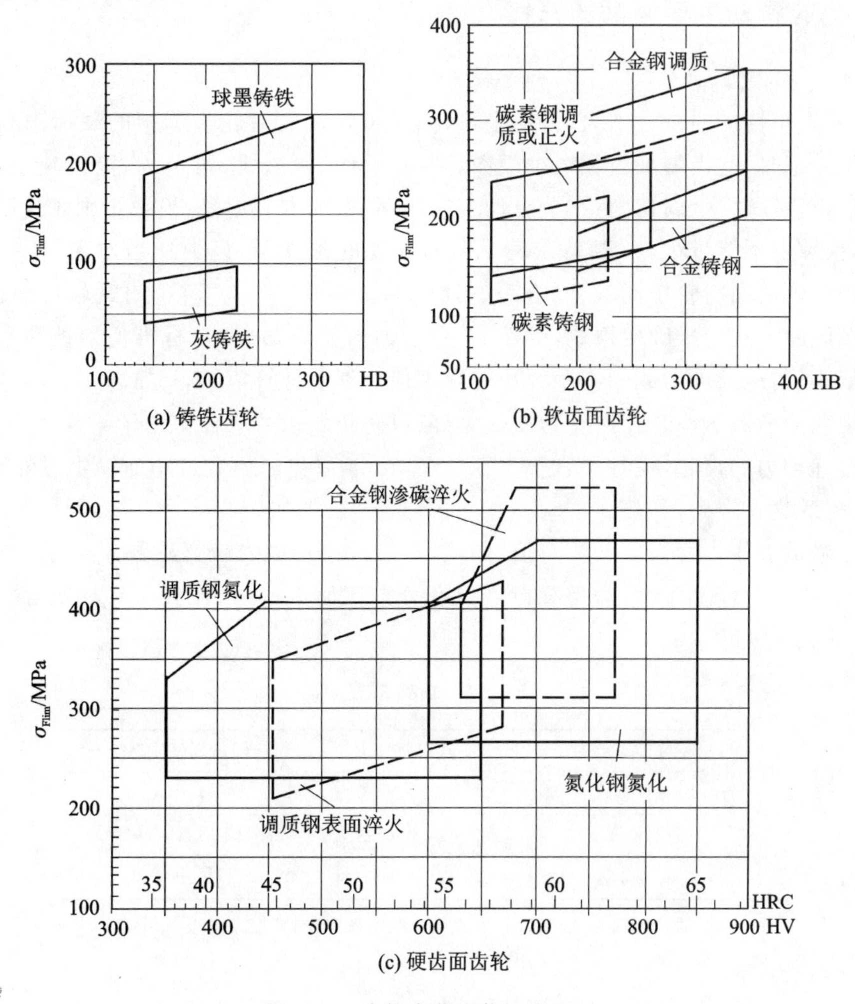

图 7.39　齿轮弯曲疲劳极限 σ_{Flim}

表 7.13　渐开线标准齿轮的相对应力集中系数

齿轮材料	齿数 $Z(Z_v)$											
	14	17	20	22	25	30	40	50	60	80	100	150
调质钢	0.81	0.83	0.85	0.86	0.88	0.90	0.92	0.94	0.95	0.96	0.98	1
渗碳钢	0.84	0.86	0.88	0.89	0.90	0.91	0.93	0.95	0.96	0.97	0.99	1
铸件	0.88	0.90	0.91	0.92	0.93	0.94	0.95	0.96	0.97	0.98	0.99	1

试验齿轮的齿面接触疲劳极限 σ_{Hlim}、弯曲疲劳极限 σ_{Flim} 是在一定的试验条件下测量的，由于齿轮材料的成分、性能和热处理质量以及加工方法等的差异；σ_{Hlim} 和 σ_{Flim} 具有较大的离散性，应用时一般取图 7.38 和图 7.39 中的中间值，只有当材料和热处理的质量高，并经严格的检验时，方可取图 7.38 和图 7.39 中上半部的值在对称循环变应力下工作的齿轮(如中间齿轮、行星齿轮等)，其 σ_{Flim} 值为从图 7.39 中查得的数值乘以 0.7。

7.10.5　齿轮传动主要参数的选择

1. 齿数 z 和模数 m

齿数多，齿轮传动的重合度大，传动平稳，同时可降低每对轮齿承担的载荷。当分度圆直径或中心距一定时，适当增加齿数减少模数，则齿顶圆直径减少，可节约材料、减小质量，同时模数小齿槽小，可减少金属切削量，节省加工时间，降低成本。但是，模数小则轮齿的弯曲强度低。因此，模数也不能过小，一般是在满足弯曲强度的条件下，齿数适当地多一些，模数取小些。对于闭式硬齿面齿轮传动或开式传动，通常取 $z_1=17\sim30$。对于闭式软齿面齿轮传动，通常可以按经验公式初步确定模数，即按 $m=(0.01\sim0.02)a$，并取标准值。载荷平稳或中心距较大时取小值，载荷冲击或中心距较小时取大值。然后计算齿数，通常 $z_1=24\sim40$。

一对齿轮的齿数 z_1 和 z_2 以互为质数为好，以防止轮齿的磨损集中于某几个齿上。

对于传递动力的齿轮，模数不宜小于 1.5～2 mm，以免因模数过小而发生意外断齿。

2. 齿宽系数 ψ_d

齿宽系数的大小表示齿宽的相对值，由式(7.21)可知，增大齿宽系数 ψ_d，能缩小分度圆直径，减小中心距。但齿宽过大，会使载荷沿齿宽分布更加不均匀，使载荷系数 K 加大，一般可参考表 7.14 选取 ψ_d。

表 7.14　齿宽系数 ψ_d

齿轮相对于支承的位置	软齿面(HB≤350)	硬齿面(HB>350)
对称布置	0.8～1.4	0.4～0.9
非对称布置	0.6～1.2	0.3～0.6
悬臂布置	0.3～0.4	0.2～0.25

注：直齿轮取小值，斜齿轮取大值。载荷稳定、轴刚度大时取大值，反之取小值。

为了便于加工、装配，通常取小齿轮的齿宽 b_1 大于大齿轮的齿宽 b_2，即 $b_1-b_2=5\sim10$ mm。强度计算时取 $b=b_2$。

3. 齿数比 u

对于一般单级减速传动 $u \leqslant 7$，当 $u > 7$ 时宜采用多级传动；对于开式传动，u 可选得更大些。对于一般的齿轮传动，若对齿数比不作严格要求，则实际齿数比 u 允许有 $\pm 2.5\%$ 或 $\pm 4\%$ 的误差。

例 7.2　试设计如图 7.40 所示的带式运输机用减速器中的一对标准直齿圆柱齿轮传动。已知小齿轮的转速 $n_1 = 420$ r/min，传递功率 $P = 13$ kW，大齿轮的转速 $n_2 = 120$ r/min。

分析：由于该减速器是用于带式运输机的，所以对其外廓尺寸没有特殊限制，故可选用供应充足、价格低廉、工艺简单的钢制软齿面齿轮。

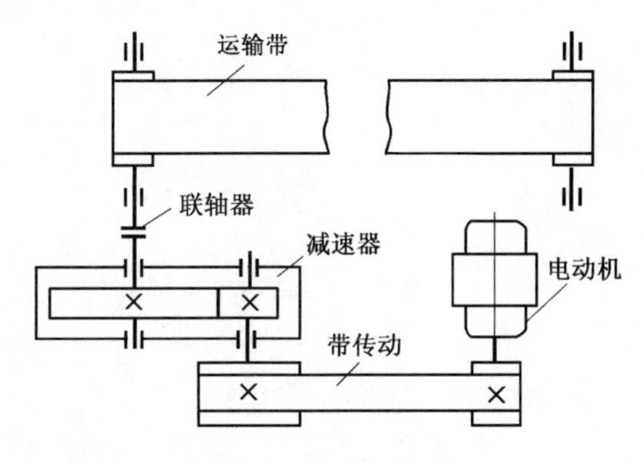

图 7.40　带式运输机

解　1）选择材料和确定许用应力

① 按表 7.8 选用齿轮的材料为

小齿轮：35 钢调质 $HB_1 = 180 \sim 210$；

大齿轮：35 钢正火 $HB_2 = 150 \sim 180$。

② 根据齿轮硬度的中间值（$HB_1 = 195$，$HB_2 = 165$）由图 7.38 查得齿轮的接触疲劳极限为

$$\sigma_{\mathrm{Hlim1}} = 550\ \mathrm{MPa},\quad \sigma_{\mathrm{Hlim2}} = 525\ \mathrm{MPa}$$

③ 对于一般装置，由表 7.12 查得齿面接触疲劳强度的最小安全系数为

$$S_{\mathrm{Hmin}} = 1$$

④ 由式(7.19)求得两齿轮的许用接触应力为

$$[\sigma]_{\mathrm{H1}} = \sigma_{\mathrm{Hlim1}} / S_{\mathrm{Hmin}} = 550/1\ \mathrm{MPa} = 550\ \mathrm{MPa}$$

$$[\sigma]_{\mathrm{H2}} = \sigma_{\mathrm{Hlim1}} / S_{\mathrm{Hmin}} = 525/1\ \mathrm{MPa} = 525\ \mathrm{MPa}$$

2）按接触疲劳强度计算齿轮的主要尺寸

① 计算小齿轮所需传递的转矩 T_1：

$$T_1 = 9\ 550 \times \frac{p}{n_1} = 9\ 550 \times \frac{13}{420}\ \mathrm{N \cdot m} = 295.6\ \mathrm{N \cdot m}$$

② 选定载荷系数 K。由于原动机为电动机，工作机为带式输送机，载荷平稳，齿轮在两轴承间对称布置，由表 7.9 取 $K = 1.1$。

③ 计算齿数比 u：

$$u = \frac{z_2}{z_1} = \frac{n_1}{n_2} = \frac{420}{120} = 3.5$$

④ 选择齿宽系数 ψ_{d}。根据齿轮为软齿面和齿轮在两轴承间为对称布置，由表 7.14 取 $\psi_{\mathrm{d}} = 1$。

⑤ 选择材料弹性系数 Z_E。根据大、小齿轮的材料都是优质碳素钢，查表 7.10 取 $Z_E=189.8$。

⑥ 计算小齿轮的分度圆直径 d_1：

$$d_1 \geqslant \sqrt[3]{\left(\frac{3.52Z_E}{[\sigma]_H}\right)^2 \cdot \frac{KT_1}{\psi_d} \cdot \frac{u \pm 1}{u}} =$$

$$\sqrt[3]{\left(\frac{3.52 \times 189.8}{525}\right)^2 \frac{1.1 \times 295.6 \times 10^3}{1 \times 525^2} \times \frac{3.5+1}{3.5}}\ \text{mm} = 87.8\ \text{mm}$$

⑦ 确定齿轮的模数。因中心距 $a=\frac{d_1}{2}(1+u)=\frac{87.8}{2}(1+3.5)\ \text{mm}=197.55\ \text{mm}$，故 $m=(0.01\sim0.02)a=(1.97\sim3.94)\text{mm}$，取 $m=3\ \text{mm}$。

⑧ 确定齿轮的齿数 z_1 和 z_2：

$$z_1=\frac{d_1}{m}=\frac{87.8}{3}=29.2$$

取 $z_1=30$。

$$z_2=uz_1=3.5 \times 30=105$$

考虑到中心距 $a=\frac{m}{2}(z_1+z_2)$取整数值，故取 $z_2=106$。

实际齿数比 $u=z_2/z_1=106/30=3.53$。

齿数比相对误差 $\Delta u=\frac{u-u'}{u}=\frac{3.5-3.53}{3.5}=-0.95\%<\pm2.5\%$，允许。

⑨ 计算齿轮的主要尺寸。

齿轮分度圆直径：

$$d_1=mz_1=3 \times 30\ \text{mm}=90\ \text{mm}$$

$$d_2=mz_2=3 \times 106\ \text{mm}=318\ \text{mm}$$

齿轮传动的中心距：

$$a=\frac{d_1+d_2}{2}=\frac{90+318}{2}\ \text{mm}=204\ \text{mm}$$

齿轮宽度：

$$b_2=\psi_d d_1=1 \times 90\ \text{mm}=90\ \text{mm}$$

$$b_1=b_2+(5\sim10)\ \text{mm}=95\sim100\ \text{mm}$$

取 $b_1=95\ \text{mm}$。

⑩ 计算齿轮的圆周速度 v 并选择齿轮精度：

$$v=\frac{\pi d_1 n_1}{60 \times 1\,000}=\frac{3.14 \times 90 \times 420}{60 \times 1\,000}\ \text{m/s}=1.98\ \text{m/s}$$

选取齿轮精度等级为 8 级精度。

3）校核两齿轮的许用应力

① 确定两齿轮的许用应力。由图 7.39 查得两齿轮的弯曲疲劳极限分别为

$$\sigma_{\text{Flim1}}=210\ \text{MPa},\quad \sigma_{\text{Flim2}}=200\ \text{MPa}$$

由表 7.12 查得弯曲强度的最小安全系数为 $S_{\text{Fmin}}=1$ 。

由表 7.13 查得两齿轮的相对应力集中系数分别为 $Y_{sr1}=0.90$，$Y_{sr2}=0.98$。

计算两齿轮的许用弯曲应力分别为

$$[\sigma]_{F1}=\frac{\sigma_{Flim1}}{S_{Fmin}Y_{sr1}}=\frac{210}{1\times 0.90}\ \text{MPa}=233.3\ \text{MPa}$$

$$[\sigma]_{F2}=\frac{\sigma_{Flim2}}{S_{Fmin}Y_{sr2}}=\frac{200}{1\times 0.98}\ \text{MPa}=204\ \text{MPa}$$

② 计算两轮齿根的弯曲应力

由表 7.11 查得两轮的齿形系数分别为 $Y_{F1}=2.53$，$Y_{F2}=2.19$。

比较 $Y_F/[\sigma]_F$ 的值，即

$$\frac{Y_{F1}}{[\sigma]_{F1}}=\frac{2.53}{233.3}=0.010\ 84>\frac{Y_{F2}}{[\sigma]_{F2}}=\frac{2.19}{204}=0.010\ 735$$

计算小齿轮齿根的弯曲应力为

$$\sigma_F=\frac{2KT_1}{b_2Z_1m^2}Y_F=\frac{2\ 000\times 1.1\times 295.6\times 10^3\times 2.53}{90\times 30\times 3^2}\ \text{MPa}=67.7\ \text{MPa}\leqslant[\sigma]_H$$

4）计算齿轮的全部几何尺寸（略）

5）齿轮的结构设计和绘制工作图（略）

注：若此例题选择斜齿圆柱齿轮传动，则以上计算过程略有变化，斜齿圆柱齿轮传动按齿面接触强度条件计算小齿轮直径的设计公式为

$$d_1\geqslant\sqrt[3]{\left(\frac{2.32Z_E}{[\sigma]_H}\right)^2\cdot\frac{KT_1}{\psi_d}\cdot\frac{u\pm 1}{u}}$$

斜齿圆柱齿轮传动按齿根弯曲疲劳强度的校核公式为

$$\sigma_F=\frac{1.6KT_1\cos\beta}{bZ_1m_n^2}Y_F\leqslant[\sigma]_F$$

计算过程如下（接“2）按接触疲劳强度计算齿轮的主要尺寸”的“⑥计算小齿轮的分度圆直径 d_1”后）：

⑦ 初选螺旋角 $\beta=14°$。

⑧ 初选齿轮齿数 $z_1=26$（闭式软齿面 $z_1=20\sim40$，闭式硬齿面 $z_1=17\sim25$），$z_2=l\times z_1=3.5\times26=91$。

⑨ 计算模数 m_n：

$$m_n=m_t\cos\beta=\frac{d_1\cos\beta}{z_1}=\frac{87.8\times\cos\times 14°}{26}\ \text{mm}=3.28\ \text{mm}$$

取 $m_n=3$ mm。

⑩ 确定齿轮的中心距：

$$a=\frac{m_n(z_1+z_2)}{2\cos\beta}=\frac{3(26+91)}{2\cos 14°}\ \text{mm}=180.87\ \text{mm}$$

圆整为 $a=180$ mm。

⑪ 验算螺旋角 β：

$$\beta=\arccos^{-1}\frac{m_n(z_1+z_2)}{2a}=\arccos^{-1}\frac{3(26+91)}{2\times 180}=12°50'18''$$

⑫ 精确计算齿轮分度圆直径：

$$d_1=\frac{m_n z_1}{\cos\beta}=\frac{3\times 26}{\cos 12°50'18''}\ \text{mm}=79.999\ \text{mm}$$

$$d_2=\frac{m_n z_2}{\cos\beta}=\frac{3\times 91}{\cos 12°50'18''}\ \text{mm}=279.999\ \text{mm}$$

注意事项：

① 应使$(d_1+d_2)/2=a$。

② 其他齿轮尺寸按照斜齿轮几何尺寸计算公式计算。

③ 在按照弯曲疲劳强度校核两齿轮的许用应力时，查齿轮应力集中系数Y_{sr1}和齿形系数Y_{F1}应使用当量齿数(见式(7.23))。

④ 硬齿面斜齿圆柱齿轮的设计计算过程见《机械设计手册》。

7.11 直齿圆锥齿轮传动

1. 应用和特点

直齿圆锥齿轮传动用于传递相交轴之间的运动和动力，最常见的是两轴相交成90°的锥齿轮传动，称为正交传动，如图7.41所示。其齿廓从大端到小端逐渐收缩。与圆柱齿轮相似，锥齿轮有分度圆锥、齿顶圆锥、齿根圆锥和基圆锥。按照分度圆锥上的齿向，锥齿轮可分成直齿、斜齿和曲齿圆锥齿轮。为了计算和测量的方便，通常取圆锥齿轮大端的参数为标准值，其压力角一般为20°。直齿圆锥齿轮的设计、制造和安装都比较简单，应用广泛；曲齿圆锥齿轮传动平稳，承载能力高，常用于高速重载传动；斜齿圆锥齿轮应用较少。一对圆锥齿轮两轴的交角Σ可根据传动的需要来确定。一般机械中多采用Σ=90°的等顶隙锥齿轮传动(见图7.41)，某些机械中也采用Σ≠90°的传动。

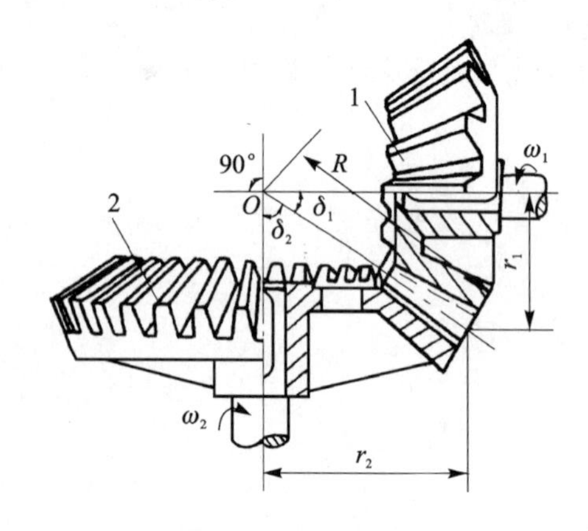

图7.41 锥齿轮传动

设δ_1、δ_2为两轮的分锥角，$\delta_1+\delta_2=90°$，故两轮的齿数比为

$$i_{12}=\frac{\omega_1}{\omega_{22}}=\frac{z_2}{z_1}=\frac{d_2}{d_1}=\frac{\sin\delta_2}{\sin\delta_1}=\frac{1}{\tan\delta_1}=\tan\delta_2 \tag{7.25}$$

2. 直齿圆锥齿轮的齿廓曲线、背锥和当量齿数

如图7.42所示，当发生面A沿基圆锥作纯滚动时，平面上一条通过锥顶的直线OK将形成一渐开线曲面，此曲面即为直齿圆锥齿轮的齿廓曲面，直线OK上各点的轨迹都是渐开线。

渐开线 NK 上各点与锥顶 O 的距离均相等，所以该渐开线必在一个以 O 为球心，OK 为半径的球面上，因此圆锥齿轮的齿廓曲线理论上是以锥顶 O 为球心的球面渐开线。但因球面渐开线无法在平面上展开，给设计和制造造成困难，故常用背锥上的齿廓曲线来代替球面渐开线。

图7.43所示为一圆锥齿轮的轴线平面，$\triangle OAB$、$\triangle Obb$、$\triangle Oaa$ 分别表示其分度圆锥、顶圆锥和根圆锥与轴线平面的交线。该齿廓即为圆锥齿轮大端的近似齿廓，扇形齿轮的齿数为圆锥齿轮的实际齿数。将扇形齿轮补足为完整的圆柱齿轮，这个圆柱齿轮称为圆锥齿轮的当量齿轮，当量齿轮的齿数 z_v 称为当量齿数。

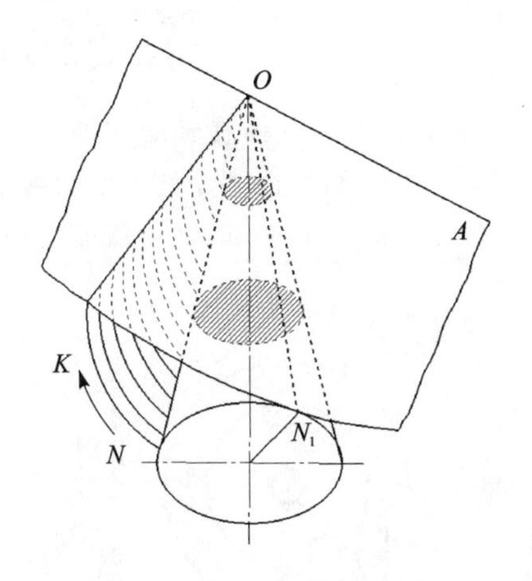

图7.42　球面渐开线的形成图

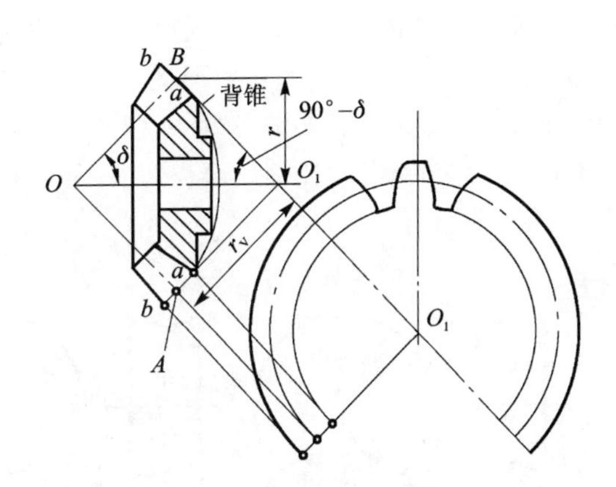

图7.43　圆锥齿轮的当量齿数

由图7.43可见，$r_v=\dfrac{r}{\cos\delta}=\dfrac{mz}{2\cos\delta}$，而 $r_v=\dfrac{mz_v}{2}$，故

$$z_v=z/\cos\delta \tag{7.26}$$

因 δ 总是大于0°，故 $z_v>z$，且往往不是整数。

当 $\delta=90°$ 时，$z_v=\infty$，即当量齿轮为一齿条，因而直齿圆锥齿轮的啮合相当于一对当量直齿圆柱齿轮的啮合。

综上所述，一对圆锥齿轮的啮合相当于一对当量圆柱齿轮的啮合，因此在强度公式的推导以及用成型刀加工齿廓时都可以利用当量齿轮的概念，可把圆柱齿轮的啮合原理运用到圆锥齿轮中。

3. 直齿圆锥齿轮传动的几何尺寸计算

按GB 12369—1990规定，直齿圆锥齿轮传动的几何尺寸计算是以其大端为标准的。当轴交角 $\Sigma=90°$ 时，标准直齿圆锥齿轮的几何尺寸计算公式可查《机械设计手册》的相关内容。

7.12　蜗杆传动

7.12.1　蜗杆传动的组成和主要特点及类型

1. 蜗杆传动的组成和主要特点

蜗杆传动由蜗杆、蜗轮和机架组成，用于传递空间两交错轴间的运动和动力，轴交角 Σ 通常为90°。蜗杆传动广泛用于各种机械设备和仪表中，一般蜗杆为主动件，蜗轮为从动件，常用作减速装置。在蜗杆传动中，蜗杆类似于螺杆，蜗轮类似于一个具有凹形轮缘的斜齿轮，如图 7.44 所示。与其他传动机构相比，蜗杆传动的传动比大，在动力传动中，一般 $i=8\sim100$，在分度机构中，传动比 i 可达1 000。蜗杆传动具有传动平稳、噪声低、结构紧凑，且在一定条件下可以实现自锁的特点。但蜗杆传动效率低，发热量大，磨损较严重。因此，蜗轮齿圈部分常用减摩性能好的有色金属（如青铜）制造，成本较高。

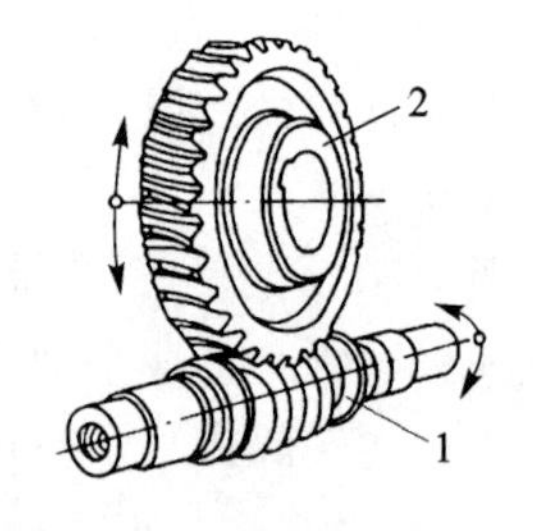

1—蜗杆；2—蜗轮

图 7.44　蜗杆传动的组成

2. 蜗杆传动的类型

根据蜗杆的形状不同，蜗杆传动可分为圆柱蜗杆传动、环面蜗杆传动和锥蜗杆传动 3 种类型，如图 7.45 所示。其中，环面蜗杆的蜗杆体在轴向的外形是以凹弧面为母线所形成的旋转曲面，这种蜗杆同时啮合齿数多，传动平稳；齿面利于润滑油膜形成，传动效率较高。锥蜗杆传动同时啮合齿数多，重合度大；传动比范围大（10～360），承载能力和效率较高，可节约有色金属。

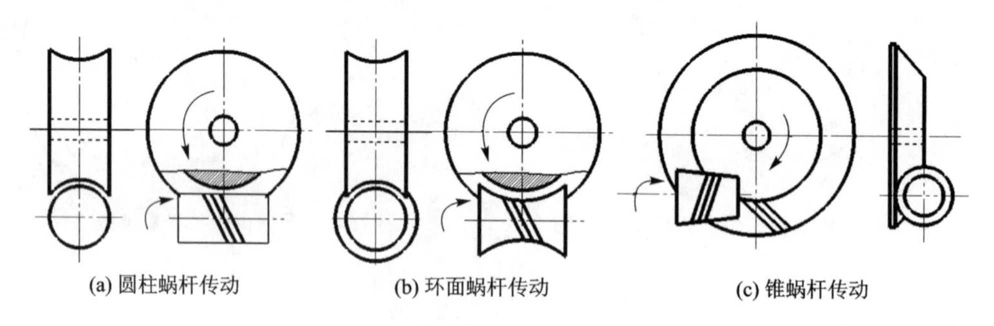

(a) 圆柱蜗杆传动　(b) 环面蜗杆传动　(c) 锥蜗杆传动

图 7.45　蜗杆传动的类型

圆柱蜗杆按螺旋齿面在相同剖面内其齿廓曲线形状的不同，又分为阿基米德蜗杆（ZA 蜗杆），法面直廓蜗杆（ZN 蜗杆）和渐开线蜗杆（ZI 蜗杆）。其中，以阿基米德蜗杆（见图 7.46）加工最简便，在机械传动中应用广泛。

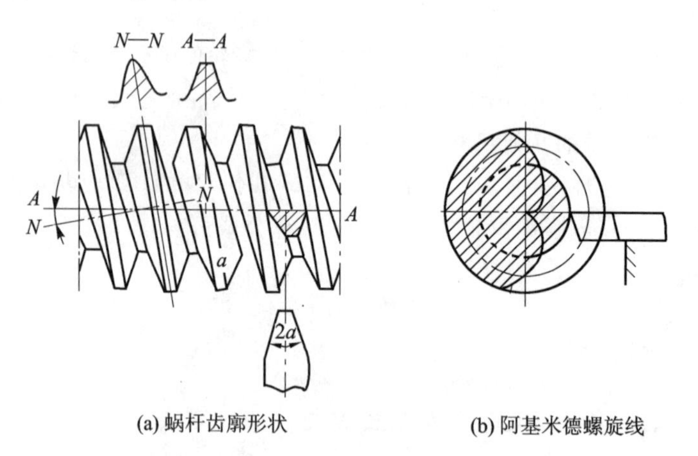

(a) 蜗杆齿廓形状　(b) 阿基米德螺旋线

图 7.46　阿基米德蜗杆

根据蜗杆蜗轮的旋向，可分为右旋蜗杆和左旋蜗杆。将蜗杆竖直面向观察者，若所见螺纹自左向右上升，则为右旋，反之，则为左旋，如图 7.47 所示。

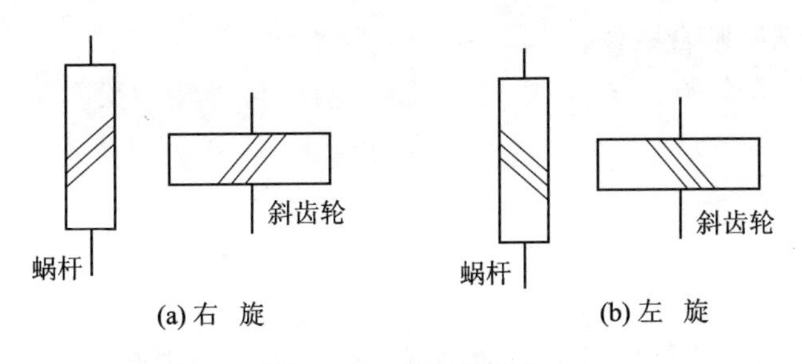

图 7.47　蜗杆的旋向

7.12.2　蜗杆传动的主要参数和几何尺寸

1. 蜗杆传动的主要参数

通过蜗杆轴线并与涡轮轴线垂直的平面称为中间平面。它对蜗杆是轴面，对蜗轮为端面。在中间平面内，蜗杆的轴面参数（下角标为 a1）m_{a1} 和 α_{a1}，蜗轮的端面参数（下角标为 t2）m_{t2} 和 α_{t2} 等为标准值。蜗杆传动的主要参数与几何尺寸的计算都以中间平面上的参数与尺寸为基准，如图 7.48 所示。蜗杆传动的主要参数包括模数 m、压力角 α、蜗杆的螺旋导程角 λ 和蜗杆的直径系数 q 等。

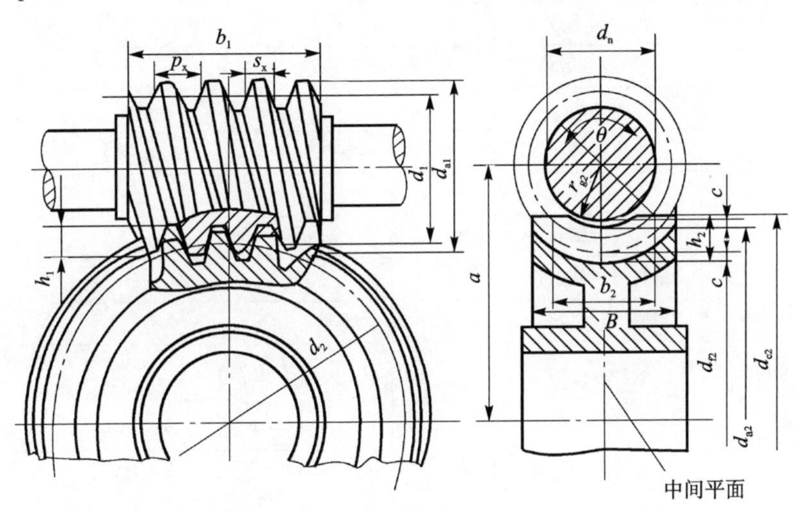

图 7.48　蜗杆传动的几何尺寸

模数 m 的标准值见表 7.15，压力角的标准值 $\alpha=20°$。一般在动力传动中，推荐用 $\alpha=20°$；在分度传动中，推荐为 15°或 12°。

表 7.15　蜗杆蜗轮的 m 和 q（GB/T 10085—2018）

m/mm	2	2.5	3	(3.5)	4	(4.5)	5		6		7	
q	13	12	12	12	11	11	10	(12)	9	(11)	9	(11)
m/mm	8		(9)		10		12		14	16	18	20
q	8	(11)	8	(11)	8	(11)	8	(11)	9	9	8	8

注：括号内的数值尽可能不用。

2. 蜗杆传动的正确啮合条件

蜗杆传动的正确啮合条件是：在中间平面内，蜗杆与蜗轮的模数 m 和压力角 α 分别相等，即

$$\left.\begin{aligned} m_{a1} &= m_{t2} = m \\ \alpha_{a1} &= \alpha_{t2} = \alpha \end{aligned}\right\} \tag{7.27}$$

3. 蜗杆传动的主要几何尺寸

当模数 m 一定时，q 值增大，则蜗杆直径 d_1 增大，蜗杆的刚度提高。因此，对于小模数蜗杆，规定了较大的 q 值，以保证蜗杆有足够的刚度。蜗杆的主要几何尺寸可按表 7.16 计算。

表 7.16　蜗杆蜗轮机构基本参数和主要几何尺寸的计算公式

名　称		符　号	计算公式
基本参数	模数	m	取蜗轮端面模数为标准值
	压力角	α	取标准值 $\alpha=20°$
	蜗杆头数	z_1	一般取 $z_1=1、2、4、6$
	蜗轮齿数	z_2	$z_2=i\,z_1$
	蜗杆直径系数	q	$q=d_1/m$
	齿顶高系数	h_a^*	$h_a^*=1$
	顶隙系数	c^*	$c^*=0.2$
几何尺寸	齿顶高	h_a	$h_a=h_a^*m$
	齿根高	h_f	$h_f=(h_a^*+c^*)m=1.2m$
	齿高	h	$h=h_a+h_f=2.2m$
	蜗杆分度圆直径	d_1	$d_1=m\,q$
	蜗杆齿顶圆直径	d_{a1}	$d_{a1}=d_1+2h_a=(q+2h_a^*)m=(q+2)m$
	蜗杆轴向齿距	p_x	$p_x=\pi m$
	蜗杆分度圆螺旋导程角	λ	$\lambda=\arctan\left(\frac{z_1}{q}\right)$ $\lambda=\beta$（蜗轮分度圆上轮齿的螺旋角）
	蜗轮分度圆直径	d_2	$d_2=mz_2$
	蜗轮齿顶圆直径	d_{a2}	$d_{a2}=d_2+2h_a=(z_2+2h_a^*)m=(z_2+2)m$
	蜗轮齿根圆直径	d_{f2}	$d_{f2}=d_2-2h_f=(z_2-2.4)m$
	中心距	a	$a=\frac{d_1+d_2}{2}=\frac{m}{2}(q+z_2)$

7.12.3　蜗杆传动的传动关系

1. 蜗杆传动的传动比

设蜗杆的头数（齿数）为 z_1，即蜗杆旋线的数目，蜗轮的齿数为 z_2，其传动比为

$$i=\frac{n_1}{n_2}=\frac{z_2}{z_1} \tag{7.28}$$

式中：n_1 和 n_2 分别为蜗杆和蜗轮的转速（r/min）。

蜗杆头数 z_1 的选择与传动比、传动效率及制造的难易程度有关。蜗杆头数一般取 $z_1=1$、2、4。对于传动比大或要求自锁的蜗杆传动，常取 $z_1=1$，但传动效率较低。在传递功率较大时，为提高传动效率可采用多头蜗杆，取 $z_1=2$ 或 4，但加工难度会增加。

蜗轮齿数 $z_2=iz_1$，为避免蜗轮发生根切，z_2 应不小于 26；但若 z_2 过大，则蜗轮直径增大，相应的蜗杆增长，蜗杆刚度会下降。所以，蜗轮齿数常在 28～80 范围内选取。

对于不同的传动比 i，蜗杆头数 z_1 与蜗轮齿数 z_2 的推荐值可参见表 7.17。

表 7.17　各种传动比下推荐的 z_1、z_2 值

传动比 i	7～13	14～27	28～40	>40
蜗杆头数 z_1	4	2	2.1	1
蜗轮齿数 z_2	28～52	28～81	28～80	>40

2. 蜗杆与蜗轮的转向关系

(1) 轮齿受力分析

为了计算齿轮的强度、设计轴和轴承，需要分析轮齿作用力。

图 7.49 所示为涡轮蜗杆传动，蜗杆上的转矩 T_1 通过螺旋线传给涡轮。进行受力分析时，可将沿齿宽分布的全部作用力以作用在齿宽中点的集中力来代替。忽略齿面间的摩擦力，该集中力即为沿啮合线指向齿面的法向力，它分别作用于蜗杆和涡轮，大小相等、方向相反，即 $F_{n1}=F_{n2}=F_n$。在计算支承反力和引力轴弯曲的力时，法向力 F_n 可分解为切向力 F_t、轴向力 F_a 和径向力 F_r，计算公式如下：

圆周力：$F_{t1}=\dfrac{2T_1}{d_1}=-F_{a2}$

轴向力：$F_{a1}=-F_{a2}=-\dfrac{2T_2}{d_2}=-\dfrac{2T_1 i\eta}{d_2}$

径向力：$F_{r1}=-F_{r2}=-F_{t2}\tan\alpha$

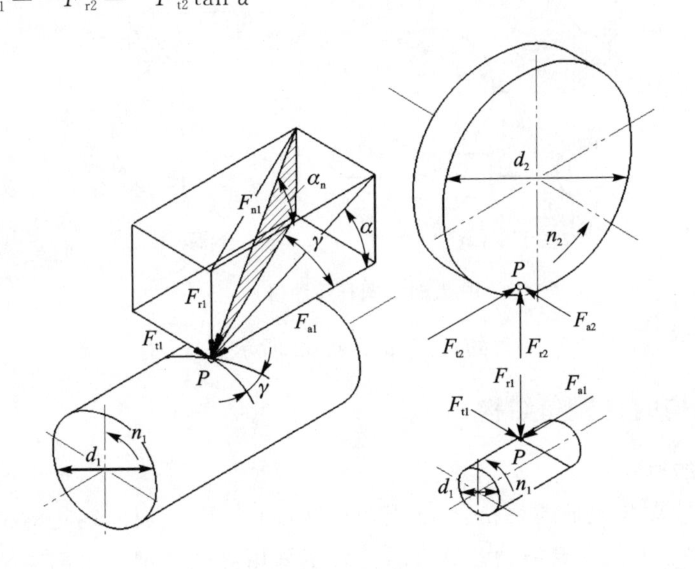

图 7.49　蜗杆蜗轮受力分析

(2) 转向判断

当已知蜗杆的螺旋方向和转动方向时,可根据螺旋副的运动规律,用"左右手法则"来确定蜗轮的转动方向。

图 7.50(a)所示为下置右旋蜗杆传动,当右旋蜗杆按图示方向转动时,可用右手来判定蜗轮的转动方向,四指沿着蜗杆转动方向弯曲,拇指伸直的指向就是蜗杆在啮合点 C 所受轴向力 F_{a1} 的方向。蜗轮在啮合点 C 所受圆周力 F_{t2} 与 F_{a1} 是一对方向相反的作用力与反作用力,从而判断出蜗轮在圆周力 F_{t2} 作用下的转动方向为逆时针,如图 7.50(b)所示。同理,当蜗杆为左旋时,则用左手按同样的方法来判定蜗轮的转动方向。

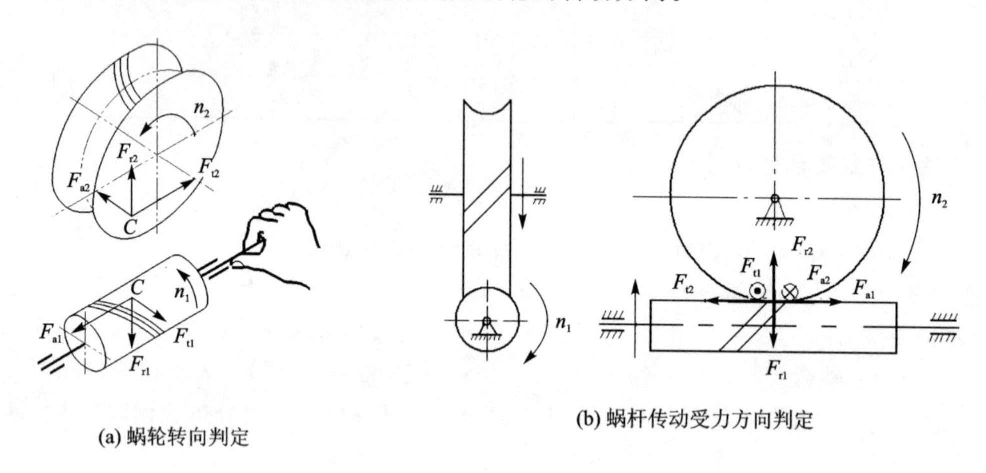

图 7.50　蜗杆受力分析与蜗轮转向判定

例 7.3　图 7.51 中的蜗杆主动,试标出未注明的蜗杆(或蜗轮)的螺旋线方向及转向,并在图中绘出蜗杆、蜗轮啮合点处作用力的方向(用 3 个分力——圆周力 F_t、径向力 F_r、轴向力 F_a 表示)。

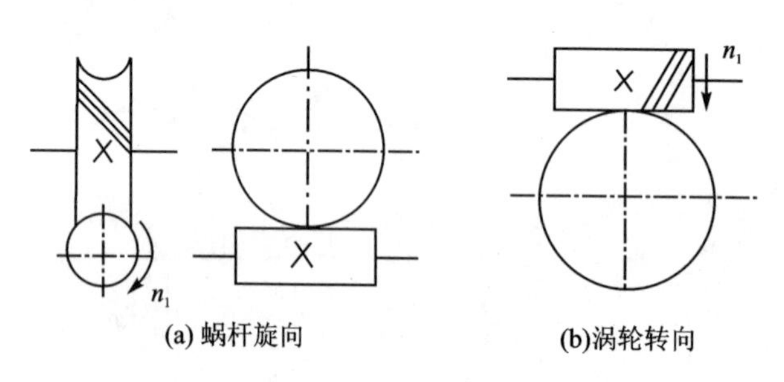

图 7.51　蜗杆传动(1)

解　蜗杆、蜗轮啮合点处作用力的方向如图 7.52 所示。

7.12.4　蜗杆机构的材料和结构

1. 蜗杆、蜗轮的材料

蜗杆工作时的主要失效形式为胶合、磨损和点蚀,因此要求蜗杆、蜗轮的材料应具有足够的强度、良好的耐磨性和抗胶合能力。通常蜗杆副多采用淬硬磨削的钢制蜗杆配青铜蜗轮齿圈。蜗杆常用材料主要是中碳钢、中碳合金钢和低碳合金钢。对于重要的传动,可用 20Cr、

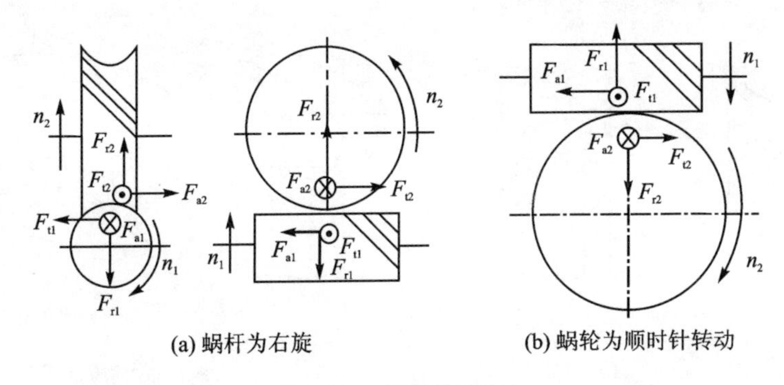

图 7.52　蜗杆传动(2)

20CrMnTi 等渗碳淬火，齿面硬度为 58～63HRC；也可用 45、40Cr、35SiMn 等经表面淬火至硬度为 45～55HRC。对于一般蜗杆，可采用 45 钢经调质处理，齿面硬度＜270HBS。

蜗轮的常用材料为铸造锡青铜、铸造铝铁青铜和灰铸铁等。锡青铜的抗胶合、减摩及耐磨性能最好，但价格高，常用于齿面相对滑动速度 $v_s>4$ m/s 的重要传动中；铝铁青铜强度高、耐冲击性强、价格低，但抗胶合能力较差，一般用于 $v_s<4$ m/s 的传动中；灰铸铁一般用于 $v_s<2$ m/s 的不重要传动中，或直径较大的蜗轮中。

2. 蜗杆、蜗轮的结构

蜗杆通常与轴做成一体，称为蜗杆轴，如图 7.53 所示。当 $\frac{d_f}{d}\geqslant 1.7$ 时，可将蜗杆与轴分开制造。

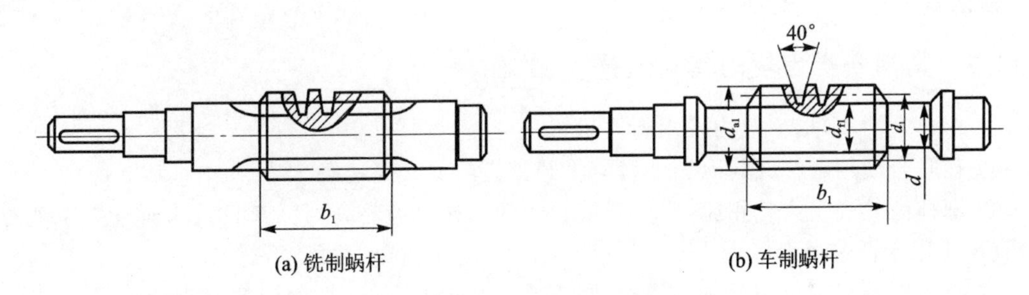

图 7.53　蜗杆结构

蜗轮结构分为整体式和组合式。铸造蜗轮或直径小于 100 mm 的蜗轮做成整体式，如图 7.54 所示。除此之外，大多数蜗轮采用组合结构，齿圈用青铜，而轮芯用铸铁或铸钢制造。齿圈与轮芯的连接方式有 3 种：① 压配式，图 7.55(a)所示为齿圈和轮芯用过盈配合联接，配合面处制有定位凸肩。再加装 4～6 个螺钉。这种结构多用于尺寸不大或工作温度变化较小的场合。② 螺栓联接式，图 7.55(b)所示为蜗轮齿圈和轮芯常用铰制孔用螺栓联接，这种结构装拆方便，常用于尺寸较大或磨损后需要换齿圈的蜗轮。③ 组合浇注式，如图 7.55(c)所示，在轮芯上预制出榫槽，浇注上青铜轮缘并切齿，该结构适用于大批量生产。

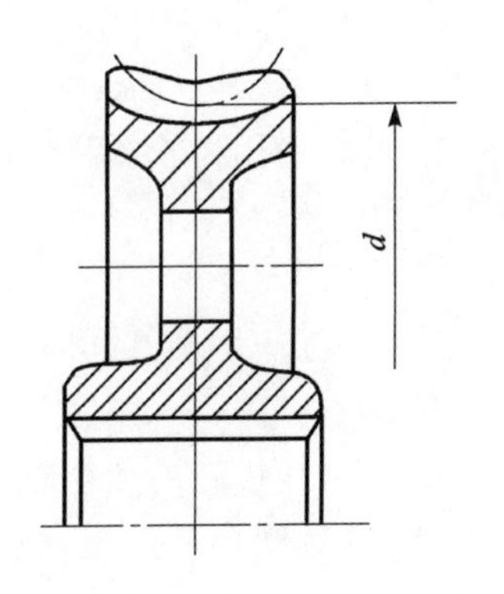

图 7.54　整体式蜗轮

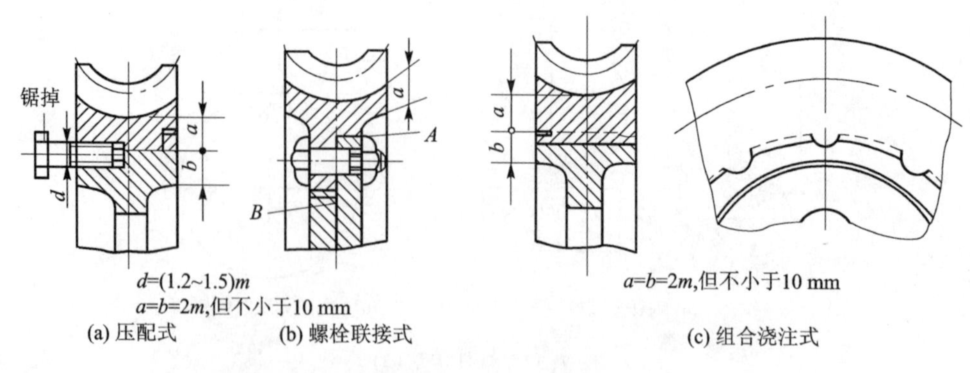

图 7.55　组合式蜗轮

3. 蜗杆传动的精度等级与标记

国家标准对蜗杆传动的各项公差项目均规定了 12 个精度等级，其中，第 1 级的精度最高，第 12 级的精度最低。由于加工设备及其他原因，常用的精度等级为 6～9 级。

蜗杆的标记内容包括：蜗杆的类型（ZA、ZI、ZN、ZK），模数 m，分度圆直径 d_1，螺旋方向（右旋 R 或左旋 L），头数 z_1。

蜗轮的标记内容包括：相配蜗杆的类型、模数、齿数 z_2。

蜗杆传动的标记方法用分式表示，其中分子为蜗杆的代号，分母为蜗轮的齿数 z_2。

例如，模数为 10 mm，分度圆直径为 90 mm，头数为 2 的右旋普通圆柱蜗杆与齿数为 80 的蜗轮组成的蜗杆传动。蜗杆标记为蜗杆 ZA10×90R2，蜗轮标记为蜗轮 ZA10×80，蜗杆传动的标记为 ZA10×90R2/80。

7.12.5　常用各类齿轮的传动选择

① 传递大功率时，一般均采用圆柱齿轮。

② 在联合使用圆柱、圆锥齿轮时，应将圆锥齿轮放在高速级。

③ 圆柱齿轮和斜齿轮相比，一般斜齿轮的强度比直齿轮高，且传动平稳，所以用于高速场合，直齿轮用于低速场合。

④ 直齿圆锥齿轮仅用于 $v \leqslant 5$ m/s 的场合，高速时可采用曲面齿等。

⑤ 由工作条件确定选用开式传动或闭式传动。

⑥ 蜗杆的圆周速度 $v < 4$ m/s 时采用下置式蜗杆传动，$v > 4$ m/s 时采用上置式蜗杆传动。

⑦ 联合使用齿轮、蜗杆传动时，有齿轮传动在高速级和蜗杆传动在高速级两种布置形势，前者结构紧凑，后者传动效率较高。

本章知识点提示

1. 渐开线齿轮的啮合原理和运动特性

（1）齿廓啮合基本定律；渐开线及其性质；渐开线齿轮的正确啮合条件、可分性和啮合过程。

（2）齿轮各部分名称及标准齿轮的几何尺寸计算。

(3) 渐开线齿轮加工原理、根切和最少齿数。

(4) 斜齿圆柱齿轮齿廓形成原理、啮合特点、当量齿数。

(5) 直齿圆锥齿轮的齿廓曲面、背锥、当量齿数。

2. 齿轮的动力分析和强度设计

(1) 齿轮传动的受力分析，特别是对斜齿轮轴向力或螺旋线方向的判断。

(2) 轮齿的失效形式。

(3) 强度计算准则、强度公式的物理意义和参数选择。

3. 蜗轮蜗杆传动分析

(1) 蜗杆蜗轮机构的组成和主要特点。

(2) 蜗杆传动的类型。

(3) 蜗杆蜗轮机构的主要参数和几何尺寸。

(4) 蜗杆传动的传动比及转向。

思考题

7.1 齿轮传动的类型有哪些？各用在什么场合？

7.2 试采用适当的齿轮传动，将题7.2图所示电动机的运动经A、B、C轴传给D滑块，使D做垂直纸面方向的移动。

7.3 某带式运输机传动方案如题7.3图所示，试问为什么不采用电动机—齿轮传动—带传动—输送带的方案呢？

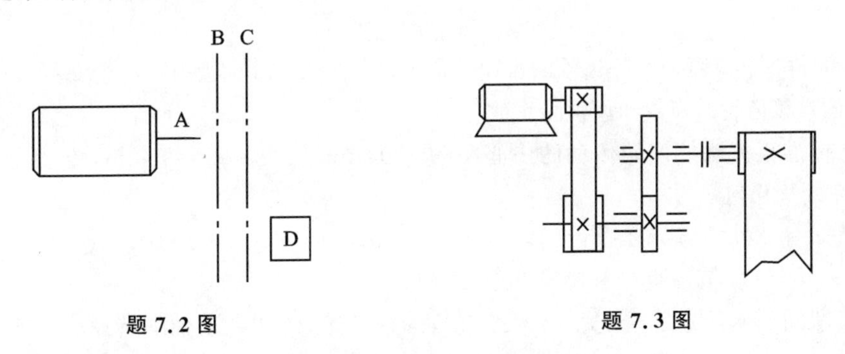

题7.2图　　题7.3图

7.4 叙述齿廓啮合基本定律。一对齿廓应满足什么条件才能保证传动比为常数？

7.5 齿轮的基本参数有哪些？决定渐开线形状的基本参数是什么？

7.6 什么是标准齿轮？标准直齿圆柱齿轮的齿根圆是否都大于基圆？

7.7 一对渐开线直齿圆柱齿轮要满足什么条件才能相互啮合正常运转？

7.8 什么叫分度圆？什么是节圆？在什么条件下节圆等于分度圆？什么条件下没有节圆？

7.9 何谓重合度？两对标准直圆柱齿轮，$m_1=m_2=5$ mm，$z_1=30$，$z_2=50$；$m_3=m_4=4$ mm，$z_3=40$，$z_4=60$。当安装中心距一样时，试问这两对齿轮传动的重合度是否一样？

7.10 现有4个标准齿轮：$m_1=4$，$z_1=25$；$m_2=4$，$z_2=50$；$m_3=3$，$z_3=60$；$m_4=2.5$，$z_4=60$(模数单位为mm)。试问：①哪两个齿轮的渐开线的形状相同？②哪两个齿轮能正确啮合？

③哪两个齿轮能用一把滚刀制造？

7.11 什么叫变位齿轮？同标准齿轮有何相同和不同之处？

7.12 高变位齿轮传动和角变位齿轮传动各有什么特点？

7.13 当齿轮分度圆直径 $d=51$ mm，模数 $m=3$ mm 时，应选用哪种齿轮结构？当分度圆直径 $d=510$ mm 时，应选用哪种齿轮结构？

7.14 齿轮的失效形式有哪些？闭式和开式传动的失效形式有哪些不同？

7.15 轮齿折断通常发生在什么部位？如何提高抗弯曲疲劳折断的能力？

7.16 一对相互啮合的齿轮，齿面接触应力和齿根弯曲应力是否分别相等？为什么？

7.17 可以采用哪些方法使载荷系数 K 值减少？

7.18 齿宽系数是什么？其值过大或过小对传动有何影响？

7.19 螺旋角的大小对斜齿轮传动的承载能力有何影响？

7.20 直齿圆锥齿轮传动的正确啮合条件是什么？

7.21 蜗杆传动与齿轮传动相比有何特点？常用于什么场合？

7.22 采用什么措施可以节约蜗轮所用的铜材？

7.23 如何恰当地选择蜗杆传动的传动比 i_{12}、蜗杆头数 z_1 和蜗轮齿数 z_2？并简述其理由。

习　题

7.1 今测得一标准直齿圆柱齿轮的基圆齿距 $p_b=8.850$ mm，齿数 $z=64$，试求该齿轮的几何尺寸。

7.2 今测得一标准直齿圆柱齿轮的齿顶圆直径 $d_a=207.9$ mm，齿根圆直径 $d_f=171.89$ mm，齿数 $z_1=24$，试求该齿轮的模数和齿顶高系数。

7.3 某标准直齿圆柱齿轮传动的中心距为 120 mm，模数为 $m=2$ mm，传动比 $i=3$，试求两齿轮的齿数及几何尺寸。

7.4 已知一对外啮合标准直齿圆柱齿轮 $\alpha=20°$，$m=4$ mm，$z_1=19$，$z_2=42$。按标准中心距安装，试求重合度、节圆直径和啮合角。

7.5 某车间技术改造需选配一对标准直齿圆柱齿轮，已知主动轴的转速 $n_1=50$ r/min，要求从动轴转速 $n_2=100$ r/min，两轮中心距为 100 mm 和齿数 $z\geqslant17$。试确定这对齿轮的模数和齿数。

7.6 某车间技术革新需要一对标准直齿圆柱齿轮机构，其中心距为 144 mm，传动比为 2。在备件库中有题 7.6 表所列规格的 4 个齿轮。

题 7.6 表

序　号	1	2	3	4
z	24	47	48	48
h/mm	9	9	11.25	9
d_a/mm	104	196	250	200

试分析这 4 个齿轮中有没有符合要求的一对齿轮。

7.7 题 7.7 图所示为一直齿圆柱齿轮机构的传动简图。已知Ⅰ、Ⅲ两轴同轴线，z_3 和 z_2 的模数为 5 mm，$n_1=1\ 440$ r/min，$n_2=480$ r/min。试求 z_2 的齿数和 z_1、z_4 的模数。

7.8 在题 7.8 图所示的直齿圆柱齿轮机构中，已知Ⅰ、Ⅲ两轴同轴线，$n_1=480$ r/min，$n_4=120$ r/min，z_1 的全齿高 $h_1=6.75$ mm，z_4 的齿顶圆直径 $d_a=125$ mm，试求 z_2、z_3 的模数和 z_1、z_2 的齿数。

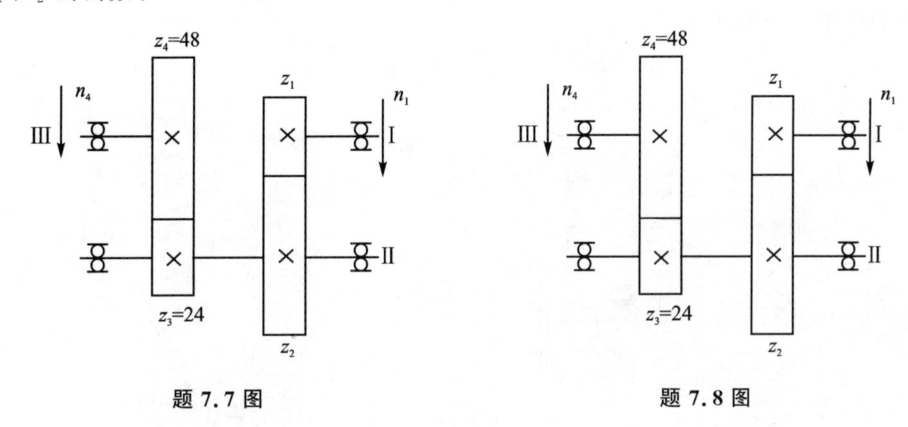

题 7.7 图　　　　题 7.8 图

7.9 现有一对外啮合直齿圆柱齿轮，已知 $m=5$ mm，$z_1=12$，$z_2=40$，$\alpha=20°$，$h_a^*=1$，$c^*=0.25$。要求不产生根切现象，试确定变位系数；若要求中心距不变，试选变位传动类型。

7.10 今有一外啮合直齿圆柱齿轮机构，已知 $z_1=10$，$x_1=0.45$，$z_2=12$，$x_2=0.4$，$m=10$ mm，$\alpha=23°$，$h_a^*=1$，$c^*=0.25$，试判断这对齿轮是否会产生根切并计算主要几何尺寸。

7.11 分析如题 7.11 图所示齿轮所受的切向力、径向力，条件为：①当齿轮 1 为主动轮时；②当齿轮 2 为主动轮时。

7.12 题 7.12 图中所示为双级渐开线圆柱齿轮减速器，已知电动机功率 $P=4$ kW，$n_1=940$ r/min，每级齿轮传动效率为 0.97，其他参数如图所示。试求：①各轴的转速；②各轴的转矩；③中间轴上的 2、3 齿轮的受力。

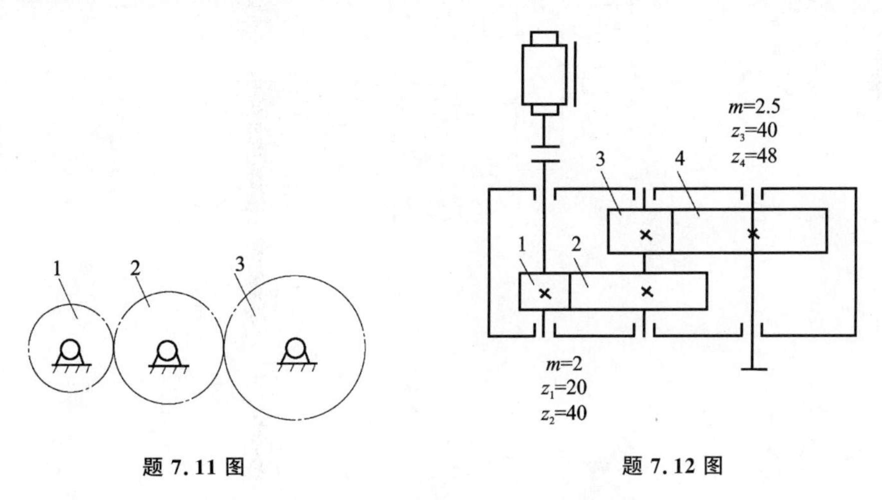

题 7.11 图　　　　题 7.12 图

7.13 设计某专用机床主轴箱中的一对直齿圆柱齿轮。已知功率 $P_1=6$ kW，小齿轮转速

$n_1=1\ 250$ r/min,大齿轮转速 $n_2=450$ r/min,齿轮相对轴承为非对称安装,电动机驱动,单向运转。

7.14 试设计用于螺旋运输机中的一对直齿圆柱齿轮。已知传递的功率 $P=13$ kW,小齿轮的转速 $n_1=950$ r/min,大齿轮的转速 $n_2=240$ r/min,由电动机驱动,单向传动,载荷较平稳。

7.15 标出题 7.15 图中未注明的蜗杆或蜗轮的旋向及转向(均为蜗杆主动),画出蜗杆和蜗轮受力的作用位置及方向。

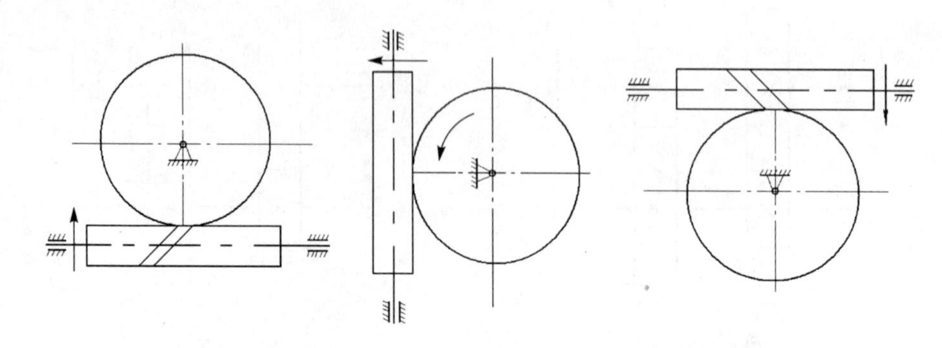

题 7.15 图

7.16 题 7.16 图所示为斜齿圆柱齿轮传动和蜗杆传动组成的双级减速装置。已知输入轴上的主动齿轮 1 的转向为 n_1 方向,如题 7.16 图所示,蜗杆的旋向为右旋。为了使中间轴上的轴向力最小,

① 试确定斜齿轮 1 和 2 的旋向;

② 确定蜗轮的转向;

③ 画出各轮轴向力的作用位置及方向。

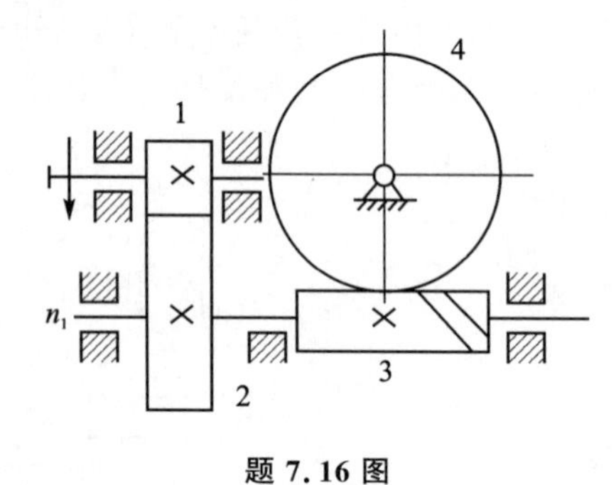

题 7.16 图

第8章　齿轮系

由一系列齿轮组成的传动装置称为齿轮系，简称轮系。

8.1　轮系的类型与功用

8.1.1　轮系的类型

根据轮系运转时各齿轮的几何轴线位置相对于机架是否固定，轮系可分为定轴轮系、周转轮系和混合轮系，各类轮系均可由各种类型的齿轮(圆柱齿轮、锥齿轮、蜗轮蜗杆等)组成。

1. 定轴轮系

在轮系运转时，所有齿轮的几何轴线位置相对于机架的位置都是固定的轮系，称为定轴轮系，如图8.1所示。定轴轮系根据各齿轮的轴线关系又可分为平面定轴轮系和空间定轴轮系两种。其中，平面定轴轮系是由轴线互相平行的圆柱齿轮组成的，空间定轴轮系是包含相交轴齿轮传动或交错轴齿轮传动等在内的定轴轮系。

2. 周转轮系

当轮系运转时，至少有一个齿轮的几何轴线是绕另一个齿轮的几何轴线转动的轮系称为周转轮系。根据周转轮系自由度数目的不同，周转轮系又可分为行星轮系和差动轮系。行星轮系的自由度等于1，而差动轮系的自由度等于2。行星轮系如图8.2所示。

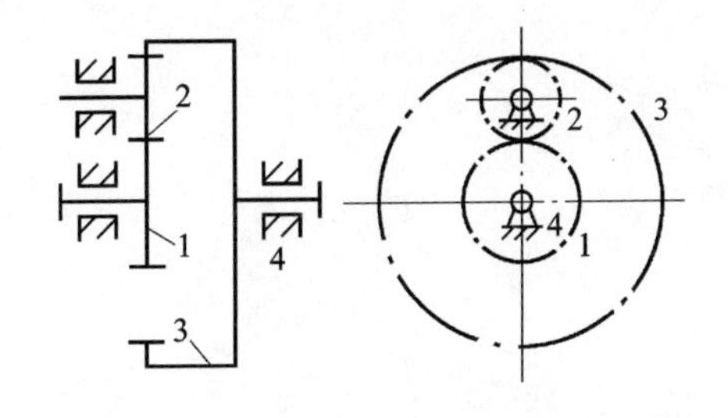

1、2、3—齿轮；4—机架

图8.1　定轴轮系

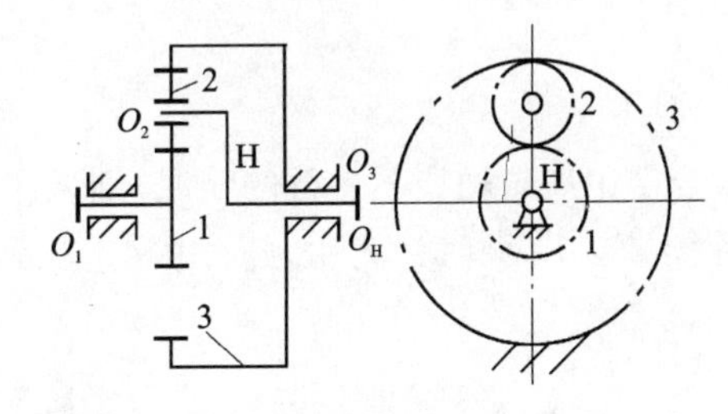

1、2、3—齿轮；H—系杆

图8.2　行星轮系(1)

3. 混合轮系

实际机械中采用的轮系往往不是由单一的轮系构成的，而是由两种轮系复合组成的轮系，称为混合轮系。

8.1.2　轮系的功用

在机械中，为了获得较大的传动比，实现变速、变向等目的，仅采用一对齿轮传动往往不能满足工作要求，不仅齿轮机构外廓尺寸庞大，而且大小齿轮直径相差悬殊，小齿轮易磨损，大齿轮的工作能力不能充分发挥。此时用若干对齿轮组成齿轮系传动机构，则可很好地满足工作要求，如汽车中的变速器、差动器、车床的主轴箱等。轮系广泛应用于各种机械中，它的主要功用可归纳如下：

① 传递相距较远的两轴之间的运动和动力；

② 实现变速和换向；

③ 获取大的传动比；

④ 实现分路传动；

⑤ 实现运动的分解与合成。

8.2 定轴轮系的传动比

轮系中首末两轮的转速(或角速度)之比称为轮系的传动比，用 i 表示。讨论定轴轮系的传动比时，既要计算传动比的数值，又要确定首末两轮的转向关系，这样才能完整地表达输入轴与输出轴之间的关系。

8.2.1 定轴轮系中齿轮传动方向的确定

如图 8.3(a)所示，一对直齿轮圆柱齿轮传动，外啮合时两轮转向相反，其传动比规定为负，以“－”号表示，即

$$i_{12}=\frac{n_1}{n_2}=-\frac{z_2}{z_1}$$

注：一般的啮合齿轮中齿轮 1 推动齿轮 2 运动，1 称为主动轮，2 称为从动轮，计算传动比表示为“i_{12}”。

如图 8.3(b)所示，一对内啮合直齿圆柱齿轮传动，两轮的转向相同，其传动比规定为正，以“＋”号表示，即

$$i_{12}=\frac{n_1}{n_2}=+\frac{z_2}{z_1}$$

若存在齿轮轴线不平行的情况，则采用画箭头的方法判断。一般规定，齿轮逆时针转动方向用“↓”表示，顺时针转动方向用“↑”表示。

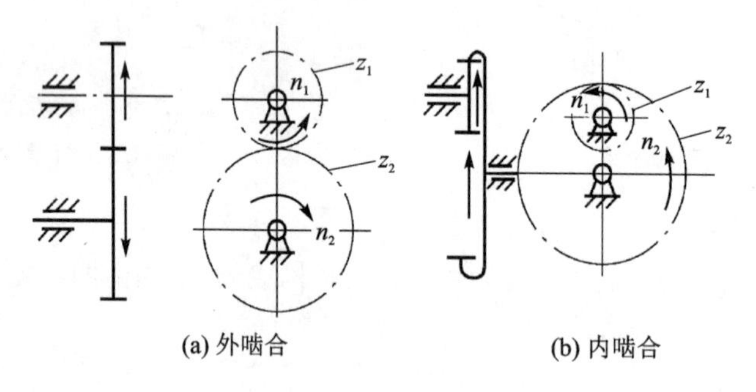

图 8.3　直齿圆柱齿轮传动

8.2.2　定轴轮系传动比的计算

图 8.4 所示为一定轴轮系，齿轮 1 为主动轮(首轮)，齿轮 5 为从动轮(末轮)。下面讨论该轮系传动比 i_{15} 的求法。

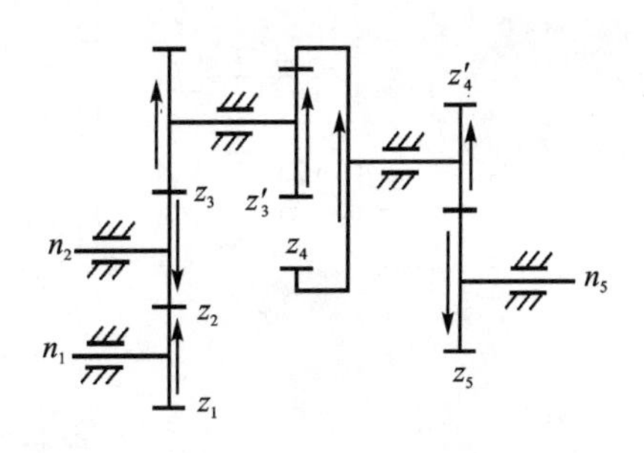

图 8.4　定轴轮系

由图 8.4 可知，各对齿轮的传动比分别为

$$i_{12}=\frac{n_1}{n_2}=-\frac{z_2}{z_1}$$

$$i_{23}=\frac{n_2}{n_3}=-\frac{z_3}{z_2}$$

$$i_{3'4}=\frac{n_{3'}}{n_4}=+\frac{z_4}{z_{3'}}$$

$$i_{4'5}=\frac{n_{4'}}{n_5}=-\frac{z_5}{z_{4'}}$$

将以上各式按顺序连乘得

$$i_{12}i_{23}i_{3'4}i_{4'5}=\frac{n_1}{n_2}\cdot\frac{n_2}{n_3}\cdot\frac{n_{3'}}{n_4}\cdot\frac{n_{4'}}{n_5}=\left(-\frac{z_2}{z_1}\right)\left(-\frac{z_3}{z_2}\right)\left(+\frac{z_4}{z_{3'}}\right)\left(-\frac{z_5}{z_{4'}}\right)$$

由于齿轮 3、3′和 4、4′各固定在同一根轴上，因而 $n_3=n_{3'}$，$n_4=n_{4'}$，故

$$i_{15}=\frac{n_1}{n_5}=i_{12}i_{23}i_{3'4}i_{4'5}=(-1)^3\ \frac{z_2z_3z_4z_5}{z_1z_2z_{3'}z_{4'}}$$

由上式可知，此定轴轮系的传动比等于组成该轮系的各对齿轮传动比的连乘积，首末两轮的转向由轮系中外啮合齿轮的对数决定。上式中的$(-1)^3$ 表示轮系中外啮合齿轮共有 3 对，$(-1)^3=-1$ 表示轮 1 与轮 5 的转向相反。从图 8.4 可以看出，轮系中各轮的转向也可用箭头表示。此外，齿轮 2 在与齿轮 1 和齿轮 3 的啮合中，既为主动轮又为从动轮，上式中的 z_2 可以消掉，它对轮系传动比的数值没有影响，只改变传动比的符号。这种仅影响末轮转向的齿轮称为惰轮。

由以上分析可知，定轴轮系总传动比的计算式为

$$i_{1k}=\frac{n_1}{n_k}=(-1)^m\ \frac{\text{所有从动轮齿数的连乘积}}{\text{所有主动轮齿数的连乘积}} \tag{8.1}$$

式中：m 为外啮合直齿圆柱齿轮的对数。

对于非平行轴传动，其传动比的大小仍用式(8.1)计算，方向用箭头表示。

例 8.1　如图 8.5 所示的定轴轮系中，$n_1=1\ 470$ r/min，蜗轮 6 为输出构件。已知各轮齿数：$z_1=17$，$z_2=34$，$z_{2'}=19$，$z_4=57$，$z_{4'}=21$，$z_5=42$，$z_{5'}=1$，$z_6=35$。求：① 轮系的传动比 i_{16}；② 蜗轮的转速 n_6。

解　①求轮系的传动比 i_{16}。

由于蜗杆传动是非平行轴传动，所以用式(8.1)求出传动比，方向如 8.5 图中的箭头所示，可知蜗轮为顺时针转动，则

$$i_{16}=\frac{n_1}{n_6}=\frac{z_2z_3z_4z_5z_6}{z_1z_{2'}z_3z_{4'}z_{5'}}=\frac{34\times57\times42\times35}{17\times19\times21\times1}=420$$

② 求蜗轮的转速 n_6：

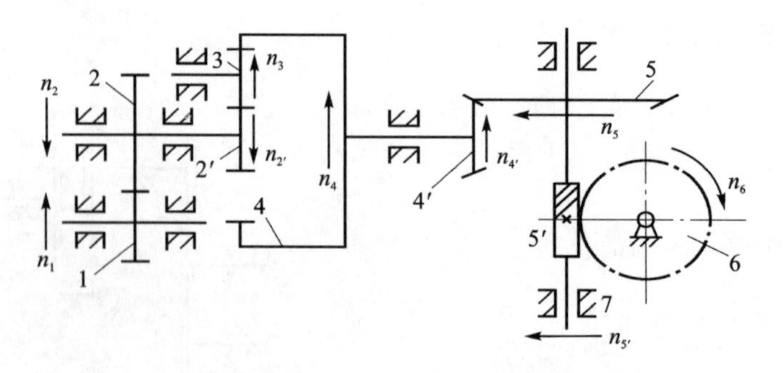

图 8.5 定轴轮系(例 8.1)

$$n_6=\frac{n_1}{i_{16}}=1\ 470\ (\mathrm{r/min})/420=3.5\ \mathrm{r/min}$$

例 8.2 已知某二级圆柱齿轮减速器(见图 8.6)的输入功率 $P_{\mathrm{I}}=3.8$ kW,转速 $n_{\mathrm{I}}=960$ r/min,各轮齿数 $z_1=22$, $z_2=77$,$z_3=18$,$z_4=81$,齿轮传动效率 $\eta_c=0.97$,每对滚动轴承的效率 $\eta_g=0.98$。求:①减速器的总传动比 $i_{\mathrm{I\,III}}$;② 各轴的功率、转速和转矩。

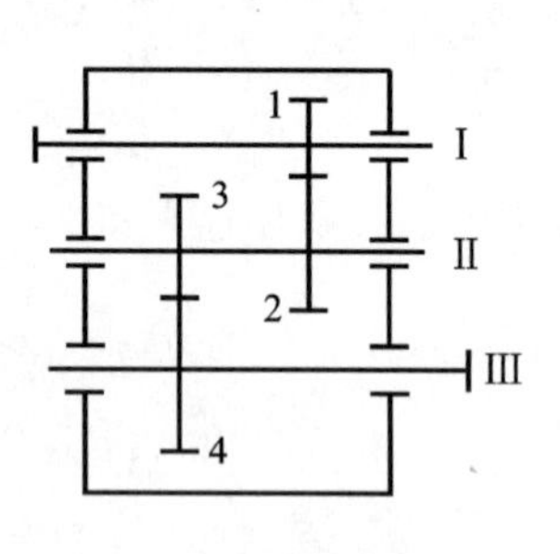

图 8.6 减速器

解 ① 减速器的总传动比 $i_{\mathrm{I\,III}}$:

$$i_{\mathrm{I\,III}}=\frac{n_{\mathrm{I}}}{n_{\mathrm{III}}}=\frac{n_1}{n_4}=(-1)^m\frac{z_2z_4}{z_1z_3}=(-1)^2\frac{77\times 81}{22\times 18}=15.75$$

齿轮 4 与齿轮 1 转向相同。

② 各轴的功率、转速及转矩:

$P_{\mathrm{I}}=3.8$ kW

$P_{\mathrm{II}}=P_{\mathrm{I}}\cdot\eta_g\cdot\eta_c=(3.8\times 0.98\times 0.97)\ \mathrm{kW}=3.61\ \mathrm{kW}$

$P_{\mathrm{III}}=P_{\mathrm{II}}\cdot\eta_g\cdot\eta_c=(3.61\times 0.98\times 0.97)\ \mathrm{kW}=3.43\ \mathrm{kW}$

$n_{\mathrm{I}}=960$ r/min

$$n_{\mathrm{II}}=-\frac{z_1}{z_2}n_{\mathrm{I}}=-\frac{22}{77}\times 960\ \mathrm{r/min}=-274.29\ \mathrm{r/min}$$

$$n_{\mathrm{III}}=\frac{n_{\mathrm{I}}}{i_{13}}=\frac{960\ \mathrm{r/min}}{15.75}=60.95\ \mathrm{r/min}$$

$$T_{\mathrm{I}}=9\ 550\times\frac{P_{\mathrm{I}}}{n_{\mathrm{I}}}=\left(9\ 550\times\frac{3.8}{960}\right)\ \mathrm{N\cdot m}=37.79\ \mathrm{N\cdot m}$$

$$T_{\mathrm{II}}=9\ 550\times\frac{P_{\mathrm{II}}}{n_{\mathrm{II}}}=\left(9\ 550\times\frac{3.61}{274.29}\right)\ \mathrm{N\cdot m}=125.68\ \mathrm{N\cdot m}$$

$$T_{\mathrm{III}}=9\ 550\times\frac{P_{\mathrm{III}}}{n_{\mathrm{III}}}=\left(9\ 550\times\frac{3.43}{60.95}\right)\ \mathrm{N\cdot m}=537.38\ \mathrm{N\cdot m}$$

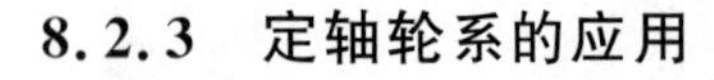

8.2.3 定轴轮系的应用

下面以 CA6140 车床的主传动机构为例来介绍定轴轮系的应用。

CA6140 卧式车床的主运动是主轴旋转运动,应用定轴轮系系统为主轴提供了二十多种转速，保证了机床的工作需要。CA6140 卧式车床主轴箱部分如图 8.7 所示。

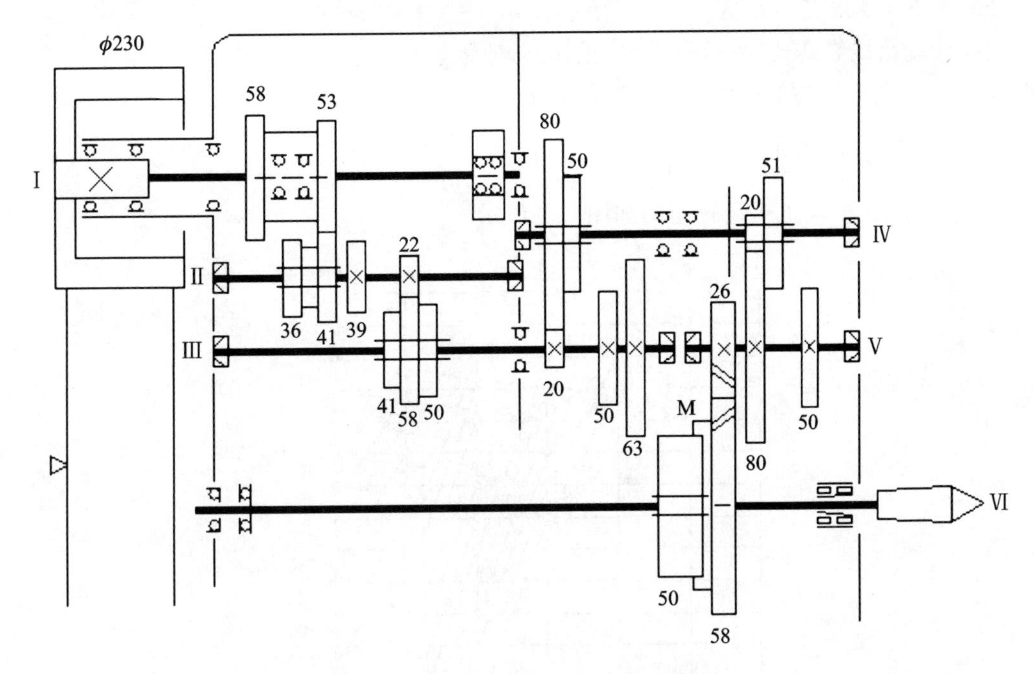

图 8.7　CA6140 卧式车床主轴箱部分

主运动传动链

主运动传动链是把电动机的运动及动力转换成切削过程中要求的主轴转速和转向，使主轴带动工件完成主运动。

（1）传动路线

主运动传动链的传动路线表达式如图 8.8 所示。

$$\frac{7.5\ \text{kW电动机}}{1\,450\ \text{r/min}} - \text{带传动} - \text{I} - \begin{bmatrix}\frac{53}{41}\\ \frac{58}{36}\end{bmatrix} - \text{II} - \begin{bmatrix}\frac{22}{58}\\ \frac{30}{50}\\ \frac{39}{41}\end{bmatrix} - \text{III} - \begin{bmatrix}\begin{bmatrix}\frac{20}{80}\\ \frac{50}{50}\end{bmatrix} - \text{IV} - \begin{bmatrix}\frac{20}{80}\\ \frac{51}{50}\end{bmatrix} - \text{V} - \frac{26}{58} - M_2\\ \frac{63}{50}\end{bmatrix} - \text{VI}\ (\text{主轴})$$

图 8.8　CA6140 卧式车床主运动传动链的传动路线

运动从轴Ⅲ传至主轴有两条路线：

① 高速传动路线。主轴上的滑移齿轮 50 移至左侧，与轴Ⅲ右侧的固定齿轮 63 啮合。运动由轴Ⅲ经齿轮副 63/50 直接传给主轴，使主轴得到 500～1 600 r/min 的 6 种高转速。

② 中低速传动路线。主轴的滑移齿轮 50 移至右侧，使主轴上的齿式离合器 M 啮合。轴Ⅲ的运动经滑移齿轮副 20/80 或 50/50 传给轴Ⅳ，又由滑移齿轮副 20/80 或 51/50 传给轴Ⅴ，再经单一齿轮副 26/58 和齿式离合器 M 传至主轴，使主轴获得 11～560 r/min 的中低

转速。

(2) 主轴转速级数和转速

根据传动路线表达式,可求得主轴(正转)转速级数:

$$M_{主}=1\times(1+1)\times(1+1+1)\times\{[(1+1)\times(1+1)-1]+1\}=2\times3\times(2\times2)=24$$

主轴转速 $n_{主}$:$n_{主}=1\ 450\times\frac{130}{230}\times(1-\varepsilon_0)\times u_{1\sim2}\times u_{2\sim3}\times u_{3\sim6}$。

CA6140 卧式车床主运动转速图如图 8.9 所示。

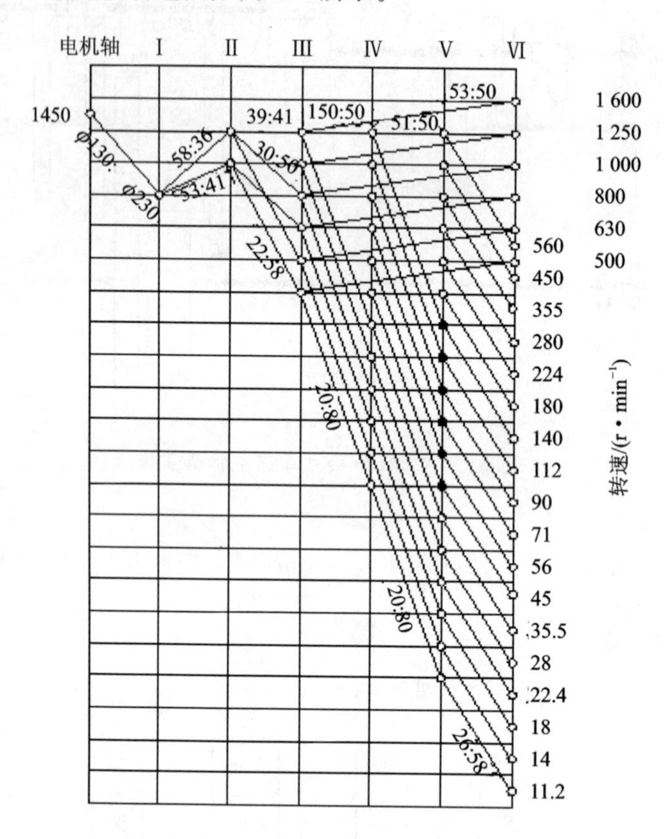

图 8.9 CA6140 卧式车床主运动转速图

8.3 行星轮系的传动比

8.3.1 行星轮系的组成

如图 8.10 所示的行星轮系中,齿轮 2 由构件 H 支承,运转时除绕自身几何轴线 O_2 转动(自转)外,还随轴线 O_2 绕固定的几何轴线 O_1 转动(公转),故称其为行星轮。支承行星轮 2 的构件称为行星架,与行星轮相啮合且几何轴线固定不动的齿轮 1、3 称为太阳轮,内齿轮 3 也叫内齿圈。行星架 H 与太阳轮 1、3 的轴线相重合,称该轴线为主轴线。

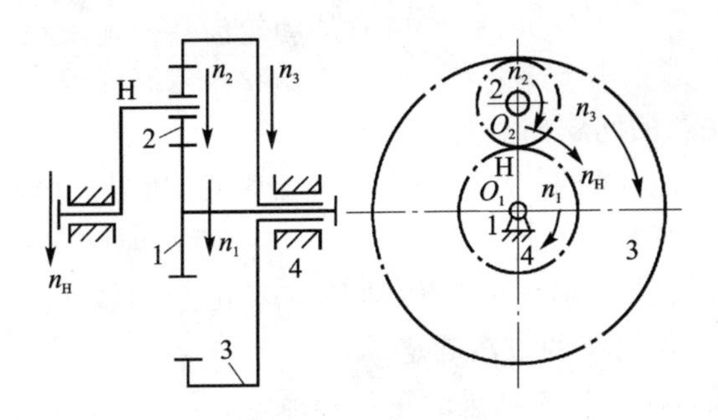

图 8.10　行星轮系(2)

8.3.2　行星轮系传动比的计算

行星轮系传动比计算采用转化机构法。现假设给图 8.10 所示的行星轮系加上一个与行星架的转速 n_H 大小相等方向相反的公共转速 $-n_H$，则行星架 H 固定不动，而各构件间的相对运动关系不变化。于是，所有齿轮的几何轴线位置都固定不动，这样就得到了假设的定轴轮系，如图 8.11 所示。这种假设定轴轮系称为原行星轮系的转化轮系。转化轮系中各构件的转速如表 8.1 所列。

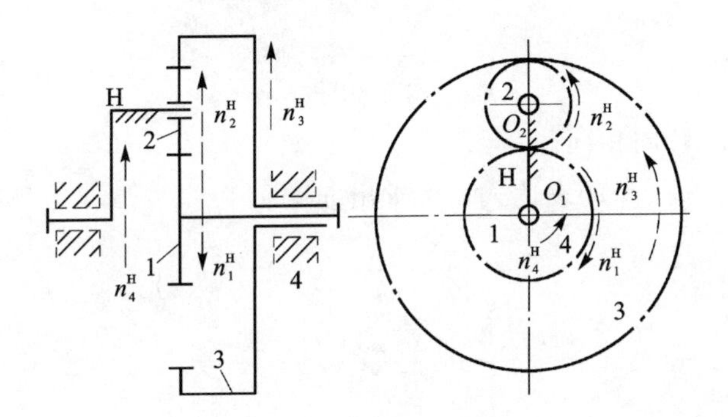

图 8.11　转化轮系

表 8.1　转化轮系的转速

构　件	行星轮系中的转速	转化轮系中的转速
太阳轮 1	n_1	$n_1^H=n_1-n_H$
行星轮 2	n_2	$n_2^H=n_2-n_H$
太阳轮 3	n_3	$n_3^H=n_3-n_H$
行星架 H	n_H	$n_H^H=n_H-n_H=0$
机架 4	0	$n_4^H=n_4-n_H=-n_H$

转化轮系中齿轮 1 和齿轮 3 的传动比可以根据定轴轮系传动比计算方法得出：

$$i_{13}^H=\frac{n_1^H}{n_3^H}=\frac{n_1-n_H}{n_3-n_H}=(-1)^1\ \frac{z_2z_3}{z_1z_2}=-\frac{z_3}{z_1}$$

推广到一般情况，可得到如下结论：

行星轮系中，轴线与主轴线平行或重合的 a、b 两轮的传动比，可通过下式求解，即

$$i_{ab}^{H}=\frac{n_a-n_H}{n_b-n_H}=\pm\frac{所有从动轮齿数的连乘积}{所有主动轮齿数的连乘积} \tag{8.2}$$

运用式(8.2)时需注意的问题如下：

① 转速 n_a、n_b 和 n_H 是代数量，代入公式时必需带正、负号。假定某一转向为正号，则与其同向的取正号，与其反向的取负号。

② 若轮系中有圆锥齿轮和蜗杆蜗轮传动且首末轮的轴线平行，则传动比的大小仍用式(8.2)计算，而转向应当用箭头的方法确定。

③ 待求构件的实际转向由计算结果的正负号确定。

例 8.3 在图 8.10 所示的行星轮系中，已知 $n_1=100\ \text{r/min}$，$n_3=60\ \text{r/min}$，n_1 与 n_3 转向相同；齿数 $z_1=17$，$z_2=29$，$z_3=75$。求：① n_H 与 n_2；② i_{1H} 与 i_{12}。

解 ① n_H 和 n_2 的数值及转向。

由式(8.2)可列出 i_{13}^{H} 的表达式，即

$$i_{13}^{H}=\frac{n_1-n_H}{n_3-n_H}=(-1)^1\frac{z_3}{z_1}$$

取 n_1 的转向为正代入上式，可得

$$\frac{100-n_H}{60-n_H}=-\frac{75}{17}$$

整理得

$$n_H=67.39\ \text{r/min}$$

n_H 为正，表明 n_H 与 n_1 转向相同。

由式(8.2)列出 i_{12}^{H} 或 i_{23}^{H} 的表达式均可求出 n_2，即

$$i_{12}^{H}=\frac{n_1-n_H}{n_2-n_H}=(-1)^1\frac{z_1}{z_2}$$

$$\frac{100-67.39}{n_2-67.39}=-\frac{29}{27}$$

$$n_2=48.28\ \text{r/min}$$

n_2 为正，表明 n_2 与 n_1 的转向相同。

② i_{1H} 和 i_{12}：

$$i_{1H}=\frac{n_1}{n_H}=\frac{100}{67.29}=1.486$$

$$i_{12}=\frac{n_1}{n_2}=\frac{100}{48.28}=2.071$$

注：$i_{12}\neq-\frac{z_2}{z_1}$。

8.4 复合轮系传动比

由行星轮系与定轴轮系或几个行星轮系组合在一起的齿轮系称为复合齿轮系，简称复合轮系。

计算复合轮系传动比的步骤：

① 区分齿轮系中的行星齿轮系和定轴齿轮系部分,关键是要找出行星轮,支持它转动的为行星架,与它啮合的轴线位置固定的齿轮为太阳轮。

② 分别列出轮系中各部分的传动比计算公式,再代入已知数据。

③ 根据齿轮系中各部分齿轮系之间的运动关系联立求解,进而求出复合轮系的传动比。

例 8.4　图 8.12 所示为机床变速传动装置简图。已知各轮齿数,A 为快速进给电动机,B 为工作进给电动机,齿轮 4 与输出轴相连。求:①当 A 不动时,工作进给传动比 i_{64};②当 B 不动时,快速进给传动比 i_{14}。

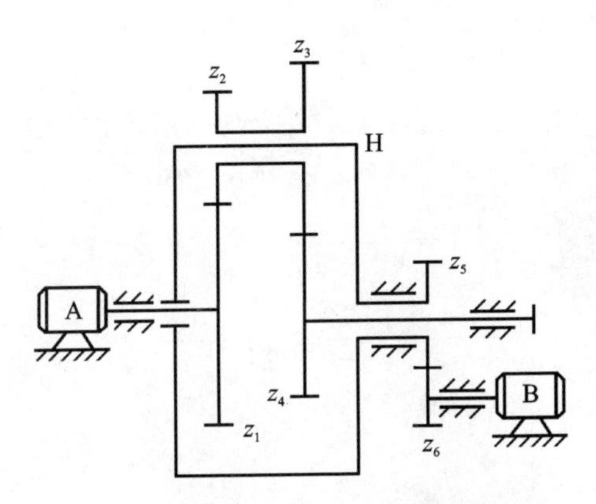

图 8.12　机床变速传动装置简图

解　① 当 A 不动时即 $n_A=0$,双联齿轮 2 和 3 为行星轮,H 为行星架,齿轮 1 和齿轮 4 为太阳轮,它们一起构成行星轮系部分,齿轮 5 和齿轮 6 构成定轴轮系部分,该轮系组成复合轮系。

由式(8.2)可得行星轮系部分传动比:

$$i_{41}^{H}=\frac{n_4-n_H}{n_1-n_H}=(-1)^2\ \frac{z_3z_1}{z_4z_2} \tag{例 8.4a}$$

由式(8.1)可得定轴轮系部分传动比:

$$i_{56}=\frac{n_5}{n_6}=(-1)^1\ \frac{z_6}{z_5} \tag{例 8.4b}$$

因为 $n_1=n_A=0$,$n_H=n_5$,由式(例 8.4b)得

$$n_5=-\frac{z_6}{z_5}n_6 \tag{例 8.4c}$$

将式(例 8.4c)代入式(例 8.4a),整理得

$$i_{64}=\frac{n_6}{n_4}=\frac{1}{\dfrac{z_6}{z_5}\left(\dfrac{z_3}{z_4}\dfrac{z_1}{z_2}-1\right)}$$

此为工作进给传动比。

② 当 $n_B=0$ 时,由于 $n_B=n_6=n_5=n_H=0$,所以齿轮 1、2、3、4 构成定轴轮系,由式(8.1)得

$$i_{14}=\frac{n_1}{n_4}=(-1)^2\ \frac{z_2z_4}{z_1z_3}$$

从本例可以看出,机床中变速装置结构紧凑、操纵方便,并可在运动中变速,有一定的优

越性。

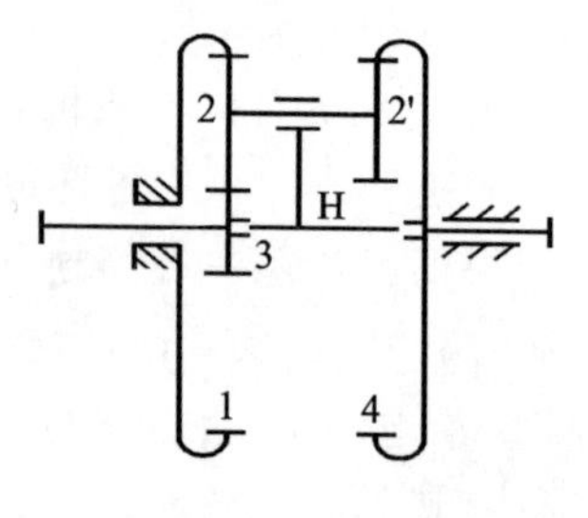

图 8.13　轮　系

例 8.5　如图 8.13 所示的轮系，$z_1=90$，$z_2=36$，$z_{2'}=33$，$z_3=18$，$z_4=87$，求传动比 i_{34}。

解　分析轮系为复合轮系，由 2 个行星轮系组成 1—2—2′—4—H 和 1—2—3—H（还有其他多种划分方法），可得

$$i_{14}^{\mathrm{H}}=\frac{n_1-n_{\mathrm{H}}}{n_4-n_{\mathrm{H}}}=(-1)^2\frac{z_2 z_4}{z_1 z_{2'}}$$

即

$$\frac{0-n_{\mathrm{H}}}{n_4-n_{\mathrm{H}}}=\frac{36\times 87}{90\times 33}\Rightarrow\frac{0-n_{\mathrm{H}}}{n_4-n_{\mathrm{H}}}=\frac{2\times 87}{5\times 33}\tag{例 8.5a}$$

$$i_{13}^{H}=\frac{n_1-n_{\mathrm{H}}}{n_3-n_{\mathrm{H}}}=(-1)^1\frac{z_3}{z_1}$$

即

$$\frac{0-n_{\mathrm{H}}}{n_3-n_{\mathrm{H}}}=-\frac{18}{90}\Rightarrow\frac{0-n_{\mathrm{H}}}{n_3-n_{\mathrm{H}}}=-\frac{1}{5}\tag{例 8.5b}$$

把式(例 8.5a)和式(例 8.5b)联立解得

$$i_{34}=\frac{n_3}{n_4}=116$$

本章知识点提示

1. 齿轮系是一种常用的高副机构，能实现不同的传动比、运动的分解与合成、改变运动方向等功能，故在车辆、各种机械中应用最为广泛。

2. 定轴轮系的传动比：$i_{1k}=\dfrac{n_1}{n_k}=(-1)^m\dfrac{\text{所有从动轮齿数的连乘积}}{\text{所有主动轮齿数的连乘积}}$。

3. 行星轮系的传动比：$i_{\mathrm{ab}}^{\mathrm{H}}=\dfrac{n_{\mathrm{a}}-n_{\mathrm{H}}}{n_{\mathrm{b}}-n_{\mathrm{H}}}=(-1)^m\dfrac{\text{所有从动轮齿数的连乘积}}{\text{所有主动轮齿数的连乘积}}$。

4. 上述公式中的 m 为齿轮外啮合次数，当所选择轮系中所有齿轮的轴线平行时上述公式可用于判断方向，若存在齿轮轴线不平行的情况，则采用画箭头的方法判断，一般规定，齿轮逆时针转动方向为“+”，用“↓”表示；顺时针转动方向为“−”，用“↑”表示。

思考题

8.1 定轴轮系与行星轮系的主要区别是什么？试举例，绘出它们的机构运动简图。

8.2 如何计算定轴轮系的传动比？怎样确定它们的转向？

8.3 怎样计算行星轮系的传动比？$i_{\mathrm{ab}}^{\mathrm{H}}$ 和 i_{ab} 各表示什么含义？$i_{\mathrm{ab}}^{\mathrm{H}}$ 的正负号是否表示 a、b 齿轮的实际转向？为什么？

8.4 “因为惰轮的齿数并不影响传动比的数值，所以可取大于 17 的任意整数”的说法是否正确？为什么？

8.5 在行星轮系中，各构件的齿数确定后，其任意两构件间的传动比就可以确定吗？为

什么？

习　题

8.1 标注如题8.1图所示定轴齿轮系中蜗轮6的转向。

8.2 题8.2图所示为钟表指针机构，S、M、H分别为秒、分、时针。已知各轮的齿数 $z_2=60$，$z_3=8$，$z_4=64$，$z_5=21$，$z_6=84$，$z_8=90$，试求 z_1 和 z_7。

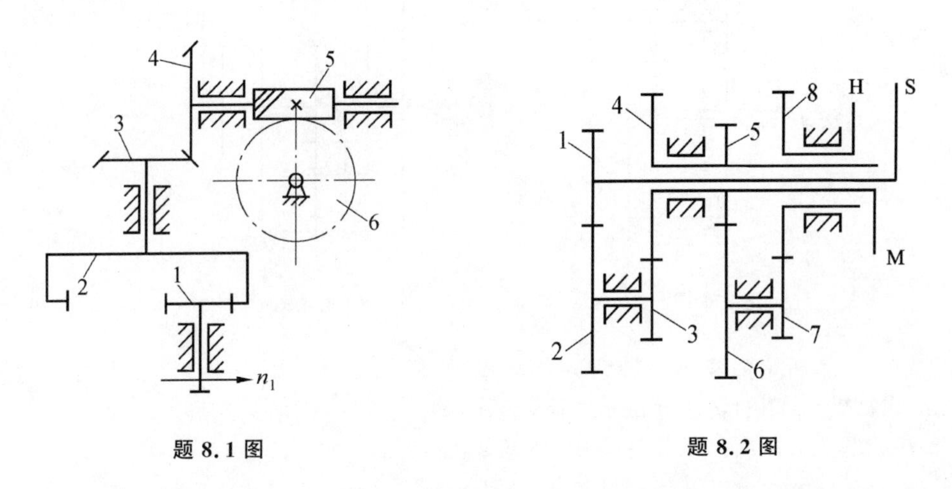

题8.1图　　题8.2图

8.3 一电动提升机的传动系统如题8.3图所示，其末端为蜗杆传动。已知 $z_1=18$，$z_2=39$，$z_{2'}=20$，$z_3=41$，$z_{3'}=2$(右)。若 $n_1=1\ 460$ r/min，鼓轮直径 $D=200$ mm，鼓轮与蜗轮同轴。求：① 试判断蜗轮向上提升重物时齿轮1的转向；② 重物 G 的运动速度。

8.4 题8.4图所示为天车传动简图，由电动机经减速器驱动车轮。已知电动机转速 $n_1=960$ r/min，输出功率 $P_1=4$ kW；传动比 $i_{\text{II}\,\text{III}}=-5.6$，$i_{\text{II}\,\text{IV}}=-4.5$；联轴器效率 $\eta_1=0.98$，一对滚动轴承效率 $\eta_g=0.98$，一对齿轮啮合效率 $\eta_c=0.97$。求：① 各轴的功率、转速和转矩(结果列表)；② 若天车运行速度为 $v=0.8$ m/s，求车轮直径 D。

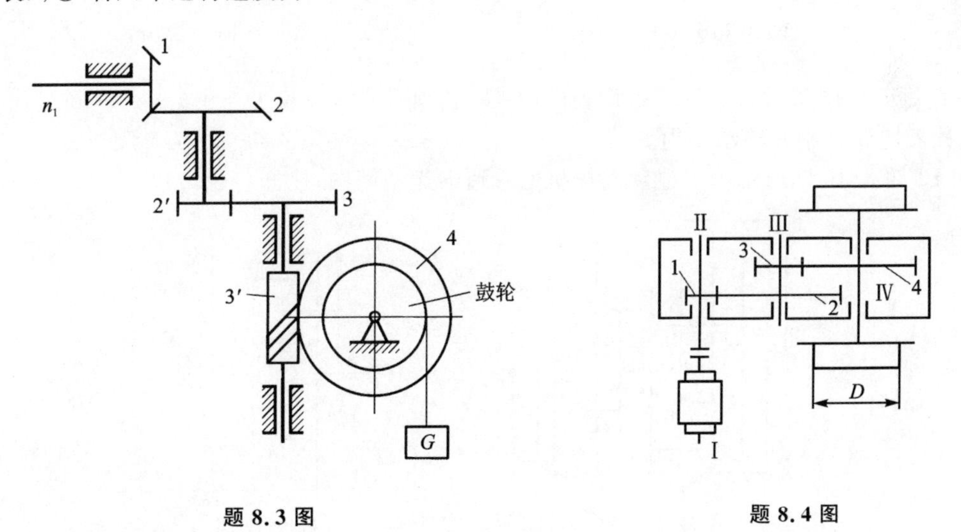

题8.3图　　题8.4图

8.5 某车床的行星减速带轮如题8.5图所示，带轮H为输入构件，太阳轮4与主轴相连为输出构件。已知各轮的齿数 $z_1=z_3=26$，$z_2=z_4=27$，求齿轮系的传动比 i_{H4}。

8.6 题8.6图所示为车床尾架套筒的进给机构，手轮A为输入构件，带动套筒的螺杆B为输出构件。A处于题8.6图示位置时，B作慢速进给；A处于与内齿轮4啮合位置时，B作快速退回。已知 $z_1=z_2=z_4=14$，$z_3=48$，单线螺杆B的螺距 $p=4$ mm。求手轮转动1周时，螺杆慢速移动和快速退回的距离各为多少？

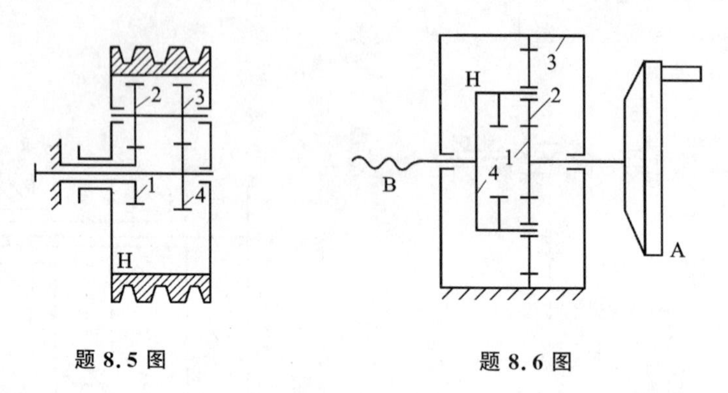

题8.5图　　题8.6图

8.7 题8.7图所示为液压回转台的传动机构，已知 $z_1=120$，$z_2=15$，液压泵转速 $n_M=12$ r/min，求回转台H的转速 n_H 的大小及转向。

8.8 在如题8.8图所示的齿轮系中，已知 $z_1=48$，$z_2=42$，$n_{2'}=14$，$z_3=20$，$n_1=68$ r/min(↑)，$n_3=-40$ r/min(↓)，求 n_H 的大小及转向。

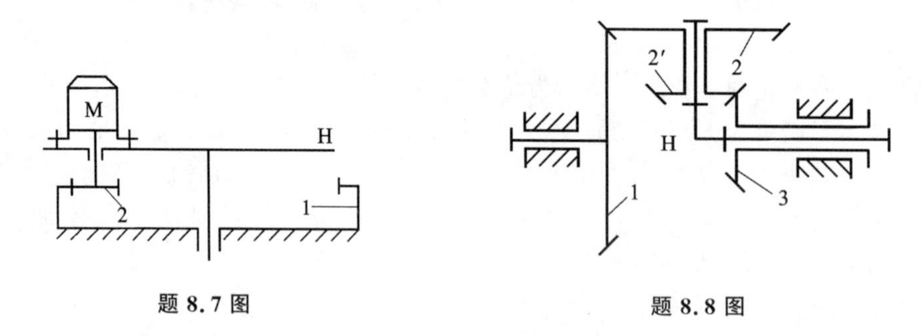

题8.7图　　题8.8图

8.9 题8.9图所示为自行车里程表机构，C为轮胎，有效直径 $D=0.7$ m。已知车行1 km时，里程表指针P刚好转动1周。若 $z_1=17$，$z_3=23$，$z_4=19$，$z_{4'}=20$，$z_5=24$，求 z_2？

8.10 题8.10图所示为一电动卷扬机的减速器运动简图，已知各轮齿数，求传动比 i_{15}。

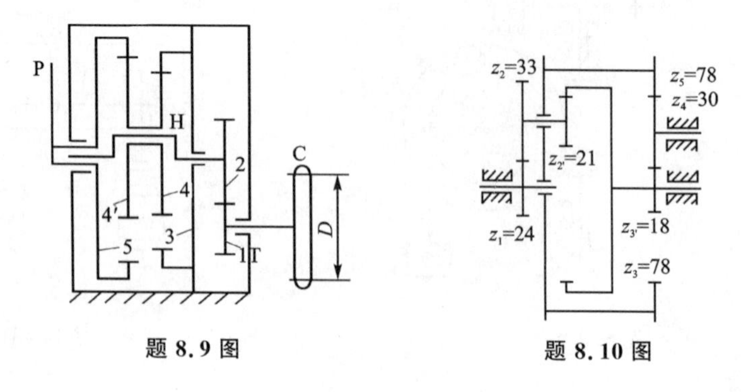

题8.9图　　题8.10图

8.11 题 8.11 图所示为轮系，已知各轮齿数：$z_2=32$，$z_3=34$，$z_4=36$，$z_5=64$，$z_7=32$，$z_8=17$，$z_9=24$。轴 A 按题 8.11 图示方向以 1 250 r/min 的转速回转，轴 B 按图示方向以 600 r/min 的转速回转，求轴 C 转速的大小和方向。

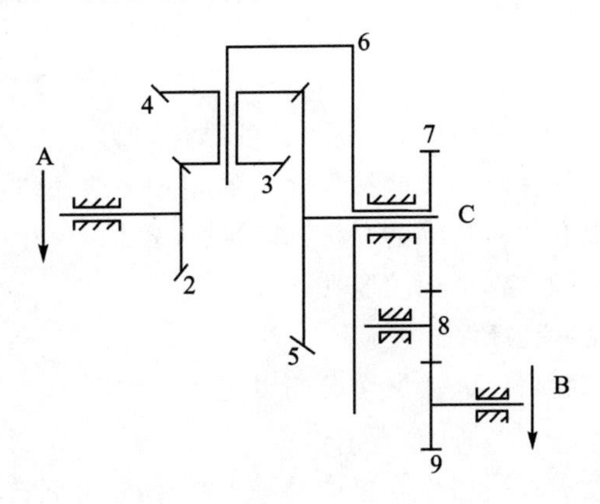

题 8.11 图

第9章　联　接

联接是将两个或两个以上的零件联合成一体的结构。为了便于机器的制造、安装和维修等，在机械中广泛使用了各种联接。按联接件之间的相互关系，联接可分为两大类：一类是动联接，指被联接零件间可以有相对运动的联接，如滑移齿轮与轴；另一类是静联接，指被联接零件间不允许产生相对运动的联接，如螺纹联接。

1. 根据拆开时是否毁坏联接件分类

根据拆开时是否毁坏联接件，联接又可分为以下两大类：

（1）不可拆联接

当拆开联接时，至少会破坏或损伤联接中的一个零件，这种联接具有结构简单、成本低廉、简便易行的特点，如焊接、铆钉联接、胶接等。

① 焊接。对局部进行加热(有时还要加压)使两个以上金属元件在联接处形成原子或分子间的结合而构成的不可拆联接，简称焊接。焊接的优点是：结构轻、密封性好、强度高、工艺简便、单件生产成本低且周期短，故在工程中广泛应用。

② 铆钉联接。用铆钉穿过被联接件上的预制钉孔，经铆合而成的不可拆联接，简称铆接。铆接的优点是：工艺设备简单、牢固可靠、耐冲击等；缺点是：结构笨重、密封性较差、生产率低，目前已逐渐被焊接所取代。

③ 胶接。用胶黏合剂将被联接件联成一体的不可拆联接。胶接的优点是耐腐蚀、密封性好，缺点是强度低、不耐高温。

（2）可拆联接

当拆开联接时，无须破坏或损伤联接中的任何零件，这种联接具有通用性强、可随时更换、维修方便等特点，允许多次重复拆装，如键联接、销联接和螺纹联接等。

2. 根据传递载荷(力或力矩)的工作原理分类

根据传递载荷(力或力矩)的工作原理，联接可分为摩擦联接和非摩擦联接两类。

（1）摩擦联接

靠联接中接合面间的摩擦来传递载荷，如过盈联接、弹性环联接等。过盈联接利用包容件和被包容件间的过盈量，将两个零件联成一体的结构，是界于可拆联接和不可拆联接之间的一种联接。过盈配合联接的优点是结构简单，缺点是配合表面加工精度要求高、成本高。

（2）非摩擦联接

直接通过联接中零件的各种变形来传递载荷，如平键联接等。有的联接既可做成摩擦的，也可做成非摩擦的，如螺纹联接等；有的联接同时靠摩擦和变形来传递载荷，如斜键联接中的楔键联接等。

在机械不能正常工作的情况中，大部分是由于联接失效造成的。因此，联接在机械设计与使用中占有重要地位。本章主要介绍机械中常见的联接方法及其使用，并讨论有关可拆联接零件的结构、类型、应用及设计理论或选用方法。

9.1 键、花键、销和胀紧联接

9.1.1 键联接

键联接主要用作轴和轴上零件(如齿轮、带轮等)的周向固定并传递运动和转矩。有的兼作轴上零件的轴向固定,还有的能实现轴上零件的轴向滑动。

1. 平键联接

平键联接的剖面图如图9.1所示。平键的下表面与轴上键槽贴紧,上表面与轮毂键槽顶面留有间隙,两侧面为工作面,依靠键与键槽间的挤压力F_t传递转矩T。平键联接制造容易、装拆方便、对中性良好,用于传动精度要求较高的场合。普通平键联接如图9.2所示,其主要尺寸有键宽b、键高h和键长L,端部有圆头(A型)、平头(B型)和单圆头(C型)3种形式。A型键定位好,应用广泛;C型键用于轴端。这两种键的轴上键槽均用立铣刀加工(见图9.3(a)),端部应力集中较大。B型键的轴上键槽用盘铣刀铣出(见图9.3(b)),轴上应力集中较小,但对于尺寸较大的键,要用紧定螺钉压紧,以防松动。

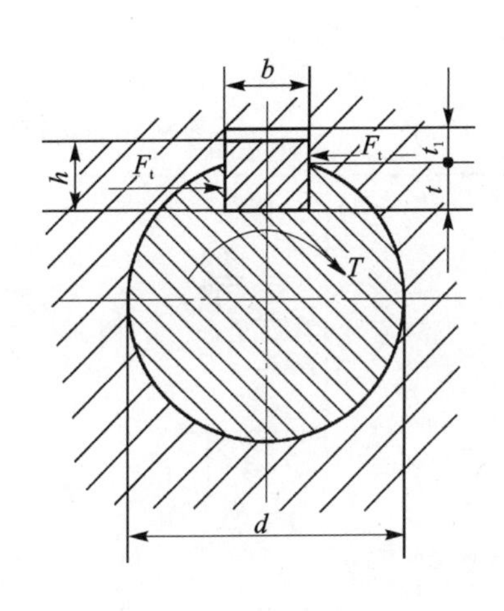

图9.1 平键联接剖面图

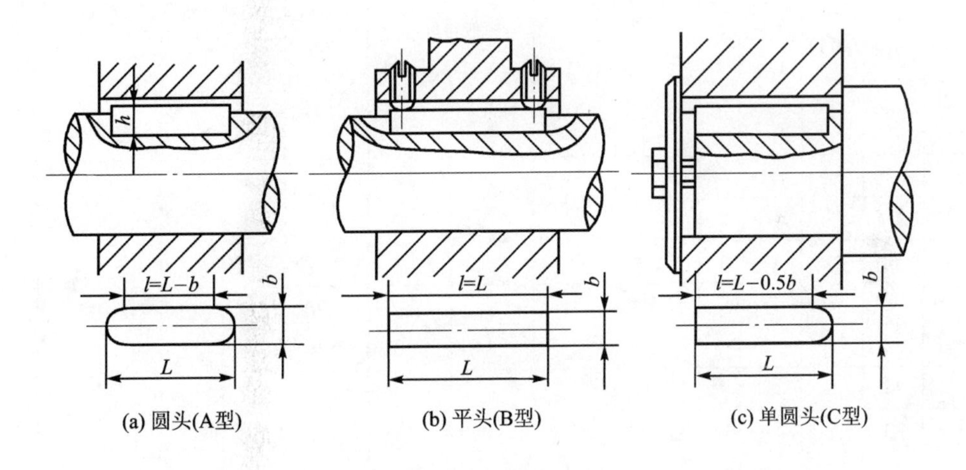

(a) 圆头(A型) (b) 平头(B型) (c) 单圆头(C型)

图9.2 普通平键的类型

平键联接的设计步骤如下:

① 根据键联接的工作要求和使用特点选择平键的类型。

② 按照轴的公称直径d,从国家标准中选择平键的尺寸$b\times h$(普通平键和导向平键,见表9.1)。

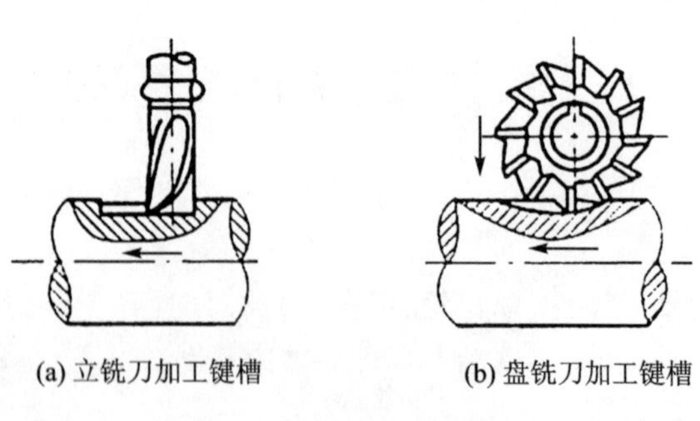

(a) 立铣刀加工键槽　　　　(b) 盘铣刀加工键槽

图 9.3　普通平键键槽加工

表 9.1　普通平键联接键和键槽的截面尺寸及公差

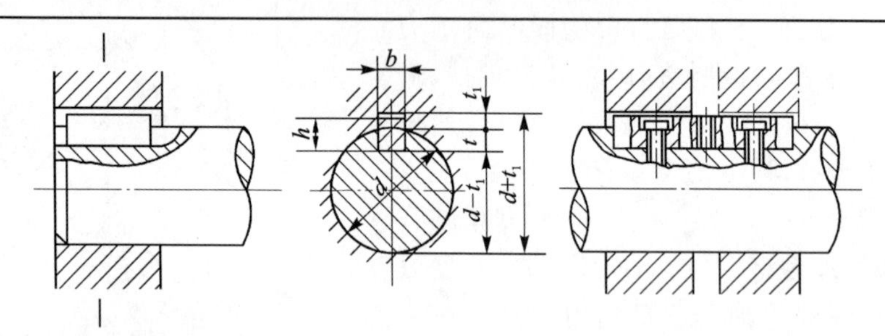

标记示例：普通平键(B 型)$b=16$ mm，$h=10$ mm，$L=100$ mm　GB/T 1096 键 B16×100(A 型可不标出)

<table>
<tr><th>轴</th><th colspan="3">键</th><th colspan="11">键　槽</th></tr>
<tr><th rowspan="4">公称直径 d</th><th rowspan="4">B
(h9)</th><th rowspan="4">H
(h11)</th><th rowspan="4">L
(h14)</th><th colspan="5">宽度 b</th><th colspan="4">深　度</th><th colspan="2" rowspan="3">半径 r</th></tr>
<tr><th colspan="5">极限偏差</th><th colspan="2" rowspan="2">轴 t</th><th colspan="2" rowspan="2">毂 t_1</th></tr>
<tr><th colspan="2">较松键联接</th><th colspan="2">一般键联接</th><th>较紧键联接</th></tr>
<tr><th>轴 H9</th><th>毂 D10</th><th>轴 N9</th><th>毂 Js9</th><th>轴和毂 P9</th><th>公称尺寸</th><th>极限偏差</th><th>公称尺寸</th><th>极限偏差</th><th>最小</th><th>最大</th></tr>
<tr><td>>10～12</td><td>4</td><td>4</td><td>8～45</td><td rowspan="3">+0.030
0</td><td rowspan="3">+0.078
+0.030</td><td rowspan="3">0
−0.030</td><td rowspan="3">+0.015
−0.015</td><td rowspan="3">−0.012
−0.042</td><td>2.5</td><td rowspan="3">+0.1
0</td><td>1.8</td><td rowspan="3">+0.1
0</td><td>0.08</td><td>0.16</td></tr>
<tr><td>>12～17</td><td>5</td><td>5</td><td>10～56</td><td>3.0</td><td>2.3</td><td rowspan="2">0.16</td><td rowspan="2">0.25</td></tr>
<tr><td>>17～22</td><td>6</td><td>6</td><td>14～70</td><td>3.5</td><td>2.8</td></tr>
<tr><td>>22～30</td><td>8</td><td>7</td><td>18～90</td><td rowspan="2">+0.036
0</td><td rowspan="2">+0.098
+0.040</td><td rowspan="2">0
−0.036</td><td rowspan="2">+0.018
−0.018</td><td rowspan="2">−0.015
−0.051</td><td>4.0</td><td rowspan="10">+0.2
0</td><td>3.3</td><td rowspan="10">+0.2
0</td><td rowspan="6">0.25</td><td rowspan="6">0.40</td></tr>
<tr><td>>30～38</td><td>10</td><td>8</td><td>22～110</td><td>5.0</td><td>3.3</td></tr>
<tr><td>>38～44</td><td>12</td><td>8</td><td>28～140</td><td rowspan="4">+0.043
0</td><td rowspan="4">+0.120
+0.050</td><td rowspan="4">0
−0.043</td><td rowspan="4">+0.021
−0.021</td><td rowspan="4">−0.018
−0.061</td><td>5.0</td><td>3.3</td></tr>
<tr><td>>44～50</td><td>14</td><td>9</td><td>36～160</td><td>5.5</td><td>3.8</td></tr>
<tr><td>>50～58</td><td>16</td><td>10</td><td>45～180</td><td>6.0</td><td>4.3</td></tr>
<tr><td>>58～65</td><td>18</td><td>11</td><td>50～200</td><td>7.0</td><td>4.4</td></tr>
<tr><td>>65～75</td><td>20</td><td>12</td><td>56～220</td><td rowspan="4">+0.052
0</td><td rowspan="4">+0.149
+0.065</td><td rowspan="4">0
−0.052</td><td rowspan="4">+0.026
−0.026</td><td rowspan="4">−0.022
−0.074</td><td>7.5</td><td>4.9</td><td rowspan="4">0.40</td><td rowspan="4">0.60</td></tr>
<tr><td>>75～85</td><td>22</td><td>14</td><td>63～250</td><td>9.0</td><td>5.4</td></tr>
<tr><td>>85～95</td><td>25</td><td>14</td><td>70～280</td><td>9.0</td><td>5.4</td></tr>
<tr><td>>95～110</td><td>28</td><td>16</td><td>80～320</td><td>10.0</td><td>6.4</td></tr>
</table>

续表 9.1

轴	键			键　槽										
公称直径 d	B (h9)	H (h11)	L (h14)	宽度 b					深　度				半径 r	
				极限偏差					轴 t		毂 t_1			
				较松键联接		一般键联接		较紧键联接						
				轴 H9	毂 D10	轴 N9	毂 Js9	轴和毂 P9	公称尺寸	极限偏差	公称尺寸	极限偏差	最小	最大
L 系列	6,8,10,12,14,16,18,20,25,28,32,36,40,45,50,56,63,70,80,90,100,110,125,140,160,180,200,220,250,280,320,360,400,450,500													

注:1 在工作图中,轴槽深用 t 或 $(d-t)$ 标注,但 $(d-t)$ 的偏差应取负号;毂槽深用 t_1 或 $(d+t_1)$ 标注;轴槽的长度公差用 H14。

2 较松键联接用于导向平键;一般键联接用于载荷不大的场合;较紧键联接用于载荷较大、有冲击和双向转矩的场合。

3 轴槽对轴的轴线和轮毂槽对孔的轴线的对称度公差等级一般按 GB 1184—80 取为 7~9 级。

③ 根据轮毂长度 L_1 选择键长 L:静联接取 $L=L_1-(5\sim10)$ mm;动联接还要涉及移动距离。键长 L 应符合标准长度系列。

④ 校核平键联接的强度。键联接的主要失效形式是较弱工作面的压溃(静联接)或过度磨损(动联接),因此应按挤压应力 σ_p 或压强 p 进行条件性的强度计算。普通平键联接的受力情况如图 9.4 所示,假设载荷工作面内均匀分布,则校核公式为

$$\sigma_p(\text{或 } p)=\frac{4T}{dhl}\leqslant[\sigma_p](\text{或}[p]) \tag{9.1}$$

式中:T 为传递的转矩(N·mm);d 为轴的直径(mm);h 为键高(mm);l 为键的工作长度(mm),A 型键 $l=L-b$,B 型键 $l=L$,C 型键 $l=L-b/2$;$[\sigma_p]$(或 $[p]$)为键联接的许用挤压应力(或许用压强)(MPa),见表 9.2,计算时应取联接中较弱材料的许用值。

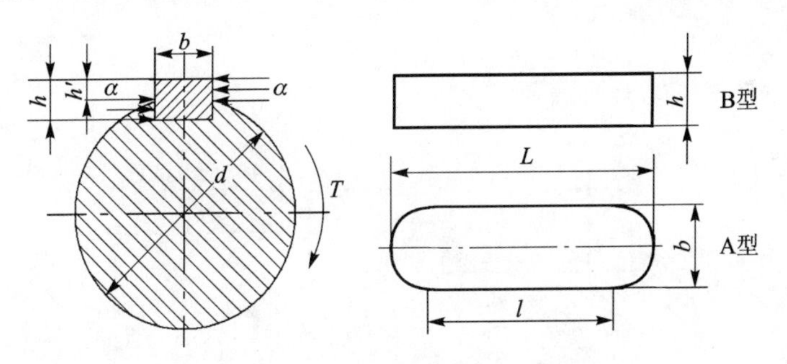

图 9.4　普通平键联接的受力情况

如果强度不足,在结构允许时可适当增加轮毂长度和键长,或者间隔 180°布置两个键。考虑载荷分布不均匀性,双键联接的强度计算按 1.5 个键计算。

⑤ 选择并标注键联接的轴毂公差。平键的配合尺寸是键宽和键槽宽 b,具体配合分 3 类:松联接、紧密联接和正常联接。键联接是键与轴及轮毂 3 个零件相配合,由于键是标准件,故配合采用基轴制。在平键联接的非配合尺寸中,轴槽深度 t 和轮毂深度 t_1 等公差配置均采用

单向制。深度 t 和 t_1（或 $d+t_1$）的下偏差为零，上偏差为正值；尺寸（$d-t$）的上偏差为零，下偏差为负值；轴槽上的公差带用 H14，即下偏差为零，上偏差为正值。

表 9.2 键联接材料的许用应力(压强)

MPa

项 目	联接性质	键或轴、毂材料	载荷性质		
			静载荷	轻微冲击	冲 击
$[\sigma_p]$	静联接	钢	120～150	100～120	60～90
		铸铁	70～80	50～60	30～45
$[p]$	动联接	钢	50	40	30

例 9.1 如图 9.5 所示，某钢制输出轴与铸铁齿轮采用键联接，已知装齿轮处轴的直径 $d=45$ mm，齿轮轮毂长度 $L_1=80$ mm，该轴传递的转矩 $T=2\ 000$ N·mm，载荷有轻微冲击。试设计该键联接。

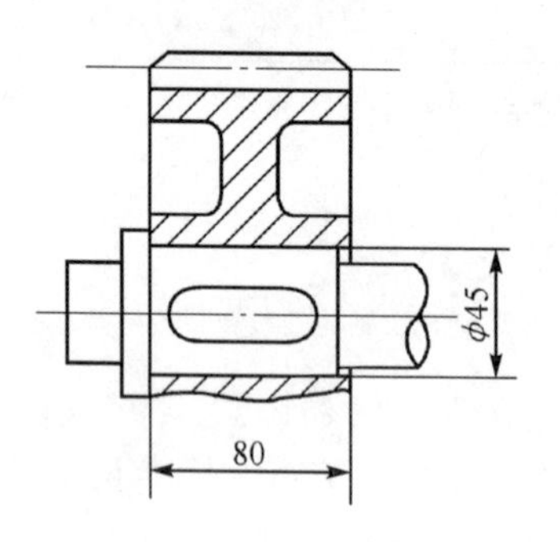

图 9.5 键联接

解 1）选择键联接的类型

为保证齿轮传动啮合良好，要求轴毂对中性好，故选用 A 型普通平键联接。

2）选择键的主要尺寸

按轴径 $d=45$ mm，由表 9.1 查得键宽 $b=14$ mm，键高 $h=9$ mm，键长 $L=[80-(5\sim10)]$ mm$=(75\sim70)$ mm，取 $L=70$ mm。标记为：键 14×70 GB/T 1096—2003。

3）校核键联接强度

由表 9.2 查铸铁材料$[\sigma_p]=50\sim60$ MPa，由式(9.1)计算键联接的挤压强度为

$$\sigma_p=\frac{4T}{dhl}=\frac{4\times2\ 000}{45\times9\times(70-14)}\ \text{MPa}=35.27\ \text{MPa}\leqslant[\sigma_p]$$

故所选键联接强度足够。

4）标注键联接的公差

轴、毂公差的标注如图 9.6 所示。

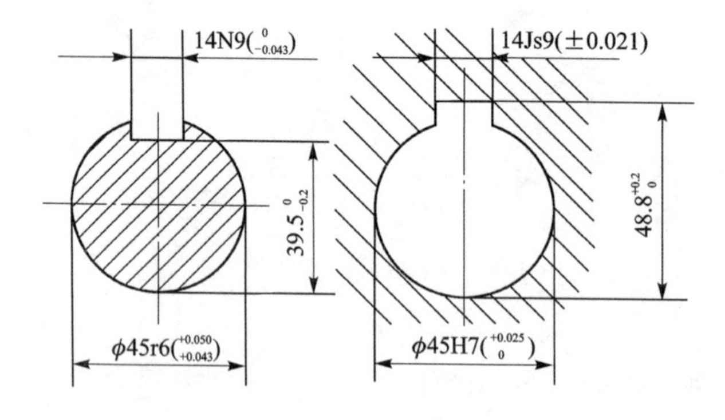

图 9.6 轴、毂公差标注

2. 半圆键联接

半圆键联接如图9.7所示。半圆键呈半圆形,轴槽也呈相应的半圆形,轮毂槽开通。工作时依靠两侧面传递转矩。键在轴槽中能绕其几何中心摆动,可以适应轮毂上键槽的斜度。但键槽窄而深,对轴的强度削弱较大,主要用于轻载联接,尤其适于锥形轴头与轮毂的联接。

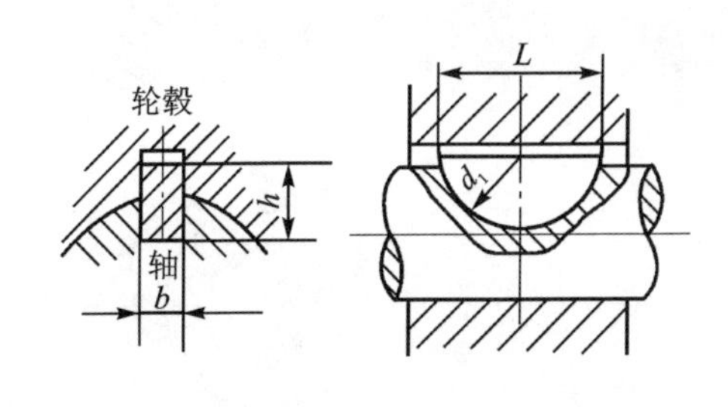

图9.7 半圆键联接

3. 楔键联接

楔键联接如图9.8所示。楔键的上表面和轮毂槽底面均有1:100的斜度,键楔紧在轴毂之间。工作时,键的上下表面为工作面,依靠压紧面的摩擦力传递转矩及单向轴向力。楔键分普通楔键和钩头楔键,前者有A(圆头)、B(平头)两种形式。装配时,对于A型楔键要先将键放入键槽,然后打紧轮毂(见图9.8(a));对于B型及钩头楔键,可先将轮毂装到适当位置,再将键打紧(见图9.8(b)、(c))。钩头与轮毂端面间应留有余地,以便于拆卸。键楔紧后,轴与轴上零件的对中性差,在冲击、振动或变载荷下,联接容易松动。楔键联接适用于不要求准确定心、载荷平衡和低速运转的场合。

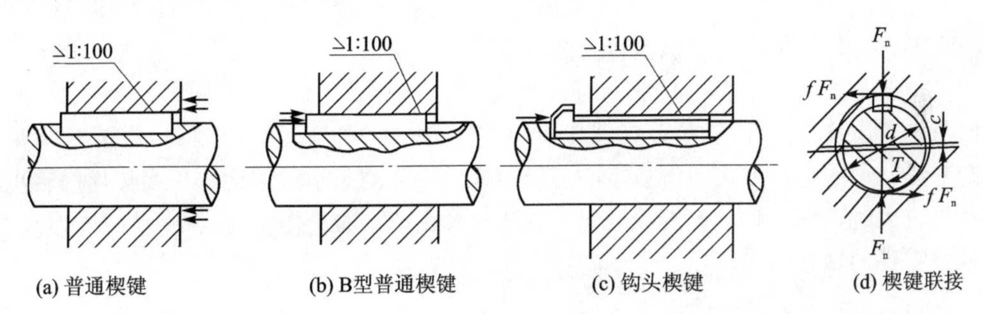

图9.8 楔键联接

9.1.2 花键联接

花键联接由内花键和外花键组成,在轴上加工出多个键齿称外花键(花键轴),在轮毂孔上加工出多个键槽称为内花键(花键孔),如图9.9(a)所示。花键的侧面是工作表面,靠轴与毂齿侧面的挤压来传递转矩。与平键相比,由于花键是多齿传递载荷,可承受大的工作载荷,具有齿浅、齿根应力集中小、对轴的强度削弱轻、定心精度高、导向性好等特点,所以花键联接一般用于载荷较大、高速、定心性要求高的场合。但花键轴和花键孔的加工需要专门的设备和工具,加工成本较高。

花键联接可用于静联接和动联接,按齿形的不同,可分为矩形花键(见图9.9 (b))和渐开线花键(见图9.9(c))两类。

(1) 矩形花键

该键齿的截面形状为矩形,易加工。按齿形大小和齿高的不同,在标准中规定了轻、中、重3种系列,分别适用于轻、中、重3种载荷的联接。矩形花键的定心方式是小径定心,即外花键和内花键的小径为配合面。其主要特点是承载能力高、定心精度高、稳定性好、应力集中小,广

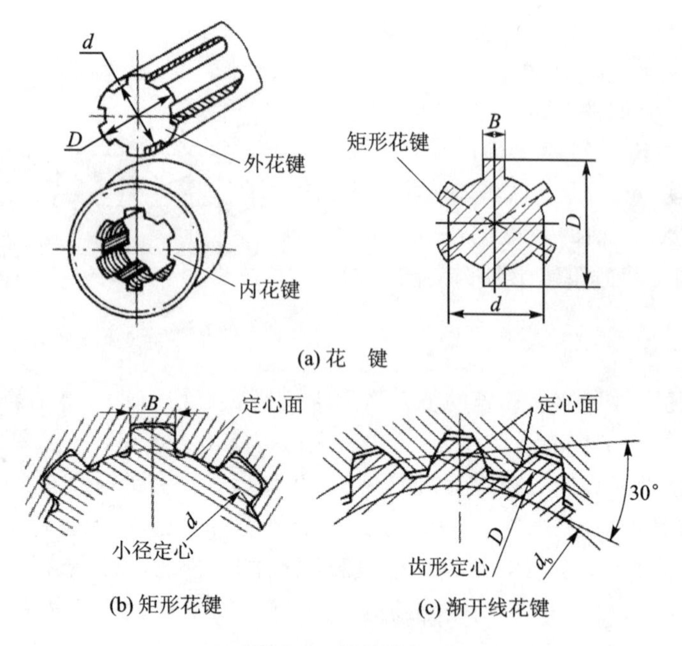

图 9.9　花键联接

泛用于汽车、机床、飞机及一般机械传动装置中。

(2) 渐开线花键

该花键的齿廓是渐开线，按分度圆压力角的不同，分 30°渐开线花键和 45°渐开线花键两种。渐开线花键的定心方式为齿形定心，具有自动定心、均匀承载的优点。当传递的转矩较大且轴径也较大时，宜采用 30°渐开线花键，45°渐开线花键齿的工作面高度小，承载能力较低，多用于薄壁零件的轴毂联接。

9.1.3　销联接

销联接主要有 3 个方面的用途：一是用来固定零件之间的相互位置，称为定位销，它是组合加工和装配时的重要辅助零件；二是用于轴与轮毂或其他零件的联接，并传递不大的载荷，称为联接销，常用于轻载或非动力传输机构(见图 9.10)；三是用作安全装置中的过载剪断元件(见图 9.11)，称为安全销。大多数销都是标准零件。

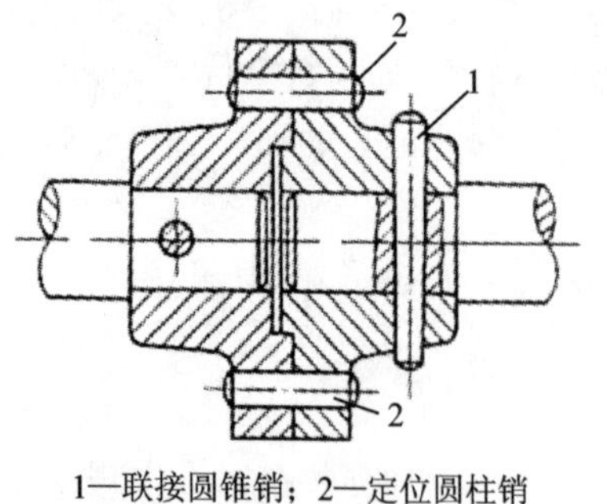

1—联接圆锥销；2—定位圆柱销

图 9.10　定位销和联接销

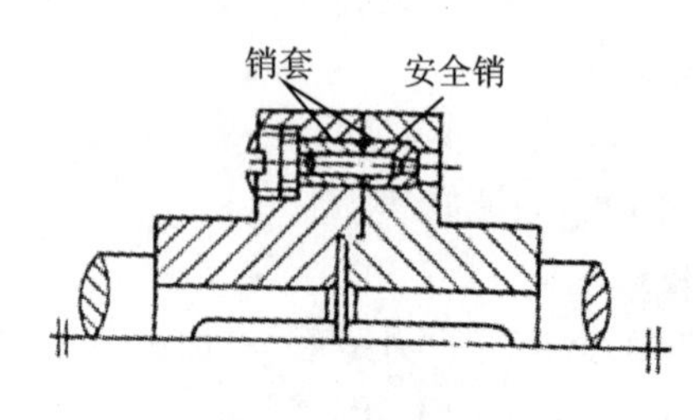

图 9.11　安全销

9.1.4 胀紧联接套

1. 胀紧联接

胀紧联接(见图 9.12)是在轴与毂孔之间装配一个或几个胀紧联接套,在轴向力的作用下,胀紧轴与毂产生压紧力,靠摩擦力传递转矩和轴向力的一种静联接。目前,胀紧联接已广泛应用到重型机械、纺织机械、包装机械、食品机械、轻工机械、造纸机械、数控机床、冶金机械、矿山机械、通用机械等行业。其工作原理如图 9.13 所示。

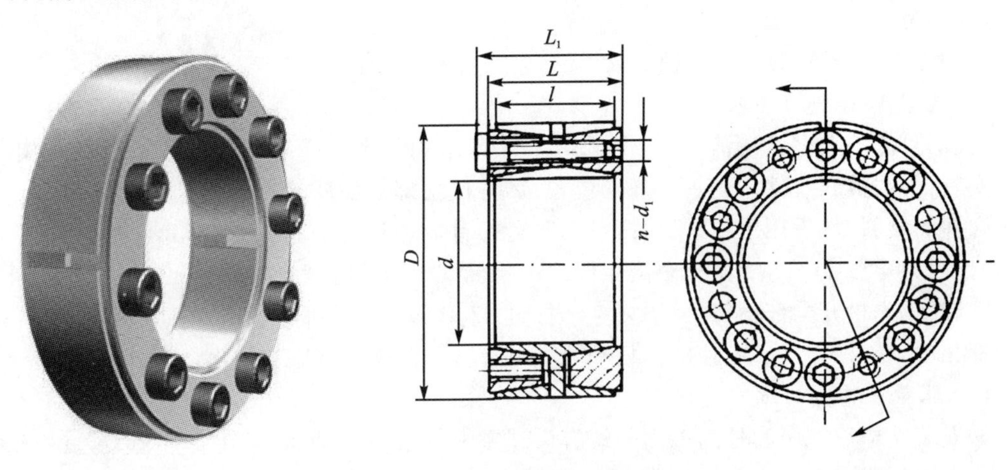

图 9.12 Z15 型胀紧联接套结构

胀紧联接主要有以下优点:对中精度高;安装、调整和拆卸方便;强度高,联接稳定可靠;在超载时可以保护设备不受损坏,尤其适用于传递重型负荷。胀紧联接套的材质通常为 65Mn、45、40Cr 等。

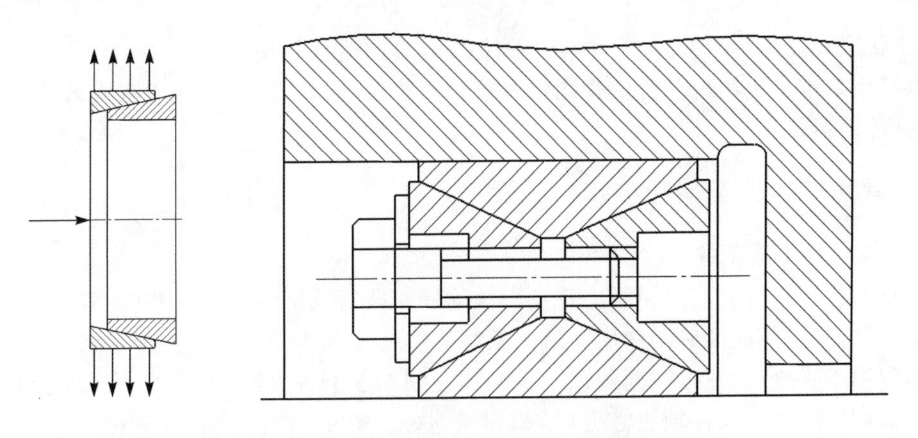

图 9.13 Z15 型胀紧联接套工作原理

2. 胀紧联接套的选用

各种胀紧联接套已标准化,可根据轴与毂孔尺寸以及传递载荷的大小,从标准中选用合适的型号与尺寸。

选择时应满足:

传递转矩时 $T \leqslant [T]$

传递轴向力时 $F_a \leqslant [F_a]$

同时传递转矩和轴向力时

$$F_a \leqslant \sqrt{F_a^2 + \left(\frac{2T}{d}\right)^2} \leqslant [F_a]$$

当一个胀紧联接套不满足要求时,可将两个以上的胀紧联接套串联使用,此时总的额定载荷为

$$T_m \leqslant m[T]$$

其中,m 为额定载荷系数。

3. 胀紧联接套的安装及防护要求

(1) 胀紧联接套的安装

安装前:①结合表面清洁、无损伤;②结合表面上均匀涂一层薄润滑油(不含二硫化钼)。

安装:①把被联接件移到轴上规定位置;②将拧松螺钉的胀套平滑地装入连接孔处,要防止结合件的倾斜,然后用手将螺钉拧紧;③胀套螺钉应使用力矩扳手,按对角、交叉、均匀地拧紧;④拧紧力矩按 1/3、1/2 到整个力矩值的规定标准分步骤拧紧全部螺钉。

拆卸:①先松开全部螺钉,但不要全部拧出;②取出镀锌的螺钉,将拉出螺钉旋入前压环的辅助螺孔中,轻敲螺钉头部,使胀套松动,然后拉动螺钉,既可将胀套拉出。

(2) 胀紧联接套的防护

①安装完毕后在胀套外露端面及螺钉头部涂上一层防锈油脂;②工作环境较差的机器应定期在外露的胀套端面涂防锈油脂;③在腐蚀介质中工作的胀套,应采用专门的防护,如加盖板等。

9.2 螺纹联接

螺纹联接和螺旋传动都是利用螺纹零件工作的。螺纹联接结构简单、装拆方便、类型多样,是机械和结构中应用最广泛的紧固件联接。螺旋传动将回转运动变成直线运动,是一种常用的机械传动形式。

9.2.1 常用螺纹的类型和应用

1. 螺纹及其主要参数

在圆柱表面上,沿螺旋线切制出特定形状的沟槽即形成螺纹。在圆柱内、外表面上分别形成内、外螺纹,共同组成螺旋副使用。沿一条螺旋线形成的为单线螺纹(见图 9.14 (a)),其自锁性好,常用于联接;沿两条或两条以上等距螺旋线形成的为多线螺纹(见图 9.14 (b)),其效率较高,常用于传动。圆柱轴线竖立时,螺旋线向右上升的为右旋螺纹(见图 9.14(a)),向左上升的为左旋螺纹(见图 9.14(b)),常用右旋螺纹。

螺纹的主要参数(见图 9.15)有以下几个:

① 大径 d:螺纹的最大直径,标准中定为公称直径。

② 小径 d_1:螺纹的最小直径,常作为强度计算直径。

③ 中径 d_2:螺纹轴向截面内,牙型上沟槽与凸起宽度相等处的假想圆柱面的直径,是确定螺纹几何参数和配合性质的直径。

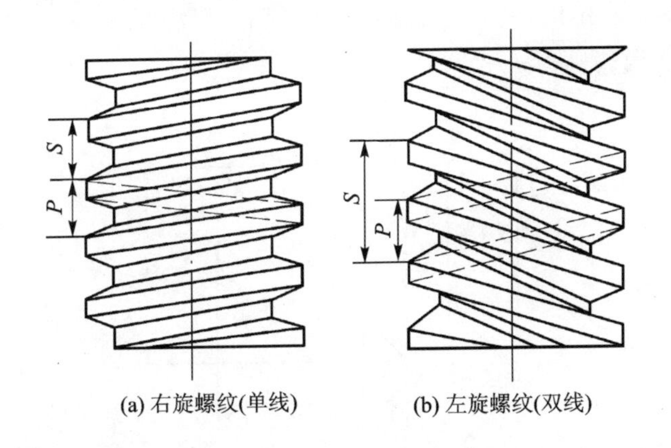

(a) 右旋螺纹(单线)　(b) 左旋螺纹(双线)

图 9.14 螺纹的旋向和线数

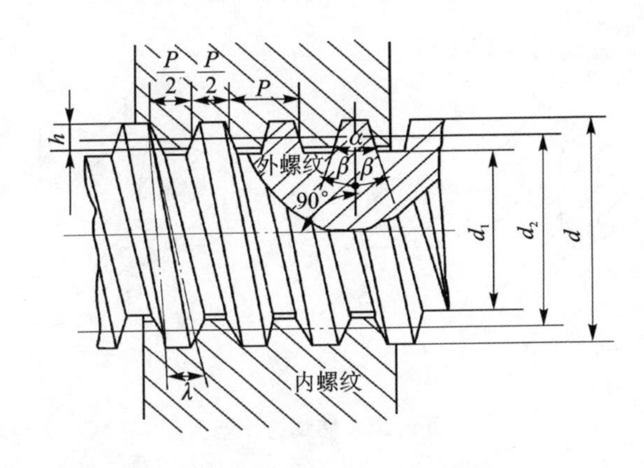

图 9.15 螺纹的主要参数

④ 线数 n:螺纹的螺旋线数目。

⑤ 螺距 P:螺纹相邻两个牙型在中径圆柱上对应两点间的轴向距离。

⑥ 导程 S:螺纹上任一点沿同一条螺旋线旋转一周所移动的轴向距离,$S=nP$。

⑦ 螺纹升角 λ:在中径圆柱上螺旋线的切线与垂直于螺纹轴的平面间的夹角,由图 9.16 可知:

$$\tan\lambda=\frac{S}{\pi d_2}=\frac{nP}{\pi d_2} \tag{9.2}$$

⑧ 牙型角 α:螺纹轴向截面内,牙型两侧边的夹角。螺纹牙型的侧边与螺纹轴线的垂直平面的夹角,称为牙侧角 β。

2. 螺纹的类型、特点及应用

按照牙型的不同,螺纹可分为普通螺纹、管螺纹、矩形螺纹、梯形螺纹、锯齿形螺纹等,如图 9.17 所示。除矩形螺纹外,其余均已标准化。除管螺纹采用英制(以每英寸牙数表示螺距)外,其余均采用米制。

普通螺纹的牙型为等边三角形(见图 9.17(a)),$\alpha=60°$,故又称为三角形螺纹。对于同一公称直径,按螺距大小分为粗牙螺纹和细牙螺纹。粗牙螺纹常用于一般联接;细牙螺纹自锁性好,强度高,但不耐磨,常用于细小零件、薄壁管件,或用于受冲击、振动和变载荷的联接,有时也作为调整螺纹用于微调机构。

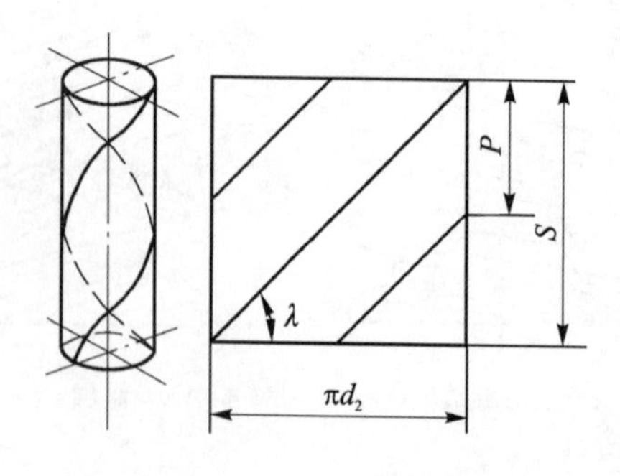

图 9.16 升角与导程、螺距间的关系

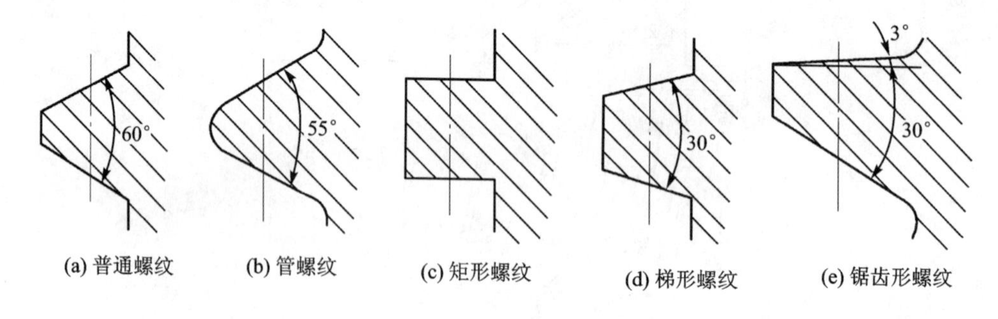

图 9.17 螺纹的牙型

管螺纹的牙型为等腰三角形(见图 9.17(b)),$\alpha=55°$,内外螺纹旋合后无径向间隙,用于有紧密性要求的管件联接。

矩形螺纹的牙型为正方形(见图 9.17(c)),$\alpha=0°$,其传动效率高,但牙根强度弱,螺旋副磨损后的间隙难以修复和补偿,使传动精度降低,因此逐渐被梯形螺纹所代替。

梯形螺纹的牙型为等腰梯形(见图 9.17(d)),$\alpha=30°$,其传动效率略低于矩形螺纹,但牙根强度高,工艺性和对中性好,可补偿磨损后的间隙,是最常用的传动螺纹。

锯齿形螺纹的牙型为不等腰梯形(见图 9.17(e)),工作面的牙侧角 $\beta_1=3°$,非工作面 $\beta_2=30°$,兼有矩形螺纹传动效率高和梯形螺纹牙根强度高的特点,用于单向受力的传动或联接中。

9.2.2 螺纹联接的结构

1. 螺纹联接的主要类型

螺纹联接由联接件和被联接件组成。表 9.3 列出了螺纹联接的主要类型、构造、特点、应用及主要尺寸关系。

表9.3　螺纹联接的主要类型

类　型	构　造	特点及应用	主要尺寸关系
螺栓联接	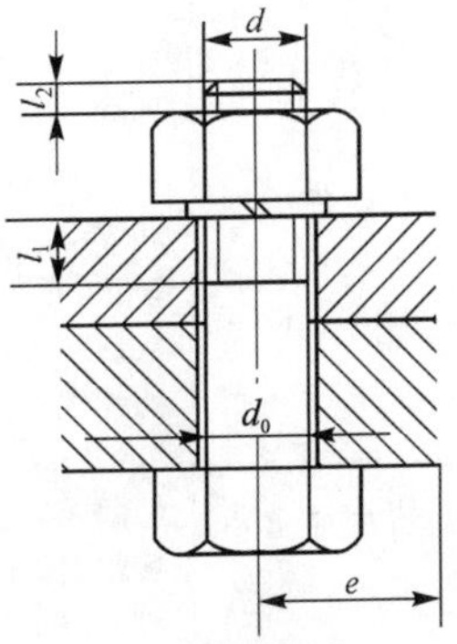	螺栓穿过被联接件的通孔，与螺母组合使用，装拆方便，成本低，不被联接件材料限制，广泛用于传递轴向载荷且被联接件厚度不大、能从两边进行普通螺栓联接安装的场合	1.螺纹余留长度 静载荷：$l_1 \geqslant (0.3\sim0.5)d$ 变载荷：$l_1 \geqslant 0.75d$ 冲击、弯曲载荷：$l_1 \geqslant d$ 铰制孔时：$l_1 \approx 0$ 2.螺纹伸出长度 $l_2 \approx (0.2\sim0.3)d$ 3.旋入被联接件中的长度 被联接件的材料为钢或青铜时：$l_3 \approx d$ 被联接件的材料为铸铁时： $l_3 = (1.25\sim1.5)d$ 被联接件的材料为铝合金时： $l_3 = (1.5\sim2.5)d$ 4.螺纹孔的深度 $l_4 = l_3 + (2\sim2.5)P$ 5.钻孔深度 $l_5 = l_3 + (3\sim3.5)P$ 6.螺栓轴线到被联接件边缘的距离 $e = d + (3\sim6)$ mm 7.通孔直径 $d_0 \approx 1.1d$ 8.紧定螺钉直径 $d \approx (0.2\sim0.3)d_h$
	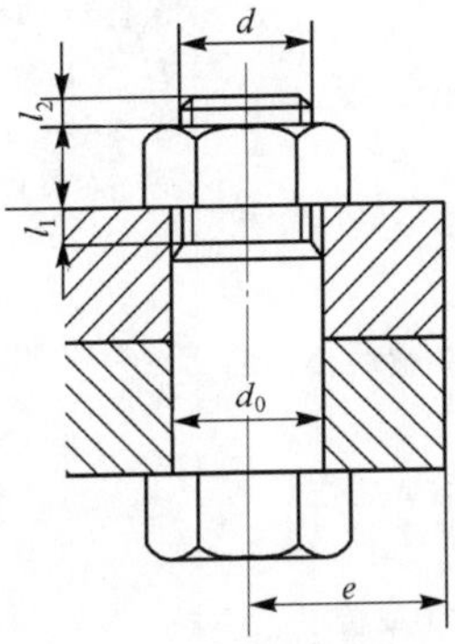	螺栓穿过被联接件的铰制孔并与之过渡配合，与螺母组合使用，适用于传递横向载荷或需要精确固定被联接件的相互位置的场合	
双头螺柱联接	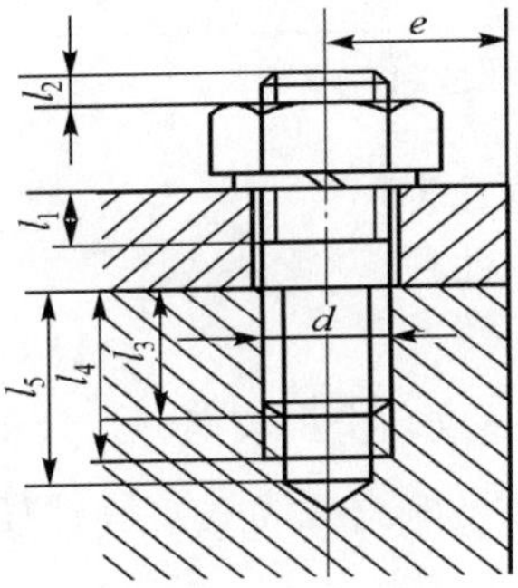	双头螺柱的一端旋入较厚被联接件的螺纹孔中并固定，另一端穿过较薄被联接件的通孔，与螺母组合使用，适用于被联接件之一较厚、材料较软且经常装拆，联接紧固或紧密程度要求较高的场合	

续表 9.3

类　型	构　造	特点及应用	主要尺寸关系
螺钉联接		螺钉穿过较薄被联接件的通孔，直接旋入较厚被联接件的螺纹孔中，不用螺母，结构紧凑，适用于被联接件之一较厚、受力不大且不经常装拆，联接紧固或紧密程度要求不太高的场合	1. 螺纹余留长度 静载荷：$l_1 \geqslant (0.3 \sim 0.5)d$ 变载荷：$l_1 \geqslant 0.75d$ 冲击、弯曲载荷：$l_1 \geqslant d$ 铰制孔时：$l_1 \approx 0$ 2. 螺纹伸出长度 $l_2 \approx (0.2 \sim 0.3)d$ 3. 旋入被联接件中的长度 被联接件的材料为钢或青铜时：$l_3 \approx d$ 被联接件的材料为铸铁时： $l_3 = (1.25 \sim 1.5)\mathrm{d}$ 被联接件的材料为铝合金时： $l_3 = (1.5 \sim 2.5)d$ 4. 螺纹孔的深度 $l_4 = l_3 + (2 \sim 2.5)P$ 5. 钻孔深度 $l_5 = l_3 + (3 \sim 3.5)P$ 6. 螺栓轴线到被联接件边缘的距离 $e = d + (3 \sim 6)$ mm 7. 通孔直径 $d_0 \approx 1.1d$ 8. 紧定螺钉直径 $d \approx (0.2 \sim 0.3)d_h$
紧定螺钉联接		紧定螺钉旋入一被联接件的螺纹孔中，并用尾部顶住另一被联接件的表面或相应的凹坑中，固定它们的相对位置，还可传递不大的力或转矩	

注：表中的"P"是螺纹的导程，详见 9.2.1 小节中的螺纹参数与几何尺寸相关内容。

2. 螺纹联接件

螺纹联接件品种繁多并已标准化，下面将介绍常用的几种。

(1) 螺栓(见图 9.18)

六角头螺栓最常用，有粗牙和细牙两种，杆部有部分螺纹和全螺纹两种。六角头铰制孔用螺栓的栓杆直径 d_S 大于公称直径 d。T 形槽螺栓用于工艺装夹设备。地脚螺栓用于将机器设备固定在地基上。

(2) 双头螺柱(见图 9.19)

双头螺柱的两端螺纹有等长及不等长两种；A 型退刀槽，末端倒角；B 型制成腰杆，末端碾制。

(3) 螺母(见图 9.20)

六角螺母最常用，高 $m \approx 0.8d$；六角薄螺母 $m \approx (0.35 \sim 0.6)\ d$，用于铰制孔用螺栓或空间受限处。此外，还有方形、蝶形、环形、盖形螺母，以及圆螺母、锁紧螺母等。

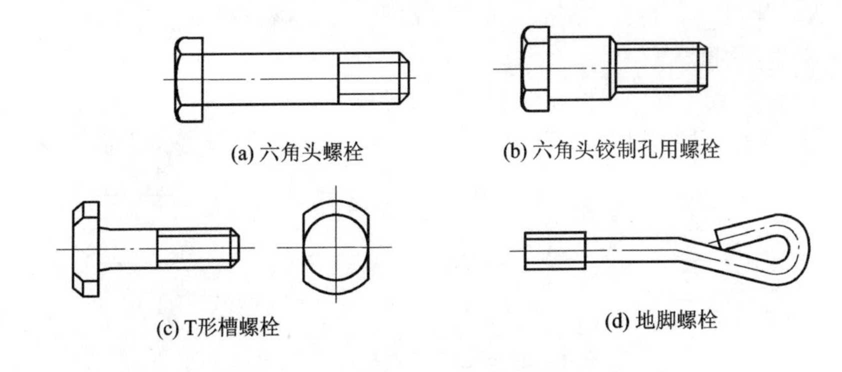

图 9.18　螺　栓

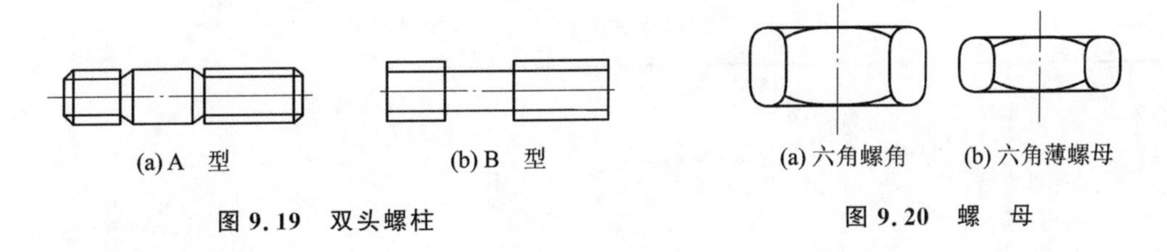

图 9.19　双头螺柱

图 9.20　螺　母

(4) 垫圈(见图 9.21)

平垫圈可保护被联接件的表面不被划伤;弹簧垫圈 65°～80°的左旋开口,用于摩擦防松;此外还有斜垫圈、止动垫圈等。

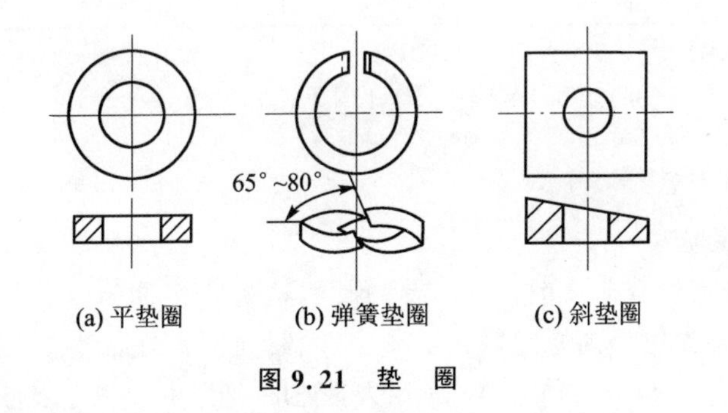

图 9.21　垫　圈

(5) 螺钉(见图 9.22)

螺钉头部有六角头、圆柱头、半圆头、沉头等形状;起子槽有一字槽、便于自动装配的十字

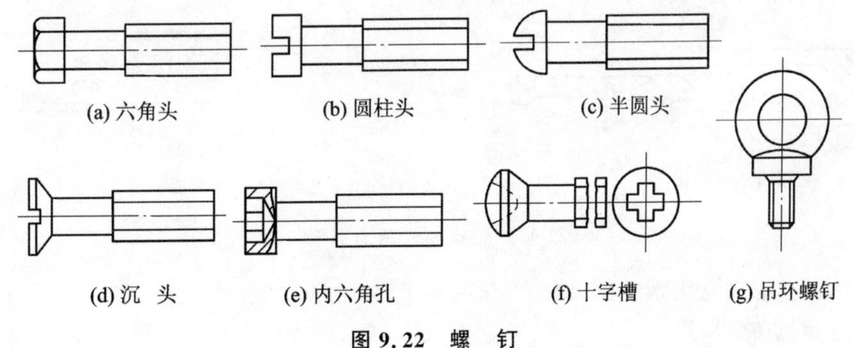

图 9.22　螺　钉

槽、能承受较大转矩的内六角孔等形式。机器上常设吊环螺钉,螺栓也可以作螺钉使用。

(6) 紧定螺钉(见图 9.23)

头部为一字槽的紧定螺钉最常用。尾部有多种形状:平端用于高硬度表面或经常拆卸处;圆柱端压入空心轴上的凹坑以紧定零件位置;锥端用于低硬度表面或不常拆卸处。

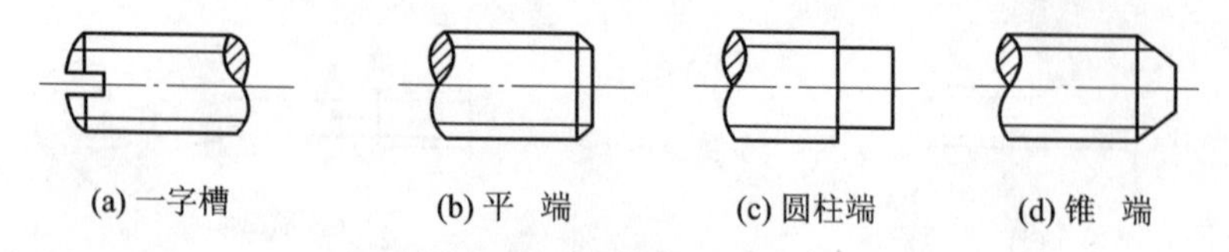

图 9.23　紧定螺钉

螺纹联接件的性能等级及推荐材料见表 9.4。

表 9.4　螺纹联接件的性能等级及推荐材料

螺栓 双头螺柱 螺钉	性能等级	3.6	4.6	4.8	5.6	5.8	6.8	8.8	9.8	10.9	12.9
	推荐材料	Q215 10	Q235 15	Q235 15	25 35	Q235 35	45	45	35 45	40Cr 15MnVB	30CrMnSi 15MnVB
相配螺母	性能等级	4 (d>M16) 5 (d≤M16)			5	5	6	8 或 9 M16<d≤M39	9 d≤M16	10	12 d≤M39
	推荐材料	Q215 10	Q215 10	Q215 10	Q215 10	Q215 10	Q235 10	35	35	40Cr 15MnVB	30CrMnSi 15MnVB

注:1 螺栓、双头螺柱、螺钉的性能等级代号中,点前数字为 $\sigma_{bmin}/100$,点前、后数相乘的 10 倍为 σ_{smin}。如“5.8”表示 $\sigma_{bmin}=500$ MPa,$\sigma_{smin}=400$ MPa。螺母性能等级代号为 $\sigma_{bmin}/100$。

2 同一材料通过工艺措施可制成不同等级的联接件。

3 大于 8.8 级的联接件材料要经淬火并回火。

3. 螺纹联接的预紧

螺纹联接在承受工作载荷之前,一般需要预紧,这种联接称为紧联接;个别不需要预紧的联接,称为松联接。预紧可提高螺纹联接的紧密性、紧固性和可靠性。

预紧时螺栓所受拉力 F' 称为预紧力。预紧力要适度,通常的控制方法有:采用指针式扭力扳手或预置式的定力扳手(见图 9.24);对于重要的联接,可采用测量螺栓伸长法。

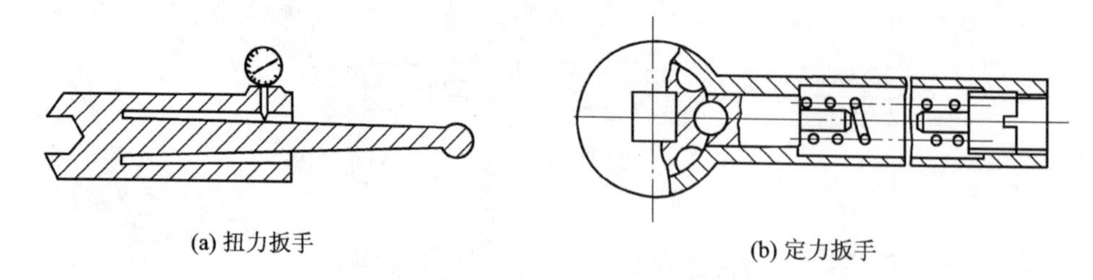

图 9.24　控制预紧力扳手

预紧力矩 T' 用来克服螺旋副及螺母支承面上的摩擦力矩,对 M10~M68 的粗牙普通螺纹,无润滑时,有近似公式

$$T' \approx 0.2F'd \tag{9.3}$$

式中：T'为预紧力矩(N·mm)；F'为预紧力(N)；d 为螺纹联接件的公称直径(mm)。

一般标准开口扳手的长度 $L \approx 15d$，若其端部受力为 F，则 $T' \approx FL$，由式(9.3)得 $F' = 75F$。设 $F = 200$ N，则 $F' = 15\ 000$ N，对于 M12 以下的钢制螺栓易造成过载折断。因此，对于重要的联接，不宜采用小于 M12～M16 的螺栓。必须使用时，要严格控制预紧力 T'。同理，不允许滥用自行加长的扳手。

为了使被联接件均匀受压，互相贴合紧密、联接牢固，在装配时要根据螺栓的实际分布情况，按一定的顺序(见图 9.25)逐次(常为 2～3 次)拧紧。对于铸锻焊件等的粗糙表面，应加工成凸台、沉头座或采用球面垫圈；支承面倾斜时应采用斜面垫圈(见图 9.26)。这样可使螺栓轴线垂直于支承面，避免承受偏心载荷。图 9.26 中的尺寸 E 为保证扳手所需的活动空间。

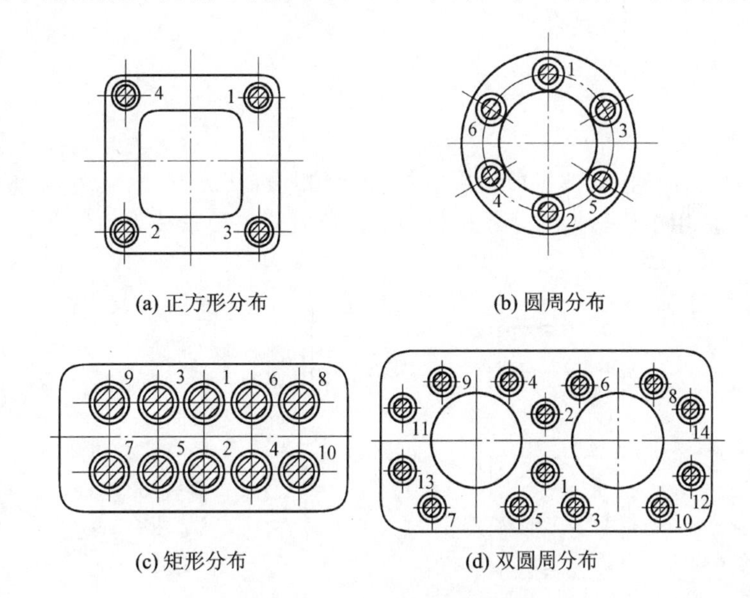

(a) 正方形分布
(b) 圆周分布
(c) 矩形分布
(d) 双圆周分布

图 9.25 拧紧螺栓的顺序示例

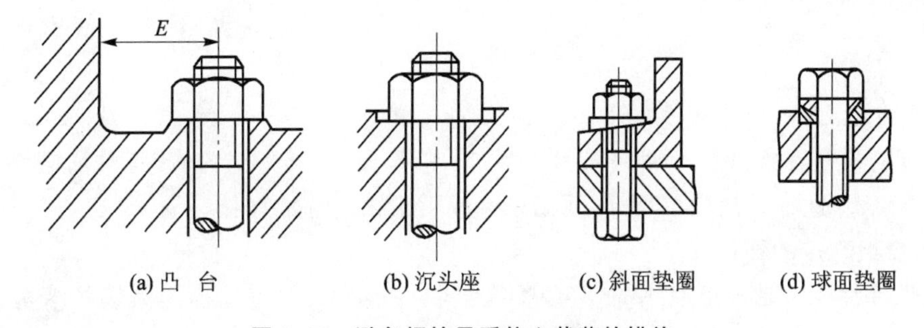

(a) 凸 台
(b) 沉头座
(c) 斜面垫圈
(d) 球面垫圈

图 9.26 避免螺栓承受偏心载荷的措施

4. 螺纹联接的防松

螺纹联接件常为单线螺纹，满足自锁条件，螺纹联接在拧紧后，一般不会松动。但是，在变载荷、冲击、振动作用下，在工作温度急剧变化时，都会使预紧力减小，摩擦力降低，导致螺旋副相对转动，螺纹联接松动，其危害很大，必须采取防松措施。

常用的防松方法有 3 种：

(1) 摩擦力防松

摩擦力防松的原理是:在螺旋副中产生不随外力变化的正压力,形成阻止螺旋副相对转动的摩擦力(见图 9.27)。对顶螺母防松效果较好,金属锁紧螺母次之,弹簧垫圈效果较差。这种方法适用于机械外部静止构件的联接,以及防松要求不严格的场合。

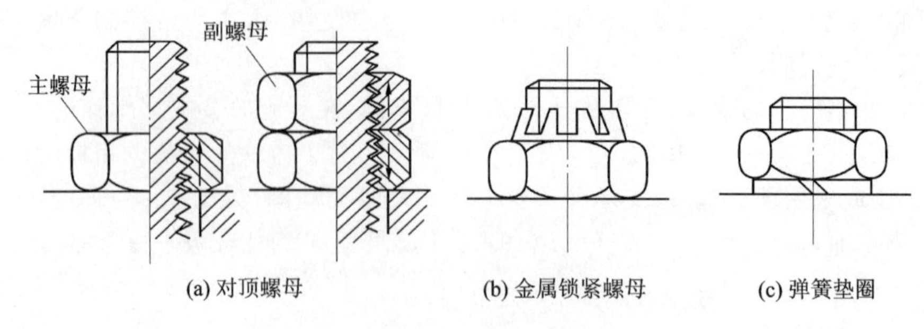

(a) 对顶螺母　(b) 金属锁紧螺母　(c) 弹簧垫圈

图 9.27　摩擦防松

(2) 机械防松

机械防松是利用各种止动件机械地限制螺旋副相对转动的方法(见图 9.28)。这种方法可靠,但装拆麻烦,适用于机械内部运动构件的联接以及防松要求较高的场合。

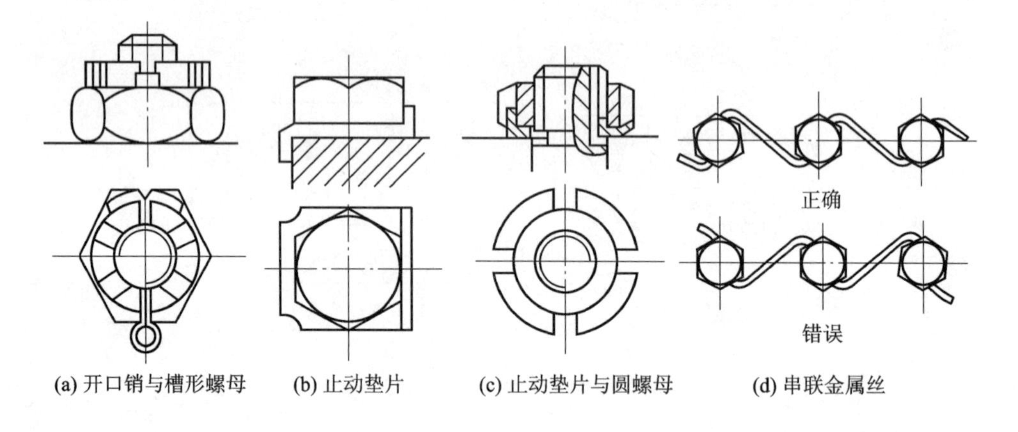

(a) 开口销与槽形螺母　(b) 止动垫片　(c) 止动垫片与圆螺母　(d) 串联金属丝

图 9.28　机械防松

(3) 不可拆防松

不可拆防松是在螺旋副拧紧后采用端铆、冲点、焊接、胶接等措施,使螺纹联接不可拆的方法(见图 9.29)。这种方法简单可靠,适用于装配后不再拆卸的联接。

5. 螺栓组联接的结构设计

螺纹联接件经常是成组使用的,其中螺栓组联接最为典型。螺栓组联接的结构设计应考虑以下几方面的问题。

(1) 联接接合面的几何形状

通常设计成轴对称的简单几何形状,如圆形、环形、矩形、框形、三角形等,使螺栓组的对称中心与联接接合面的形心重合,从而使联接接合面受力比较均匀,如图 9.30 所示。

(2) 螺栓的数目与规格

分布在同一圆周上、易于等分度的数目,便于钻孔和画线。沿外力作用方向不宜成排地布置8个以上的螺栓，以免受载过于不均。为了减少所用螺栓的规格和提高联接的结构工艺性，对于同一螺栓组，通常采用相同的螺栓材料、直径和长度。

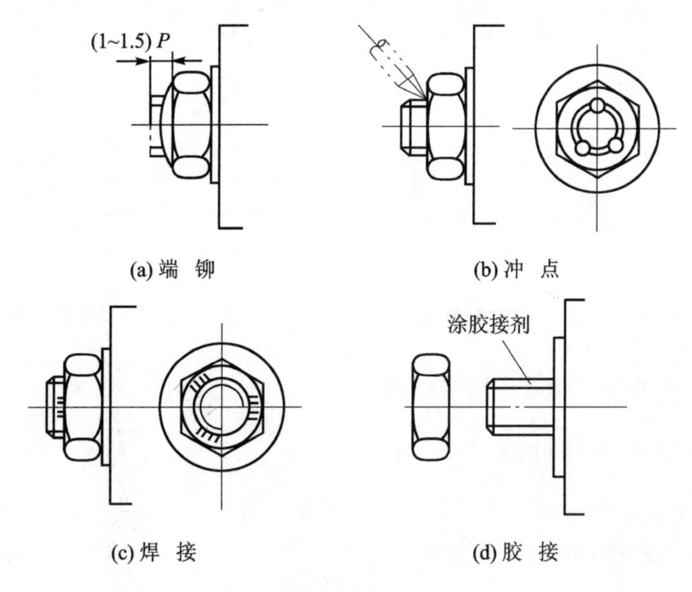

图9.29　不可拆防松

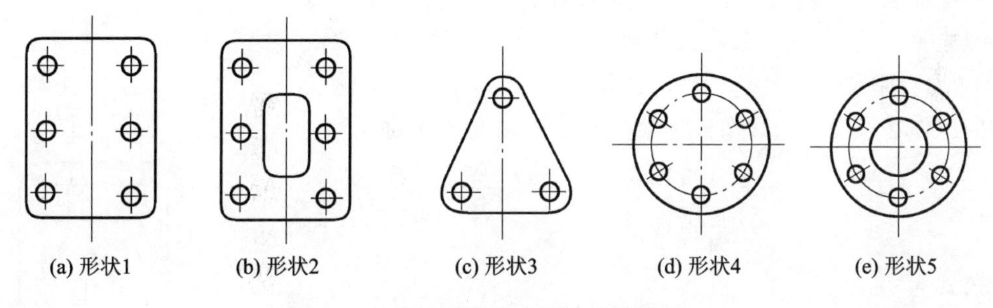

图9.30　常用联接接合面的几何形状

(3) 结构和空间的合理性

联接件与被联接件的尺寸关系应符合表9.3所列的规定。留有的扳手空间应使扳手的最小转角不小于60°。

(4) 螺栓组的平面布局

当被联接件承受翻转力矩时，螺栓应尽量远离翻转轴线。如图9.31所示的两种支架结构，图9.31(b)所示的布局比较合理。当被联接件承受旋转力矩时，螺栓应尽量远离螺栓组形心。如图9.32所示的悬臂梁结构，处于螺栓组形心O点的螺栓没有充分发挥作用。

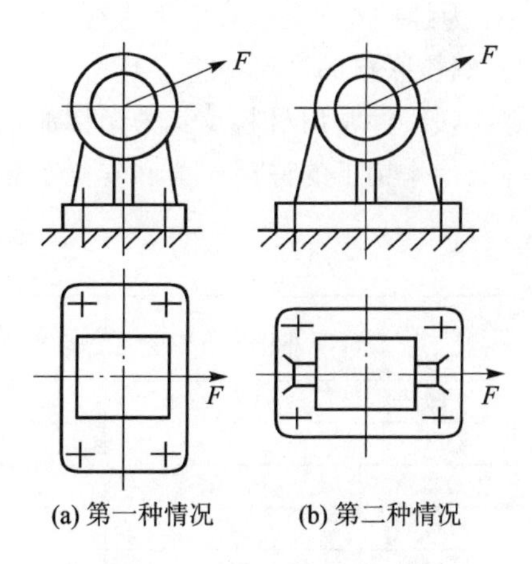

图9.31　支架结构与螺栓布局

(5) 采用卸荷装置

对于承受横向载荷的螺栓组联接，为了减小

螺栓预紧力，可采用图 9.33 所示的卸载装置。

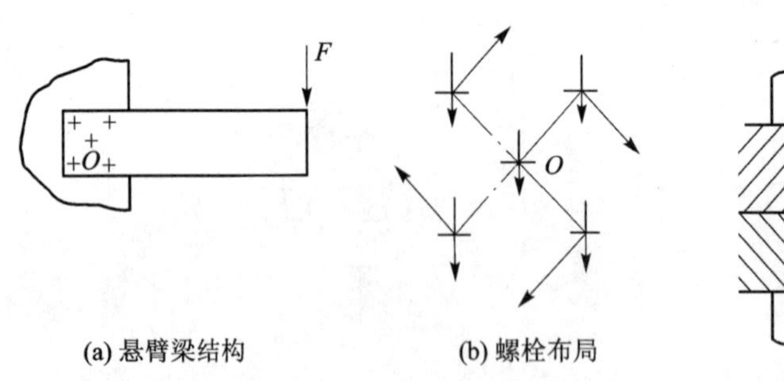

图 9.32 悬臂梁结构与螺栓布局

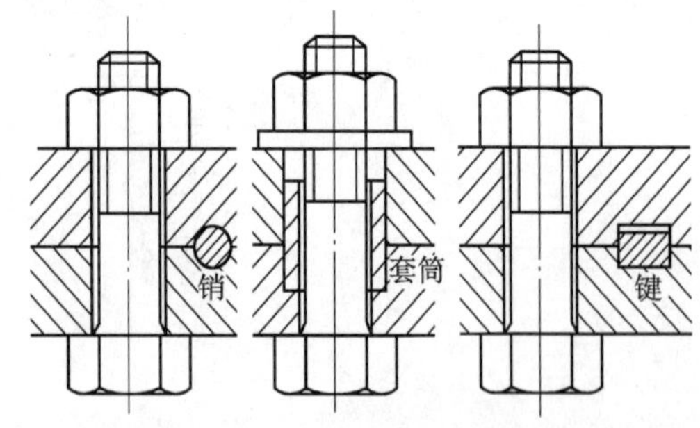

图 9.33 受横向载荷的螺栓组联接的卸载装置

此外，前面提到的避免偏载和防松措施也是螺栓组联接结构设计的内容。

9.2.3 螺栓联接的强度计算

普通螺栓的主要失效形式是螺栓杆在轴向力的作用下被拉断。其强度计算主要是拉伸强度计算，一般可分为松螺栓联接和紧螺栓联接两种情况。

1. 松螺栓联接

松螺栓联接在装配时不需要把螺母拧紧，在承受工作载荷之前螺栓并不受力，所以螺栓所受到的工作拉力就是工作载荷 F'，图 9.34 所示的吊钩尾部的联接是其应用实例。当螺栓承受轴向工作载荷 F 时，其螺栓危险截面拉伸强度条件为

$$\sigma = \frac{F}{\frac{\pi}{4}d_1^2} \leqslant [\sigma] \tag{9.4}$$

设计公式为

$$d_2 \geqslant \sqrt{\frac{4F}{\pi[\sigma]}} \tag{9.5}$$

式中：d_1 为螺纹小径，mm；F 为螺栓承受的轴向工作载荷，N；$[\sigma]$为松螺栓联接的许用应力，MPa。

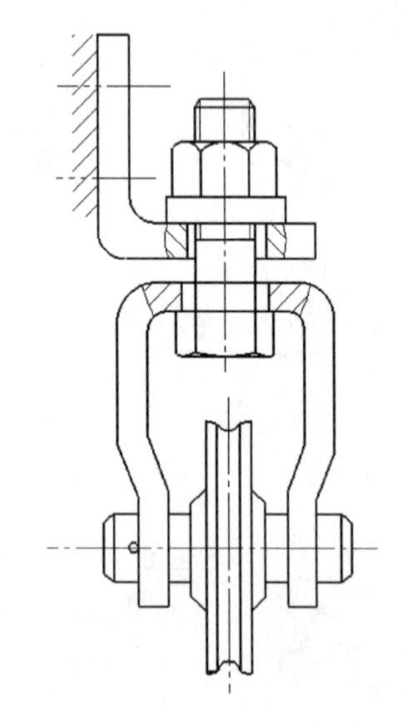

图 9.34 吊钩松螺栓联接

螺纹联接件常用材料及其力学性能如表 9.5 所列，螺纹联接在静载荷作用下的许用应力和安全系数如表 9.6 所列。

表 9.5 螺纹联接件常用材料及其力学性能

MPa

钢　号	抗拉强度/σ_b	屈服强度/σ_s	疲劳极限	
			弯曲 σ_{-1}	抗拉 σ_{-1r}
10	340～420	210	160～220	120～150
Q215	340～420	220	—	—
Q235	410～470	240	170～220	120～160
35	540	320	220～300	170～220
45	610	360	250～340	190～250
40Cr	750～1 000	650～900	320～440	240～340

表 9.6 螺纹联接在静载荷作用下的许用应力和安全系数

<table>
<tr><th>类 型</th><th>许用应力</th><th colspan="3">相关因素</th><th colspan="3">安全系数</th></tr>
<tr><td rowspan="6">普通螺栓联接</td><td rowspan="6">$[\sigma]=\sigma_s/S$</td><td colspan="3">松联接</td><td colspan="3">$S=1.25\sim1.5$①</td></tr>
<tr><td rowspan="5">紧联接</td><td rowspan="2">控制预紧力</td><td>测力矩或定力矩扳手</td><td colspan="3">$S=1.6\sim2$</td></tr>
<tr><td>测量螺栓伸长量</td><td colspan="3">$S=1.3\sim1.5$</td></tr>
<tr><td rowspan="3">不控制预紧力</td><td>材料</td><td>M6～M16</td><td>M16～M30</td><td>M30～M60</td></tr>
<tr><td>碳钢</td><td>4～3</td><td>3～2</td><td>2～1.3</td></tr>
<tr><td>合金钢</td><td>5～4</td><td>4～2.5</td><td>2.5</td></tr>
</table>

注：①松螺栓的安全系数 S：未淬火钢 S 取小值；淬火钢 S 取大值；对起重吊钩应取 $S=3\sim5$。

2. 紧螺栓联接

紧螺栓联接时须拧紧螺母，螺栓受预紧力。按承受工作载荷的方向可分为以下两种情况：

(1) 受横向工作载荷的紧螺栓(只受预紧力)

如图 9.35 所示，在横向工作载荷 F_s 作用下，被联接件在结合面上有相对滑动趋势。为防止滑移，需拧紧螺栓，使螺栓产生预紧力 F'。由预紧力 F' 所产生的摩擦力应大于或等于横向工作载荷 F_s，即 $F'fm\geqslant F_s$，整理得

$$F'=\frac{CF_s}{fm} \tag{9.6}$$

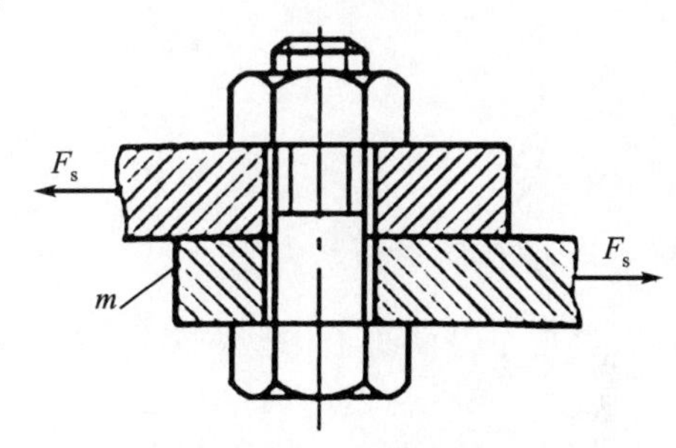

图 9.35 受横向工作载荷的紧螺栓联接

式中：F' 为单个螺栓所受轴向预紧力，N；f 为被联接件结合面间的摩擦系数，见表 9.7；m 为结合面数；C 为联接的可靠性系数，一般取 $C=1.1\sim1.3$。

表 9.7 被联接件与接合面间的摩擦系数 f

<table>
<tr><th>被联接件</th><th>接合面的表面状态</th><th>f</th><th>被联接件</th><th>接合面的表面状态</th><th>f</th></tr>
<tr><td rowspan="3">铁或钢铸件</td><td rowspan="2">干燥的机加工表面</td><td rowspan="2">0.10～0.16</td><td rowspan="3">钢结构</td><td>经喷砂处理</td><td>0.45～0.55</td></tr>
<tr><td>涂富锌漆</td><td>0.35～0.40</td></tr>
<tr><td>有油的机加工表面</td><td>0.06～0.10</td><td>轧制、经钢丝刷去锈</td><td>0.30～0.35</td></tr>
</table>

受预紧力作用的普通螺栓联接在拧紧螺母时，螺栓受到拉伸和扭转的复合作用，在螺栓上产生拉应力 σ 和切应力 τ。这时螺栓杆除受预紧力 F' 引起的拉应力 $\sigma=4F'/\pi d_1^2$ 外，还受到螺纹力矩 T 引起的扭转切应力。对于 M10～M68 的普通螺纹，由于螺栓材料是塑性材料，根据第四强度理论计算时，螺栓的当量应力约为拉应力的 1.3 倍。于是，只受预紧力作用的紧螺栓联接的强度条件为

$$\sigma=\frac{4\times1.3F'}{\pi d_1^2}\leqslant[\sigma] \tag{9.7}$$

螺栓的设计计算公式为

$$d_1\geqslant\sqrt{\frac{5.2F'}{\pi[\sigma]}}=1.29\sqrt{\frac{F'}{[\sigma]}} \tag{9.8}$$

式中:[σ]为紧螺栓联接的许用应力,见表 9.6;其他各符号含义同前。

例 9.2 图 9.36 所示为钢制凸缘联轴器,用均布在直径为 $D_0=250$ mm 圆周上的 z 个螺栓将两半圆凸缘联轴器紧固在一起,凸缘厚均为 $b=30$ mm。联轴器需要传递的转矩 $T=10^6$ N·mm,接合面间的摩擦系数 $f=0.15$,可靠系数 $C=1.2$。试求:若采用 6 个普通螺栓联接,计算所需螺栓直径。

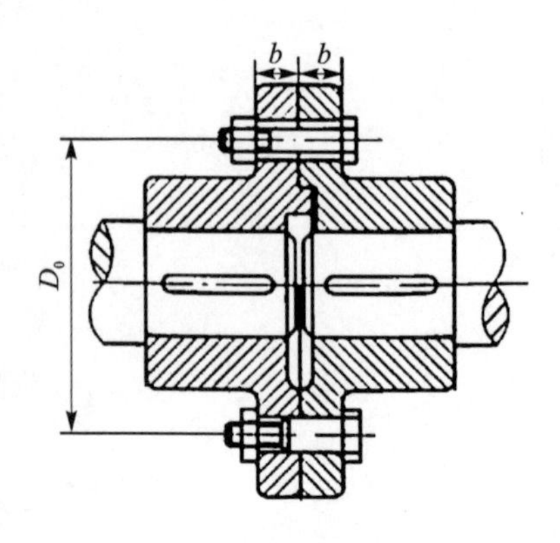

图 9.36 钢制凸缘联轴器

解 1) 螺栓所受预紧力

该联接属于受横向工作载荷的紧螺栓联接,每个螺栓所受横向工作载荷 $F_S=\dfrac{2T}{D_0 z}$,由式(9.6)得

$$F'=\frac{CF_s}{fm}=\frac{2CT}{fmD_0 z}=\frac{2\times1.2\times10^6}{0.15\times1\times250\times6}\ \text{N}=10\ 667\ \text{N}$$

2) 选择螺栓材料,确定许用应力

由表 9.4 选 Q235,4.6 级,其 $\sigma_b=400$ MPa,$\sigma_s=240$ MPa。由表 9.6 可知,当不控制预紧力时,对碳素钢取安全系数 $S=4$,则

$$[\sigma]=\frac{\sigma_s}{S}=\frac{240}{4}\ \text{MPa}=60\ \text{MPa}$$

3) 计算螺栓直径

$$d_1\geqslant\sqrt{\frac{5.2\times F'}{\pi[\sigma]}}=\sqrt{\frac{5.2\times10\ 667}{3.14\times60}}\ \text{mm}=17.159\ \text{mm}$$

查普通螺纹基本尺寸,取 $d=20$ mm,$d_1=17.294$ mm,螺距 $P=2.5$ mm。

(2) 受轴向工作载荷的螺栓联接

如图 9.37 所示,在要求紧密性较好的压力容器的螺栓联接中,工作载荷工作前,螺栓只受预紧力 F'的作用,工作时又受到轴向工作载荷 F 的作用。被联接件的接合面原来受到的压力为 F',工作时,接合面在 F 作用下压力减少至 F'',F''称为残余预紧力。螺栓受力由 F'增至 F_Q,由被联接件受力平衡可得

$$F_Q=F+F'' \tag{9.9}$$

为保证联接的紧固性与紧密性,残余预紧力 F''应大于零,否则联接将失效。表 9.8 所列为残余预紧力的推荐值。

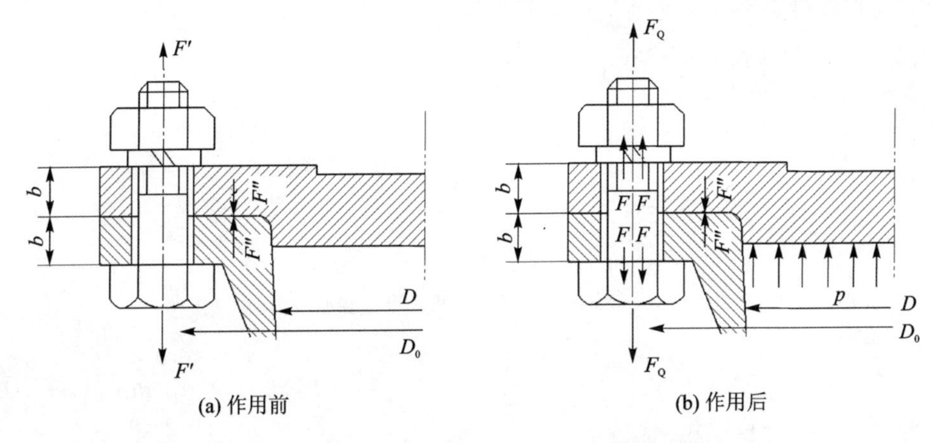

(a) 作用前　　(b) 作用后

图 9.37　受轴向载荷的普通螺栓联接工作载荷作用前后的受力图

表 9.8　残余预紧力 F''的推荐值

联接性质		残余预紧力 F''的推荐值
紧固联接	F 无变化	$(0.2\sim0.6)F$
	F 有变化	$(0.6\sim1.0)F$
紧密联接		$(1.5\sim1.8)F$
地脚螺栓联接		$\geqslant F$

螺栓的强度校核公式为

$$\sigma=\frac{5.2F_{Q}}{\pi d_{1}^{2}}\leqslant[\sigma] \tag{9.10}$$

螺栓的计算公式为

$$d_{1}\geqslant\sqrt{\frac{5.2F_{Q}}{\pi[\sigma]}} \tag{9.11}$$

注意：当轴向工作载荷在 $0\sim F$ 之间变化时，螺栓所受的总拉力将在 $F'\sim F_{Q}$ 之间变化。对于受轴向变载荷螺栓的粗略计算，可按总拉力 F_{Q} 进行，其强度条件仍为式(9.1)。

例 9.3　如图 9.37 所示，汽缸盖与汽缸体的凸缘厚度均为 $b=30$ mm，采用普通螺栓联接。已知气体的压强 $p=1.5$ MPa，汽缸内径 $D=250$ mm，螺栓分布圆直径 $D_{0}=350$ mm，采用测力矩扳手装配。试选择螺栓的材料和强度级别，确定螺栓的数量和直径，校验螺柱分布间距。

解　1）选择螺栓的材料和强度级别

该联接属于受轴向工作载荷的紧螺栓联接，较重要，由表 9.4 选 45 钢，6.8 级，其 $\sigma_{b}=(6\times100)$ MPa$=600$ MPa，$\sigma_{s}=(6\times8\times10)$ MPa$=480$ MPa。

2）计算螺栓所受的总拉力

每个螺栓所受工作载荷为

$$F=\frac{p\pi D^{2}}{4z}=\frac{1.5\times3.14\times250^{2}}{4z}\ \text{N}=\frac{73\ 594}{z}\ \text{N}$$

由表 9.8 查得 $F''=(1.5\sim1.8)F$，取 $F''=1.6F$。

由式(9.9)得每个螺栓所受的总拉力为

$$F_Q = F + F'' = F + 1.6F = \frac{2.6 \times 73\ 594}{z} = \frac{191\ 344}{z}\ \text{N}$$

3)计算所需螺栓的直径和数量

由表 9.6 查得 $S=1.6\sim 2$,取 $S=2$,则$[\sigma]=\sigma_s/S=480/2$ MPa=240 MPa。

$$d_1 \geqslant \sqrt{\frac{5.2F_Q}{\pi[\sigma]}} = \sqrt{\frac{5.2 \times 191\ 344}{3.14 \times 240z}}\ \text{mm} = \frac{36.34}{\sqrt{z}}\ \text{mm}$$

初选 $z=8$,求得 $d_1=12.85$ mm,查国家标准,选取 M16 螺栓。

4) 校验螺栓分布间距

$t_{0\max}=7d=(7\times 16)$ mm=112 mm,$t_{0\min}=3d=(3\times 16)$ mm=48 mm,$t_0=\pi D_0/z=(3.14\times 350/8)$ mm=137 mm$>t_{0\max}$。

为了保证联接的紧密性,螺栓数量 z 取 12,$t_0=92$ mm,能满足间距要求且强度更好,所以选用 12 个 M16 螺栓。

9.3 螺旋传动简介

螺旋传动是利用螺杆和螺母组成的螺旋副来实现传动要求的,它主要用于将回转运动转变为直线运动、转矩转换成推力,同时传递运动和动力。

9.3.1 螺旋传动的类型和应用

按工作特点和作用,螺旋传动可分为传力螺旋、传导螺旋和调整螺旋。

① 传力螺旋:以传递动力为主,它用较小的转矩产生较大的轴向推力,一般为间歇工作,工作速度不高,而且通常要求自锁,如各种起重或加压装置的螺旋(螺旋压力机、螺旋千斤顶(见图 9.38))。

② 传导螺旋:以传递运动为主,常要求具有高的运动精度,一般在较长时间内连续工作,工作速度也较高,如机床的进给螺旋(丝杠)。

③ 调整螺旋:用于调整并固定零件或部件之间的相对位置,不经常转动,一般在空载下调整,要求自锁,有时也要求很高的精度,如机器和精密仪表微调机构的螺旋。

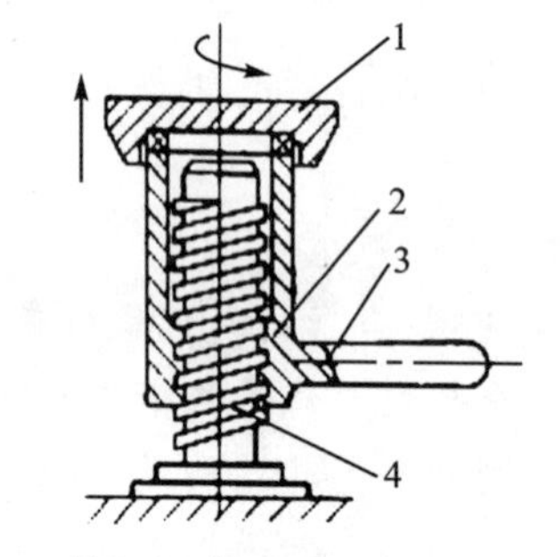

1—托盘;2—螺母;3—手柄;4—螺杆

图 9.38 螺旋千斤顶

按螺纹间摩擦性质,螺旋传动可分为滑动螺旋传动、静压螺旋传动和滚动螺旋传动。本节主要介绍滚动螺旋传动中的滚珠丝杠机构。

9.3.2 滚珠丝杠机构

1. 基本形式

滚珠丝杠机构是在丝杠和螺母螺旋副之间的螺旋槽中装入滚珠的导向传动装置,可以将直线运动转变为回转运动,也可以将回转运动转化为直线运动。其基本结构如图 9.39 所示。在丝杠和螺母上都有半圆弧形的螺旋槽,当它们套装在一起时便形成了滚珠的螺旋滚道。当丝杠和螺母相对运动时，滚珠(钢球)沿着螺旋槽做滚动，当其滚动至螺母滚道设定的末端时，即会顺着反向导流管回到螺母滚道的始端，并随即进入负载滚动状态。如此形成闭合的循环运行回路，以滚动摩擦代替滑动摩擦来实现高效的螺旋传动。

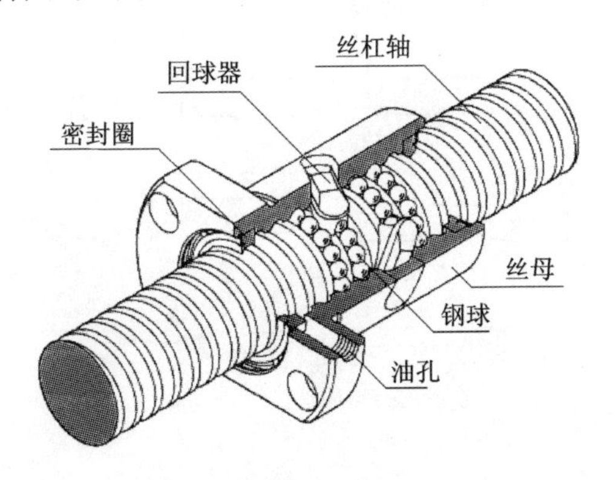

图 9.39　滚珠丝杠副的基本结构

2. 特　点

① 传动效率高，摩擦损失小。滚珠丝杠副的传动效率 $\eta= 0.92 \sim 0.96$，比常规的丝杠螺母副提高了3～4倍。因此，功率消耗只相当于常规丝杠螺母副的1/4～1/30。

② 给予适当预紧，可消除丝杠和螺母的螺纹间隙，反向时就可以消除空程死区，定位精度高，刚度好。

③ 运动平稳，无爬行现象，传动精度高。

④ 有可逆性，可以从旋转运动转换为直线运动，也可以从直线运动转换为旋转运动，即丝杠和螺母都可以作为主动件。

⑤ 磨损小，使用寿命长。

⑥ 制造工艺复杂。滚珠丝杠和螺母等元件的加工精度要求高，表面粗糙度也要求高，故制造成本高。

⑦ 不能自锁。特别是对于垂直丝杠，由于自重惯力的作用，下降时当传动切断后，不能立即停止运动，故常需添加制动装置。

9.4　联轴器

联轴器和离合器主要用于联接两轴，使两轴共同回转以传递运动和转矩。在机器工作时，联轴器始终把两轴联接在一起，只有在机器停止运行时，通过拆卸的方法才能使两轴分离；而离合器在机器工作时随时可将两轴联接和分离。

9.4.1　联轴器的分类

联轴器所联接的两轴，由于制造和安装误差、受载变形、温度变化和机座下沉等原因，可能产生轴线的径向偏移、轴向偏移、角偏移或综合偏移，如图9.40所示。因此，要求联轴器在传递运动和转矩的同时，应具有补偿轴线偏移和缓冲吸振的能力。

按照有无补偿轴线偏移的能力，可将联轴器分为刚性联轴器和挠性联轴器两大类型，如

图 9.41 所示。

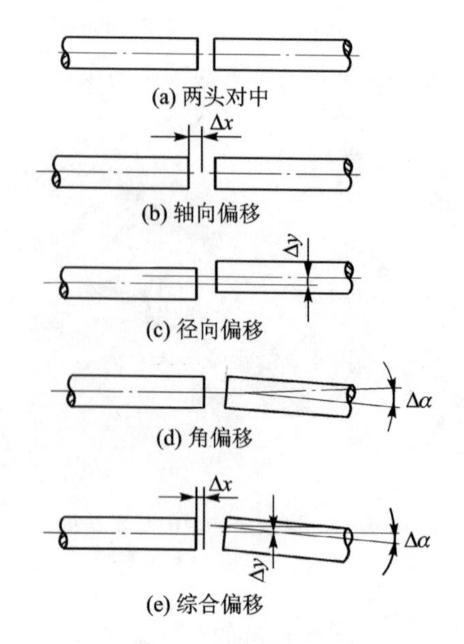

图 9.40　轴线偏移形式

联轴器
- 刚性联轴器——凸缘、套筒、夹壳联轴器
- 挠性联轴器
  - 无弹性元件的联轴器——滑块、齿式、万向、链条联轴器
  - 有弹性元件的联轴器
    - 非金属弹性元件
      - 弹性套柱销、弹性柱销联轴器
      - 星形弹性联轴器、弹性块联轴器等
    - 金属弹性元件——金属膜片联轴器、弹性管联轴器等

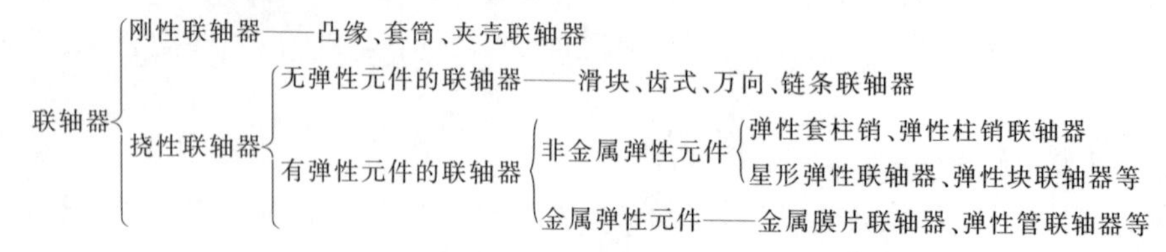

图 9.41　联轴器的分类

9.4.2　常用联轴器

1. 刚性联轴器

刚性联轴器由刚性元件组成，各联接件之间无相对运动，具有结构简单，制造方便，承载能力大，成本低等优点，但没有补偿轴线偏移的能力，也无减振缓冲功能，适用于载荷平稳、两轴对中良好的场合。

凸缘联轴器(GY、GYD 型)如图 9.42 所示，由两个带有凸缘的半联轴器 1、3 分别用键与两轴相联接，然后用螺栓组 2 将半联轴器 1、3 联接在一起，从而将两轴联接在一起。GY 型由铰制孔用螺栓对中，拆装方便，传递转矩大；GYD 型采用普通螺栓联接，靠凸榫对中，制造成本低，但装拆时轴须做轴向移动。

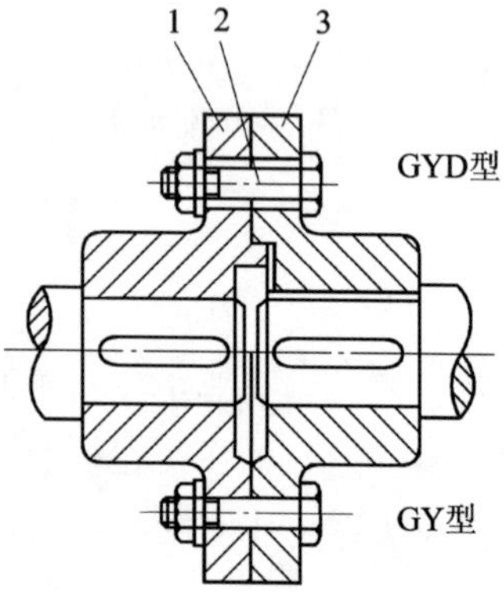

1、3—半联轴器；2—螺栓组

图 9.42　凸缘联轴器

2. 挠性联轴器

挠性联轴器具有补偿轴线偏移的能力，适用于载荷和转速有变化及两轴线有偏移的场合。非金属弹性元件常用橡胶、尼龙、聚氨酯等材料制成。这类材料的弹性变化范围大，具有结构简单、无需润滑、维护方便、绝缘性能好等优点；缺点是

耐油性和耐热性比较差，载荷性能有时不够稳定。

(1) 弹性套柱销联轴器(LT 型)

如图 9.43 所示，1 和 4 分别是半联轴器，3 是弹性套，2 为柱销。弹性套柱销联轴器的构造与凸缘联轴器相似，所不同的是用带有弹性套的柱销代替了螺栓，工作时用弹性套传递转矩。因此，可利用弹性套的变形补偿两轴间的偏移，缓和冲击和吸收振动。它制造简单，维修方便，适用于启动及换向频繁的高、中速的中、小转矩轴的联接。弹性套易磨损，为便于更换，要留有装拆柱销的空间尺寸 A，还要防止油类与弹性套接触。

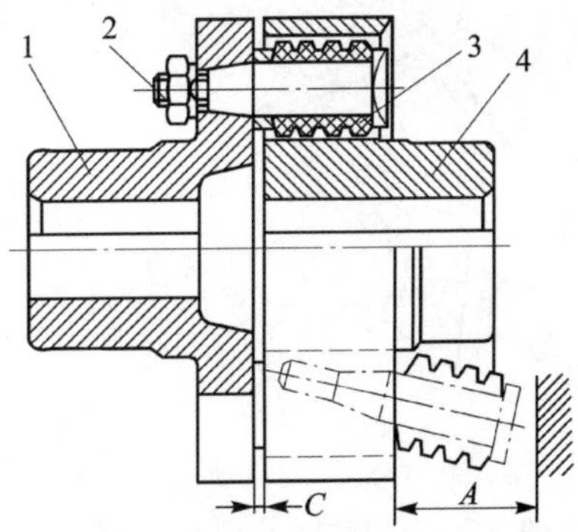

1、4—半联轴器；2—柱销；3—弹性套

图 9.43 弹性套柱销联轴

(2) 弹性柱销联轴器(HL 型)

如图 9.44 所示，弹性柱销联轴器利用尼龙柱销 2 将两半联轴器 1 和 3 联接在一起。挡板 4 是为了防止柱销滑出而设置的。弹性柱销联轴器适用于启动及换向频繁、转矩较大的中、低速轴的联接。

(3) 滑块联轴器(WH 型)

如图 9.45 所示，滑块联轴器由两个带有一字凹槽的半联轴器 1、3 和带有十字凸榫的中间滑块 2 组成，利用凸榫与凹槽相互嵌合并作相对移动补偿径向偏移。滑动联轴器结构简单，径向尺寸小，但转动时滑块有较大的离心惯性力，适用于两轴径向偏移较大、转矩较大的低速无冲击的场合。

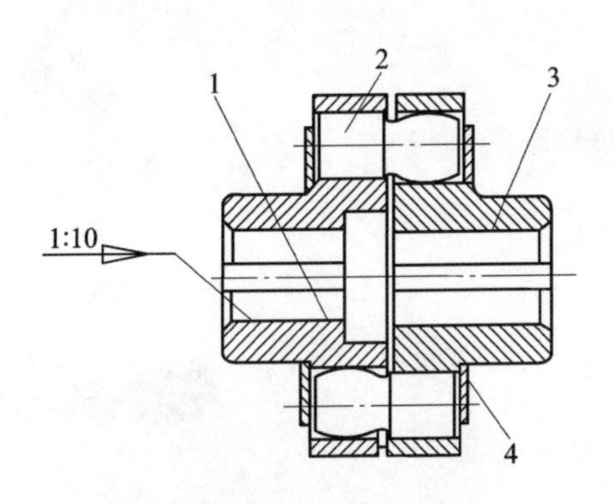

1、3—半联轴器；2—尼龙柱销；4—挡板

图 9.44 弹性柱销联轴器

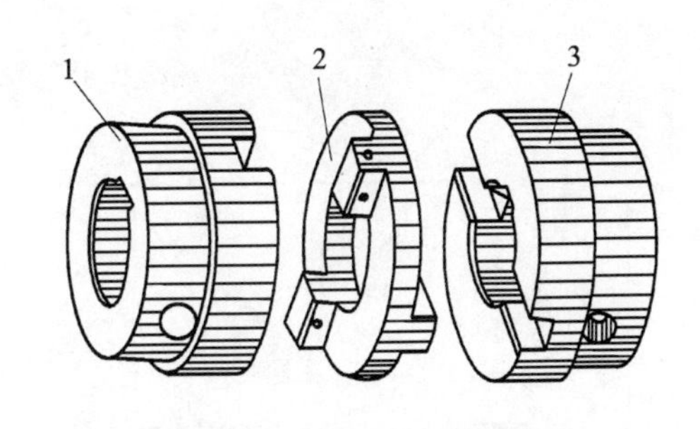

1、3—半联轴器；2—滑块

图 9.45 滑块联轴器

(4) 万向联轴器(WS 型)

如图 9.46 所示，万向联轴器由两个固定在轴端的主动叉 1 和从动叉 3 以及一个十字柱销 2 组成。由于叉形零件和销轴之间构成转动副，因而允许两轴之间有较大的角偏移，角偏移可达 35°～45°。对于图 9.46 所示的单个万向联轴器，主动叉 1 以等角速度 ω_1 回转时，从动叉 3 的角速度 ω_3 将在 $\omega_1 \cos\alpha_1 \sim \omega_1/\cos\alpha_3$ 范围内作周期性变化，引起动载荷。为使 $\omega_3=\omega_1$，可将万向联轴器成对使用(见图 9.47)，且应满足 3 个条件：①主、从动轴与中间轴夹角相等，即 $\alpha_1=\alpha_3$；②中间轴两端的叉形零件应共面；③主、从动轴与中间轴的轴线应共面。万向联轴器

的特点是径向尺寸小，适用于联接夹角较大的两轴。

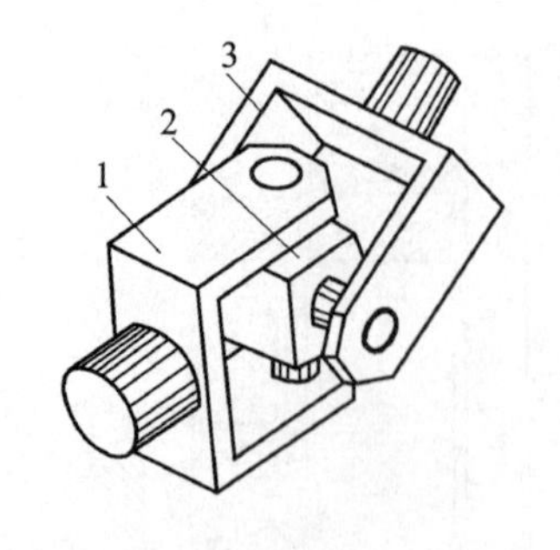

1—主动叉；2—十字柱销；3—从动叉

图 9.46　万向联轴器

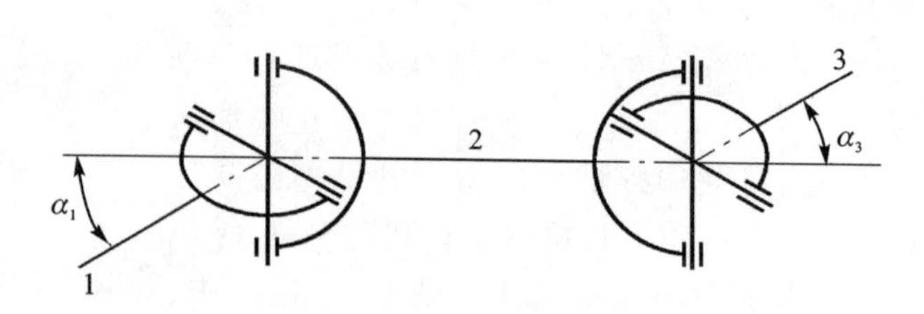

图 9.47　双万向联轴器

3. 其他联轴器

除了上述联轴器以外，目前较常用的非金属弹性联轴器还有星形弹性联轴器（见图 9.48 和图 9.49）；金属弹性联轴器主要有金属膜片联轴器（见图 9.50）、弹性管联轴器（见图 9.51）和波纹管联轴器（见图 9.52）。

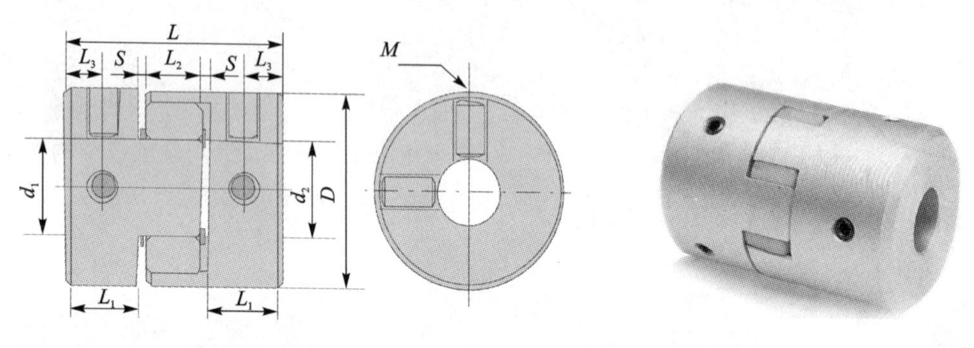

图 9.48　星形弹性联轴器

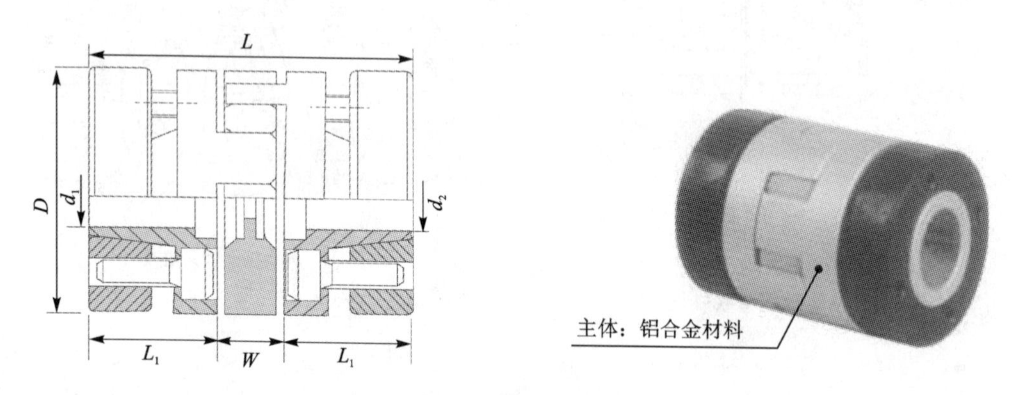

图 9.49　无齿隙星形弹性联轴器

(1) 星形弹性联轴器

本联轴器是以工程塑料作弹性元件，适用于联接两同轴线的传动轴系，具有补偿两轴相对偏移、缓冲、减震、耐磨性能等特点，适应场合普遍，传递转矩为 20～35 000 N·m，工作温度为 −35～+80 ℃。

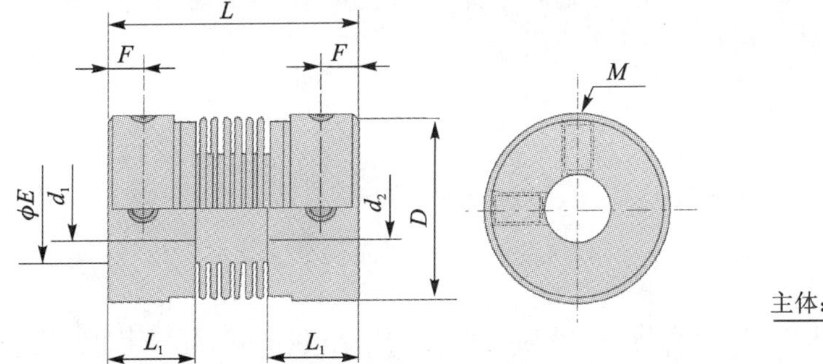

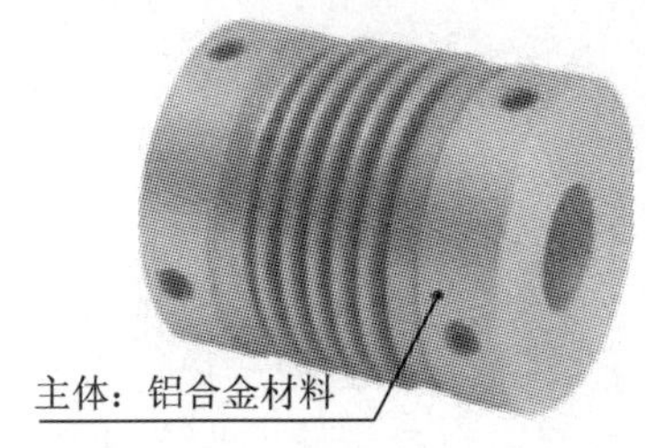

图 9.50　金属膜片联轴器

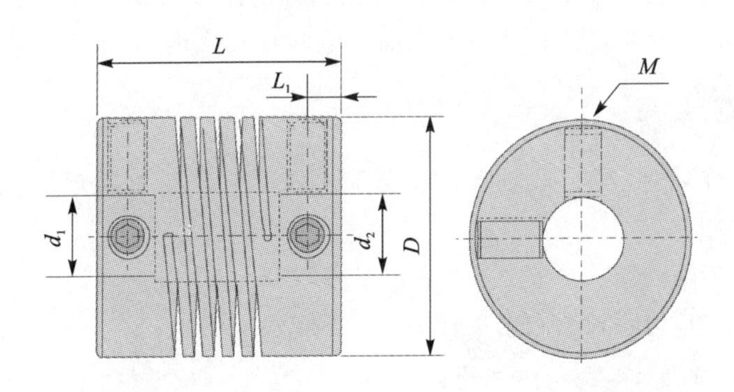

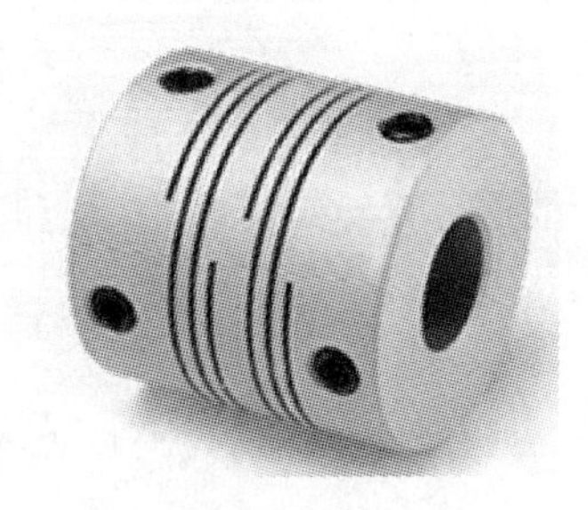

图 9.51　弹性管联轴器

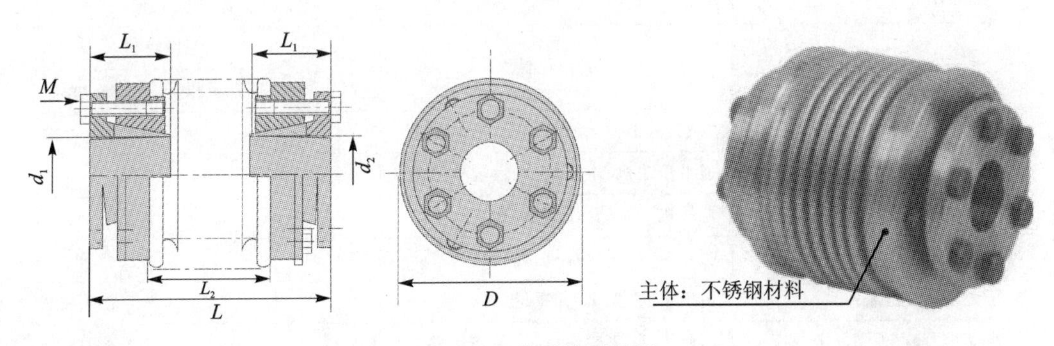

图 9.52　波纹管联轴器

(2) 金属膜片联轴器

金属膜片联轴器是由几组膜片(不锈钢薄板)用螺栓交错与两半联轴器联接,每组膜片由数片叠集而成,靠膜片的变形来补偿所联半轴的相对位移。其具有不用润滑、密封,结构紧凑、质量小,强度高,寿命长,无需维护,无旋转间隙,允许较大偏心,不受油污和温度影响,装卸简单,耐酸碱的特点,适用于高温、高速、有腐蚀介质工况环境的轴系传动。

(3) 弹性管联轴器

一体成型的金属弹性联轴器,具有零回转间隙,弹性作用补偿径向、角向、轴向偏差,顺时针与逆时针回转特性完全相同等特点。

(4) 波纹管联轴器

波纹管联轴器是用外形呈波纹状的薄壁管(波纹管)直接与两半联轴器焊接或粘接来传递

运动的。这种联轴器的结构简单、外形尺寸小、加工安装方便、传动精度高，主要用于要求结构紧凑、传动精度较高的小功率精密机械和控制机构中。

9.4.3 联轴器的选用

联轴器已经标准化，选用时根据工作条件选择合适的类型，然后根据转矩、轴径及转速选择型号。

1. 联轴器类型的选择

根据工作载荷的大小和性质、转速高低、两轴相对偏移的大小和形式、环境状况、使用寿命、装拆维护和经济性等方面的因素，选择合适的类型。例如，载荷平稳，两轴能精确对中，轴的刚度较大时可选用刚性凸缘联轴器；载荷不平稳、两轴对中困难、轴的刚度较差时可选用弹性柱销联轴器；径向偏移较大、转速较低时可选用滑块联轴器；角偏移较大时可选用万向联轴器。

2. 联轴器型号的选择

根据计算转矩、轴的直径和工作转速，确定联轴器的型号和相关尺寸。计算转矩 T_C 按式(9.12)计算：

$$T_C = KT = 9\ 550\ KP/n \tag{9.12}$$

式中：K 为工作情况系数，见表 9.9；T 为联轴器的名义转矩。

表 9.9 工作情况系数 K

工作机		原动机			
分 类	典型机械	电动机 汽轮机	内燃机		
			四缸及以上	二缸	单缸
转矩变化很小	发电机、小型通风机、小型水泵	1.3	1.5	1.8	2.2
转矩变化小	透平压缩机、木工机床、运输机	1.5	1.7	2.0	2.4
转矩变化中等	搅拌机、有飞轮压缩机、冲床	1.7	1.9	2.2	2.6
转矩变化和冲击载荷中等	织布机、水泥搅拌机、拖拉机	1.9	2.1	2.4	2.8
转矩变化和冲击载荷大	造纸机、挖掘机、起重机、碎石机	2.3	2.5	2.8	3.2
转矩变化大，有强烈冲击载荷	压延机、无飞轮活塞泵、重型轧机	3.1	3.3	3.6	4.0

确定型号时，应使计算转矩不超过联轴器的公称转矩，工作转速不超过许用转速，联轴器的轴孔形式、直径、长度及键槽形式与相联接两轴的相关参数协调一致。

例 9.4 离心式水泵与电动机用联轴器联接。已知电动机功率 $P=30$ kW，转速 $n=1\ 470$ r/min；电动机外伸轴直径 $d_1=48$ mm，长 $L_1=84$ mm。试选择该联轴器的类型，确定型号，写出标记。

解 1）类型选择

离心式水泵载荷平稳、轴短、刚性大，其传递的转矩也较大。水泵和电动机通常共用一个底座，便于调整、找正，所以选凸缘联轴器。

2）确定型号

名义转矩为

$$T = 9.550 \times 10^6 \times \frac{P}{n} = 9.549 \times 10^6 \times \frac{30}{1\ 470}\ \text{N} \cdot \text{mm} = 194\ 898\ \text{N} \cdot \text{mm}$$

由表9.9查得，联轴器的工作情况系数 $K=1.3$，由式(9.12)得

$$T_C = KT = (1.3 \times 194\ 989)\ \text{N} \cdot \text{mm} = 253\ 367\ \text{N} \cdot \text{mm}$$

查凸缘联轴器国家标准，选GYD9型有对中榫凸缘联轴器，其公称转矩为

$$T_n = 400 \times 10^3\ \text{N} \cdot \text{mm} > T_C$$

两轴直径均与标准相符，故主动端选Y型轴孔、A型键槽，从动端选 J_1 型轴孔、A型键槽。许用转速 $[n]=6\ 800\ \text{r/min}>n$。

3）标记

标记为：GYD9联轴器 $\dfrac{48\times 112}{J_1 42\times 112}$ GB/T 5843—2003。

本章知识点提示

1. 机械中广泛使用联接，联接是将两个或两个以上的零件联合成一体的结构。联接可分为动联接和静联接，还可分为不可拆联接、可拆联接和过盈配合三大类。

2. 键联接主要用做轴上零件的周向固定并传递运动和转矩，有的能实现轴上零件的轴向固定、轴向滑动。键联接分为两类：松键联接和紧键联接。其中，松键联接包括普通平键、半圆键和花键几种联接；紧键联接主要有楔键。掌握每种类型键的工作原理及应用特点。

3. 平键联接设计的4个步骤：①选择键联接的类型；②选择键的主要尺寸；③校核键联接强度；④标注键联接的公差。校核公式为

$$\sigma_p(\text{或}\ p) = \frac{4T}{dhl} \leqslant [\sigma_p](\text{或}[p])$$

4. 销联接一般用于联接用销、定位用销及安全保护用销3种。销分为圆柱销、圆锥销、槽销、弹性圆柱销4类，注意不同的销适用于不同的场合。

5. 胀紧联接套是在当今国际上广泛使用的、靠摩擦力来实现负荷传递的一种无键联接装置，它能代替单键和花键的联接作用，实现机件与轴的联接并传递载荷。

6. 螺纹联接结构简单、装拆方便、类型多样，是机械和结构中应用最广泛的紧固件联接。螺纹联接的主要类型有螺栓联接、双头螺柱联接、螺钉联接和紧定螺钉联接，掌握其特点和应用。螺纹联接件种类繁多，已标准化，根据使用要求进行选用。螺纹联接的预紧目的，预紧力的计算和控制方法；螺纹联接常用的3种防松方法。螺栓组联接的结构设计要点。

7. 螺栓联接按承受工作载荷之前是否被拧紧可分为不预紧的松螺栓联接和有预紧的紧螺栓联接。螺栓的主要失效形式有螺栓杆拉断、螺纹压溃和剪断、因磨损而产生滑扣等。螺栓联接强度计算的目的是校核所使用的螺栓强度是否合适或根据工作条件选择合适的螺栓。螺栓联接的强度计算主要是根据联接的类型、联接的装配情况（是否预紧）和受载状态等条件确定螺栓的受力，然后按相应的强度条件计算螺栓危险截面的直径（螺纹小径）或校核其强度。

8. 滚珠丝杠机构是在丝杠和螺母螺旋副之间的螺旋槽中装入滚珠的导向传动装置，熟悉其结构基本形式、特性及调整方法等。

9. 联轴器主要用于联接两轴，使两轴共同回转以传递运动和转矩。在机器工作时，联轴

器始终把两轴联接在一起;联轴器已经标准化,联轴器选用时根据工作条件选择合适的类型,然后根据转矩、轴径及转速选择型号。

思考题

9.1 键联接有哪些类型？它们是怎样工作的？

9.2 圆头、平头及单圆头普通平键分别用于什么场合？各自的键槽是怎样加工的？

9.3 试画出并比较普通平键、半圆键和楔键的剖面示意图,指出各自的工作面。

9.4 装配楔键时都是将楔键打入吗？试述几种楔键的装配方法。

9.5 思考题9.5图所示的双联滑移齿轮与轴之间可采用哪些联接方式？各有哪些优缺点？

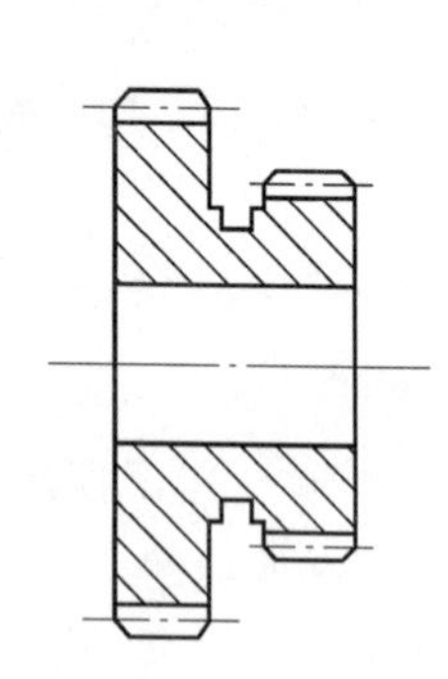

思考题9.5图

9.6 矩形花键和渐开线花键是怎样定心的？

9.7 普通平键的强度条件怎样(用公式表示)？如果在进行普通平键联接强度计算时强度条件下不能满足,则可采用哪些措施？

9.8 销有哪几种类型？各用于何种场合？销联接有哪些失效形式？

9.9 一般联接用销、定位用销及安全保护用销在设计计算上有何不同？

9.10 常用螺纹有哪几种类型？各用于什么场合？对联接螺纹和传动螺纹的要求有何不同？常用的联接和传动螺纹都有哪些牙型？

9.11 螺纹的大径 d 、中径 d_2 和小径 d_1 都有哪些应用？

9.12 思考题9.12图的机体与机座(A处)及机座与基础(B处)之间可采用哪些螺纹联接方式？已知两处联接均受轴向及横向载荷,均不需经常拆卸,试选出较好的联接方案。

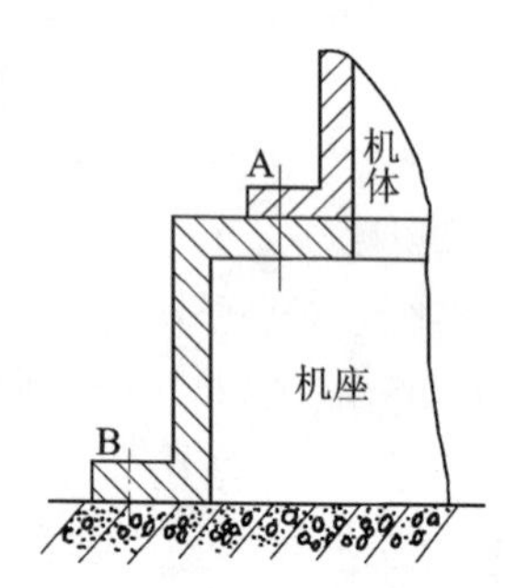

思考题9.12图

9.13 为什么在使用扳手时禁止用套筒加长？

9.14 联接螺纹都具有良好的自锁性,为什么有时还需要防松装置？试各举出两个机械防松和摩擦防松的例子。

9.15 螺栓联接预紧力的大小怎样选择？如何控制？为什么在重要的受拉螺栓紧联接中不宜选用小于M12～M16的螺栓？

9.16 螺栓的性能等级为8.8级,与它相配的螺母的性能等级应为多少？性能等级数字代号的含义是什么？

9.17 普通螺栓联接和铰制孔用螺栓联接的主要失效形式是什么？计算准则是什么？

9.18 螺栓组联接的结构设计应考虑哪些问题？

9.19 何谓松螺栓联接？何谓紧螺栓联接？它们的强度计算方法有何区别？

9.20 对承受横向载荷或传递转矩的紧螺栓联接采用普通螺栓时,强度计算公式中为什么要将预紧力提高到1.3倍来计算？若采用铰制孔用螺栓是否也这样考虑？为什么？

9.21 滚动螺旋传动与滑动螺旋传动相比较有何优缺点？

9.22 两轴轴线偏移是如何产生的？其形式有哪些？

9.23 凸缘联轴器两种对中方法的特点是什么?

9.24 为使主动轴角速度 ω_1 等于从动轴角速度 ω_3,双万向联轴器应满足哪些条件?

9.25 查阅国家标准,解释下列标记的联轴器:

① GY5 联轴器 45×84 GB/T 5843—2003;

② LT4 $\dfrac{J_1B20\times52}{JB_1 22\times38}$ GB/T 4323—2002;

③ LH5 联轴器 J70×107 GB/T 5014—2003;

④ LM3 联轴器$\dfrac{Z30\times60}{B25\times62}$ GB/T 5272—2002。

习 题

9.1 如题 9.1 图所示的平带轮与轴可采用哪几种键联接?试选择某种键的 b、h、L。

9.2 如题 9.2 图所示的单盘式摩擦离合器,左盘与轴固联,右盘可轴向移动,试问左、右两盘与轴可采用哪几种键联接?若工作时载荷有轻微振动,试选择键联接的尺寸。

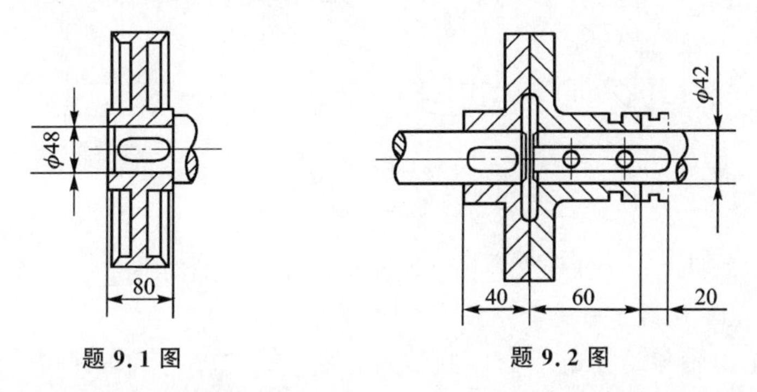

题 9.1 图　　　题 9.2 图

9.3 轴与轮毂均为钢制,采用"键 12×63GB 1096—79"联接,试在题 9.3 图上标注轴、毂公差。

9.4 如题 9.4 图所示的减速器的低速轴与凸缘联轴器及圆柱齿轮之间分别采用键联接,已知轴传递的转矩 $T=10^6$ N·mm,齿轮材料为 45 钢,联轴器材料为 HT200,工作时有轻微冲击,试选择键的类型和尺寸,并校核联接强度。

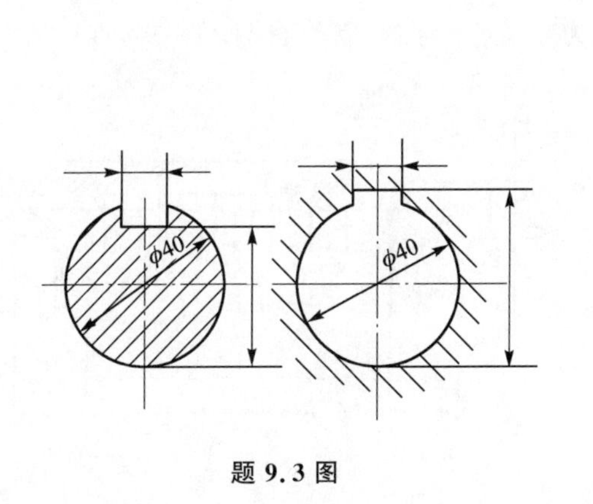

题 9.3 图

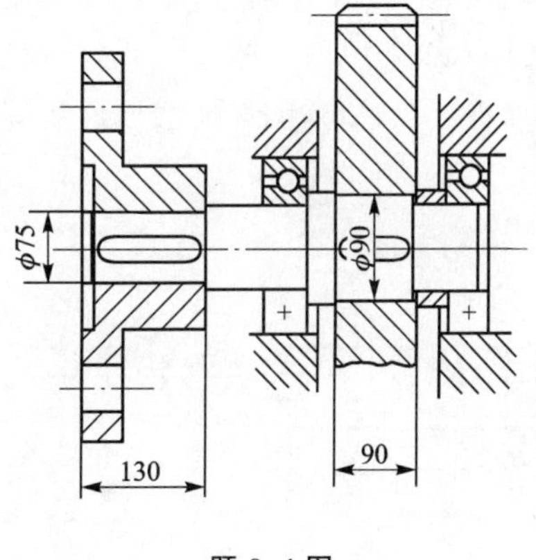

题 9.4 图

9.5 如题 9.5 图所示的轴头安装钢制直齿圆柱齿轮,工作时有轻微冲击,试确定键的尺寸及传递的最大转矩。

9.6 查手册确定下列各螺纹联接的主要尺寸，并按1∶1比例画出各自的装配图。

① 用M16六角头螺栓(GB/T 5782—2000)联接两块厚度各为28 mm的钢板(加弹簧垫圈)；

② 用M10开槽沉头螺钉(GB/T 68—2000)联接厚20 mm的钢板和另一较厚的铸铁零件；

③ 用M16双头螺柱(GB/T 898—2011)联接厚30 mm的钢板和另一较厚的钢零件。

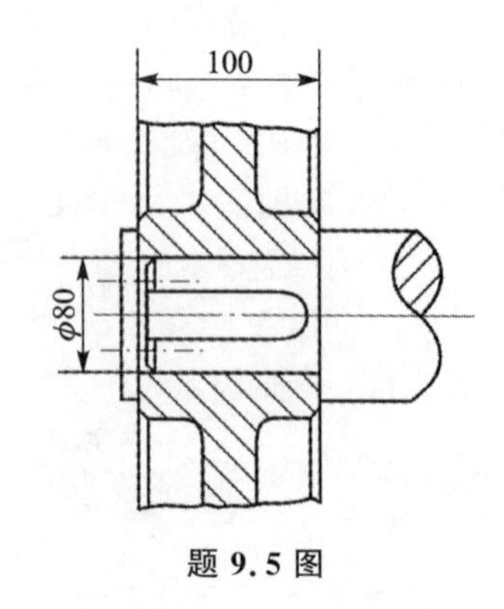

题9.5图

9.7 改正题9.7图中的错误。

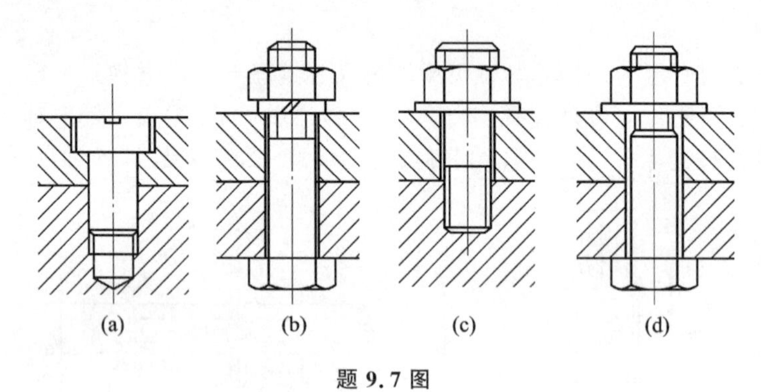

题9.7图

9.8 电动机与油泵之间用弹性套柱销联轴器相联，传递功率$P=14$ kW，转速$n=960$ r/min，两轴直径均为35 mm，试确定联轴器型号。

9.9 减速器输出轴与卷扬机滚筒以联轴器相联接。已知传递功率$P=5$ kW，转速$n=60$ r/min，主动端轴径$d_1=65$ mm，从动端轴径$d_2=70$ mm，试选择联轴器的型号。

9.10 如题9.10图所示，用两个M10的螺钉固定一牵拽钩，若螺钉材料为Q235钢，装配时控制预紧力，接合面摩擦系数为$f=0.15$，可靠系数$C=1.2$，安全系数$S=1.4$，求其允许的牵拽力。

9.11 如题9.11图所示汽缸，直径$D=500$ mm，蒸汽压强$p=1.2$ MPa，螺栓分布圆直径$D_0=640$ mm，采用测力矩扳手装配，螺栓材料为35钢(5.8级)，试求螺栓的公称直径和数量。若凸缘厚$b=25$ mm，试选配螺母和垫圈，确定螺栓规格。

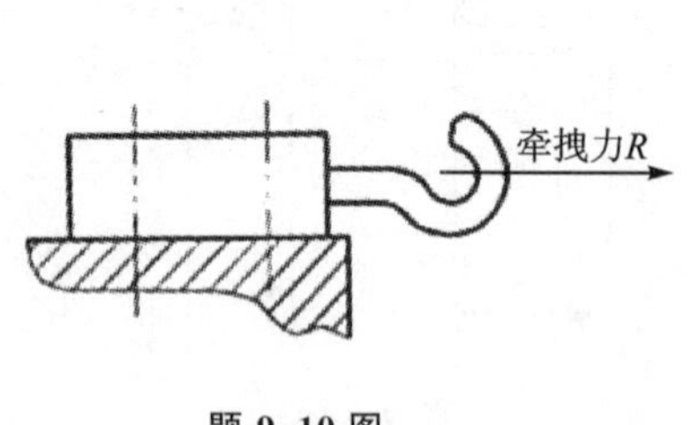

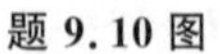

题9.10图

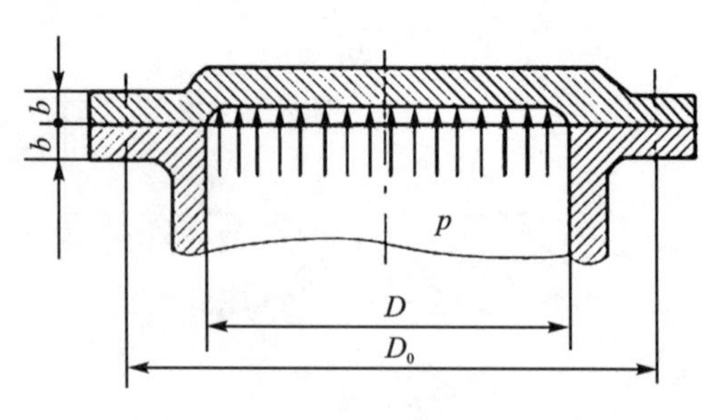

题9.11图

第10章 轴 承

轴承是支承轴和轴上零件的部件，它的主要功能是支撑旋转轴或其他运动体，引导转动或移动运动并承受由轴或轴上零件传递而来的载荷。按运动元件摩擦性质的不同，轴承主要分为滚动轴承和滑动轴承两类。

10.1 滚动轴承概述

滚动轴承一般由内圈1、外圈2、滚动体3和保持架4组成（见图10.1）。当内、外圈相对旋转时，滚动体是滚动轴承的核心元件，滚动体沿内、外圈滚道滚动。其中，滚动体的种类有球、滚子、滚针等（见图10.2）。保持架的作用是把滚动体均匀隔开。

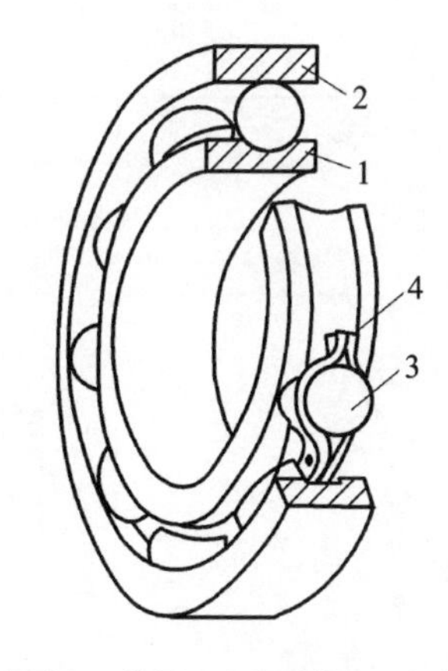

1—内圈；2—外圈；3—滚动体；4—保持架

图10.1 滚动轴承的构造

滚动轴承具有摩擦阻力小，启动灵敏、效率高、润滑简便、互换性好等优点；缺点是抗冲击能力较差，高速时易出现噪声，工作寿命也不及液体摩擦滑动轴承。

滚动体与内、外圈的材料要求具有较高的硬度和接触疲劳强度、良好的耐磨性和抗冲击韧性。一般用滚动轴承钢制成，经淬火硬度可达61～65HRC，工作表面需经磨削和抛光。保持架一般用低碳钢板冲压制成，也可用有色金属或塑料制成。

滚动轴承已标准化，由专业工厂大批量生产，因此熟悉标准、正确选用是使用者的主要任务。

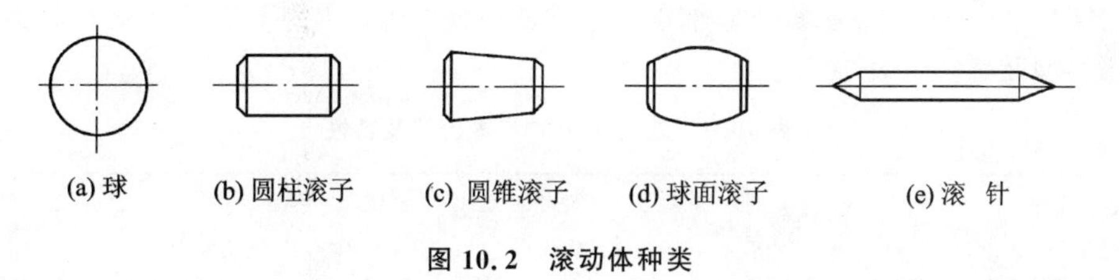

图10.2 滚动体种类

10.2 滚动轴承的类型及选择

10.2.1 滚动轴承的类型

滚动轴承的类型繁多，可适应各种机械装置的多种要求。

1．按所能承受的载荷方向或公称接触角的不同分类

（1）向心轴承

向心轴承主要承受径向载荷，其公称接触角为 $0°\leqslant\alpha\leqslant45°$。按其公称接触角的不同又分为：①径向接触轴承，公称接触角 $\alpha=0°$，如深沟球轴承、圆柱滚子轴承等；②向心角接触轴承，公称接触角为 $0°<\alpha\leqslant45°$，如角接触球轴承、圆锥滚子轴承等。

（2）推力轴承

推力轴承主要承受轴向载荷，其公称接触角为 $45°<\alpha\leqslant90°$。按其公称接触角的不同又分为：①轴向接触轴承，公称接触角 $\alpha=90°$，如推力球轴承等；②推力角接触轴承，公称接触角为 $45°<\alpha\leqslant90°$，如推力调心滚子轴承等。

各类轴承的公称接触角如表 10.1 所列，滚动体与套圈接触处的法线 nn 与轴承径向平面之间所夹的锐角 α 称为公称接触角。公称接触角 α 越大，轴承承受轴向载荷的能力就越大。

表 10.1　各类滚动轴承的公称接触角

轴承类型	向心轴承		推力轴承	
	径向接触	角接触		轴向接触
公称接触角 α	$\alpha=0°$	$0°<\alpha\leqslant45°$	$45°<\alpha<90°$	$\alpha=90°$
图例	n n	n α n	α n n	α n n

2．按滚动体的形状不同分类

滚动轴承可分为球轴承与滚子轴承两大类，球形滚动体与内、外圈是点接触，滚子滚动体与内、外圈是线接触，承载能力和抗冲击能力强，但运转时摩擦损耗大。按滚动体的列数分，滚动轴承又分为单列、双列和多列。

在国家标准中，滚动轴承是按照轴承所承受的载荷的方向及结构的不同进行分类的，常用滚动轴承类型及特性见表 10.2。

表 10.2　滚动轴承的基本类型及特性

轴承类型及代号（GB/T 271—2012）	结构简图	承载方向	基本额定动载荷比①	极限转速比②	允许用偏差	主要特性和应用
调心球轴承 1			0.6～0.9	中	2°～3°	主要承受径向载荷，同时也能承受少量的轴向载荷。因为外圈滚道表面是以轴承中点为中心的球面，故能自动调心

续表 10.2

轴承类型及代号 (GB/T 272—2012)	结构简图	承载方向	基本额定动载荷比[①]	极限转速比[②]	允许用偏差	主要特性和应用
调心滚子轴承 2	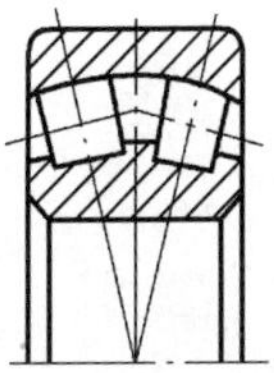	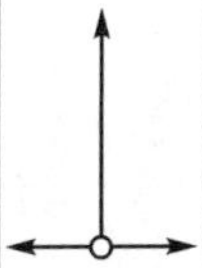	1.8～4	中	1°～2.5°	能承受很大的径向载荷和少量轴向载荷。承载能力大，具有自动调心性能
推力调心滚子轴承 2	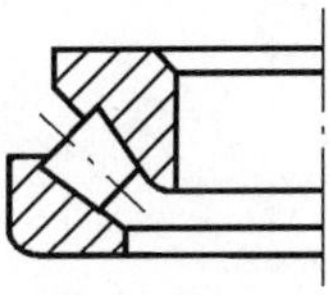	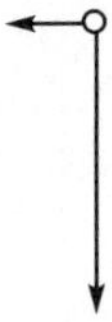	1.7～2.2	低	允许 2°～3°	允许滚道是球面形的，能适应两滚道轴线间的角偏差及角运动。具有可分离部件，故该轴承为可分离型
圆锥滚子轴承 3	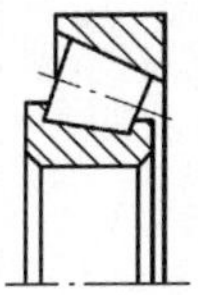		1.1～2.5	中	2′	能同时承受较大的径向、轴向联合载荷，因是线接触，承载能力大于 7 类轴承。内、外圈可分离，装拆方便，成对使用
推力球轴承 5	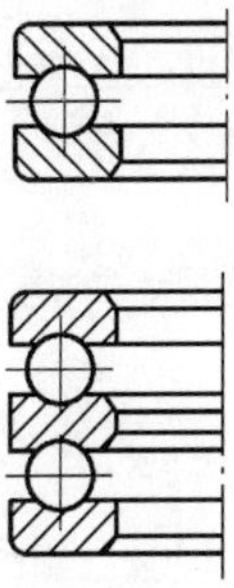		1	低	不允许	只能承受轴向载荷，而且载荷作用线必须与轴线相重合，不允许有角偏位。有两种类型：单列——承受单向推力；双列——承受双向推力。 高速时，因滚动体离心力大，球与保持架摩擦发热严重，寿命较短，可用于轴向载荷大、转速不高的场合
深沟球轴承 6	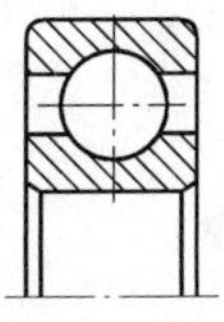		1	高	2′～10′	主要承受径向载荷，同时也可承受一定的轴向载荷。当转速很高而轴向载荷不太大时，可代替推力球轴承承受纯轴向载荷

续表 10.2

轴承类型及代号(GB/T 272—2012)	结构简图	承载方向	基本额定动载荷比①	极限转速比②	允许用偏差	主要特性和应用
角接触球轴承 7			1.0～1.4	高	2′～10′	能同时承受径向、轴向联合载荷,接触角越大,轴向承载能力也越大,通常成对使用,可以分装于两个支点或同装于一个支点上
圆柱滚子轴承 N			1.5～3	高	2′～4′	能承受较大的径向载荷,不能承受轴向载荷。因是线接触,内、外圈只允许有极小的相对偏转
滚针轴承 NA			—	低	不允许	不允许只能承受径向载荷,承载能力大,径向尺寸小。一般无保持架,因而滚针间有摩擦,极限转速低。因是线接触,不允许有角偏位。可以不带内圈 F

注:①基本额定动载荷比:指同一尺寸系列各种类型和结构形式轴承的基本额定动载荷与深沟球轴承的基本额定动载荷之比。

②极限转速比:指同一尺寸系列 0 级各类轴承脂润滑时的极限转速与深沟球轴承脂润滑的极限转速之比。高为 90%～100%;中为 60%～90%;低为 60%以下。

滚动轴承内、外圈与滚动体之间存在一定的间隙,因此,内、外圈可以有相对位移,最大位移量称为轴承游隙。沿轴向的相对位移量称为轴向游隙 Δa;沿径向的相对位移量称为径向游隙 Δr(见图 10.3)。游隙的存在是边界润滑油膜形成的必要条件,它影响轴承的载荷分布、振动、噪声和寿命。

使用中,由于安装误差及轴和支承的变形等,将引起轴承内圈轴线与座孔轴线不同轴,从而易使轴承磨损失效。此时,应使用能适应这种轴线转角变化并保持正常工作性能的调心轴承(见图 10.4)。

10.2.2 滚动轴承的代号

按照 G/T 271—2012 规定,滚动轴承代号由基本代号、前置代号和后置代号 3 段构成。代号一般印刻在外圈端面上,滚动轴承代号的构成如表 10.3 所列。

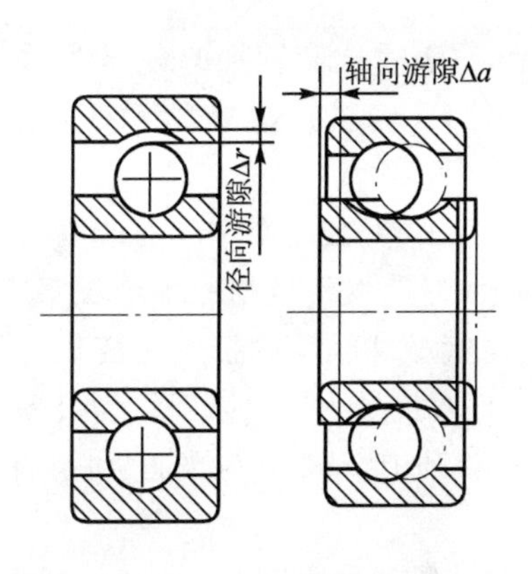

图 10.3　滚动轴承的游隙

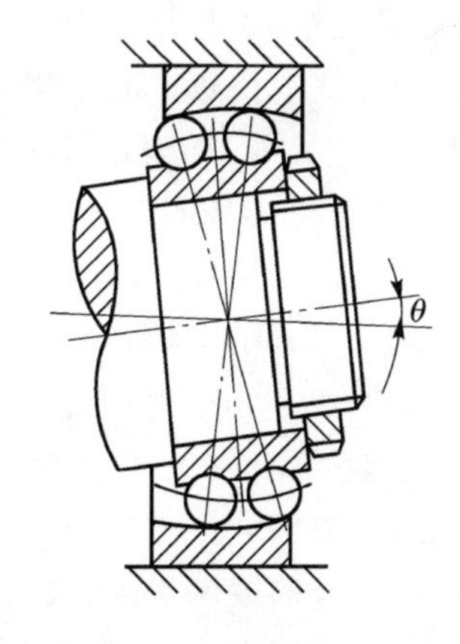

图 10.4　调心轴承

表 10.3　滚动轴承代号的构成

<table>
<tr><td rowspan="2">前置代号</td><td colspan="5">基本代号</td><td rowspan="2" colspan="8">后置代号</td></tr>
<tr><td>5</td><td>4</td><td>3</td><td>2</td><td>1</td></tr>
<tr><td rowspan="2">成套轴承分部件</td><td rowspan="2">类型代号</td><td colspan="2">尺寸系列</td><td rowspan="2" colspan="2">内径代号</td><td rowspan="2">内部结构代号</td><td rowspan="2">密封、防尘与外圈形状变化代号</td><td rowspan="2">保持架结构及材料变化代号</td><td rowspan="2">轴承材料变化代号</td><td rowspan="2">公差等级代号</td><td rowspan="2">游隙组代号</td><td rowspan="2">配置代号</td><td rowspan="2">其他</td></tr>
<tr><td>宽度系列</td><td>直径系列</td></tr>
</table>

1. 基本代号

基本代号表示轴承的基本类型、结构和尺寸，是轴承代号的基础。一般由 5 个数字或字母加 4 个数字表示。基本代号组成顺序及其意义如表 10.4 所列。

表 10.4　基本代号

<table>
<tr><td rowspan="2">类型代号</td><td colspan="2">尺寸系列代号</td><td rowspan="2" colspan="5">内径代号</td></tr>
<tr><td>宽(高)度系列代号</td><td>直径系列代号</td></tr>
<tr><td rowspan="4">用一位数字或一至两个字母表示，见表 10.2</td><td rowspan="2">表示内径、外径相同，宽(高)度不同的系列。用一位数字表示</td><td rowspan="2">表示同一内径不同外径的系列。用一位数字表示</td><td colspan="5">通常用两位数字表示；
内径 d=代号×5 mm；
d>500 mm、d<10 mm 及 d=22 mm、28 mm、32 mm 的内径代号查相关手册</td></tr>
<tr><td colspan="5">10 mm≤d<20 mm 的内径代号如下：</td></tr>
<tr><td colspan="2" rowspan="2">尺寸系列代号连用，当宽(高)度系列代号为 0 时可省略</td><td>内径代号</td><td>00</td><td>01</td><td>02</td><td>03</td></tr>
<tr><td>内径/mm</td><td>10</td><td>12</td><td>15</td><td>17</td></tr>
<tr><td colspan="8">例 1：基本代号 71108，表示角接触球轴承，尺寸系列为 11，内径 d=40 mm；
例 2：基本代号 N211，表示圆柱滚子轴承；尺寸系列为(0)2，内径 d=55 mm；
例 3：基本代号 6200，表示深沟球轴承；尺寸系列为(0)2，内径 d=10 mm</td></tr>
</table>

2. 前置、后置代号

① 前置代号在基本代号段的左侧用字母表示，它表示成套轴承的分部件（如 L 表示可分离轴承的分离内圈或外圈，K 表示滚子和保持架组件）。例如 LN207，表示(0)2 尺寸系列的单列圆柱滚子轴承的可分离外圈。

② 后置代号为补充代号。轴承在结构形状、尺寸公差、技术要求等有改变时，才在基本代号右侧予以添加。一般用字母（或字母加数字）表示，与基本代号相距半个汉字距离。后置代号共分 8 组。例如，第一组表示内部结构变化，以角接触球轴承的接触角变化为例，如公称接触角 $\alpha=40°$时代号为 B，$\alpha=25°$时代号为 AC，$\alpha=15°$时代号为 C。第五组为公差等级，按精度由低到高代号依次为：/P0、/P6、/P6x、/P5、/P4、/P2，其中，/P0 级为普通级，可省略不写。

3. 滚动轴承代号的编制规则

① 滚动轴承代号按表 10.3 所列顺序从左至右排列。

② 当滚动轴承代号用字母表示时，字母与其后的数字之间应空一个字符。

③ 基本代号与后置代号之间应空一个字符，但当后置代号中有“—”或“/”时，不再留空。

④ 公差等级代号中的“/P0”省略不写。

⑤ 公差等级代号与游隙代号同时表示时，可取公差等级代号加上游隙代号组合表示，如/P63（公差等级 P6 级，径向游隙 3 组）。

例 10.1 说明 62303、72211AC、LN 308/P6x 及 59220 等代号的含义。

解 62303 为深沟球轴承，尺寸系列为 23（宽度系列 2，直径系列 3），内径 17 mm，精度 P0 级。

72211AC 为角接触球轴承，尺寸系列为 22（宽度系列 2，直径系列 2），内径 55 mm，接触角 $\alpha=25°$，精度 P0 级。

LN 308/P6x 为单列圆柱滚子轴承，可分离外圈，尺寸系列为(0)3（宽度系列 0，直径系列 3），内径 40 mm，精度 P6x 级。

59220 为推力球轴承，尺寸系列为 92（高度系列 9，直径系列 2），内径 100 mm，精度 P0 级。

10.2.3 滚动轴承的选择

滚动轴承的选择包括类型选择、精度选择和尺寸选择。

1. 类型选择

选择滚动轴承类型时，应根据轴承的工作载荷（大小、方向和性质）、转速、轴的刚度及其他要求，结合各类轴承的特点进行。

① 载荷大小方向和性质。同时承受径向及轴向载荷的轴承，如以径向载荷为主时可选用深沟球轴承；径向载荷和轴向载荷均较大时可选用向心角接触轴承；轴向载荷比径向载荷大很多或要求轴向变形小时，可选用推力轴承和向心轴承组合的支承结构（见图 10.5）。

② 转速。当工作载荷较小、转速较高、旋转精度要求较高时宜选择球轴承；载荷较大或有冲击载荷、转速较低时，宜用滚子轴承。

③ 调心性能。跨距较大或难以保证两轴承孔的同轴度的轴及多支点轴，宜选用调心轴承。

④ 刚度要求。一般滚子轴承的刚度大，球轴承的刚度小。角接触球轴承、圆锥滚子轴承

采用预紧方式可以提高支承的刚度。

⑤ 安装与拆卸。为便于轴承安装与拆卸,调整轴承游隙,可选用内、外圈可分离的圆锥滚子轴承。

⑥ 经济性。一般球轴承比滚子轴承便宜,有特殊结构的轴承比普通结构的轴承贵。

2. 精度选择

同型号的轴承,精度越高,价格也越高。一般机械传动宜选用普通(P0)精度。

3. 尺寸选择

根据轴颈直径,初步选择适当的轴承型号,然后进行轴承寿命计算或静强度计算。

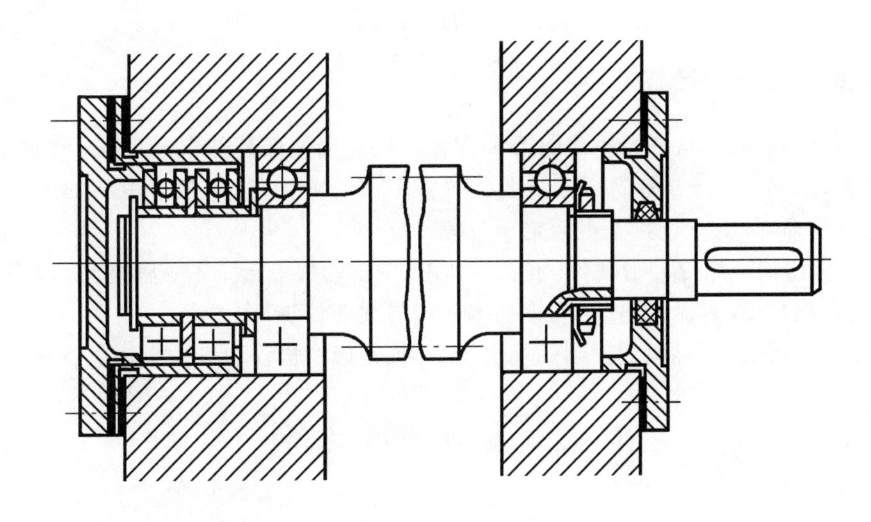

图 10.5 蜗杆支承结构

10.3 滚动轴承的失效和计算准则

10.3.1 滚动轴承的受载情况分析

滚动轴承在工作过程中只有下半圈滚动体承受载荷,且各滚动体的受载大小也不同,最下面的滚动体所受载荷最大。径向载荷分布如图 10.6 所示。

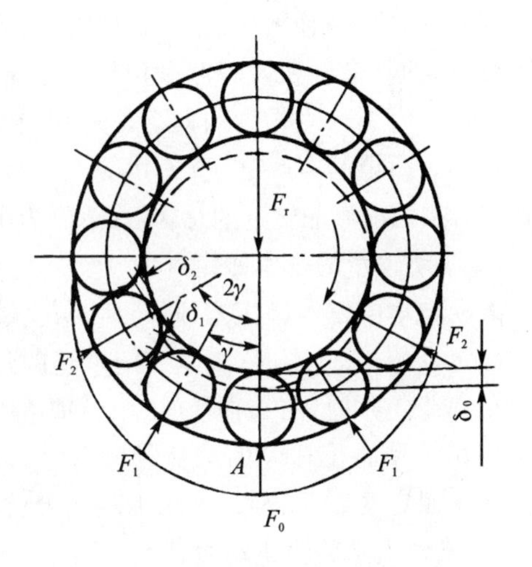

图 10.6 滚动轴承的受载情况分析

10.3.2 滚动轴承的失效

根据工作情况,滚动轴承的失效形式主要有以下几种。

(1) 点 蚀

轴承工作时,在载荷作用下,滚动体和内、外套圈之间的接触处产生循环变化的接触疲劳应力,长时间作用,接触表面会产生点蚀破坏。

点蚀发生后，噪声和振动加剧，发热严重。制造、安装精度较高的轴承和使用、维护良好的轴承绝大多数都会产生这种正常的破坏形式。

(2) 塑性变形

当滚动轴承转速很低或只作间歇摆动时，如果承受很大的静载荷或冲击载荷，则轴承各元件接触处的局部应力可能超过材料的屈服极限，从而产生永久变形。

(3) 磨 损

若润滑不良、密封不可靠，则外界微粒进入相对运动表面间使接触表面擦伤或磨损，游隙增大，精度下降，如果改善润滑和密封条件，那么这种失效可以减缓或避免。

此外，套圈还可能产生裂纹、断裂、胶合和锈蚀等。

10.3.3 滚动轴承的计算准则

针对上述失效形式，应对轴承进行寿命和强度计算以保证其可靠地工作。计算准则如下：

① 对一般工作条件的转动轴承，主要的失效形式是疲劳点蚀，根据滚动轴承寿命理论进行疲劳强度(寿命)计算——按基本额定动载荷计算。

② 对于低速轴承或受冲击载荷、重载的轴承，主要的失效形式是塑性变形，根据滚动轴承寿命理论进行静强度(寿命)计算——按基本额定静载荷计算。

对于其他失效形式，可通过正确的润滑和密封、正确的操作和维护来解决。

10.4 滚动轴承的寿命

10.4.1 滚动轴承的寿命概念

1. 滚动轴承的寿命

对于在一定载荷作用下运转的单个滚动轴承，出现疲劳点蚀前所运转的总转数或在一定转速下所运转的时间，称为滚动轴承的疲劳寿命。

大量实验结果表明，滚动轴承的疲劳寿命是相当离散的。由于制造精度、材料的均质程度等的不同，即使是相同材料、同样尺寸以及同一批生产的轴承，在完全相同的条件下工作，其寿命也极不相同，最低和最高寿命相差可达几倍、十几倍。由于轴承的寿命是离散的，因而在计算轴承寿命时引入可靠度的概念。采用可靠度为90%的基本额定寿命作为评价滚动轴承寿命的指标。所谓基本额定寿命(用L_{10}表示)，是指一批轴承在相同的条件下运转，其中90%的轴承在疲劳点蚀前所能转过的总转数(单位为10^6 r)或一定转速下的工作小时数(单位为h)。

2. 滚动轴承的基本额定寿命

滚动轴承的基本额定寿命L_{10}与所受载荷有关。标准规定，轴承工作温度为100 ℃以下，基本额定寿命$L_{10}=1$时，轴承所能承受的最大载荷称为基本额定动载荷C，单位为N。基本额定动载荷的方向：向心轴承(角接触轴承除外)是指径向载荷，对角接触轴承是指引起轴承套圈产生相对径向位移时的载荷径向分量，用C_r表示；推力轴承是指径向轴向载荷，用C_a表示。基本额定动载荷越大，轴承承载能力就越强，它是衡量轴承承载能力的主要指标。

3. 滚动轴承的当量动载荷

滚动轴承若同时承受径向和轴向载荷，那么为了计算轴承寿命时在相同条件下进行比较，需将实际工作载荷转化折算为与基本额定动载荷的方向相同的假想载荷，在该假想载荷作用下轴承的寿命与实际载荷作用下的寿命相同，则称该假想载荷为当量动载荷，用 F 表示。

当量动载荷 F 的计算公式为

$$F = XF_r + YF_a \tag{10.1}$$

式中：F_r、F_a 分别为轴承的径向载荷和轴向载荷；X、Y 分别为动载荷径向系数和动载荷轴向系数。

对于只能承受径向载荷 F_r 的轴承，$F=F_r$；对于只能承受轴向载荷 F_a 的轴承，$F=F_a$。

X、Y 可根据 F_r/F_a 的值与 e 值的关系，在表 10.5 中查得。e 值是一个临界值，用来判断是否考虑轴向载荷 F_a 的影响。当 $F_r/F_a>e$ 时，必须考虑 F_a 的影响；当 $F_r/F_a\leqslant e$ 时，则不考虑 F_a 的影响，取 $X=1$，$Y=0$。e 值的大小与轴承的类型及 F_a/C_0 的大小有关，可在表 10.5 中查得，C_0 是该轴承额定静载荷，可在《机械设计手册》中查得或见附表 1。表 10.5 中未列出 F_a/C_0 的中间值，可按线性插值法求出相对应的 e、Y 值。

表 10.5　滚动轴承当量动载荷计算的 X、Y 值

轴承类型		F_a/C_0	e	单列轴承				双列轴承			
				$F_r/F_a\leqslant e$		$F_r/F_a>e$		$F_r/F_a\leqslant e$		$F_r/F_a>e$	
				X	Y	X	Y	X	Y	X	Y
深沟球轴承		0.014	0.19				2.30				2.30
		0.028	0.22				1.99				1.99
		0.056	0.26				1.71				1.71
		0.084	0.28				1.55				1.55
		0.11	0.30	1	0	0.56	1.45	1	0	0.56	1.45
		0.17	0.34				1.31				1.31
		0.28	0.38				1.15				1.15
		0.42	0.42				1.04				1.04
		0.56	0.44				1.00				1.00
角接触球轴承	$\alpha=15°$	0.015	0.38				1.47		1.65		2.39
		0.029	0.40				1.40		1.57		2.28
		0.056	0.43				1.30		1.46		2.11
		0.087	0.46				1.23		1.38		2.00
		0.12	0.47	1	0	0.44	1.19	1	1.34	0.72	1.93
		0.17	0.50				1.12		1.26		1.82
		0.29	0.55				1.02		1.14		1.66
		0.44	0.56				1.00		1.12		1.63
		0.58	0.56				1.00		1.12		1.63
	$\alpha=25°$	—	0.68	1	0	0.41	0.87	1	0.92	0.67	1.41
	$\alpha=40°$	—	1.14	1	0	0.35	0.57	1	0.55	0.57	0.93
圆锥滚子轴承		—	$1.5\tan\alpha$	1	0	0.4	$0.4\cot\alpha$	1	$0.45\cot\alpha$	0.67	$0.67\cot\alpha$

10.4.2 滚动轴承的寿命计算

滚动轴承的寿命随载荷增大而降低，寿命与载荷的关系曲线如图10.7所示，其曲线方程为

$$F^{\varepsilon}L_{10}=\text{常数}$$

式中：F 为当量动载荷，单位为N；ε 为寿命系数，球轴承 $\varepsilon=3$，滚子轴承 $\varepsilon=10/3$；L_{10} 为基本额定寿命，常以 10^6 r为单位（当寿命为一百万转时，$L_{10}=1$）。

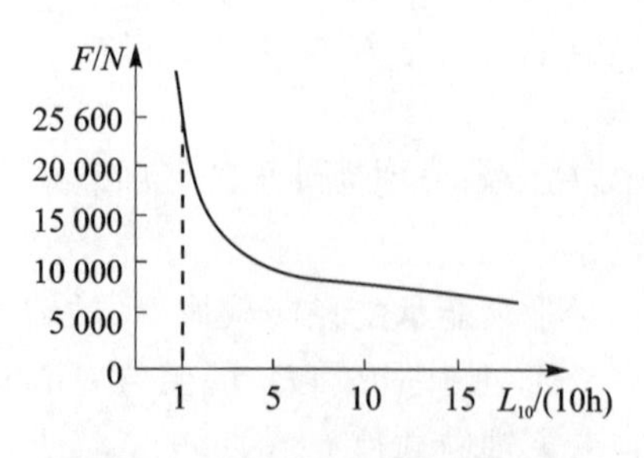

图10.7 滚动轴承的 $F-L_{10}$ 曲线

在当量动载荷 F 的作用下，轴承的基本额定寿命为

$$L_{10}=\left(\frac{C}{F}\right)^{\varepsilon}$$

在工程计算中，一般用工作小时数(h)为单位表示轴承的基本额定寿命 L_h，设轴承转速为 n(r/min)，则

$$L_h=\left(\frac{10^6}{60n}\right)=\frac{16\ 670}{n}\left(\frac{C}{F}\right)^{\varepsilon} \tag{10.2}$$

轴承设计时应满足 $L_{10h}\geqslant L_h'$。其中，L_h' 为轴承的预期使用寿命，其可由《机械设计手册》查得。

滚动轴承静强度计算及其他类型轴承的寿命计算可参考《机械设计手册》的相关内容。

例10.2 某装置上选用型号为6310的深沟球轴承，已知轴的转速为 $n=1\ 200$ r/min，轴承承受的轴向载荷 $F_a=1\ 600$ N，径向载荷 $F_r=5\ 000$ N，有轻微冲击，工作温度低于100 ℃。求此轴承的寿命。

解 已知轴承型号为6310，查附表1可知：$C_r=61\ 800$ N，$C_{0r}=38\ 000$ N。

确定当量动载荷 F。由于 $F_a/C_0=1\ 600/38\ 000=0.042$，用插入法查表10.5得 $e=0.24$。

因 $F_r/F_a=5\ 000/1\ 600=3.125>e$，由表10.5查得 $X=0.56$，$Y=1.85$。

由式(10.1)得

$$F=XF_r+YF_a=(0.56\times5\ 000+1.85\times1\ 600)\ \text{N}=5\ 760\ \text{N}$$

对于球轴承 $\varepsilon=3$ 的情况，将以上数据带入式(10.2)，得到轴承寿命为

$$L_h=\left(\frac{10^6}{60n}\right)=\frac{16\ 670}{n}\left(\frac{C}{F}\right)^{\varepsilon}=\left[\frac{16\ 670}{1\ 200}\left(\frac{61\ 800}{5\ 760}\right)^3\right]\ \text{h}=17\ 157\ \text{h}$$

10.5 滚动轴承的组合设计

10.5.1 滚动轴承的轴向固定

轴承在箱体内的位置必须确定，工作时，不允许轴承有轴向窜动，否则将影响机械传动质量，产生噪声，甚至加速传动零件失效。轴系的轴向固定是依靠固定轴承外圈来实现的。轴承外圈的固定方法很多，如用轴承盖、箱体座孔凸肩、孔用弹性挡圈等。其中，轴承盖因能承受较

大轴向力，且箱体座孔结构简单，所以应用最为广泛。

轴承的轴向固定方法主要有两种，如下：

1. 两端单向固定

如图10.8所示，每个支承功能限制轴系的一个方向的移动，两端合作的结果就限制了轴的双向移动，这种固定方式称为两端单向固定。该方式适用于普通温度(≤70 ℃)、支点跨距较小(L≤400 mm)的场合。为了防止轴因受热伸长使轴承游隙减小甚至造成卡死，对图10.8(a)所示的深沟球轴承，可在轴承盖与轴承外圈端面间留出热补偿间隙Δ(Δ=0.2～0.4 mm)，间隙量可用调整轴承盖与机座端面间的垫片厚度来控制；对于向心角接触轴承(见图10.8(b))，补偿间隙可留在轴承内部。

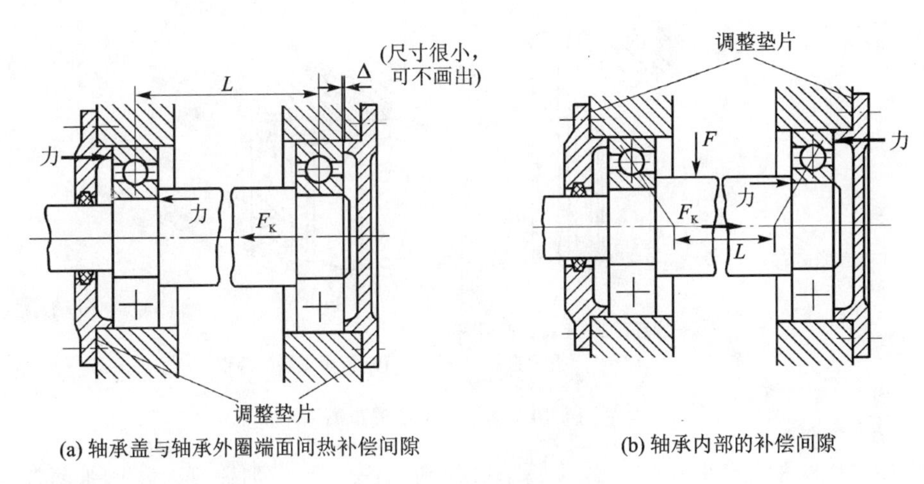

(a) 轴承盖与轴承外圈端面间热补偿间隙　　(b) 轴承内部的补偿间隙

图10.8　两端单向固定

2. 一端双向固定、一端游动

如图10.9所示，一支承的轴承内、外圈均双向固定，以限制轴的双向移动，另一支承的轴承可作轴向游动，这种方式称为一端双向固定、一端游动。选用深沟球轴承作为游动支承时，应在轴承外圈与端盖间留适当间隙C(C=3～8 mm)(见图10.9(a))；选用圆柱滚子轴承作游动支承时，游动发生在内、外圈之间，因此，轴承内、外圈应作双向固定(见图10.9(b))。这种固定方式适用于跨距较大、温度变化较大的轴。

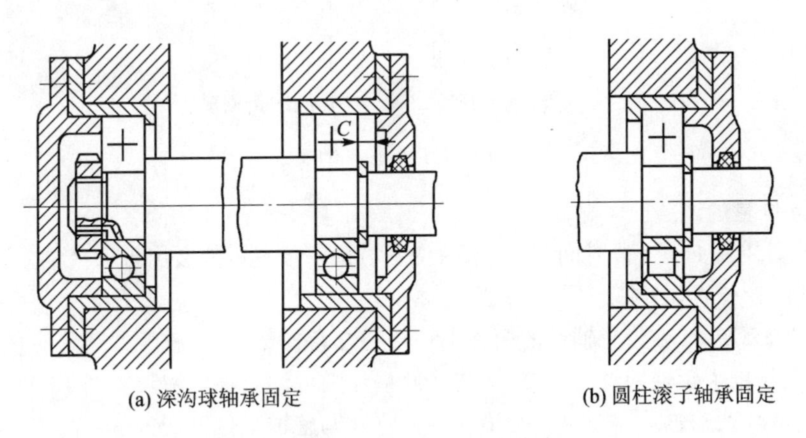

(a) 深沟球轴承固定　　(b) 圆柱滚子轴承固定

图10.9　一端双向固定、一端游动

10.5.2 轴承的调整

轴承的调整包括两方面内容，如下：

1. 轴承游隙的调整和轴承的预紧

恰当的轴承游隙是维持良好润滑的必要条件。有些轴承(如 6 类轴承)的游隙在制造时已确定；有些轴承(如 3 类、7 类轴承)装配时可通过移动轴承套圈位置来调整轴承游隙。移动轴承套圈，调整轴承游隙的方法有：①用增减轴承盖与机座间垫片厚度进行调整(见图 10.10(a))；②用调整螺钉 1 压紧或放松压盖 3 使轴承外圈移动进行调整(见图 10.10(a))，调整后用螺母 2 锁紧防松；③用带螺纹的端盖调整(见图 10.10(b))；④用圆螺母调整轴承内圈来调整游隙。

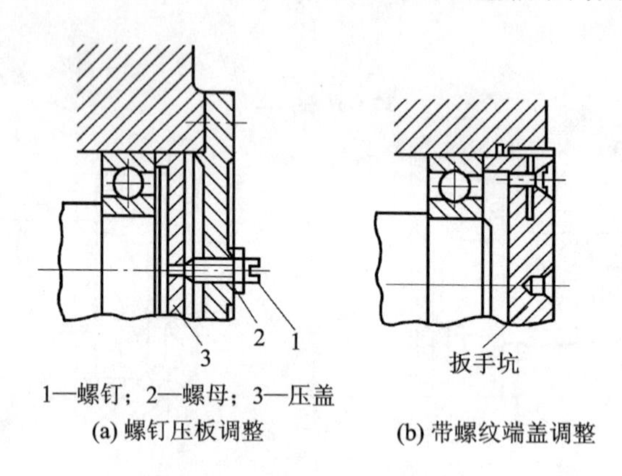

图 10.10 轴承游隙的调整图

对于某些可调游隙的轴承，为提高旋转精度和刚度，常在安装时施加一定的轴向作用力(预紧力)消除轴承游隙，并使内、外圈和滚动体接触处产生微小弹性变形，这种方法称为轴承的预紧，它一般可采用前述移动轴承套圈的方法实现。对于某些支承的轴承组合，还可采用金属垫片(见图 10.11(a))或磨窄外圈(见图 10.11(b))等方法获得预紧。

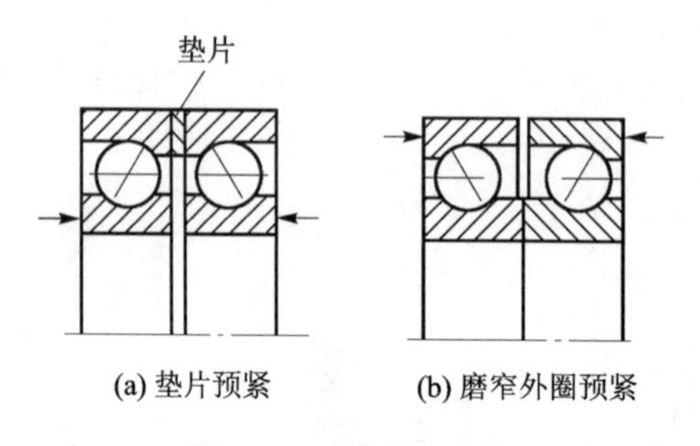

图 10.11 轴承的预紧

2. 轴承位置的调整

在初始安装或工作一段时间后，轴承的位置与预定位置可能会出现一些偏差，为使轴上零件具有准确的工作位置，必须对轴系位置进行调整。

如图 10.12 所示，锥齿轮轴系的两轴承均安装在套杯 3 中，增减 1 处垫片可使套杯相对箱体移动，从而调整锥齿轮轴的轴向位置；增减 2 处垫片则可调整轴承游隙。图 10.8(b)所示为轴系，是采用协调增减两端轴承盖与机座间垫片的方法来调整轴系位置的。

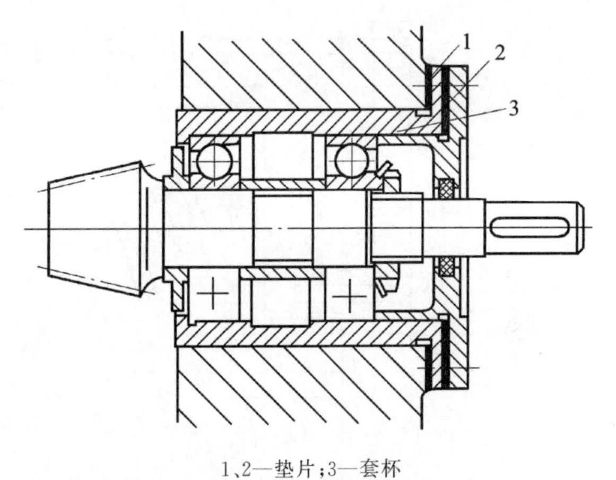

1、2—垫片；3—套杯

图 10.12　锥齿轮轴系

10.5.3　轴承的润滑与密封

1. 滚动轴承的润滑

轴承的润滑方式可根据轴承平均载荷系数 $K=\sqrt{pv^3}$ 来选择。其中，p 为轴承压强，单位为 MPa；v 为轴颈圆周速度，单位为 m/s。当 $K\leqslant 2$ 时，用脂润滑；当 $K>2$ 时，用油润滑。其中，当 $2<K<16$ 时，用针阀油杯滴油；当 $16<K<32$ 时，用飞溅式或压力循环润滑；当 $K>32$ 时，用压力循环润滑。载荷大、温度高时宜选用粘度大的润滑油；载荷小、速度高时宜选用粘度小的润滑油。

滚动轴承一般可按 dn 值选择润滑剂，其中，d 为轴承内径，单位为 mm；n 为转速，单位为 r/min。当 $dn<2\times10^5\sim3\times10^5$ mm · r/min 时采用脂润滑。润滑剂的填充量一般不超过轴承空间的 1/3～1/2。对于高速和温度较高的场合，应优选油润滑。转速较高时宜选粘度小的润滑油，反之则应选粘度高的润滑油。根据 dn 值和工作温度 t，参考图 10.13 选择润滑油的粘度值，然后根据粘度值从设计手册中选取润滑油牌号。

2. 滚动轴承的密封

轴承的密封装置是为了防止灰尘、水、酸气和其他杂物进入轴承，并防止润滑剂流失而设置的。密封装置可分为接触式密封和非接触式密封。

(1) 接触式密封

在轴承盖内放置软材料与转动轴直接接触而起密封作用。

1) 毡圈密封

如图 10.14 所示，将矩形剖面的毡圈放在轴承盖上的梯形槽中，与轴直接接触。结构简单，但磨损较大，主要用于 $v<4\sim5$ m/s 的脂润滑场合。

2) 皮碗密封

如图 10.15 所示，皮碗放在轴承盖槽中并直接压在轴上，环形螺旋弹簧压在皮碗的唇部用来增强密封效果。唇朝内可防漏油，唇朝外可防尘。安装简便，使用可靠，适用 $v<10$ m/s 的场合。

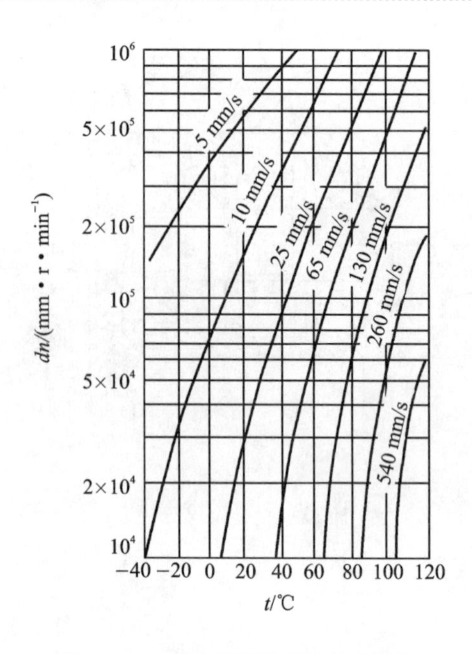

图 10.13　滚动轴承润滑油粘度选择

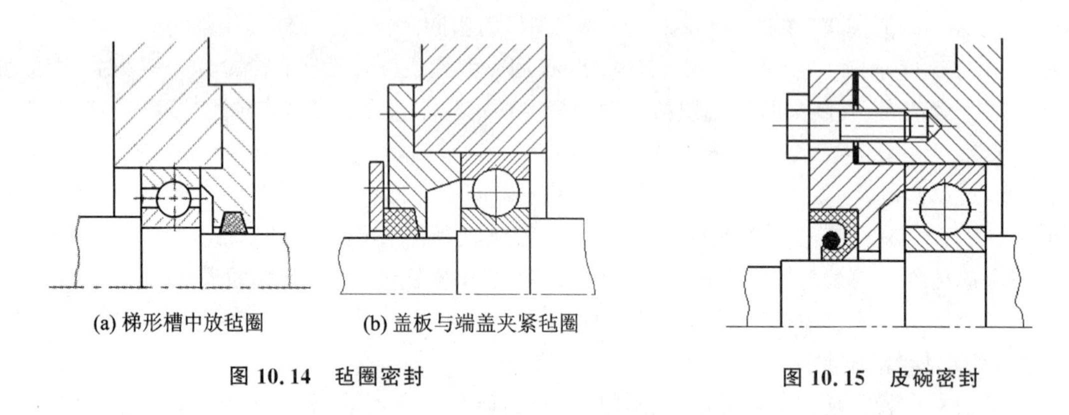

(a) 梯形槽中放毡圈　(b) 盖板与端盖夹紧毡圈

图 10.14　毡圈密封

图 10.15　皮碗密封

(2) 非接触式密封

这类密封没有与轴直接接触,多用于速度较高的场合。

1) 油沟式密封

如图 10.16(a)所示,在轴与轴承盖的通孔壁间留 0.1～0.3 mm 的窄缝隙,并在轴承盖上车出沟槽,在槽内充满油脂。结构简单,用于 v<5～6 m/s 的场合。

2) 迷宫式密封

如图 10.16(b)所示,将旋转和固定的密封零件间的间隙制成迷宫形式,缝隙间填入润滑油脂以加强密封效果,适合于油润滑和脂润滑的场合。

3) 组合式密封

如图 10.16(c)所示,在油沟密封区内的轴上装上一个甩油环,当油落在环上时可靠离心力的作用甩掉再导回油箱。在高速时密封效果好。

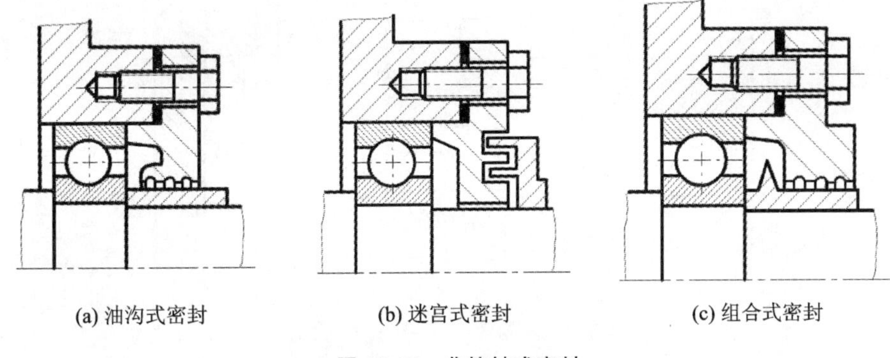

(a) 油沟式密封　　(b) 迷宫式密封　　(c) 组合式密封

图 10.16 非接触式密封

10.5.4 滚动轴承的配合与装配

轴承的配合是指内圈与轴的配合及外圈与座孔的配合，轴承的周向固定是通过配合来保证的。由于滚动轴承是标准件，所以与其他零件配合时，轴承内孔为基准孔，外圈是基准轴，其配合代号不用标注。实际上轴承的孔径和外径都具有公差带较小的负偏差，与一般圆柱体基准孔和基准轴的偏差方向、数值都不相同，所以轴承内孔与轴的配合比一般圆柱体的同类配合要紧得多。

轴承配合种类的选择应根据转速的高低、载荷的大小、温度的变化等因素来决定。配合过松，会使旋转精度降低，振动加大；配合过紧，可能因为内、外圈过大的弹性变形而影响轴承的正常工作，也会使轴承装拆困难。一般来说，转速高、载荷大、温度变化大的轴承应选紧一些的配合，经常拆卸的轴承应选较松的配合，转动套圈配合应紧一些，游动支点的外圈配合应松一些。与轴承内圈配合的回转轴常采用 n6、m6、k5、k6、j5、js6；与不转动的外圈相配合的轴承座孔常采用 J6、J7、H7、G7 等配合。

10.6 滚动轴承的维护

轴系的维护工作主要包括 3 方面内容：恰当方式的装配与拆卸；机器的定期维修和调整；润滑条件的维护。

① 恰当方式的装配与拆卸。如图 10.17 所示，轴上零件应按一定顺序进行装配或拆卸。由于各零件的孔与轴的配合性质及精度要求不同，因此要用恰当的手段装拆，以保证安装精度。如齿轮 7 在轴上的安装，必须将键 6 先行装入轴槽内，然后对准毂孔键槽推入；套筒 5 与轴为间隙配合，装拆方便。但轴承 4、8 与轴却是过盈配合，安装时应采用专门的工具。大尺寸的轴承可用压力机在内圈上加压装配(见图 10.18(a))，对中小尺寸的轴承，可借助套筒用手锤加力进行装配(见图 10.18(b))，对于批量安装或大尺寸的轴承还可采用热套的方法，即先将轴承在油中加热(油温不超过 80～90 ℃)，迅速套在轴颈上。轴承一般应用专门的工具拆卸(见图 10.19)。端盖 3 中的密封圈应先行装入毂孔内，然后装在轴上。轴系的位置经调整后，将端盖用螺钉与箱体联接，使轴系在箱体中有准确可靠的工作位置。最后安装半联轴器 2，用键作周向固定，用轴挡圈 1 作轴向定位。

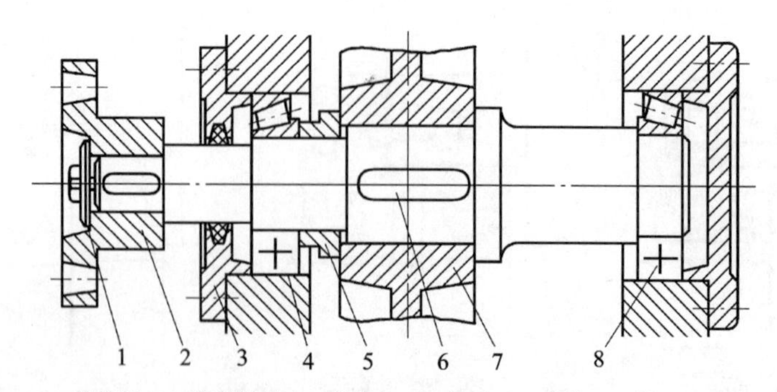

1—轴挡圈；2—半联轴器；3—端盖；4、8—轴承；5—套筒；6—键；7—齿轮

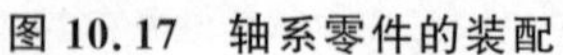

图 10.17　轴系零件的装配

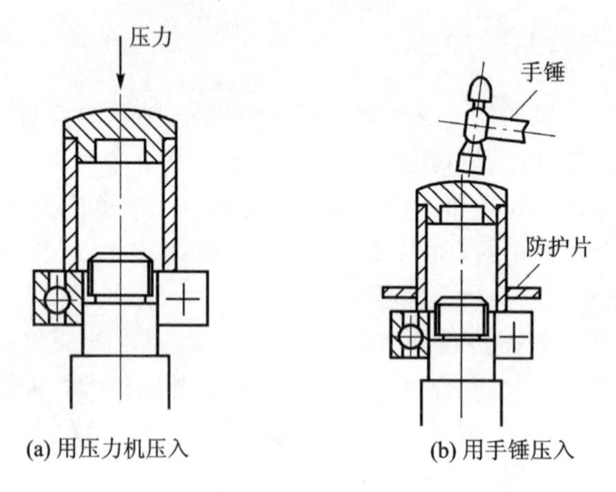

(a) 用压力机压入　　(b) 用手锤压入

图 10.18　轴承的安装图

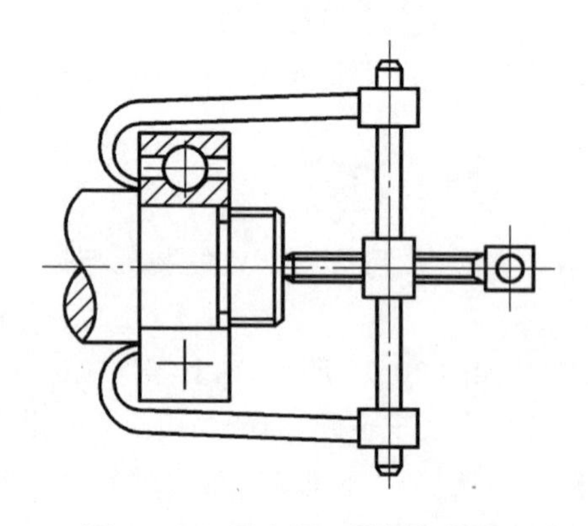

图 10.19　用专用工具拆卸轴承

② 对机器要定期维修，认真检查轴承的完好程度，及时维修与更换。安装基本完成后，轴上各零件不一定处于最佳工作位置，需要定期调整轴系的位置及轴承的游隙。

③ 轴系上应重点保证润滑的零件是传动零件（如齿轮、链轮）和轴承。必须根据季节和地点，按规定选用润滑剂，并定期加注。要对润滑油系统的润滑油数量和质量进行及时检查、补充和更换。

对滚动轴承的选用、寿命计算与组合设计等内容如图 10.20 所示。

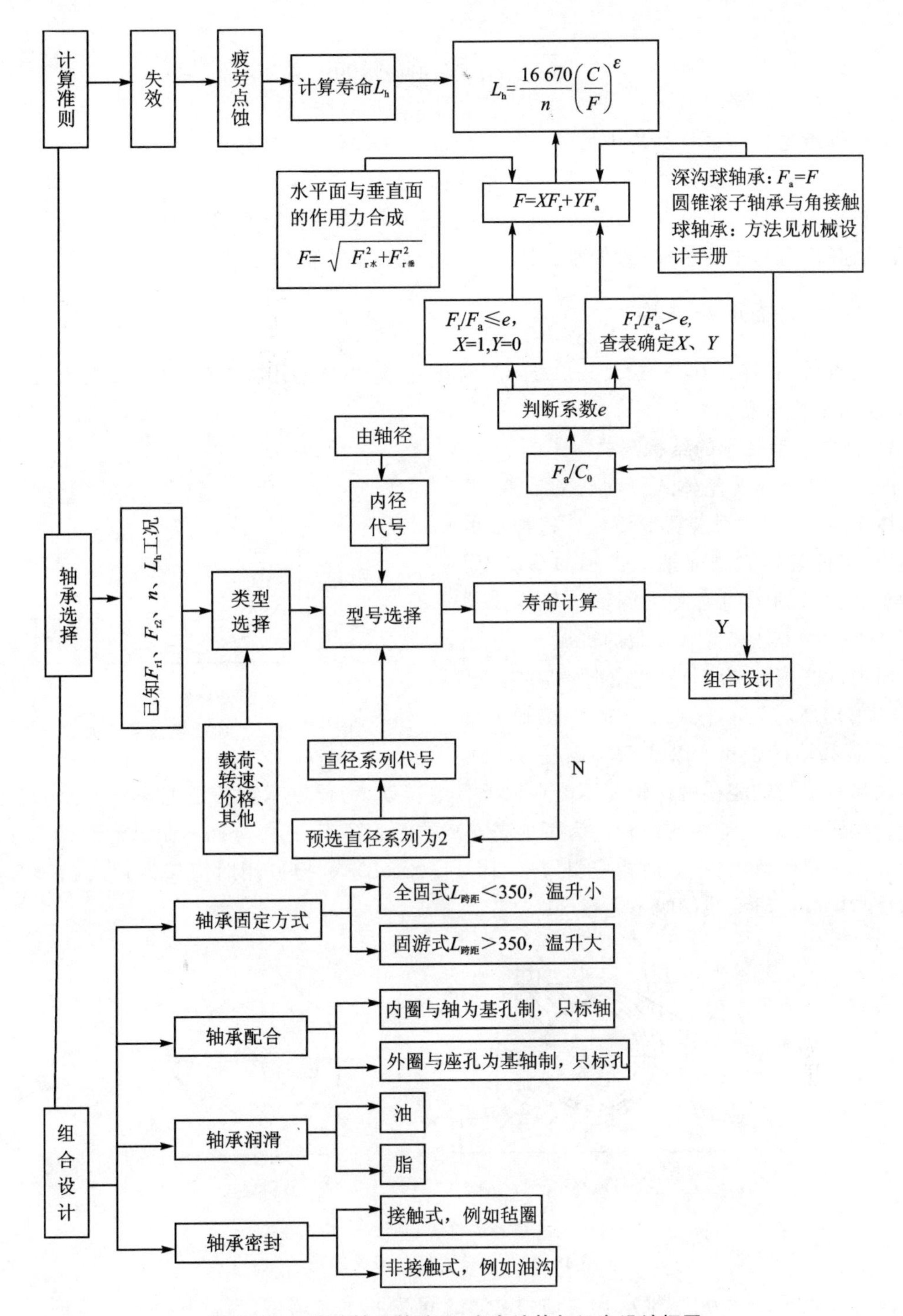

图 10.20　滚动轴承的选用、寿命计算与组合设计框图

10.7 滑动轴承简介

滑动轴承是机器轴系结构中另外一种重要的支承部件，它具有承载能力高、抗振性好、噪声小、寿命长等优点，适用于高速、重载、高精度以及结构要求对开的场合，此时优点更突出，因而在汽轮机、内燃机、大型电机、仪表、机床、航空发动机及铁路机车等机械上被广泛应用。此外，在低速、伴有冲击的机械中，如水泥搅拌机、破碎机等也常采用滑动轴承。

10.7.1 滑动轴承的结构

常用滑动轴承的结构形式及其尺寸已经标准化，应尽量选用标准形式，必要时也可以专门设计，以满足特殊需要。

1. 径向滑动轴承的结构形式

图 10.21 所示为整体式径向滑动轴承，由轴承体 1、轴套 2、润滑装置等组成。这种轴承结构简单，但装拆时轴或轴承需轴向移动，而且轴套磨损后轴承间隙无法调整。整体式轴承多用于间歇工作和低速轻载的机械。

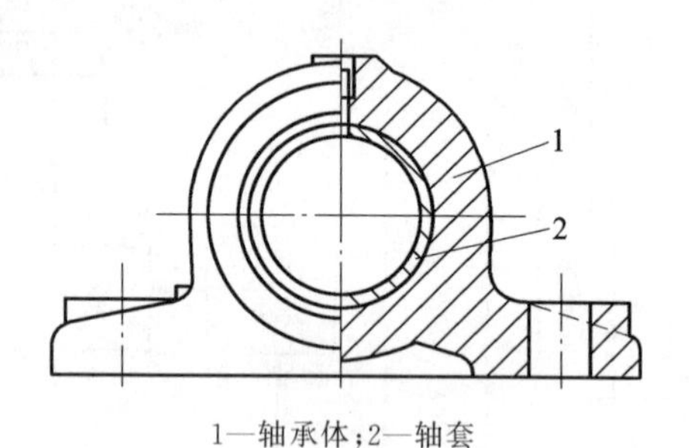

1—轴承体；2—轴套

图 10.21 整体式径向滑动轴承

图 10.22 所示为剖分式径向滑动轴承。图 10.22(a)所示为水平式滑动轴承，由轴承座 1、轴承盖 2、轴瓦 3 和 4 以及双头螺柱 5 等组成。轴瓦直接与轴相接触。轴瓦不能在轴承孔中转动，为此轴承盖应适度压紧。轴承盖上制有螺纹孔，便于安装油杯或油管。为了提高安装的对心精度，在中分面上制出台阶形榫口。当载荷方向倾斜时，可将中分面相应斜置(见图 10.22 (b))。但使用时应保证径向载荷的实际作用线与中分面对称线摆幅不超过 35°。

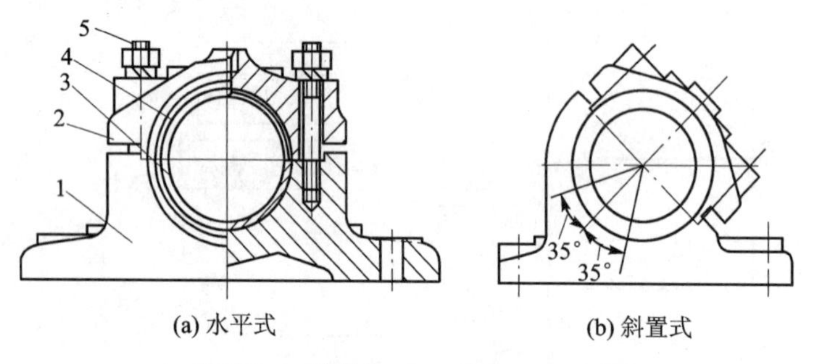

1—轴承座；2—轴承盖；3、4—轴瓦；5—双头螺柱

图 10.22 剖分式径向滑动轴承

剖分式轴承装拆方便，轴承孔与轴颈之间的间隙可适当调整，当轴瓦磨损严重时，可方便地更换轴瓦，因此应用比较广泛。

径向滑动轴承还有其他许多类型，如轴瓦外表面和轴承座孔均为球面，从而能适应轴线偏转的调心轴承(见图 10.23)、轴承间隙可调的滑动轴承等。

2. 止推滑动轴承的结构形式

止推滑动轴承用来承受轴向载荷。常用的止推面结构有：轴的端面（见图 10.24(a)和(b)）、轴段中制出的单环或多环形轴肩（见图 10.24(c)和(d)）等。

实心端面（见图 10.24(a)）为止推面的轴颈工作时，接触端外缘的滑动速度较大，因此端面外缘的磨损大于中心处，结果使应力集中于中心处。实际结构中多数采用空心轴颈（见图 10.24(b)），它不但能改善受力状况，且有利于润滑油由中心凹孔导入润滑并存储。图 10.24(e)所示为空心型立式平面止推滑动轴承结构示意图，轴承座 1 由铸铁或铸钢制成，轴瓦 5 安装在轴承座内，里面安装轴 3，止推轴瓦 2 由青铜或其他减摩材料制成，限位销钉 4 限制轴瓦转动。止推轴瓦下表面制成球形，以防偏载。

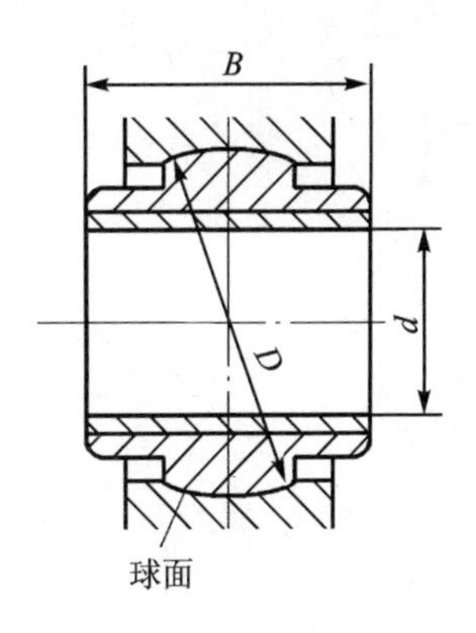

图 10.23　调心滑动轴承

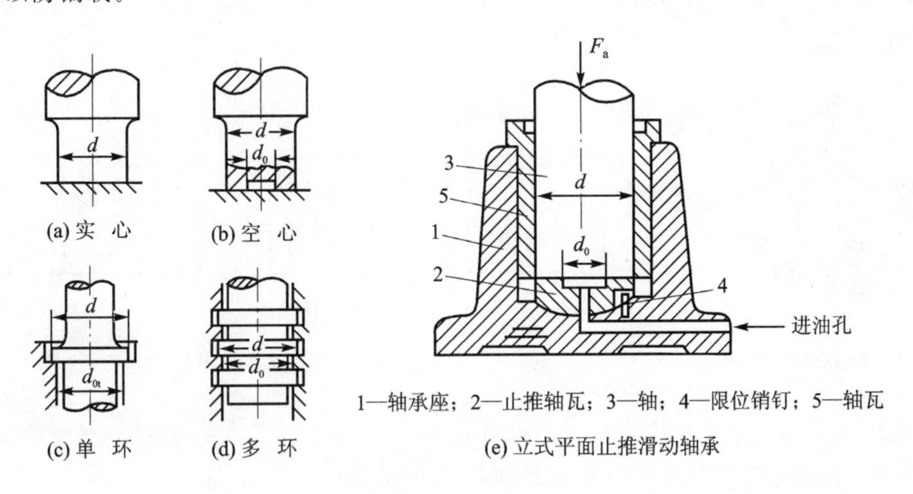

图 10.24　止推滑动轴承

10.7.2　轴瓦和轴承衬

1. 结　构

轴瓦和轴套是滑动轴承中的重要零件。轴套用于整体式滑动轴承，轴瓦用于剖分式滑动轴承。轴瓦有厚壁（壁厚 δ 与直径 D 之比大于 0.05）和薄壁两种（见图 10.25）。

薄壁轴瓦是将轴承合金粘附在低碳钢带上经冲裁、弯曲变形及精加工制成的双金属轴瓦，这种轴瓦适合大量生产，质量稳定，成本低，但刚性差，装配后不再修刮内孔，轴瓦受力变形后形状取决于轴承座的形状，所以轴承座也应精加工。

厚壁轴瓦常由铸造制得，为改善摩擦性能，可在底瓦内表面浇注一层轴承合金（称为轴承衬），厚度为零点几毫米至几毫米。为使轴承衬牢固粘附在底瓦上，可在底瓦内表面预制出燕尾槽（见图 10.26）。为更好地发挥材料的性能，还可以这种双金属轴瓦的轴承衬表镀一层铟、银等更软的金属。多金属轴瓦能兼顾满足轴瓦的各项性能要求。

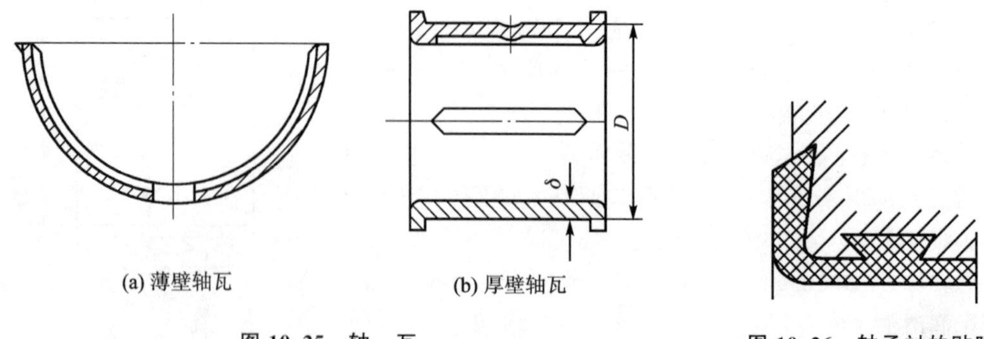

(a) 薄壁轴瓦　　(b) 厚壁轴瓦

图 10.25　轴　瓦　　　　图 10.26　轴承衬的贴附

为使润滑油均布于轴瓦工作表面,轴瓦上制有油孔和油槽。当载荷向下时,承载区为轴瓦下部,上部为非承载区。润滑油进口应设在上部(见图 10.27),使油能顺利导入。油槽应以进油口为中心沿纵横或斜向开设,但不得与轴瓦端面开通,以减少端部泄油。图 10.28 所示为常用的油槽形式。

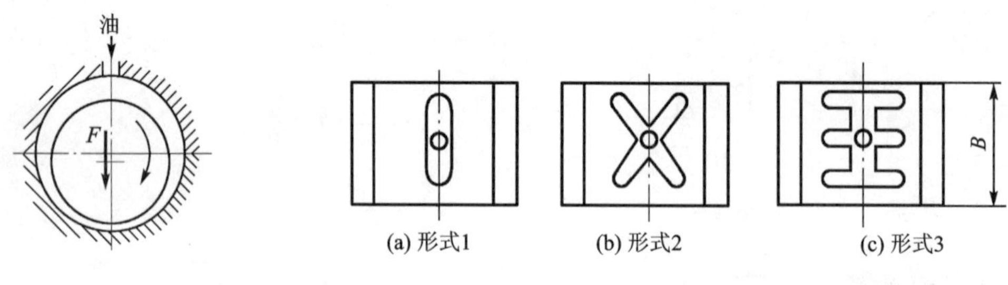

(a) 形式1　　(b) 形式2　　(c) 形式3

图 10.27　注油口位置　　　　图 10.28　油槽形式

轴瓦的主要参数是宽径比 B/d,其中,B 是轴瓦的宽度,d 是轴颈直径。对滑动轴承常取 $B/d=0.5\sim1$;对边界和混合摩擦滑动轴承常取 $B/d=0.8\sim1.5$。

2. 材　料

轴瓦和轴承衬的材料应具备下述性能:①摩擦系数小;②导热性好,热胀系数小;③耐磨、耐蚀、抗胶合能力强;④足够的机械强度和一定的可塑性;⑤对润滑油的亲合性。

轴瓦(包括轴承衬)材料直接影响轴承的性能,应根据使用要求、生产批量和经济性要求合理选择。

常用的轴瓦和轴承衬材料有:

(1) 铸造轴承合金

该合金又名巴氏合金或白合金,它有锡锑轴承合金和铅锑轴承合金两大类。锡锑轴承合金的摩擦系数小,抗胶合性能良好,对油的吸附性好,耐腐蚀,易磨合,常用于高速重载的场合。但是,其价格较贵,且机械强度较差,因此多用作轴承衬材料浇注在钢、铸铁或青铜底瓦上。铅锑轴承合金的各方面性能与锡锑轴承合金相近,但材料较脆,不宜承受较大的冲击载荷,一般用于中速、中载的场合。

(2) 铸造青铜

青铜的熔点高、硬度高,其承载能力、耐磨性与导热性均高于轴承合金,它可以在较高温度

(250 ℃)下工作,但是可塑性差,不易磨合,与之配合的轴颈必须淬硬。青铜可单独制成轴瓦。为节约有色金属材料,也可将青铜浇注在钢或铸铁底瓦上。常用的铸造青铜主要有铸造锡青铜和铸造铝青铜,一般分别用于重载、中速中载和低速重载场合。

(3) 粉末合金

该合金又称为金属陶瓷,它经制粉、定型、烧结等工艺制成。粉末合金轴承具有多孔组织,使用前将轴承浸入润滑油,让润滑油充分渗入微孔组织。运转时,轴瓦温度升高,由于油的热膨胀及轴颈旋转时的抽吸作用使油自动进入滑动表面润滑轴承。轴承一次浸油后可以使用较长时间,常用于不便加油的场合。粉末合金轴承在食品机械、纺织机械、洗衣机等家用电器中有广泛应用。

(4) 非金属材料

制作轴承的非金属材料主要是塑料,它具有摩擦系数小、耐腐蚀、抗冲击、抗胶合等特点,但是,其导热性差,容易变形,重载使用时必须充分润滑。大型滑动轴承(如水轮机轴承)可选用酚醛塑料;中小型轴承可选用聚酰材料。常用轴瓦和轴承衬材料的牌号和性能如表10.6所列。

表 10.6 常用轴瓦及轴承衬材料的牌号和性能

轴瓦材料		最大许用值			最高工作温度/℃	硬度/HBS	性能比较				备 注
		[p]/MPa	[v]/(m·s^{-1})	[pv]/(MPa·m·s^{-1})			抗胶合性	顺应性、嵌藏性	耐蚀性	疲劳强度	
铸造锡锑轴承合金	ZSnS11Cu6	平稳载荷			150	150	1	1	1	5	用于高速、重载下工作的重要轴承,变载荷下易疲劳,价贵
		25	80	20							
	ZSnSb8Cu4	冲击载荷									
		20	60	15							
铸造铅锑轴承合金	ZPbSb16Sn16Cu2	15	12	10	150	150	1	1	3	5	用于中速、中等载荷的轴承,不宜受显著的冲击载荷。可作为锡锑轴承合金的代用品
	ZPbSb15Sn5Cu3Cd2	5	6	5							
铸造锡青铜	ZCuSn10P1	15	10	15	280	300	5	5	2	1	用于中速、重载及受变载荷的轴承
	ZCuSn5Pb5Zn5	8	3	15							用于中速、中等载荷的轴承
铸造铝青铜	ZCuAl10Fe3	15	4	12		280	5	5	5	2	用于润滑充分的低速、重载轴承

本章知识点提示

1. 轴承是支承轴和轴上零件的部件。其作用是起支撑轴或其他运动体，形成转动或移动等运动，承受由轴或轴上零件传递来的载荷。

2. 滚动轴承已标准化，其基本代号由 5 个数字或字母加 4 个数字表示，应牢记基本代号的含义。

3. 选择滚动轴承主要是选择类型、精度和基本尺寸。

4. 滚动轴承的失效主要有点蚀、塑性变形和磨损。对于一般条件的轴承，主要的失效形式是疲劳点蚀，按基本额定动载荷计算轴承寿命；对于低速轴承或受冲击载荷、重载的轴承，按基本额定静载荷计算。

5. 滚动轴承的轴向固定有两端单向固定，一端双向固定、一端游动。

6. 轴承的调整主要包括调整轴承间隙和预紧以及调整轴承的位置等。

7. 轴承的润滑有油润滑和脂润滑。

8. 滚动轴承密封有接触式密封和非接触式密封。

9. 轴承内孔为基准孔，外圈是基准轴。

10. 轴系的维护包括恰当方式的装配与拆卸、机器的定期维修和调整、润滑条件的维护等内容。

11. 滑动轴承适用于高速、重载、高精度以及结构要求对开的场合。

12. 滑动轴承的结构以整体式和剖分式为主。

13. 滑动轴承的材料以轴承合金为主。

思考题

10.1 下列场合的轴中，哪些适合选用滚动轴承？哪些适合选用滑动轴承？

① 大型发电机转子轴；② 普通机床齿轮箱中的各转轴；③ 水泥搅拌机的滚筒轴；④ 高精度精密机床的主轴。

10.2 滚动轴承一般由哪些元件组成？各个元件的作用是什么？

10.3 滚动轴承分为哪几类？各有什么特点？适用于什么场合？

10.4 滚动轴承的主要失效形式有哪些 ？其设计计算准则是什么？

10.5 选择滚动轴承类型时要考虑哪些因素？

10.6 轴承间隙常用的调整方法有哪些？轴承的预紧有何意义？

10.7 滚动轴承的组成零件中，哪一零件是不可省略的关键零件？

10.8 止推滑动轴承的止推面为什么不能制成实心端面？

10.9 按承受载荷方向的不同，滚动轴承可分为哪几类？各有何特点？

10.10 当量动载荷的意义和用途是什么？如何计算？

10.11 自行车前后轮采用的是何种轴承？有什么结构特点？

10.12 你所学过的滚动轴承中，哪几类滚动轴承是内、外圈可分离的？

10.13 轴瓦和轴承衬有何区别？轴瓦有哪两种形式？

10.14 对轴瓦和轴承衬的材料有哪些要求？常用的材料有哪几类？

10.15 轴瓦上油槽应设在什么位置？油槽可否与轴瓦端面连通？

习 题

10.1 题10.1图中的齿轮、圆螺母和深沟球轴承分别装在轴的 A、B、C 段上，试确定轴上尺寸 l、s、d_1、d_2、R_1 及 R_1'。

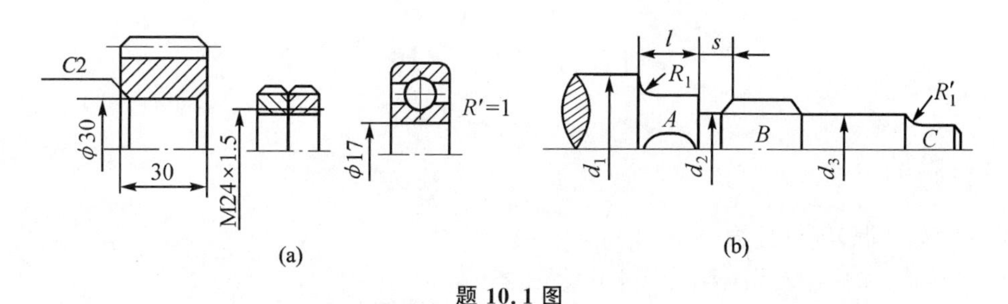

题10.1图

10.2 说明下列滚动轴承代号的含义：

60210/P6　612/32　N2313　70216AC　71311C

10.3 指出题10.3图(a)和(b)所示轴承组合设计中的结构错误(错处用圆圈引出图外)，说明原因并予以改正。

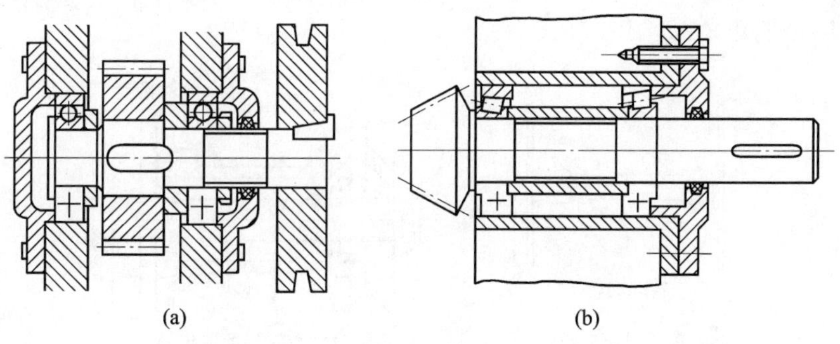

题10.3图

10.4 轴上一6208轴承，所承受的径向载荷 $F_r=3\ 000$ N，轴向载荷 $F_a=1\ 270$ N。试求其当量动载荷 F。

10.5 一带传动装置的轴上拟选用单列向心球轴承。已知：轴颈直径 $d=40$ mm，转速 $n=800$ r/min，轴承的径向载荷 $F_r=3\ 500$ N，载荷平稳。若轴承预期寿命 $L_h=10\ 000$ h，试选择轴承型号。

10.6 一水泵选用深沟球轴承，已知轴颈 $d=35$ mm，转速 $n=2\ 900$ r/min，轴承所受的径向力 $F_r=2\ 300$ N，轴向力 $F_a=540$ N，要求使用寿命 $L_{10h}=5\ 000$ h，试选择轴承型号。

10.7 一齿轮减速器的中间轴由代号为6212的滚动轴承支承，已知其径向载荷 $R=6\ 000$ N，轴的转速 $n=400$ r/min，载荷平稳，常温下工作，已工作过5 000 h，问：

① 该轴承还能继续使用多长时间？

② 若从此将载荷改为原载荷的50%，轴承还能继续使用多长时间？

第 11 章　轴

轴是直接支持旋转零件(如齿轮、带轮、链轮、车轮等)并传递运动和动力的支承零件,是组成机器的重要零件之一。

11.1　概　述

11.1.1　轴的分类

根据受载情况,轴可分为:

① 传动轴:以传递转矩(T)为主,不承受弯矩(M)或承受很小弯矩的轴,如汽车的传动轴(见图 11.1)。

② 心轴:承受弯矩(M),不传递转矩(T)的轴,如铁路机车的轮轴(见图 11.2(a))和自行车的前轮轴(见图 11.2(b))。

③ 转轴:既传递转矩(T),又承受弯矩(M)的轴,如齿轮减速器的输出轴(见图 11.3)。

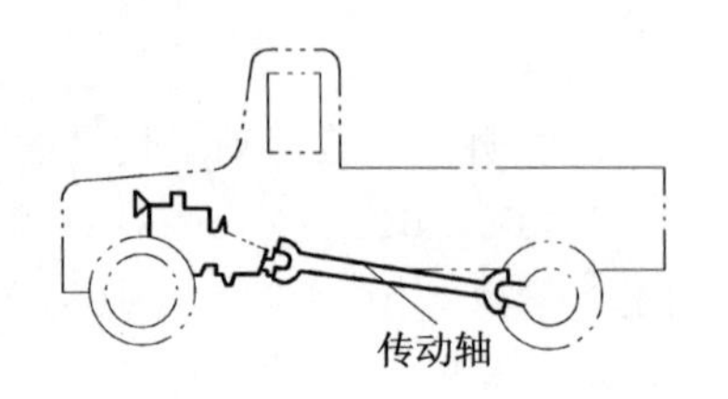

图 11.1　汽车的传动轴

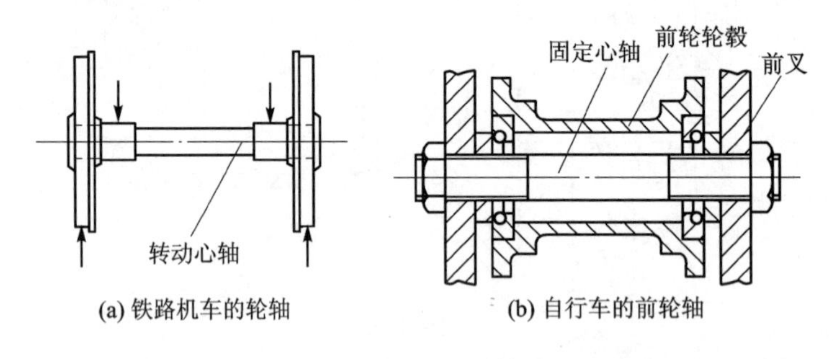

(a) 铁路机车的轮轴　(b) 自行车的前轮轴

图 11.2　心　轴

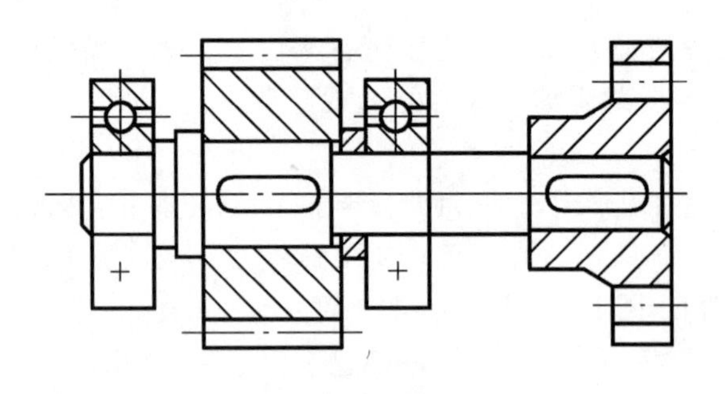

图 11.3　齿轮减速器的输出轴

根据轴线形状,轴又可分为直轴(见图 11.4)、曲轴(见图 11.5)和挠性轴(见图 11.6)。根据外形,直轴又可分为直径无变化的光轴(见图 11.4(a))和直径有变化的阶梯轴(见图 11.4(b))。为提高刚度,有时又制成空心轴(见图 11.4(c))。在各种类型轴中,阶梯轴应用最广。

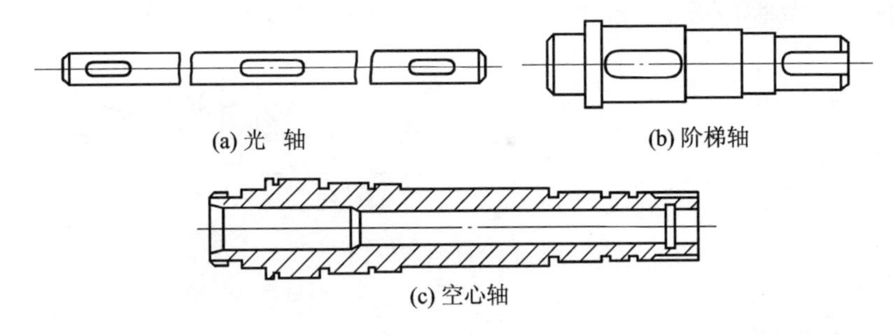

图 11.4　直　轴

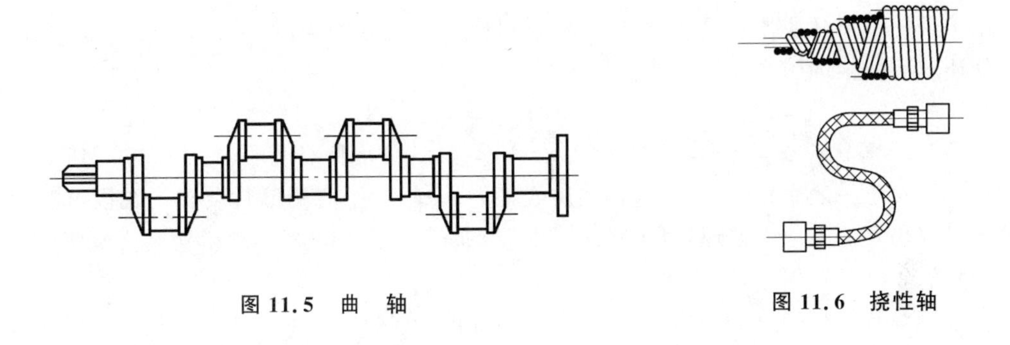

图 11.5　曲　轴

图 11.6　挠性轴

11.1.2　轴的失效

以减速器的输出轴为例来讨论轴的失效(见图 11.7),一般情况下,在交变应力的作用下,轴的主要失效形式为疲劳断裂。疲劳断裂是一个损伤累积的过程。在初期,由于表层的某种缺陷,如夹渣、气孔或成分偏析等,在零件表面形成微裂纹。随着应力循环次数的增加,裂纹则不断扩展。与之同时,在断层表面上,轴的每次转动都会受到一次挤压作用,产生一次接触磨损,多次反复作用,断层表面呈现光亮状态。随着断层的不断扩大,轴的实际承载面积不断减少,当工作应力超出轴的许用应力时,轴就会瞬间断裂,瞬间断裂表面呈现粗糙状态。

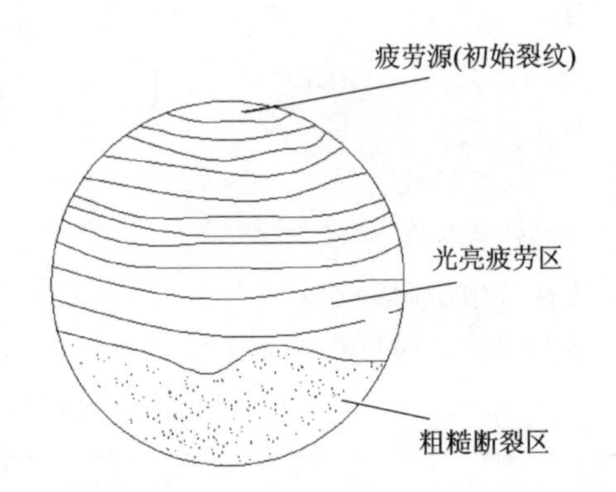

图 11.7　轴的弯曲疲劳断裂裂口

11.1.3　轴的设计过程

轴的设计主要解决两个方面的问题:①设计计算:为了保证轴具有足够的承载能力,防止断裂和过大的塑性变形,要根据轴的工作要求对轴进行强度计算。②结构设计:根据轴上零件的装拆与定位、轴的加工等设计要求确定轴的结构和各部分尺寸。

轴的设计步骤可分为4步进行：①选择材料；②初定轴径；③结构设计，确定轴的尺寸(直径和长度)；④强度计算，做出载荷图、应力图，校核危险截面强度。如果强度不满足要求，则应修改初定轴径，或重新选择材料，重复第③、④步，直到满足设计要求为止。图11.8所示为轴的设计过程框图。在轴的设计过程中，结构设计和强度计算交叉进行。

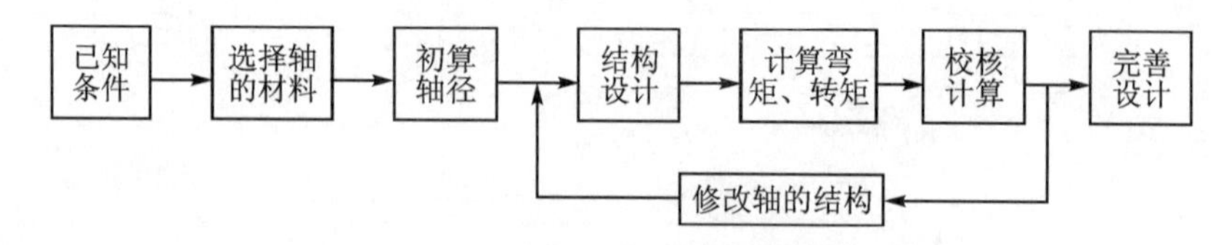

图11.8　轴的设计过程图

11.2　轴的材料

由于轴的载荷性质比较复杂，所以轴的材料应具有较好的强度、韧性，与轴上零件有相对滑动处还应有一定的耐磨性。轴的材料主要采用碳素钢和合金钢。

(1) 碳素钢

35、45、50等优质碳素钢具有较好的综合力学性能，价格相对低廉，应用较广。其中，45钢应用最广。对于一般用途的轴，可进行调质或正火处理；对于有耐磨性要求的轴段，应进行表面淬火(硬化)及低温回火处理，对于轻载或不重要的轴，可用Q235、Q275等普通碳素钢。

(2) 合金钢

合金钢具有较高的力学性能，热处理变形小；但其价格较贵，对应力集中比较敏感，多用于要求质量小及有特殊要求的轴。例如：采用滑动轴承的高速轴，常用20Cr、20CrMnTi等合金渗碳钢经渗碳淬火，以提高轴颈耐磨性；汽轮发电机转子轴，要求在高速、高温重载下工作，常采用27Cr2MolV、38CrMoAlA等合金钢。值得注意的是，选用合金钢代替碳素钢并不能有效提高轴的刚度。

(3) 球墨铸铁

球墨铸铁吸振性好，对应力集中不敏感，耐磨，价格低廉，但铸造品质不易控制，韧性差。球墨铸铁可用于制造外形较复杂的轴，如内燃机中的曲轴。

轴的常用金属材料及力学性能如表11.1所列。

表11.1　轴的常用金属材料及力学性能

材料牌号	热处理类型	毛坯直径/mm	硬度/HBS	抗拉强度 σ_b/MPa	屈服点 σ_s/MPa	应用说明
Q275～Q235				149～610	275～235	用于不很重要的轴
35	正火	≤100	149～187	520	270	用于一般轴
		>100～300	143～187	500	260	
	调质	≤100	156～207	560	300	
		>100～300		540	280	

续表 11.1

材料牌号	热处理类型	毛坯直径/mm	硬度/HBS	抗拉强度 σ_b/MPa	屈服点 σ_s/MPa	应用说明
45	正火	≤100	170～217	600	300	用于强度高、韧性中等的较重要的轴
		>100～300	162～217	580	290	
	调质	≤200	217～255	650	360	
40Cr	调质	25	≤207	1 000	800	用于强度要求高、有强烈磨损而无很大冲击的重要轴
		≤100	241～286	750	550	
		>100～300		700	500	
35SiMn	调质	25		900	750	可代替 40Cr，用于中、小型轴
		≤100	229～286	800	520	
		>100～300	217～269	750	450	
42SiMn	调质	25		900	750	与 35SiMn 相同，但专供表面淬火之用
		≤100	229～286	800	520	
		>100～300	217～269	750	470	
		>200～300	217～255	700	450	
40MnB	调质	25		1 000	800	可代替 40Cr，用于小型轴
		≤200	241～286	500	500	
35CrMo	调质	25		1000	350	用于重载的轴
		≤100	207～269	750	550	
		>100～300		700	500	
38CrMnMo	调质	≤100	229～285	750	600	可代替 35CrMo
		>100～300	217～269	700	550	

11.3　轴径初步估算

轴径初步估算时，通常是估算轴的最小直径，以此作为轴结构设计的依据。

11.3.1　轴径初步估算方法

1. 类比法

类比法就是参考同类型机器的轴的结构、尺寸，经对比分析，确定所设计轴的直径。

2. 经验公式计算

对于一般的机器，可采用经验公式来估算轴的直径，高速输入轴的直径 d 可按与其相连接的电动机轴的直径 D 估算，$d \approx (0.8 \sim 1.2)D$；各级低速轴的直径 d 可按同级齿轮传动中心距 a 估算，$d \approx (0.3 \sim 0.4)a$。

3. 按扭转变形强度计算

由于轴是回转件，轴的最小直径估算可以按照扭转变形进行确定，可用于传动轴的计算和转轴的初估直径。对于转轴，由于跨距未知，无法计算弯矩，在计算中只考虑转矩，而弯矩的影响则用降低许用应力的方法来考虑。

11.3.2 扭转变形强度计算

由实心圆轴扭转强度条件

$$\tau=\frac{T}{W_\rho}=\frac{9\ 550P}{0.2d^3n}\times10^3\leqslant[\tau]$$

式中：τ 为轴的剪应力，MPa；T 为扭矩，N·mm；W_ρ 为抗扭截面系数，mm^3；对于圆截面，$W_\rho=\pi d^3/16\approx0.2d^3$；$P$ 为轴传递的功率，kW；n 为轴的转速，r/min；d 为轴的直径，mm；$[\tau]$ 为许用切应力，MPa。

对于转轴，初始设计时考虑弯矩对轴强度的影响，可将$[\tau]$适当降低。将上式改写为设计公式

$$d\geqslant\sqrt[3]{\frac{9\ 550\times10^3}{0.2[\tau]}}\sqrt[3]{\frac{P}{n}}=A\sqrt[3]{\frac{P}{n}}\tag{11.1}$$

式中：A 为由轴的材料和承载情况确定的常数，见表 11.2；P 为轴传递的功率，kW；n 为轴的转速，r/min；d 为轴径，mm。

表 11.2 常用材料的$[\tau]$和 A 值

轴的材料	Q235,20	35	45	40Cr,35SiMn,42SiMn,38SiMnMo,20CrMnTi
$[\tau]$/MPa	12～20	20～30	30～40	40～52
A	160～135	135～118	118～107	107～98

注：1 轴上所受弯矩较小或只受转矩时，A 取较小值，否则取较大值。

2 用 Q235、35SiMn 时，取较大的 A 值。

3 轴上有一个键槽时，A 值增大 4%～5%；有两个键槽时，A 值增大 7%～10%。

轴的直径选择需要满足两个条件：①由式(11.1)计算所得轴的直径经圆整后应满足按优先数系制定的标准尺寸的要求；②轴的直径应该与相配合零件(如联轴器、带轮等)的孔径相吻合。满足上述两个条件的轴的直径可作为转轴的最小直径。

由式(11.1)计算出的直径为轴的最小直径 d_{min}，若该剖面有键槽，则应将计算出的轴径适当加大，当有一个键槽时增大 5%，当有两个键槽时增大 10%，然后圆整为标准直径。

11.4 轴的结构及其设计

轴的结构设计主要是使轴的各部分具有合理的形状和尺寸，合理的轴系结构是保证传动实现的关键。影响轴系结构的因素很多，设计时灵活多变，没有一成不变的规律，应具体问题具体分析。合理的轴系结构必须满足下列基本要求：①轴上零件的准确定位与固定；②轴上零件便于装拆和调整；③良好的加工工艺性；④轴受力合理，尽量减小应力集中；⑤轴在预期寿命内不失效。

11.4.1　轴的结构

为了便于轴向零件的拆装，常将轴做成阶梯形，它的直径从轴端逐渐向中间增大，图 11.9 所示为圆柱齿轮减速器低速轴的结构图。轴与轴承配合处的轴段称为轴颈 8，安装轮毂的轴段称为轴头 11，轴头与轴颈间的轴段称为轴身 4。此外，外伸的轴头又称轴伸。轴伸应取规定的系列值。阶梯轴上截面尺寸变化的部位称为轴肩 3 或轴环 10。轴肩和轴环常作为定位、固定的手段。图 11.9 中齿轮 5 由左方装入，依靠轴环限定轴向位置；左端的联轴器 2 和右端的轴承 7 依靠轴肩得以定位。为了轴上零件的轴向固定，轴上还设有其他相应的结构，如左轴端制有安装轴端挡圈 1 用的螺纹孔。

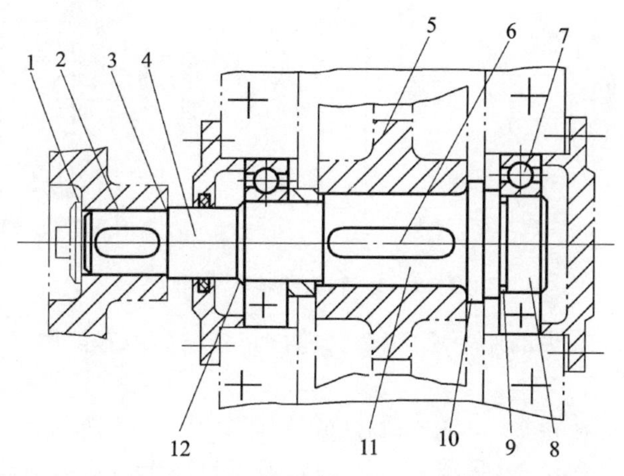

1—挡圈；2—联轴器；3—轴肩；4—轴身；5—齿轮；6—键；7—轴承；
8—轴颈；9—砂轮越程槽；10—轴环；11—轴头；12—倒角

图 11.9　圆柱齿轮减速器低速轴

轴头上常开有键槽，通过键 6 联接实现传动件的周向固定。为便于装配，轴上还常设有倒角 12 和锥面。从制造工艺性出发，轴的两端常设有中心孔以保证加工时各轴段的同轴度和尺寸精度，需切制螺纹和磨削的轴段还应留有螺纹退刀槽和砂轮越程槽 9。图 11.10 所示为螺纹退刀槽和砂轮越程槽的结构。

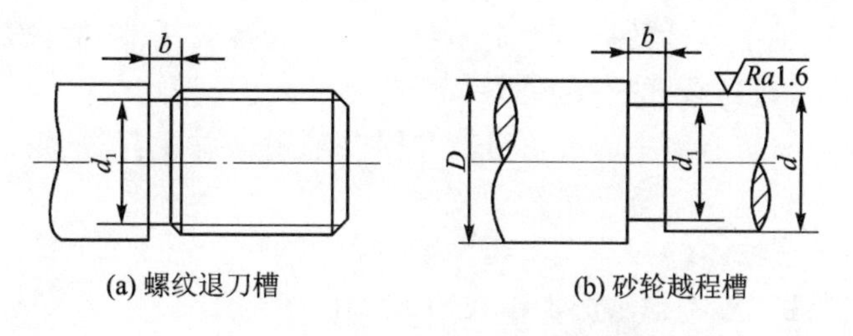

(a) 螺纹退刀槽　　(b) 砂轮越程槽

图 11.10　螺纹退刀槽和砂轮越程槽的结构

11.4.2　轴上零件的定位和固定

零件在轴上必须有确定的位置，为此在轴线方向和圆周方向有定位和固定要求。

1. 轴上零件的轴向定位

为了使零件在装配时容易获得准确的轴向位置，并在工作时得到保持，轴系结构必须保证轴上零件的轴向定位和固定。轴肩与轴环是轴上零件轴向直接定位的常用手段。如图 11.11 所示，为保证轴上零件的端面能与轴肩平面可靠接触，轴肩(或轴环)高度 h 应大于轴的圆角 R 和零件倒角 $C1$，一般取 $h_{min}\geqslant(0.07\sim0.1)d$(见图 11.11(a))。但安装滚动轴承的轴肩高度 h 必须小于轴承内圈高度 h_1，以便轴承的拆卸(见图 11.11(b))。此安装尺寸可在轴承标准内查取。轴环宽度 $b\approx1.4h$。

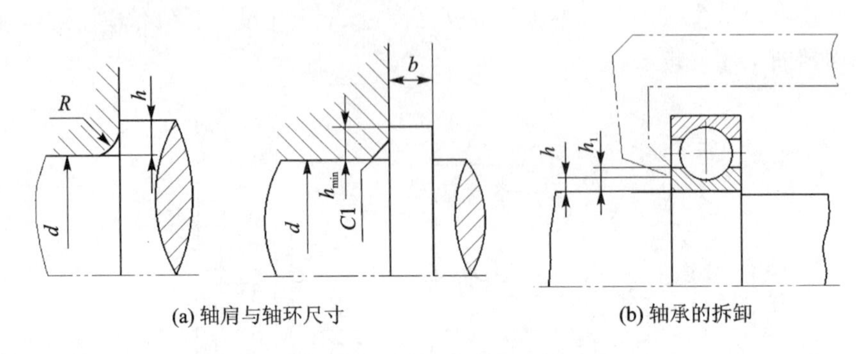

(a) 轴肩与轴环尺寸　　(b) 轴承的拆卸

图 11.11　轴肩与轴环的高度

有些零件(见图 11.9 中的左轴承)用套筒进行间接定位。套筒厚度可按定位及装拆要求参照轴肩高度设计。

零件的轴向固定方法很多。其中，轴肩(或轴环)结构简单，能承受较大的轴向力；套筒能同时固定两个零件的轴向位置(见图 11.12(a))，但不宜用于高转速轴；轴端挡圈用于外伸轴端上的零件固定(见图 11.12(b))；圆螺母固定可靠(见图 11.12(c))，能实现轴上零件的间隙调整；弹性挡圈结构紧凑，装拆方便(见图 11.12(d))，但受力较小；紧定螺钉多用于光轴上零件的固定，并兼有周向固定作用(见图 11.12(e))，但受力小且不宜用于转速较高的轴。为了使套筒、圆螺母、轴端挡圈等可靠压紧轴上零件的端面，与零件轮毂相配的轴段长度 l 应略小于轮毂宽度，一般短 1～3 mm。

2. 轴上零件的周向固定

运转时，为了传递转矩或避免与轴发生相对转动，零件在轴上必须周向固定。

如图 11.13 所示，轴上零件的周向固定多数采用键联接或花键联接，有时采用成形联接、销联接、弹性环联接、过盈配合联接等。例如，滚动轴承内圈与轴常常采用过盈配合实现周向固定(如 n6、m6、k6 等)；减速器中的齿轮与轴常同时采用过盈配合联接和普通平键联接来实现周向固定。

3. 轴系结构的工艺性

轴系结构的工艺性主要考虑轴的加工和轴系装配。

(1) 轴的结构工艺性

在保证工作性能的条件下，轴的形状要力求简单，减少阶梯数；同一轴上各处的过渡圆角半径应尽量一致；同一轴上有多个单键时，键宽应尽可能一致，并处在同一母线上，如图 11.14 所示；需要磨削或车制螺纹的轴段，应留出砂轮越程槽或退刀槽，如图 11.9 所示。

(2) 轴结构的装配工艺性

为了便于装配，安装时零件所经过的各轴段直径应小于零件的孔径，以保证自由通过。为避免损伤配合零件，各轴端需倒角，并尽可能使倒角尺寸相同。与传动零件过盈配合的轴段可设置 10°的导锥（见图 11.15）。对于轴承，轴结构应考虑留出便于拆卸轴承的空间，如图 11.16(a) 所示，便于拆卸圆锥滚子轴承外圈的结构；如果是在盲孔中安装轴承，则可在端部加工均布螺纹孔，用螺杆推轴承外圈完成拆卸（见图 11.16(b)）。轴承内圈与轴拆卸时，若定位轴肩应低于轴承内圈高度，则应在轴肩上开槽（见图 11.17），以便放入拆卸器的钩头。

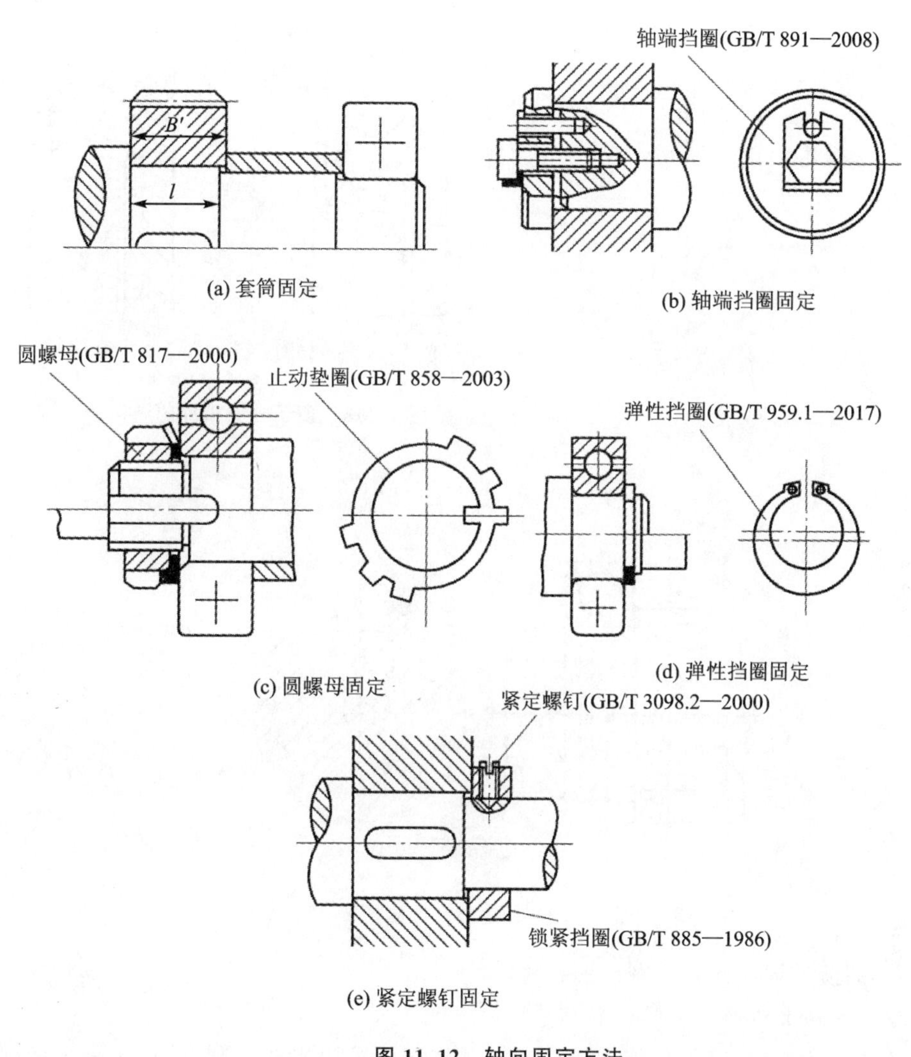

图 11.12　轴向固定方法

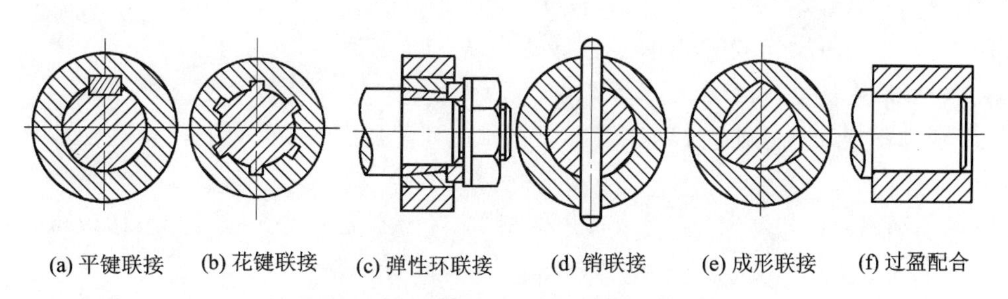

图 11.13　轴上零件的周向固定方法

(a) 合　理　　　(b) 不合理

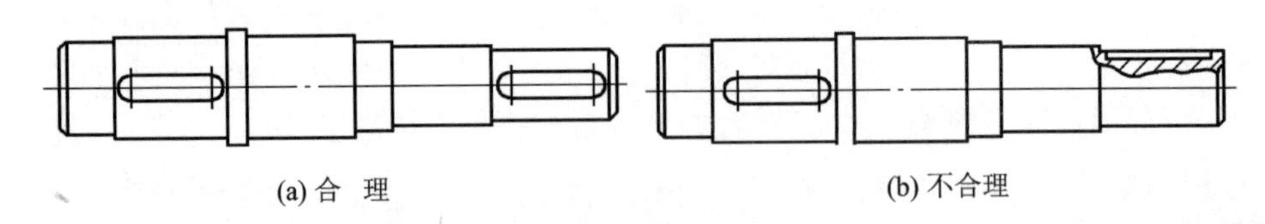

图 11.14 键槽的位置

图 11.15　过盈配合的导锥

(a) 定位环直径大于轴承外圈直径　　(b) 螺杆拆卸

图 11.16　便于外圈拆卸的结构

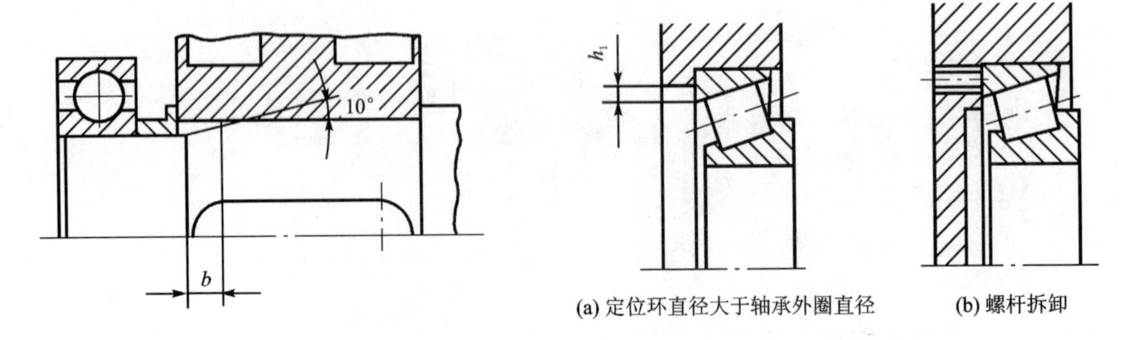

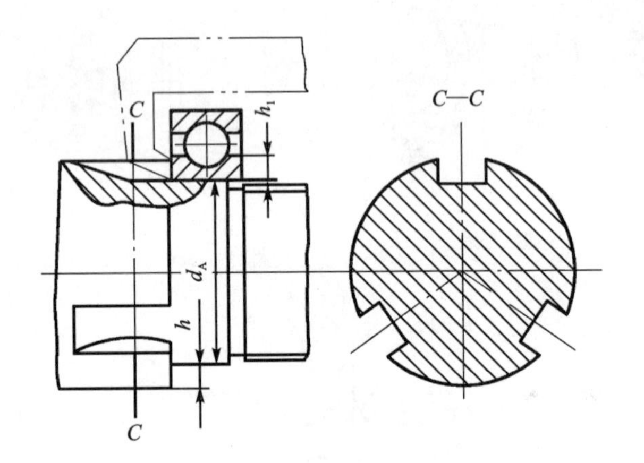

图 11.17　轴肩处开槽结构

4. 提高轴的疲劳强度和轴系刚度的措施

(1) 合理布置轴上传动零件的位置

当动力由两个齿轮输出时，应将输入齿轮布置在两个输出齿轮中间，以减少轴上的转矩，如图 11.18 所示，输入转矩为 T_1+T_2，且 $T_1>T_2$。按图 11.18(a)布置时，轴的最大转矩为 T_1，而按照图 11.18(b)布置时，轴的最大转矩为 T_1+T_2。

(2) 合理设计轴的结构，减少应力集中

减小应力集中和提高轴的表面质量是提高轴的疲劳强度的主要措施。减小应力集中的基本方法有：

① 避免轴截面尺寸发生急剧变化，相邻轴段直径差不能太大，一般取 5～10 mm；

② 在直径突变处应平滑过渡，制成圆角，圆角半径尽可能取大；

③ 尽可能避免在轴上开槽、孔及制螺纹等，以免削弱轴的强度和造成应力集中源；

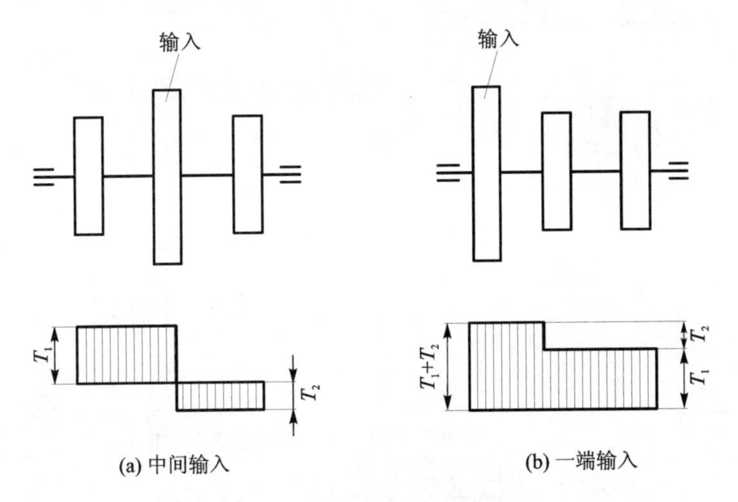

图 11.18　轴的两种布置方案

④ 零件与轴过盈配合时，在轮毂上制出卸载槽(见图 11.19)能减少配合处的应力集中。

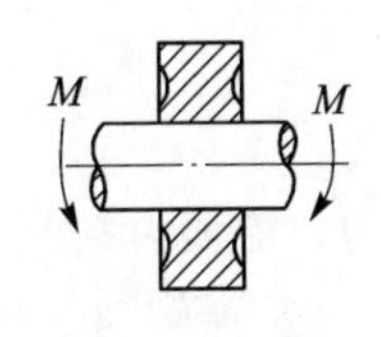

图 11.19　卸载槽

提高轴的表面质量除降低表面粗糙度值(如减小表面轮廓算术平均偏差 Ra)外，主要采用表面强化处理，如辗压、喷丸、渗碳淬火、渗氮或高频感应加热淬火等。

轴的刚度主要取决于轴自身的刚度和支承刚度两个方面。合理地设计各轴段截面尺寸(阶梯轴)和采用空心轴是提高轴刚度的有效措施。提高轴支承刚度除选用刚性较大的轴承(如选滚子轴承)、支承处的箱座采用加强肋外，还可用合理布置轴承或在同一支点采用轴承组合的办法加以解决。对于角接触轴承，图 11.20(a)中的实际支点为 A'、B'，实际跨距减小，因而使工作载荷处于中间的轴系刚度增大；图 11.20(b)中的实际支点为 A'、B'，悬臂距离减少，支承距离增大，使悬臂布置的轴系刚度加强。

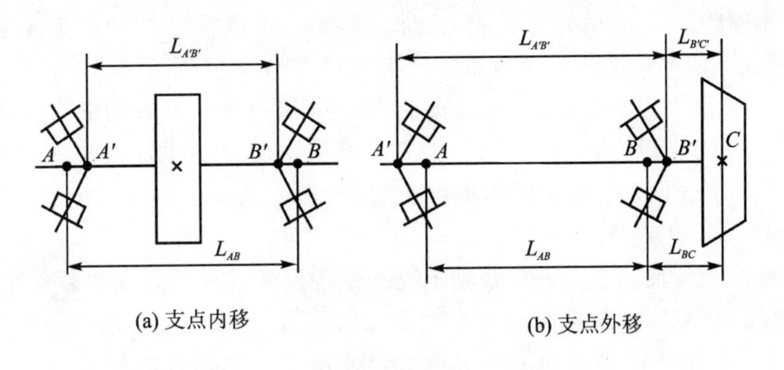

图 11.20　轴承布置对刚度的影响

11.4.3　轴的结构设计

在进行轴的结构设计时，应注意以下几个关键问题的确定(见图 11.21)。

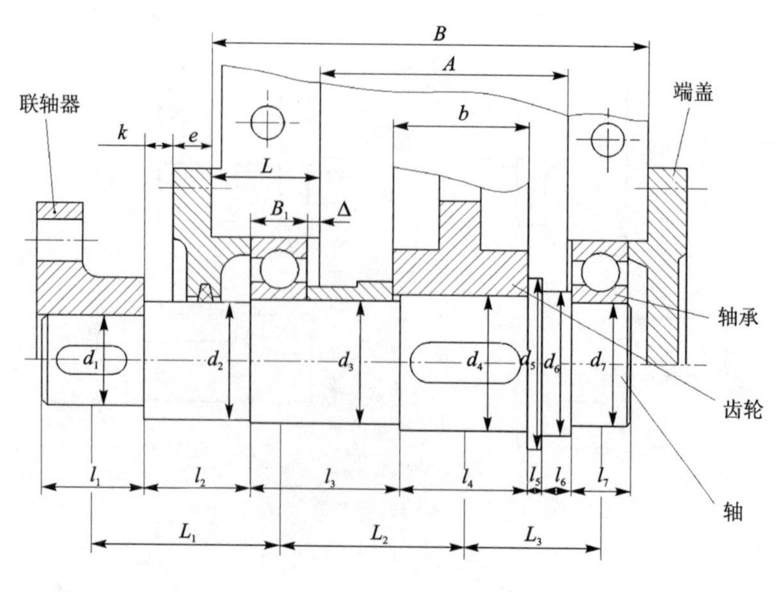

图 11.21 轴的结构布置图

1. 箱体内壁的确定

为避免转动的齿轮和静止的箱体碰撞，在齿轮和箱体内壁之间应留出间隙 H，对中小型减速器，一般取 $H=10\sim15$ mm。箱体的两内壁之间的距离 $A=b+2H$，其中，b 为齿宽，A 值应圆整。

2. 轴承座端面位置的确定

对于剖分式箱体，考虑在拧紧轴承座连接螺栓时所需的扳手空间，并便于轴承座孔外端口的加工，取轴承座宽度 $L=\delta+C_1+C_2+(5\sim10)$ mm，其中，δ 为箱体壁厚，C_1、C_2 为由连接螺栓直径确定的扳手空间尺寸。相应地，两轴承座端面间的距离 $B=A+2L$，B 值应圆整。

3. 轴承在轴承座孔中位置的确定

考虑到机体内壁间距 A 的铸造误差，为保证轴承外圈能全部在轴承座孔中，并使轴承支点间跨距尽可能小，通常在轴承端面与箱体内壁之间留有一定距离 Δ。Δ 值的大小与轴承的润滑方式有关。当传动件圆周速度 $v\geqslant2$ m/s 时，可采用传动件溅起的油来润滑轴承，一般取 $\Delta=3\sim5$ mm；当传动件圆周速度 $v\leqslant2$ m/s 时，可采用润滑脂来润滑轴承，一般取 $\Delta=8\sim12$ mm。当轴承脂润滑时，轴承与齿轮间应安装挡油板。

4. 轴的外伸端长度的确定

轴的外伸端长度与轴端上的零件及轴承盖的结构尺寸有关。当轴端装有弹性套柱销联轴器时，为便于更换橡胶套，在轴承端盖与联轴器轮毂端面之间应留有足够的装配用的间距 K（见图 11.22(a)），K 值由联轴器的型号确定。当使用凸缘式轴承端盖时，为便于拆卸轴承端盖上的联接螺栓，在轴承端盖与联轴器轮毂端面之间应留有足够的间距 K（见图 11.22(b)），K 值由连接螺栓的长度确定。当轴承端盖与轴端零件都不需拆卸，或不影响轴承端盖连接螺栓的拆卸时，轴承端盖与轴端零件的间距 K 应尽量小（见图 11.22(c)），不碰即可，一般取 $K=(5\sim8)$ mm。

关键尺寸确定之后，以 d_1 为基础依次确定各段轴的尺寸，如下：

① 最小直径 d_1 由式(11.1)确定，并考虑联轴器的尺寸。

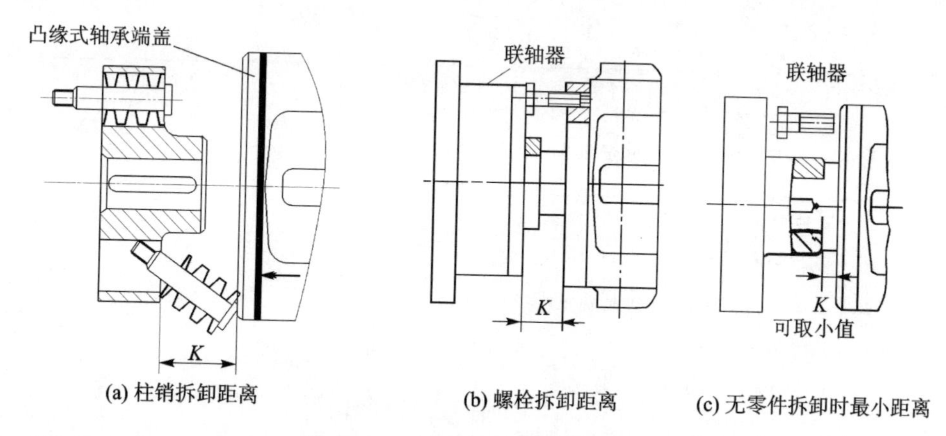

图 11.22　轴的外伸端长度的确定

② 外伸段轴肩高度 h 按固定传动零件的要求给出。轴肩高度 h 应大于或等于两倍轮毂孔倒角 C。密封处轴径 d_2 同时还应满足密封标准轴径的要求，一般取以 0、2、5、8 结尾的数值（详见密封标准），见图 11.21。

③ 根据安装方便和轴承内径的要求，确定安装轴承处的轴径 d_3，一般轴径 d_3 比 d_2 大且取以 0、5 结尾的数值，一根轴上的轴承常成对使用。

④ 安装轴承固定用套筒或挡油板处的直径，可与轴承处直径相同（见图 11.21），也可不同（见图 11.23），d_3' 比 d_3 大即可，但应圆整。

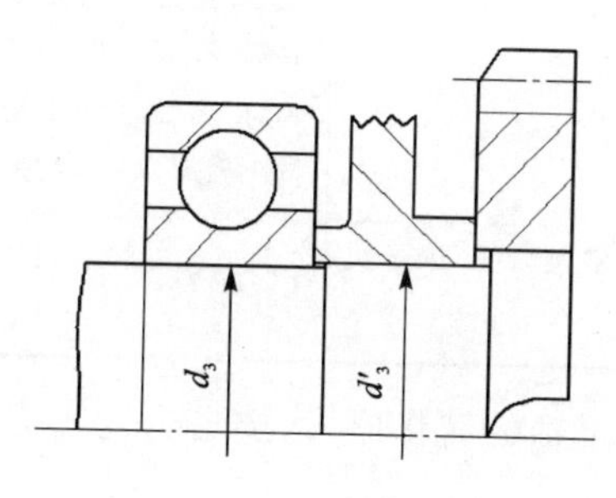

图 11.23　挡油板

⑤ 根据受力合理及装配方便的原则，确定安装齿轮处的直径 d_4。这一段直径比前段大 2～5 mm。

⑥ 固定齿轮的轴环直径 d_5，根据固定要求求出，轴环高度应是 $h \geqslant 2C$，其中，C 为齿轮轮毂孔的倒角尺寸。

⑦ 固定轴承的轴肩尺寸取决于轴承的安装尺寸 da、r_a（见《机械设计手册》或《轴承手册》）。

各轴段的长度可按照表 11.3 的说明，从与传动件轮毂相配合的轴段 l_4 开始，向两侧逐一展开，归纳上述内容列于表中。

表 11.3　轴的结构设计

径向尺寸	确定原则	轴向尺寸	确定原则
d_1	初算轴径，并根据联轴器尺寸定轴径	l_1	根据联轴器尺寸确定
		l_4	$l_4=b-(2\sim3)$ mm
d_2	联轴器轴向固定，并考虑密封要求 $h=(0.07\sim0.1)d_1$	l_5	$l_5=1.4h$
d_3	$d_3=d_2+(1\sim2)$ mm，并满足轴承内径系列，便于安装	l_7	$l_7=B_1$，B_1 为轴承宽度
d_4	$d_4=d_3+(1\sim2)$ mm，便于齿轮安装	齿轮至箱体内壁的距离 S	运动和不动零件间要有间隔，以避免干涉，则 $S=10\sim15$ mm
d_5	齿轮轴向固定，轴肩高 $h=(0.07\sim0.1)d_1$	轴承至箱体内壁的距离 Δ	考虑箱体制造误差：$\Delta=\begin{cases}3\sim5\ \text{mm(轴承油润滑)}\\8\sim12\ \text{mm(轴承脂润滑)}\end{cases}$
d_6	轴承轴向固定，应符合轴承拆卸尺寸，查轴承手册确定	轴承座宽度 L	$L=\delta+C_1+C_2+(5\sim10)$ mm，δ 为箱体壁厚，C_1、C_2 为由连接螺栓直径确定的空间尺寸
d_7	一根轴上的两轴承型号相同，$d_7=d_3$	轴承端盖厚度 e	
键宽 b、槽深 t	根据轴的直径查手册	联轴器至轴承端盖的距离 K	考虑动与不动零件间有一定距离，并保证联轴器易损件更换所需空间，或拆卸轴承端盖螺栓所需空间
键长 L_j	$L_j\approx0.85l$，l 为有键槽的轴段长度，并查手册取标准值 L_j，同时应满足挤压强度要求	L_2、l_3、l_6	在齿轮、箱体、轴承、轴承端盖、联轴器的位置确定后，通过作图获得

轴的各部分尺寸确定后，确定轴的简化形式，定出力的支点和跨距，就可以进行相应的强度校核。

11.5　轴的强度计算

在完成轴的结构初步设计后，应进行强度校核计算。

11.5.1　轴的简化

为了进行轴的强度校核计算，首先要对轴进行简化。画出轴的受力简图，标注出各作用力的大小、方向和作用点位置。

① 通常情况下，轴可以简化成图 11.24 所示的 3 种结构。减速器中的输入轴和输出轴可以简化成外伸梁，中间传动轴可以简化成简支梁。

② 齿轮、皮带轮等传动件作用于轴上的均布载荷，在一般计算中应简化为集中载荷，并作用在轮缘宽度的中点（见图 11.25(a)和(b)），这种简化一般偏于安全。

③ 作用在轴上的转矩，在一般计算中简化为从传动件轮毂宽度的中点算起的转矩。

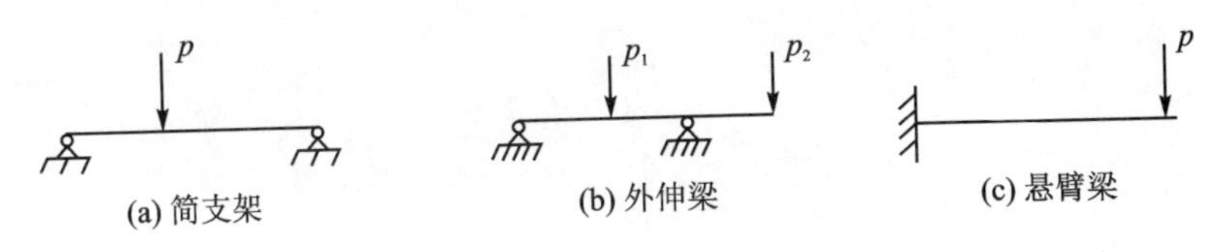

(a) 简支架　　(b) 外伸梁　　(c) 悬臂梁

图 11.24　轴的简化

④ 轴的支承反力的作用点随轴承类型和布置方式的变化而变化，可按照图 11.25(c)和(d)确定，其中 α 值参考《机械设计手册》。简化计算时，常取轴承宽度的中点作为作用点。

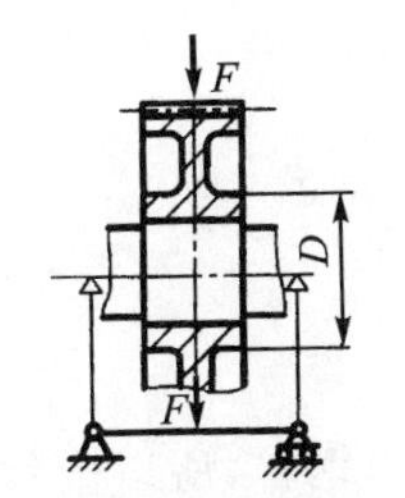

(a) 齿轮对轴载荷的简化

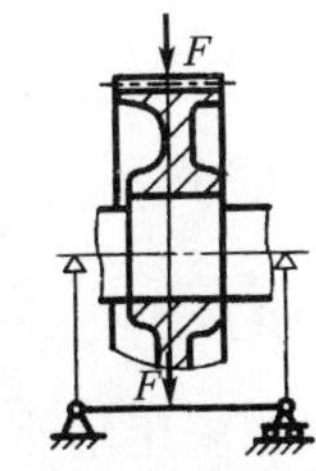

(b) 皮带轮对轴载荷的简化

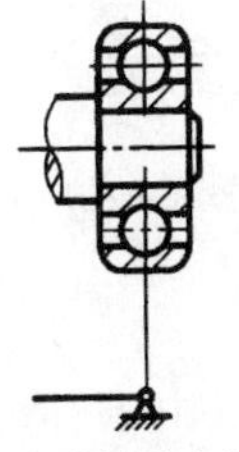

(c) 深沟球轴承支承反力

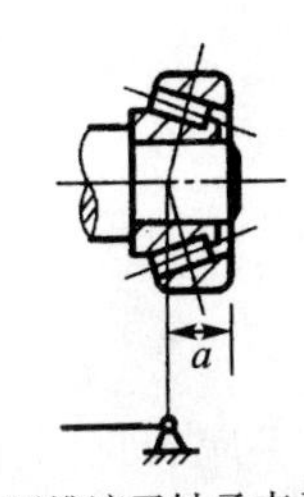

(d) 圆锥滚子轴承支承反力

图 11.25　轴的受力和支点的简化

11.5.2　按弯扭组合强度校核计算

减速器的轴产生的变形主要是弯曲和扭转两种变形形式，需同时考虑弯曲和扭转的影响，应按弯扭组合强度进行计算。而对影响轴的疲劳强度的气体因素则采取降低许用应力值的方法处理，此方法计算较简单，适用于一般转轴。

轴的弯扭组合强度校核采用叠加原理处理：在弹性范围小变形的情况下，各荷载分别单独作用所产生的应力、变形等可叠加计算，简单表示为“先分解，后叠加”。

先分解：应先分解为各种基本变形，分别计算各基本变形。

后叠加：将基本变形计算某量的结果叠加即得组合变形的结果。

1. 分解计算变形

轴扭转变形的最大应力为

$$\tau_{\max}=\frac{T}{W_\rho}$$

横截面距离圆心最远的边缘上各点的剪切应力最大。

轴弯曲变形的最大应力为

$$\sigma_{\max}=\frac{M}{W_z}$$

横截面距离过圆心水平中心线最远的上、下边缘点的正应力最大。

2. 叠加计算轴的强度

将轴的扭转变形和弯曲变形应力图叠加在同一截面上(见图 11.26)，可以发现，点 D_1、D_2 处所产生的应力最大，此两点就是轴的危险点。轴所产生的扭转应力和弯曲应力分别是剪切应力 τ 和正应力 σ，不在同一平面上作用，因此参照空间力的合成方法进行叠加，求出危险截面上危险点的当量最大应力。

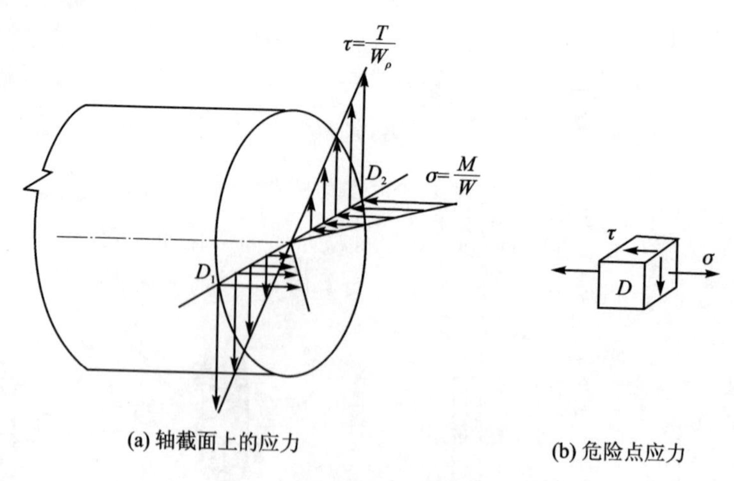

(a) 轴截面上的应力

(b) 危险点应力

图 11.26　轴应力叠加图

危险点应力见图 11.26(b)，由于轴类零件一般都采用塑性材料——钢材，所以应按第三强度理论建立强度条件，即

$$\sigma_{eq3}=\frac{1}{W_z}\sqrt{M^2+T^2}\leqslant[\sigma]_{-1}$$

同理，可得按第四强度理论推出的强度条件为

$$\sigma_{eq4}=\frac{M}{W}=\frac{1}{W_z}\sqrt{M^2+0.75T^2}\leqslant[\sigma]_{-1}$$

由于外载荷通常是一空间作用力(如斜齿轮的法向作用力 F_n)，为简化问题，常把空间力分解为铅垂面 V 上的分力和水平面 H 上的分力，并在各分力作用平面内求出支点反力，绘制出水平弯矩 M_H 图、铅垂面弯矩 M_V 图，再绘制合成弯矩 M 图，这里合成弯矩 M(N·mm)的计算式为 $M=\sqrt{M_H^2+M_V^2}$。经整理得轴强度计算公式为

$$\sigma_{eq3}=\frac{M_e}{W_z}=\frac{\sqrt{M^2+(\alpha T)^2}}{W_z}=\frac{\sqrt{M^2+(\alpha T)^2}}{0.1d^3}\leqslant[\sigma_b]_{-1} \tag{11.2}$$

式中：W 为抗弯截面系数，mm³；M_e 为当量弯矩，N·mm，$M_e=\sqrt{M^2+(\alpha T)^2}$；$\alpha$ 为根据转矩性质而定的折合系数，转矩不变时，$\alpha=0.3$，转矩为脉动循环变化时，$\alpha\approx0.6$，频繁正反转的轴，转矩可视作对称循环变化，取 $\alpha=1$；$[\sigma]_{-1}$ 称循环状态下的许用弯曲应力，见表 11.4；T 为转矩，N·mm。

表 11.4　轴的许用弯曲应力

MPa

材　料	σ_b	$[\sigma_b]_{+1}$	$[\sigma_b]_0$	$[\sigma_b]_{-1}$
碳素钢	400	130	70	40
	500	170	75	45
	600	200	95	55
	700	230	110	65

续表 11.4

材　料	σ_b	$[\sigma_b]_{+1}$	$[\sigma_b]_0$	$[\sigma_b]_{-1}$
合金钢	800 900	270 300	130 140	75 80
	1 000	330	150	90
铸　钢	400 500	100 120	50 70	30 40

当计算轴的直径 d(mm)时,可将式(11.1)改写为

$$d \geqslant \sqrt[3]{\frac{M_e}{0.1[\sigma_b]_{-1}}} \tag{11.3}$$

11.5.3　轴的设计实例

轴的设计与轴系设计同步进行,一般先进行轴系的初步设计,继而进行轴的结构设计、强度校核。

例 11.1　图 11.27 所示为带式运输机传动装置,由电动机 1、带传动 2、齿轮减速器 3、联轴器 4、滚筒 5 等组成,其中,齿轮减速器 3 低速轴的转速 $n=140$ r/min,传递功率 $P=5$ kW。轴上齿轮的参数为:$z=58$,$m_n=3$ mm,$\beta=11°17'13''$,左旋,齿宽 $b=70$ mm。电动机 1 的转向如图 11.27 所示。试设计该低速轴。

解　1) 选择轴的材料,确定许用应力

普通用途、中小功率减速器,选用 45 钢,正火处理。查表 11.4,取 $\sigma_b=600$ MPa,由表 11.4 得 $[\sigma_b]_{-1}=55$ MPa。

2) 按扭转强度,初估轴的最小直径,由表 11.2 查得 $A=110$,按式(11.1)得

$$d \geqslant A\sqrt[3]{\frac{P}{n}} = \left(110 \times \sqrt[3]{\frac{5}{140}}\right) \text{ mm} = 36.2 \text{ mm}$$

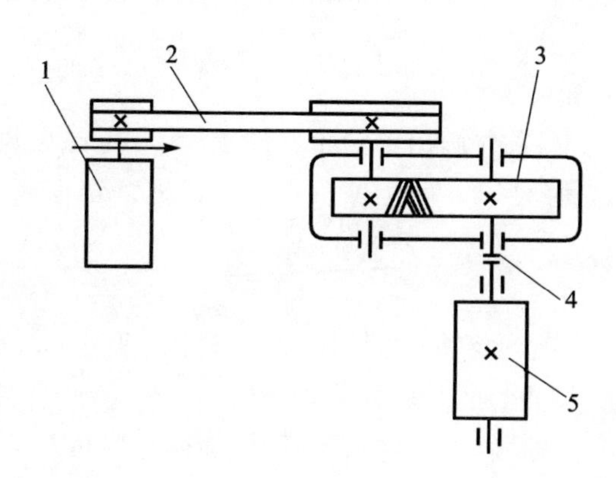

1—电动机;2—带传动;3—齿轮减速器;4—联轴器;5—滚筒

图 11.27　带式运输机传动装置

轴伸安装联轴器，考虑补偿轴的可能位移，选用弹性柱销联轴器。由 n 和转矩 $T_c = KT =$ (1.5×9.550×5/140) N·mm=511 554 N·mm 查 GB/T 5014—2003 选用 LH3 弹性柱销联轴器，标准孔径 $d_1 = 38$ mm，即轴伸直径 $d_1 = 38$ mm。

3）确定齿轮和轴承的润滑

计算齿轮圆周速度，即

$$v = \frac{\pi dn}{60 \times 1\,000} = \frac{\pi m_n zn}{60 \times 1\,000\cos\beta} = \frac{\pi \times 3 \times 58 \times 140}{60 \times 1\,000 \times \cos 11°17'13''}\ \text{m/s} = 1.3\ \text{m/s}$$

齿轮采用油浴润滑，轴承采用脂润滑。

4）轴系初步设计

根据轴系结构分析要点，结合后述尺寸的确定，按比例绘制轴系结构草图，如图 11.28 所示。

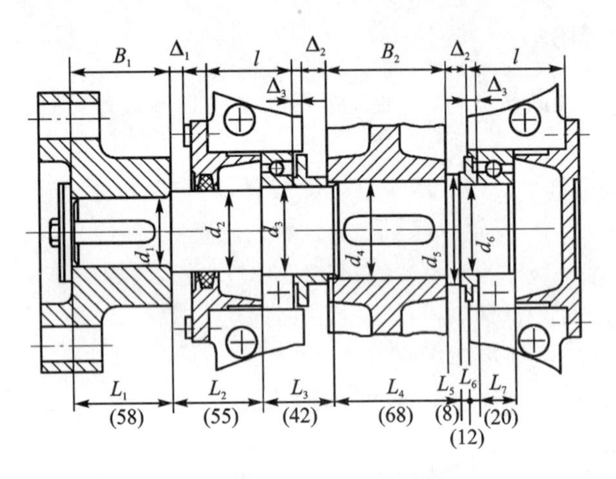

图 11.28　轴系结构草图

斜齿轮传动有轴向力，采用角接触球轴承。采用凸缘式轴承盖实现轴系两端单向固定。半联轴器右端用轴肩定位和固定，左端用轴端挡圈固定，依靠 C 型普通平键联接实现周向固定。齿轮右端由轴环定位固定，左端由套筒固定，用 A 型普通平键联接实现周向定。为防止润滑脂消失，采用挡油板内部密封。

绘图时，结合尺寸的确定，首先画出齿轮轮毂位置，然后考虑齿轮端面到箱体内壁的距离 Δ_2 确定箱体内壁的位置，选择轴承并确定轴承位置。根据分箱面螺栓联接的布置，设计轴的外伸部分。

5）轴的结构设计

轴的结构设计主要有 3 项内容：①各轴段径向尺寸的确定；②各轴段轴向尺寸的确定；③其余尺寸（如键槽、圆角、倒角、退刀槽等）的确定。

① 径向尺寸的确定。从轴段 $d_1 = 38$ mm 开始，逐段选取相邻轴段的直径：如图 11.28 所示，d_2 起定位固定作用，定位轴肩高度 $h_{\min}$ 可在(0.07～0.1)d 范围内经验选取，故 $d_2 = d_1 + 2h \geq$ [38×(1+2×0.07)] mm=43.32 mm，该直径处将安装密封毡圈，标准直径应取 $d_2 =$ 45 mm；d_3 与轴承内径相配合，为便于轴承安装，故取 $d_3 = 50$ mm，选定 7210C；d_4 与齿轮孔径相配合，为了便于装配，按标准尺寸，取 $d_4 = 53$ mm；d_5 起定位作用，由 $h = (0.07 \sim 0.1)d =$

[(0.07～0.1)×53] mm=3.71～5.3 mm，取 $h=4$ mm，$d_5=61$ mm；d_6 与轴承配合，取 $d_6=d_3=50$ mm。

② 轴向尺寸的确定。与传动零件(如齿轮、带轮、联轴器等)相配合的轴段长度，一般略小于传动零件的轮毂宽度。题中锻造齿轮轮毂宽度 $B_2=(1.2\sim1.5)d_4=[(1.2\sim1.5)\times 53]$ mm=63.6～79.5 mm，取 $B_2=b=70$ mm，取轴段 $L_4=68$ mm；联轴器 LH3 的 J 型轴孔 $B_1=60$ mm，取轴段长 $L_1=58$ mm。取挡油板宽 L_6 为 12 mm，查轴承宽度 L_2 为 20 mm，与轴承相配合的轴段长度 $L_6+L_7=32$ mm。

③ 其余尺寸(如键槽、圆角、倒角、退刀槽等)的确定。其他轴段的长度与箱体等设计有关，可由齿轮开始向两侧逐步确定。一般情况，齿轮端面与箱壁的距离 Δ_2 取 10～15 mm；轴承端面与箱体内壁的距离 Δ_3 与轴承的润滑有关，油润滑时 $\Delta_3=3\sim5$ mm，脂润滑时 $\Delta_3=8\sim12$ mm，本题取 $\Delta_3=5$ mm；分箱面宽度与分箱面的联接螺栓的装拆空间有关，对于常用的 M16 普通螺栓，分箱面宽 $l=55\sim65$ mm。考虑轴承盖螺钉至联轴器距离 $\Delta_1=10\sim15$ mm，初步取 $L_2=55$ mm。由图 11.28 可见，$L_3=2+\Delta_2+\Delta_3+20=(2+15+5+20)$ mm=42 mm。轴环宽度 $L_5=8$ mm。两轴承中心间的跨距 $L=130$ mm。其余尺寸详见表 11.5。

表 11.5　轴的结构设计结果

径向尺寸		确定尺寸/mm	轴向尺寸	确定尺寸/mm
d_1		38	L_1	58
d		45	L_2	55
d_3		50	L_3	42
d_4		53	L_4	68
d_5		61	L_5	8
d_6		50	L_6	12
安装联轴器处轴上键槽尺寸	键宽 b	10	L_7	20
	槽深 t	7	轴承至箱体内壁的距离 Δ	5
	键长 L	5	轴承座宽度 l	60
安装联齿轮处轴上键槽尺寸	键宽 b	16	齿轮至箱体内壁的距离 S	15
	槽深 t	10	联轴器至轴承端盖的距离 K	15
	键长 L	63	两轴承中间的跨距 L	130

6) 轴的强度校核

① 计算齿轮受力：

分度圆直径 $d=\dfrac{m_n z}{\cos\beta}=\dfrac{3\times58}{\cos 11°17'13''}$ mm=177.43 mm；

转矩 $T=9\ 550\dfrac{P}{n}=\left(9550\times10^3\times\dfrac{5}{140}\right)$ N·mm= 341 071 N·mm；

齿轮切向力 $F_t=2T/d=\dfrac{2\times341\ 071}{177.43}$ N=3 844 N；

齿轮径向力 $F_r=F_t\tan\alpha/\cos\beta=2\ 844\ \tan 20°/\cos 11°17'13''=1\ 427$ N；

齿轮轴向力 $F_x=F_t\tan\beta=(3\ 844\tan 11°17'13'')$ N=767 N。

② 绘制轴的受力简图：如图 11.29(a)所示。

③ 计算水平平面支承反力(见图 11.29(b))：

$$F_{H\,\mathrm{I}}=\frac{F_x d/2+65F_{\mathrm{r}}}{130}=\frac{767\times177.43/2+65\times1427}{130}\ \mathrm{N}=1\ 237\ \mathrm{N}$$

$$F_{H\,\mathrm{II}}=F_{\mathrm{r}}-F_{H\,\mathrm{I}}=(1\ 427-1\ 237)\ \mathrm{N}=190\ \mathrm{N}$$

④ 绘制水平平面弯矩图(见图 11.29(c))。

b 截面：

$$M_{Hb}^{-}=65F_{H\,\mathrm{I}}=(65\times1\ 237)\ \mathrm{N\cdot mm}=80\ 405\ \mathrm{N\cdot mm}$$

$$M_{Hb}^{+}=M_{Hb}^{-}-F_x d/2=(80\ 405-767\times177.43/2)\ \mathrm{N\cdot mm}=12\ 361\ \mathrm{N\cdot mm}$$

⑤ 计算垂直面支承反力(见图 11.29(d))：

$$F_{V\,\mathrm{I}}=F_{V\,\mathrm{II}}=F_{\mathrm{t}}/2=3\ 844\ \mathrm{N}/2=1\ 922\ \mathrm{N}$$

⑥ 垂直平面弯矩图(见图 11.29(e))：

$$M_{Vb}=65F_{V\,\mathrm{I}}=(65\times1\ 922)\ \mathrm{N\cdot mm}=124\ 930\ \mathrm{N\cdot mm}$$

⑦ 合成弯矩图(见图 11.29(f))：

$$M_b^{-}=\sqrt{M_{Hb}^{-2}+M_V^2}=\sqrt{80\ 405^2-124\ 930^2}\ \mathrm{N}=148\ 568\ \mathrm{N}$$

$$M_b^{+}=\sqrt{M_{Hb}^{+2}+M_{Vb}^2}=\sqrt{12\ 361^2+124\ 930^2}\ \mathrm{N}=125\ 540\ \mathrm{N}$$

⑧ 绘制转矩图(见图 11.29(g))。转矩 $T=341\ 036\ \mathrm{N\cdot mm}$。

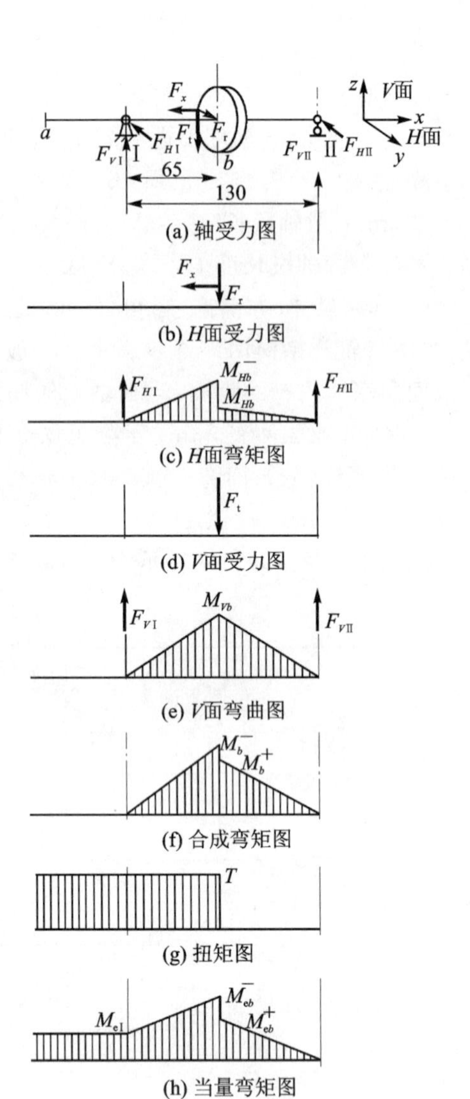

图 11.29 轴的强度校核

⑨ 绘制当量弯矩图(见图 11.29(h))。单向运转，转矩为脉动循环，$\alpha=0.6$，则 $\alpha T=(0.6\times341\ 036)\ \mathrm{N\cdot mm}=204\ 622\ \mathrm{N\cdot mm}$

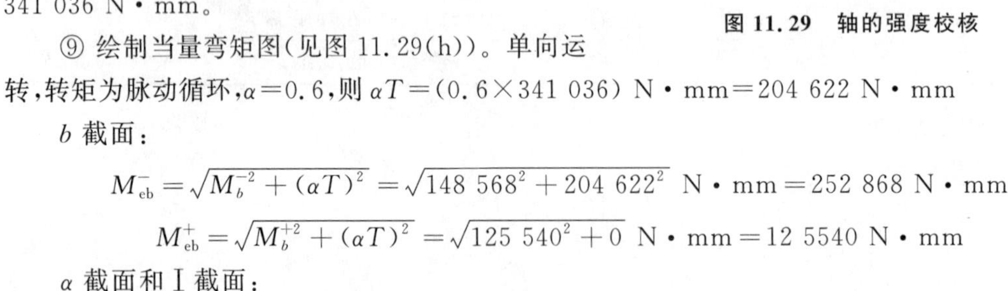

b 截面：

$$M_{\mathrm{e}b}^{-}=\sqrt{M_b^{-2}+(\alpha T)^2}=\sqrt{148\ 568^2+204\ 622^2}\ \mathrm{N\cdot mm}=252\ 868\ \mathrm{N\cdot mm}$$

$$M_{\mathrm{e}b}^{+}=\sqrt{M_b^{+2}+(\alpha T)^2}=\sqrt{125\ 540^2+0}\ \mathrm{N\cdot mm}=12\ 5540\ \mathrm{N\cdot mm}$$

α 截面和 I 截面：

$$M_{\mathrm{e}a}=M_{\mathrm{eI}}=\alpha T=204\ 622\ \mathrm{N\cdot mm}$$

⑩ 分别校核 a 截面和 b 截面

$$d_a=\sqrt[3]{\frac{M_{\mathrm{e}a}}{0.1[\sigma_{\mathrm{b}}]_{-1}}}=\sqrt[3]{\frac{204\ 622}{0.1\times55}}\ \mathrm{mm}=33.38\ \mathrm{mm}$$

$$d_b = \sqrt[3]{\frac{M_{eb}}{0.1[\sigma_b]_{-1}}} = \sqrt[3]{\frac{252\ 868}{0.1 \times 55}}\ \text{mm} = 35.82\ \text{mm}$$

考虑键槽，$d_a = 105\% \times 33.38\ \text{mm} = 35\ \text{mm}$，$d_b = 105\% \times 35.82\ \text{mm} = 37.6\ \text{mm}$。实际直径分别为 38 mm 和 53 mm，强度足够，如所选轴承和键联接等经计算后确认寿命和强度均能满足，则该轴结构设计无须修改。

(7) 绘制轴的零件工作图

如图 11.30 所示，对于轴上各轴段直径的尺寸公差：对配合轴直径（如轴承、齿轮、联轴器等）可根据配合性质决定；对非配合轴段轴径（如 d_2 及 d_5 两段直径）为未注公差。各轴段长度尺寸差通常均为未注公差。为保证主要工作轴段的同轴度及配合轴段的圆柱度，一般用易于测量的圆柱度和径向圆跳动两项形位公差综合表示。

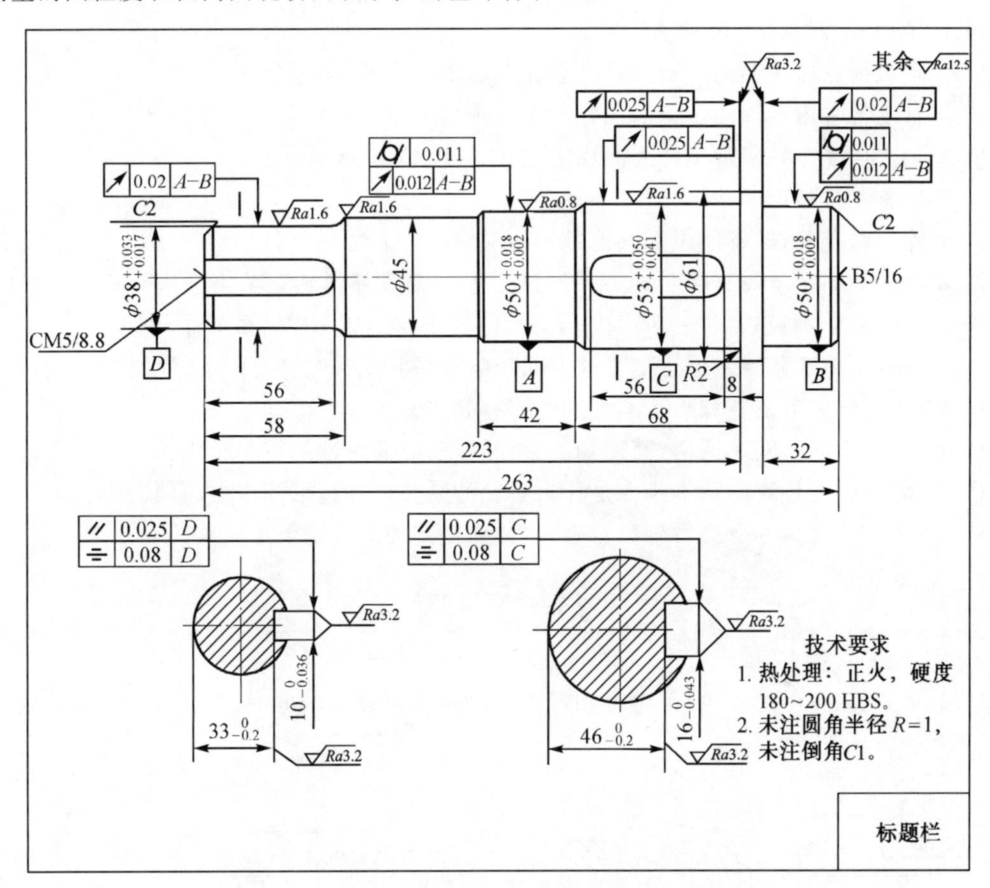

图 11.30　轴的零件工作图

本章知识点提示

1. 轴是直接支持旋转零件并传递运动和动力的支承零件，其主要失效为疲劳断裂。
2. 轴的设计步骤主要是选择材料、初定轴径、结构设计和强度计算。
3. 轴的材料主要采用碳素钢和合金钢。

4. 轴直径估算利用 $d \geqslant \sqrt[3]{\dfrac{9\ 550 \times 10^3}{0.2[\tau]}} \sqrt[3]{\dfrac{P}{n}} = A\sqrt[3]{\dfrac{P}{n}}$ 完成。

5. 轴的结构设计主要是初步确定阶梯轴各段的直径和长度。结构设计主要考虑轴上零件的定位和(周向和轴向)固定、轴系结构的工艺性、提高轴的疲劳强度和轴系刚度的措施等。

6. 轴的强度计算。

思考题

11.1 自行车的中轴和后轮轴是什么类型的轴？为什么？

11.2 试选择下列场合轴的材料:①食品机械螺旋输送机的输送轴;②普通机床齿轮箱中的转轴;③水电站发电机的转子轴。

11.3 多级齿轮减速器高速轴的直径总比低速轴的直径小,为什么？

11.4 轴上最常用的轴向定位结构是什么？轴肩与轴环有何异同？

11.5 轴上传动零件最常见的周向固定方式是什么？

11.6 轴常用材料有哪些？

11.7 除键联接外,试举例说明其他常用的周向固定方法。

11.8 轴系的固定主要有哪两种方式？试为下列轴系部件选定适当的固定方式:①中、大功率蜗杆减速器的蜗杆轴部件;②车床主轴部件;③车床变速箱中一般转轴部件。

11.9 轴的制造工艺性主要考虑哪些方面？与轴系装配工艺性有关的轴结构尺寸有哪些？

11.10 提高轴疲劳强度和支承刚度的措施有哪些？

11.11 为什么同一减速器中,高速轴的直径较小,而低速轴的直径较大？

11.12 轴的强度计算的基本步骤是什么？轴的结构设计包括几个方面的内容？

11.13 轴在什么条件下会发生疲劳破坏,如何提高轴的疲劳强度？

习　题

11.1 题 11.1 图中的齿轮、圆螺母和深沟球轴承分别装在轴的 A、B、C 段上,试确定轴上尺寸 l、s、d_1、d_2、R_1 及 R'_1。

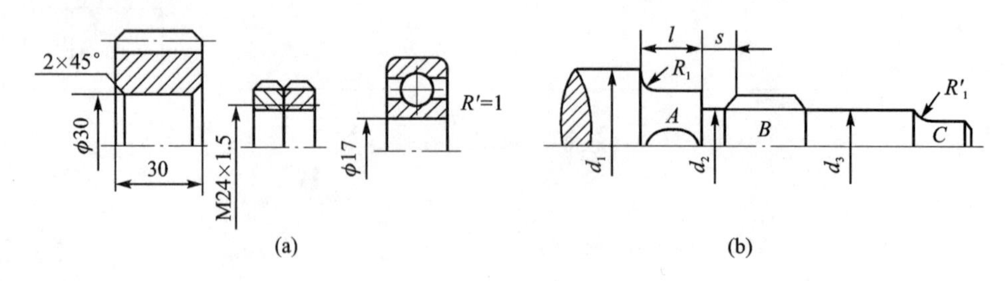

题 11.1 图

11.2 指出题 11.2 图中轴的结构错误(错处用圆圈引出图外),说明原因并予以改正。

11.3 试指出题 11.3 图中结构不合理的地方并改正。

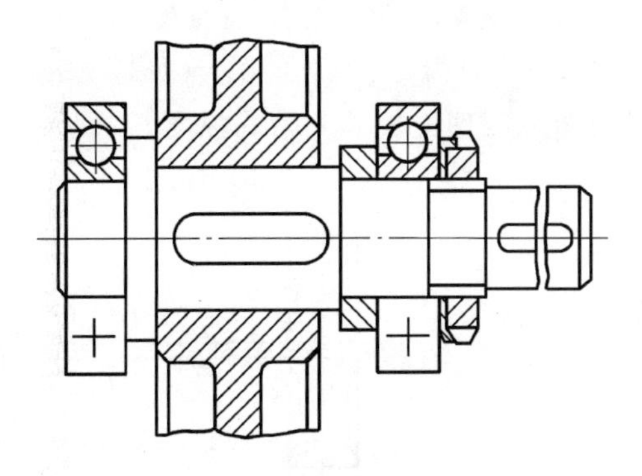

题 11.2 图

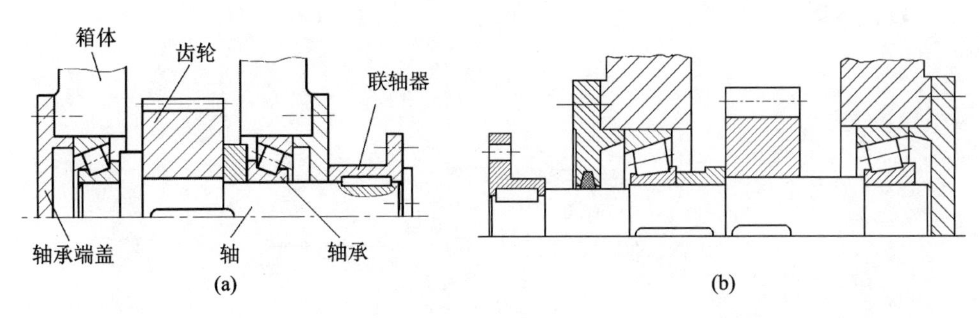

题 11.3 图

11.4 传动轴如题 11.4 图所示，已知轴的直径 $d=50$ mm。试计算：

① 轴的最大剪应力；

② 截面Ⅰ—Ⅰ上半径为 20 mm 圆周处的剪应力；

③ 从强度观点看 3 个轮子如何布置比较合理？为什么？

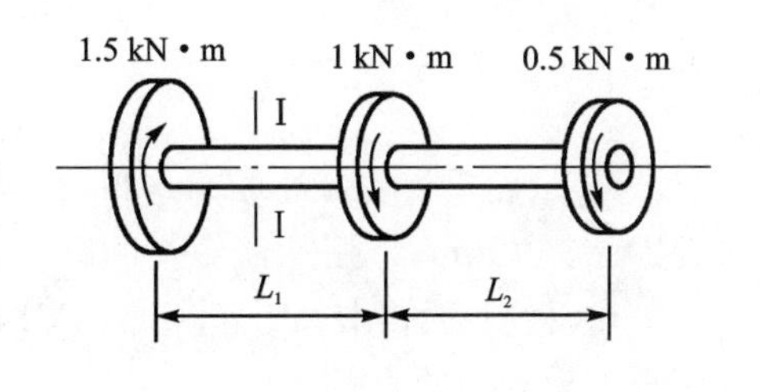

题 11.4 图

11.5 题 11.5 图所示为单级斜齿圆柱齿轮减速器的低速轴 2(含外伸端联轴器)，已知电动机额定功率 $P=4$ kW，转速 $n_1=720$ r/min，低速轴转速 $n_2=125$ r/min；大齿轮分度圆直径 $d_2=300$ mm，宽度 $b_2=90$ mm，斜齿轮螺旋角 $\beta=14°4'12''$，法向压力角 $\alpha_n=20°$，设两支承处轴承选用 7210C 型。要求：①完成低速轴的全部结构设计；②根据弯扭组合强度，验算低速轴的强度。

11.6 用电动机带动的轴的中点，装有一个重 $G=5$ kN、直径 $D=1.2$ m 的皮带轮(见题 11.6 图)，皮带紧边的拉力 $F_1=6$ kN，松边的拉力 $F_2=3$ kN，$l=1.2$ m。若$[\sigma]=50$ MPa，试按第三强度理论确定轴的直径 d。

11.7 试设计某直齿圆柱轮减速器的从动轴，已知传递功率 $P=7.5$ kW，大齿轮的转速 $n_2=700$ r/min，齿数 $z_2=54$，模数 $m=2$ mm，齿宽 $B=60$ mm，轴承采用轻系列单列向心球轴承，单向传动，齿轮对称布置，联轴为凸缘联轴器。

11.8 题 11.8 图所示为变速箱的第一轴。它由电动机通过联轴器带动，经齿轮将功率传递给第二轴。电动机功率 $P=7.5\ \text{kW}$，转数 $n=1\ 450\ \text{r/min}$；齿轮的节圆直径 $D=77\ \text{mm}$，传动时承受的径向力 $F_y=460\ \text{N}$，周向力 $F_z=1\ 280\ \text{N}$（见题图 11.8）。若轴径 $d=32\ \text{mm}$，$[\sigma]=80\ \text{MPa}$，试按第三或第四强度理论校核此轴的强度。

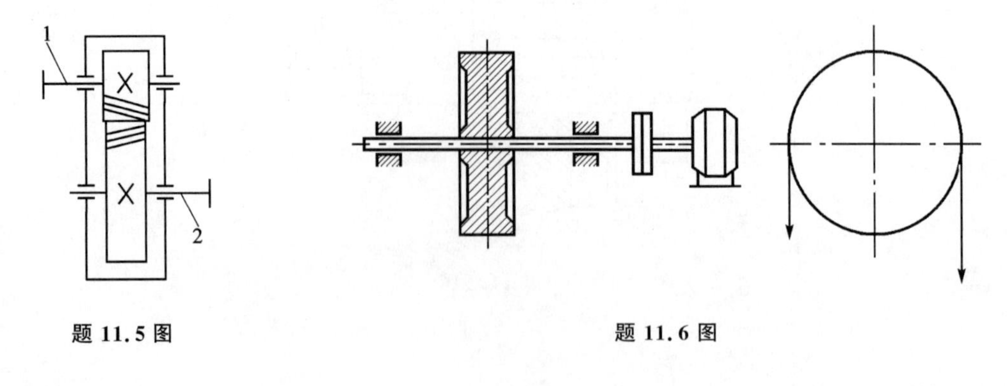

题 11.5 图　　　　　　题 11.6 图

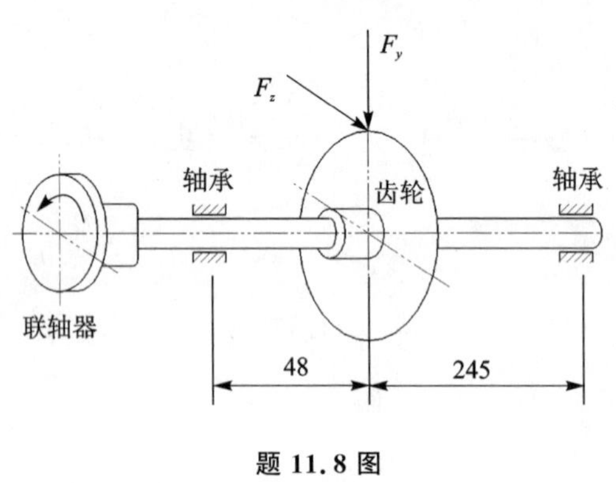

题 11.8 图

11.9 某汽轮机齿轮减速箱第一根传动轴的输入转矩 $M_O=16.67\ \text{kN}\cdot\text{m}$。已知：齿轮节圆直径 $D=369\ \text{mm}$，作用于齿轮上的圆周力 $F_z=84.2\ \text{kN}$，经向力 $F_y=30.6\ \text{kN}$，轴的跨度 $l=650\ \text{mm}$，材料的许用应力$[\sigma]=150\ \text{MPa}$，齿轮位于轴的跨中，如题 11.9 图所示。试按第三强度理论设计轴的直径。

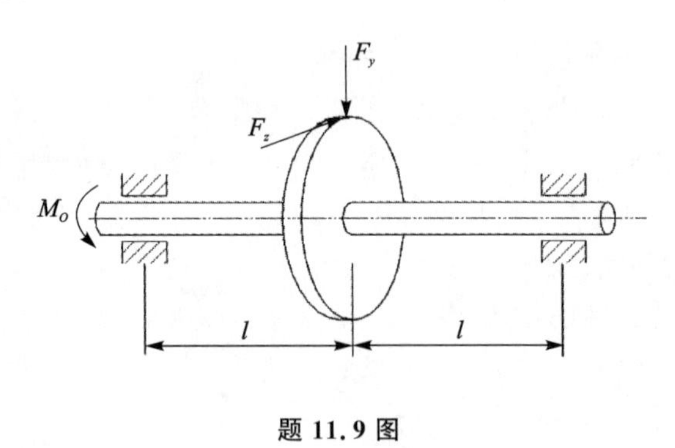

题 11.9 图

第12章　机电设备随机技术文件的编制

机电设备随机技术文件的编制是根据有关国家标准的要求，结合本产品的特点和用户的要求制定的，其技术内容符合当前科技水平、适应生产和使用需要。

12.1　机电设备技术文件内容

12.1.1　机电产品技术文件内容

① 文件目录；

② 明细表；

③ 汇总表：指专用件、标准件、外购件、通用件、借用件等分类综合整理的清单；

④ 设计文件封面。

12.1.2　机电产品图样及设计文件编号原则

1. 基本要求

① 每个产品、部件、零件的图样及设计文件均应有独立的代号；

② 采用表格图时，表中每种规格的产品、部件、零件都应标出独立的代号；

③ 同一产品、部件、零件的图样用数张图纸绘出时，各张图样应标注同一代号；

④ 借用件的编号应采用被借用件的图样代号；

⑤ 产品图样及设计文件的编号一般有分类编号和隶属编号两种。

2. 图样、技术文件隶属编号的编制

① 机电产品隶属编号按中华人民共和国国家标准执行；

② 隶属编号，即按产品、部件、零件的隶属关系编号，隶属编号分全隶属和部分隶属两种形式；

③ 全隶属代号由产品代号和隶属编号组成，中间可用圆点或短横线隔开，必要时可加注尾号；

④ 产品代号由字母和数字组成；

⑤ 隶属编号由数字组成，其级数与位数应按产品结构的复杂程度而定；

⑥ 零件的序号应在其所属（产品或部件）的范围内编号。

12.1.3　机电产品文件目录编制样式范例

1. 机电产品文件目录

机电产品文件目录如图12.1所示。

2. 机电产品零件明细表

机电产品零件明细表如图12.2所示。

	序号	代号	名称	页数	备注
			文件目录		
			零件明细表		
底图号					

签字				减速器		××××××
日期	标记	处数	更改号	图样标记	共　页	机电产品文件目录表
	设计				第　页	
	日期			1		

图 12.1　机电产品文件目录表

	序号	代号	名称	页数	备注
		W3	减速器上箱体		
		W4	减速器下箱体		
底图号					

签字				减速器		××××××
日期	标记	处数	更改号	图样标记	共　页	机电产品零件明细表
	设计				第　页	
	日期			1		

图 12.2　机电产品零件明细表

3. 机电产品标准件、外购件和外协件汇总表

专用件是指本产品专用零部件，专用件汇总表如图 12.3 所示。

	序号	代号	名称	页数	备注
	1	T201-1	油尺	1	
底图号					

签字				减速器	×××××××
	标记	处数	更改号		专用件汇总表
日期	设计			图样标记	共　页
	日期			1	第　页

图 12.3　专用件汇总表

标准件是经过统一给予标准代号的零部件，标准件汇总表如图 12.4 所示。

	序号	代号	名称	页数	备注
	1	GBUf15	螺母		
底图号					

签字				减速器	×××××××
	标记	处数	更改号		标准件汇总表
日期	设计			图样标记	共　页
	日期			1	第　页

图 12.4　标准件汇总表

外购件是指本企业采购其他企业产品，外购件汇总表如图 12.5 所示。

	序号	代号	名称	页数	备注
	1		控制操作台		
底图号					

签字				减速器		×××××××
日期	标记	处数	更改号	图样标记	共　页	外购件汇总表
	设计				第　页	
	日期			1		

图 12.5　外购件汇总表

外协件是指本产品零部件加工半成品委托其他企业加工，外协件汇总表如图 12.6 所示。

	序号	代号	名称	页数	备注
	1		大皮带轮	1	
	2		小皮带轮	2	
底图号					

签字				减速器		×××××××
日期	标记	处数	更改号	图样标记	共　页	外协件汇总表
	设计				第　页	
	日期			1		

图 12.6　外协件汇总表

12.2　机电设备随机文件内容

12.2.1　机电产品使用说明书

1. 机电产品使用说明书的意义

产品使用说明书是用户安全、正确地安装产品及产品使用、维修的依据。生产企业都应向用户提供满足用户要求的使用说明书。由于各企业的技术水平高低不一样，所以编制出来的使用说明书的质量差异也很大，有些企业甚至没有向用户提供必要的使用说明书，以致造成设备损坏、人员伤亡的事故。

"工业产品使用说明书总则"和"工业产品使用说明书、机电产品使用说明书编写规定"两项国家标准，对机电产品使用说明书的基本要求和编制方法给出了必要的规定，使机电产品使用说明书的编写规范化。产品使用说明书体现了我国机电产品的生产技术水平，同时也使用户了解产品的主要结构和性能特征，达到正确的吊运、安装、使用、维修和储存产品的目的。

2. 机电产品使用说明书的基本内容

机电产品的范围很广，从专业来分有重型机械、通用机械、农业机械、机床工具、汽车、电器、仪器仪表等。每个专业按产品主要功能特性可以分成几大类，每个大类按产品的工作原理、性能特点、使用范围或结构特征可分成许多小类，各个小类按基本结构、型式特征可分成许多系列。由于产品的工作原理、结构特征、性能特点、使用范围等差异很大，所以需要说明的内容也不一样。根据机电产品的特点，使用说明书的构成和排列顺序如下：

① 封面；

② 目次；

③ 主要用途与适用范围；

④ 产品适用的工作条件和工作环境；

⑤ 主要规格及技术参数；

⑥ 产品的主要结构；

⑦ 产品系列说明；

⑧ 吊运和保管；

⑨ 安装与调整（调式）；

⑩ 使用与操作；

⑪ 维护与保养；

⑫ 常见故障及其排除方法；

⑬ 附件及易损件；

⑭ 成套性。

上述的构成部分不是任何一本机电产品使用说明书都需要包括的，可以根据每个产品的特点和具体情况，在上述构成部分的基础上作适当的增加或减少。产品使用说明书的封面格式及内容如图12.7所示。

机电产品型号、名称
文 件 名 称
分册名称:
机电产品主参数: 单位
出 厂 编 号:
国 名
厂 名

图 12.7 产品使用说明书封面格式及内容

12.2.2 合格证书格式

① 封面。

② 首页为检验简述,内容如下:"本机电设备执行 GB/T ××××——××××(或 GB/T ×××× ××××)《××××精度检验》标准。经检验合格,准予出厂。"由厂长、检验科长签字,并填上年、月、日,不编页次。

注: 对于依合同约定出厂的机床,可写为"机床经检验合格,准予出厂!"

③ 续页为检验单,其表头应包括序号、检验项目、示意图、允差值及实测值并应符合相应的标准或有关规定。

④ 合格证明书首页格式如图 12.8 所示。

12.2.3 装箱单的内容

装箱单一般应有封面,首页表头的内容除包括产品型号、文件名称、共×页第×页外,还应包括箱号、箱体尺寸、净重与毛重,包装品的序号、名称、规格或标记、数量及备注。包装品装入包装箱的部位和装在主机上的附件可在备注栏中注明,最后由装箱检验员签章,并填上年、月。

包装品的项目按下列顺序填写:

① 主机、辅机及从主机上拆下的零部件;

② 附件及工具;

本机电设备执行GB/T ××××—××××《××××精度检验》标准。经检验合格，准予出厂。

负责人(盖章): 年 月 日

质 检(盖章): 年 月 日

图 12.8 合格证明书首页格式

③ 备件及易损件；

④ 随机技术文件。

装箱单应按箱号分别填写,包装品的标记或规格与装箱单应一致。装箱单格式如图12.9所示。

<table>
<tr><td rowspan="2">产品型号</td><td rowspan="2">装　箱　单</td><td>第　　页</td></tr>
<tr><td>共　　页</td></tr>
<tr><td colspan="3">箱号:

箱体尺寸: (长×宽×高) cm× cm× cm

毛　重: kg

净　重: kg

序号　名　称　规格或标记　数量　备注</td></tr>
</table>

图 12.9 装箱单格式

本章知识点提示

1. 机电产品隶属编号按中华人民共和国国家标准执行。
2. 汇总表:指专用件、标准件、外购件、通用件、借用件等分类综合整理的清单。
3. 机电设备随机文件包括机电产品使用说明书、合格证书和装箱单。

思考题

12.1 机电产品技术文件内容包括什么?

12.2 机电产品图样及设计文件编号的原则是什么?

12.3 什么是外购件、外协件、外委件?

12.4 机电产品使用说明书的基本内容有哪些?

12.5 机械设备的合格证书格式有哪些要求?

12.6 机械产品的装箱单包括哪些内容?

习　题

12.1 试完成物料翻转机技术文件目录的编制。

12.2 试填写物料翻转机零件明细表。

12.3 试填写物料翻转机标准件。

12.4 试填写物料翻转机外购件。

12.5 试填写物料翻转机外协件汇总表。

12.6 试编写物料翻转机使用说明书。

12.7 试编写物料翻转机合格证书。

12.8 试编写物料翻转机装箱单。

附　录

深沟球轴承基本尺寸与数据如附表 1 所列。

附表 1　深沟球轴承基本尺寸与数据

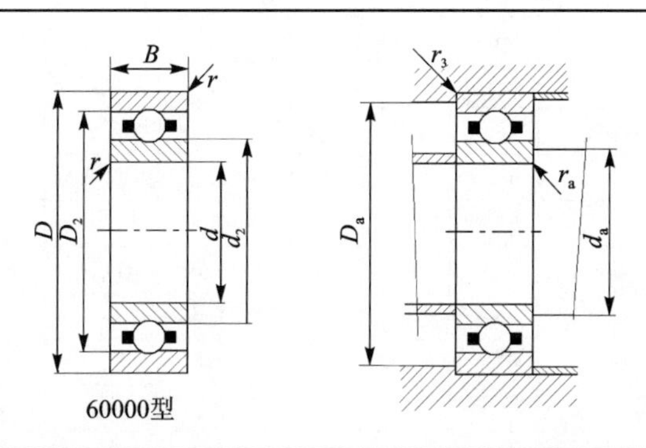

60000型

基本尺寸/mm			安装尺寸/mm			其他尺寸/mm			基本额定载荷/kN		极限转速/(r·min^{-1})		轴承代号
d	D	B	d_{amin}	D_{amax}	Ra_{max}	$d_2\approx$	$D_2\approx$	r_{min}	C_r	C_{0r}	脂	油	60000 型
25	37	7	27.4	35	0.3	28.2	33.8	0.3	4.3	2.90	16 000	20 000	61805
	42	9	27.4	40	0.3	30.2	36.8	0.3	7.0	4.50	14 000	18 000	61905
	47	8	27.4	44.6	0.3	33.1	40.9	0.3	8.8	5.60	13 000	17 000	16005
	47	12	30	43	0.6	31.9	40.1	0.6	10.0	5.85	13 000	17 000	6005
	52	15	31	47	1	33.8	44.2	1	14.0	7.88	12 000	15 000	6205
	62	17	32	55	1	36.0	51.0	1.1	22.2	11.5	10 000	14 000	6305
	80	21	34	71	1.5	42.3	62.7	1.5	38.2	19.2	8 500	11 000	6 405
30	42	7	32.4	40	0.3	33.2	38.8	0.3	4.70	3.60	13 000	17 000	61806
	47	9	32.4	44.6	0.3	35.2	41.8	0.3	7.20	5.00	12 000	16 000	61906
	55	9	32.4	52.6	0.3	38.1	47.0	0.3	11.2	7.40	11 000	14 000	16006
	55	13	36	50.0	1	38.4	47.1	1	13.2	8.30	11 000	14 000	6006
	62	16	36	56	1	40.8	52.2	1	19.5	11.5	9 500	13 000	6206
	72	17	42	65	1	46.8	60.2	1.1	27.0	15.2	9 000	11 000	6306
	90	23	39	81	1.5	48.6	71.4	1.5	47.5	24.5	8 000	10 000	6406
35	47	7	37.4	45	0.3	38.2	43.8	0.3	4.90	4.00	11 000	15 000	61807
	55	10	40	51	0.6	41.1	48.9	0.6	9.50	6.80	10 000	13 000	61907
	62	9	37.4	59.6	0.3	44.6	53.5	0.3	12.2	8.80	9 500	12 000	16007
	62	14	41	56	1	43.3	53.7	1	16.2	10.5	9 500	12 000	6007
	72	19	37	65	1	44.8	59.2	1.1	27.0	15.2	9 000	11 000	6307
	80	21	44	71	1.5	50.4	66.6	1.5	33.4	19.2	8 000	9 500	6307
	100	25	44	91	1.5	54.9	80.1	1.5	56.8	29.5	6 700	8 500	6407

续附表 1

基本尺寸/mm			安装尺寸/mm			其他尺寸/mm			基本额定载荷/kN		极限转速/($r\cdot min^{-1}$)		轴承代号
d	D	B	d_{amin}	D_{amax}	Ra_{max}	$d_2\approx$	$D_2\approx$	r_{min}	C_r	C_{0r}	脂	油	60000 型
40	52	7	42.4	50	0.3	43.2	48.8	0.3	5.10	4.40	10 000	13 000	61808
	62	12	45	58	0.6	46.3	55.7	0.6	13.7	9.90	9 500	12 000	61908
	68	9	42.4	65.6	0.3	49.6	58.5	0.3	12.6	9.60	9 000	11 000	16008
	68	15	46	62	1	48.8	59.2	1	17.0	11.8	9 000	11 000	6008
	80	18	47	73	1	52.8	67.2	1.1	29.5	18.0	8 000	10 000	6208
	90	23	49	81	1.5	56.5	74.6	1.5	40.8	24.0	7 000	8 500	8308
	110	27	50	100	2	63.9	89.1	2	65.5	37.5	6 300	8 000	6408
45	58	7	47.4	56	0.3	48.3	54.7	0.3	6.40	5.60	9 000	12 000	61809
	68	12	50	63	0.6	51.8	61.2	0.6	14.1	10.90	8 500	11 000	61909
	75	10	50	70	0.6	55.0	65.0	0.6	15.6	12.2	8 000	10 000	16009
	75	16	51	69	1	54.2	65.9	1	21.0	14.8	8 000	10 000	6009
	85	19	52	78	1	58.8	73.2	1.1	31.5	20.5	7 000	9 000	6209
	100	25	54	91	1.5	63.0	84.0	1.5	52.8	31.8	6 300	7 500	6309
	120	29	55	110	2	70.7	98.3	2	77.5	45.5	5 600	7 000	6409
50	65	7	52.4	62.6	0.3	54.3	60.7	0.3	6.6	6.1	8 500	10 000	61810
	72	12	55	68	0.6	56.3	65.7	0.6	14.5	11.7	8 000	9 500	61910
	80	10	55	75	0.6	60.0	70.0	0.6	16.1	13.1	8 000	9 500	16010
	80	16	56	74	1	59.2	70.9	1	22.0	16.2	7 000	9 000	6010
	90	20	57	83	1	62.4	77.6	1.1	35.0	23.2	6 700	8 500	6210
	110	27	60	100	2	69.1	91.9	2	61.8	38.0	6 000	7 000	6310
	130	31	62	118	2.1	77.3	107.8	2.1	92.2	55.2	5 300	6 300	6410
55	72	9	57.4	69.6	0.3	60.2	66.9	0.3	9.1	8.4	8 000	9 500	61811
	80	13	61	75	1	62.9	72.2	1	15.9	13.2	7 500	9 000	61911
	90	11	60	85	0.6	67.3	77.7	0.6	19.4	16.2	7 000	8 500	16011
	90	18	62	83	1	65.4	79.7	1.1	30.2	21.8	7 000	8 500	6011
	100	21	64	91	1.5	68.9	86.1	1.5	43.2	29.2	6 000	7 500	6211
	120	29	65	110	2	76.1	100.9	2	71.5	44.8	5 600	6 700	6311
	140	33	67	128	2.1	82.8	115.2	2.1	100	62.5	4 800	6 000	6411
60	78	10	62.4	75.6	0.3	66.2	72.9	0.3	9.1	8.7	7 000	8 500	61812
	85	13	66	80	1	67.9	77.2	1	16.4	14.2	6 700	8 000	61912
	95	11	65	90	0.6	72.3	82.7	0.6	19.9	17.5	6 300	7 500	16012
	95	18	67	89	1	71.4	85.7	1.1	31.5	24.2	6 300	7 500	6012
	110	22	69	101	1.5	76.0	94.1	1.5	47.8	32.8	5 600	7 000	6212
	130	31	72	118	2.1	81.7	108.4	2.1	81.8	51.8	5 000	6 000	6312
	150	35	72	138	2.1	87.9	122.2	2.1	109	70.0	4 500	5 600	6412

续附表 1

基本尺寸/mm			安装尺寸/mm			其他尺寸/mm			基本额定载荷/kN		极限转速/(r·min^{-1})		轴承代号
d	D	B	d_{amin}	D_{amax}	Ra_{max}	$d_2\approx$	$D_2\approx$	r_{min}	C_r	C_{0r}	脂	油	60000 型
65	85	10	69	81	0.6	71.1	78.9	0.6	11.9	11.5	6 700	8 000	61813
	90	13	71	85	1	72.9	82.2	1	17.4	16.0	6 300	7 500	61913
	100	11	70	95	0.6	77.3	87.7	0.6	20.5	18.6	6 000	7 000	16013
	100	18	72	93	1	75.3	89.7	1.1	32.0	24.8	6 000	7 000	6013
	120	23	74	111	1.5	82.5	102.5	1.5	57.2	40.0	5 000	6 300	6213
	140	33	77	128	2.1	88.1	116.9	2.1	93.8	60.5	4 500	5 300	6313
	160	37	77	148	2.1	94.5	130.6	2.1	118	78.5	4 300	5 300	6413
70	90	10	74	86	0.6	76.1	83.9	0.6	12.1	11.9	6 300	7 500	61814
	100	16	76	95	1	79.3	90.7	1	23.7	21.1	6 000	7 000	61914
	110	13	75	105	0.6	83.8	96.2	0.6	27.9	25.0	5 600	6 700	16014
	110	20	77	103	1	82.0	98.0	1.1	38.5	30.5	5 600	6 700	6014
	125	24	79	116	1.5	89.0	109.0	1.5	60.8	45.0	4 800	6 000	6214
	150	35	82	138	2.1	94.8	125.3	2.1	105	68.0	4 300	5 000	6314
	180	42	84	166	2.5	105.6	146.4	3	140	99.5	3 800	4 500	6414
75	95	10	79	91	0.6	81.1	88.9	0.6	12.5	12.8	6 000	7 000	61815
	105	16	81	100	1	84.3	95.7	1	24.3	22.5	5 600	6 700	61915
	115	13	80	110	0.6	88.8	101.2	0.6	28.7	26.8	5 300	6 300	16015
	115	20	82	108	1	88.0	104.0	1.1	40.2	33.2	5 300	6 300	6015
	130	25	84	121	1.5	94.0	115.0	1.5	66.0	49.5	4 500	5 600	6215
	160	37	87	148	2.1	101.3	133.7	2.1	113	76.8	4 000	4 800	6315
	190	45	89	176	2.5	112.1	155.9	3	154	115	3 600	4 300	6415
80	100	10	84	96	0.6	86.1	93.9	0.6	12.7	13.3	5 600	6 700	61816
	110	16	86	105	1	89.3	100.7	1	24.9	23.9	5 300	6 300	61916
	125	14	85	120	0.6	95.8	109.2	0.6	33.1	31.4	5 000	6 000	16016
	125	22	87	118	1	95.2	112.8	1.1	47.5	39.8	5 000	6 000	6016
	140	26	90	130	2	100.0	122.0	2	71.5	54.2	4 300	5 300	6216
	170	39	92	158	2.1	107.9	142.2	2.1	123	86.5	3 800	4 500	6316
	200	48	94	186	2.5	117.1	162.9	3	163	125	3 400	4 000	6416
85	110	13	90	105	1	92.5	102.5	1	19.2	19.8	5 000	6 300	61817
	120	18	92	113.5	1	95.8	109.2	1.1	31.9	29.7	4 800	6 000	61917
	130	14	90	125	0.6	100.8	114.2	0.6	34	33.3	4 500	5 600	16017
	130	22	92	123	1	99.4	117.6	1.1	50.8	42.8	4 500	5 600	6017
	150	28	95	140	2	107.1	130.9	2	83.2	63.8	4 000	5 000	6217
	180	41	99	166	2.5	114.4	150.6	3	132	96.5	3 600	4 300	6317
	210	52	103	192	3	123.5	171.5	4	175	138	3 200	3 800	6417

续附表 1

基本尺寸/mm			安装尺寸/mm			其他尺寸/mm			基本额定载荷/kN		极限转速/$(r \cdot min^{-1})$		轴承代号
d	D	B	d_{amin}	D_{amax}	Ra_{max}	$d_2\approx$	$D_2\approx$	r_{min}	C_r	C_{0r}	脂	油	60000 型
90	115	13	95	110	1	97.5	107.5	1	19.5	20.5	4 800	6 000	61818
	125	18	97	118.5	1	100.8	114.2	1.1	32.8	31.5	4 500	5 600	61918
	140	16	96	134	1	107.3	122.8	1	41.5	39.3	4 300	5 300	16018
	140	24	99	131	15	107.2	126.8	1.5	58.0	49.8	4 300	5 300	6018
	160	30	100	150	2	111.7	138.4	2	95.8	71.5	3 800	4 800	6218
	190	43	104	176	2.5	120.8	159.2	3	145	108	3 400	4 000	6318
	225	54	108	207	3	131.8	183.2	4	192	158	2 800	3 600	6418
95	120	13	100	115	1	102.5	112.5	1	19.8	21.3	4 500	5 600	61819
	130	18	102	124	1	105.8	119.2	1.1	33.7	33.3	4 300	5 300	61919
	145	16	101	139	1	112.3	127.8	1	42.7	41.9	4 000	5 000	16019
	145	24	104	136	1.5	110.2	129.8	1.5	57.8	50.0	4 000	5 000	6019
	170	32	107	158	2.1	118.1	146.9	2.1	110	82.8	3 600	4 500	6219
	200	45	109	186	2.5	127.1	167.9	3	157	122	3 200	3 800	6319
100	125	13	105	120	1	107.5	117.5	1	20.1	22.0	4 300	5 300	61820
	140	20	107	133	1	112.3	127.8	1.1	42.7	41.9	4 000	5 000	61920
	150	16	106	144	1	118.3	133.8	1	43.8	44.3	3 800	4 800	16020
	150	24	109	141	1.5	114.6	135.4	1.5	64.5	56.2	3 800	4 800	6020
	180	34	112	168	2.1	124.8	155.3	2.1	122	92.8	3 400	4 300	6220
	215	47	114	201	2.5	135.6	179.4	3	173	140	2 800	3 600	6320
	250	58	118	232	3	146.4	203.6	4	223	195	2 400	3 200	6420

参考文献

[1] 李梅.机械基础[M].北京:清华大学出版社,2011.
[2] 李梅.机械设计分析与实践[M].北京:高等教育出版社,2009.
[3] 宋宝玉.机械设计[M].北京:高等教育出版社,2009.
[4] 李良军.机械设计[M].北京:高等教育出版社,2010.
[5] 濮良贵.机械设计[M].北京:高等教育出版社,1996.
[6] 林宗良.机械设计基础[M].北京:人民邮电出版社,2009.
[7] 杨可桢.机械设计基础[M].北京:高等教育出版社,1999.
[8] 王知行,刘廷荣.机械原理[M].北京:高等教育出版社,2000.
[9] 王世刚.机械设计实践[M].哈尔滨:哈尔滨工程大学出版社,2000.
[10] 孙桓,傅则绍.机械原理[M].北京:高等教育出版社,1989.
[11] 黄纯颖.机械设计[M].北京:高等教育出版社,2000.
[12] 黄森森.机械设计基础[M].北京:机械工业出版社,2001.
[13] 刘扬.机械设计基础[M].北京:清华大学出版社,2010.
[14] 曹惟庆.平面连杆机构分析与综合[M].北京:科学出版社,1989.
[15] 黄锡恺,郑文纬.机械原理[M].北京:高等教育出版社,1989.
[16] 彭国勋,肖正扬.自动机械的凸轮机构设计[M].北京:机械工业出版社,1990.
[17] 邹慧君,董师予.凸轮机构的现代设计[M].上海:上海交通大学出版社,1991.
[18] 孔午光.高速凸轮[M].北京:高等教育出版社,1992.
[19] 姜琪.机械运动方案及机构设计——机械原理课程设计题例及指导[M].北京:高等教育出版社,1992.
[20] 机械工程手册编辑委员会.机构的选型与运动设计[M].北京:机械工业出版社,1979.
[21] 王定国.机械原理与机械零件[M].北京:高等教育出版社,1994.
[22] 陈位宫.工程力学[M].北京:高等教育出版社,2000.
[23] 曹龙华.机械原理[M].北京:高等教育出版社,1986.
[24] 机械技术研究所.最新机构图集[M].天津:天津科学技术出版社,1986.
[25] 李特文.齿轮啮合原理[M].卢贤占,等译.上海:上海科学技术出版社,1984.
[26] 伏尔默·J,等.连杆机构[M].石则昌,等译.北京:机械工业出版社,1989.
[27] 纽厄尔,等.精巧机构设计实例[M].孔庆征,译.北京:中国铁道出版社,1987.
[28] 厄尔德曼,桑多尔.机械设计——分析与综合[M].庄细荣,党祖祺,译.北京:高等教育出版社,1992.
[29] 贝伊尔.机械运动学综合[M].陈兆雄,译.北京:机械工业出版社,1987.
[30] 汪德涛.润滑技术手册[M].北京:机械工业出版社,1999.

[31] 成大先.机械设计手册:第 1 卷[M].北京:化学工业出版社,1993.

[32] 刘政昆.间歇运动机械[M].大连:大连理工大学出版社,1991.

[33] 下村玄.旋转机械的平衡[M].朱晓农,译.北京:机械工业出版社,1992.

[34] Nikravesh P E. Computer-aided analysis of mechanical systems[M]. [s. l]: Prentice-Hall Inc,1988.

[35] Левитская О Н, Левитский Н И. Курс теоринмеханизмов И Машин[M]. Москва: ВысшаяШкола,1978.

[36] Shigley J E,Uicher J J. Theory of machines and mechanisms[M]. New York:McGraw-Hill Book Company,1980.